| 개정판 |

Design of Steel Structures KDS 41 31

예제로 배우는 강구조 설계

| 개정판 |

Design of Steel Structures KDS 41 31

예제로 배우는 강구조 설계

김상대 · 김종수 · 최희선 · 이창환 · 노승희 공저

머리말

현대 건축물은 강재와 철근콘크리트가 주요 구조재료로 사용되고 있습니다. 이 중에서 강재는 1900년대 초 압연강재가 대량으로 생산됨에 따라 건물과 교량에 본격적으로 사용되기 시작했습니다. 강재는 철근콘크리트에 비해 단위 중량당 강도와 재료의 균질성이 높고, 조립의 용이성 등의 많은 장점을 가진 매우 우수한 구조용 재료입니다.

한편 구조설계의 기본은 구조물의 강도가 하중효과보다 크도록 부재의 크기 및 접합부 상세를 결정하는 것으로, 2000년대 초반까지 국내에서는 강구조에 대한 허용응력설계법이 널리 적용되어 왔습니다. 그러나 확률이론에 근거한 한계상태설계법이 2005년 국내기준에 도입되었고, 2009년과 2016년의 건축구조기준(KBC) 개정에 이어, 현재는 KDS 41 31 (2019) 기준이 사용되고 있습니다.

국내에는 강구조설계에 대한 서적이 다수 출간되어 있습니다. 그러나 대부분은 종합적인 골조계획보다는 세부 개별 부재에 대한 설계에 주안점을 두고 있습니다. 저자들은 이러한 점을 보완하여 우리나라 강구조공학 교육에 기여하고자 오랜 시일에 걸쳐 이 책을 집필하였으며, 이 책에서는 다음과 같은 세 가지의 목표를 두고 있습니다. 먼저, 가장 많이 사용되고 있는 H형강 부재에 대한 설계에 중점을 두었습니다. 그리고 구조설계 엔지니어보다는 건축사와 시공기술자를 염두에 두고 집필하였습니다. 이러한 맥락에서 "종합설계"를 통하여 PART 1에서 다룬 각 부재에 대한 설계과정을 실제 건물(2경간 3층)에 적용하여 체계적인 이해를 도모하였습니다.

어려운 내용은 간결하고 쉬운 표현 및 예제를 통하여 독자의 이해를 돕고자 최대한 노력하였으나, 아직 부족한 점이 많을 것으로 생각됩니다. 미비한 점에 대해서는 추후 개정작업을 통해 보완하겠습니다. 아무쪼록 이 책이 건축공학을 전공하는 학생들과 실무자들에게 강구조설계를 이해하는데 큰 도움이 될 수 있기를 기대합니다. 끝으로 이 책을 집필하는 과정에 수고해 준 고려대학교 강구조 · 내진공학 연구실의 대학원생들과 KDS 41 31 (2019) 기준에 따른 개정작업에 참여한 (주)CS구조엔지니어링의 김자영, 송금정, 조덕원 소장님들께 감사의 뜻을 전합니다. 아울러 이 책의 출간을 위하여 성실히 도와주신 도서출판 대가의 김호석 사장님과 임직원 여러분들에게 감사의 말씀을 드립니다.

2020년 12월

대표저자 김상대

Contents

PART 1

PART 2

종합설계

PART 1

Design of Steel Structures

01

서 론

/

1.1 철강의 역사

인류 역사상 가장 중요한 개발 중의 하나는 철(iron)과 강(steel)의 제조이다. 오늘날 철강은 세계적으로 금속 제품 생산량에 있어서 95% 정도를 차지하고 있다. 철의 사용은 인류 문명의 발달 과정에서 크게 영향을 끼쳤으며, BC 1,000년경 철기시대(the Iron Age)의 도래 이래, 문명의 발전은 철을 제조할 수 있는 나라에 의해 이루어졌다.

철(鐵)에는 몇 가지 종류가 있다. 탄소 함량이 0.15% 이하인 연철(鍊鐵, wrought iron)과 2% 이상인 주철(鑄鐵, cast iron)이 있다. 강(鋼)은 탄소 함량이 0.15~1.7%로서 연철과 주철 사이에 있다.

주철은 1779년 영국 Shropshire에서 처음으로 길이 30m의 Coalbrookdale 아치 교량에 사용되었다. 이 교량은 지금도 여전히 서있으며, 산업혁명 시기에 철을 구조물에 사용하는 역사적 전환점을 가져다주었다. 주철은 강도에 있어서 석재보다 4배, 목재보다는 30배나 강하다.

철이 사용된 대표적인 건축물 중에는 제1회 런던 세계 박람회 전시관인 수정궁(1851년)이 있다. 이 건물에는 주철과 연철이 사용되었으며, 철을 규격 재료로 만들어 조립함으로써 철재의 우수성을 보여주었다. 1889년 파리 박람회 때 지어진 에펠탑은 높이 300m로서 주로 연철이 사용되었다.

강(鋼)은 철과 탄소(약 1% 정도)의 합금이다. 여기에는 다른 화학적 요소도 포함되어 있다. 강(steel)은 대략 2,000~3,000년 동안 제조되어 왔으나 19세기 중반까지는 경제적인 생산 방법이 없었다. 강을 대량으로 생산하는 공정은 영국의 배서머(Bessemer)에 의해 개발되었다.

Bessemer는 1855년 그의 공정으로 영국에서 특허를 얻었다. 그리고 1856년에 미국 특허를 얻고자 노력하였으나 성공하지 못하였다. 이미 7년 전에 켄터키주 에디빌의 William Kelly가 똑같은 공정으로 특허권을 취득하였기 때문이었다. 그러나 철강업계에서는 Bessemer의 업적을 인정하여 이 공정의 이름을 Bessemer 제강법이라 부르고 있다. 이 제강법으로 최소한 80% 정도의 생산비를 줄일 수 있게 되었으며, 강(鋼)이 건설 분야에서 주철과 연철을 대신하게 되었다.

미국에서 건설된 첫 번째 강교량은 1874년 미주리주 세인트루이스에 건설된 Eads Bridge이다. 한편, 강구조 건축물은 1885년 시카고에서 처음으로 건설되었다. William Le Baron Jenney가 설계한 10층 규모의 Home Insurance 빌딩[1]으로서 나중에 2개 층이 증축되었으며 1929년에 철거되었다. 이 건물에는 주철 기둥이 벽돌로 된 벽체 속에 설치되었다. 보의 경우에는 6층까지 연철이 사용되었고, 나머지 층에서는 Bessemer 강(鋼)이 사용되었다. 이러한 이유로 이 건물이 최초의 강구조 건물이자 최초의 고층건물로서 인정을 받고 있다. 그러나 완전한 강구조 고층건물은 Daniel Burnham과 John Root가 설계한 Rand-McNally 빌딩[2]이다. 이 10층 건물은 1888 ~ 1890년 사이에 표준 압연형강 부재를 리벳으로 선조립하여 건립하였다.

오늘날 대부분의 구조용 강재(steel)는 고철(scrap)을 재활용하여 만들고 있다. 고철은 폐차나 버려진 냉장고, 모터, 기계류 등으로부터 얻어진다. 고철을 녹여서 얻어지는 용강(molten steel)으로 반제품(billet, bloom, beam-blank)을 만들고, 이 반제품을 여러 종류의 롤러로 압연하여 원하는 형태의 형강을 만든다.

1 135 South La Salle Street, Chicago, IL, USA
2 165 West Adams Street, Chicago, IL, USA

1.2 강구조의 장점

1908년 H형 압연 강재(鋼材)가 미국에서 대량으로 생산되면서 건물과 교량에 강구조물이 본격적으로 등장하기 시작하였다. 강재는 자중이 가볍고 강도(strength)가 크고 조립하기 쉬운 여러 가지 장점을 가지고 있는 거의 완벽한 구조용 재료이다. 강재의 장점은 다음과 같다.

▸ 고강도(High Strength)

강재는 단위 중량 당 압축 및 인장강도가 크기 때문에 작은 단면으로도 큰 하중을 받을 수 있다. 특히, 콘크리트에 비하여 인장력은 매우 크다. 따라서 고층건물, 장스팬 보와 교량에 유리하며, 연약 지반 등에 적합하다.

▸ 균질성(Uniformity)

강재는 공장 생산 제품이기 때문에 콘크리트와는 달리 재료 성질이 시간의 경과에 따라 변하지 않고 일정하다. 따라서 공사 시 품질의 신뢰도가 높다.

▸ 탄성(Elasticity)

강재는 다른 구조재료에 비해 응력과 변형 관계인 후크의 법칙(Hooke's law)이 아주 높은 응력의 수준까지 잘 만족되는 재료이다. 강재의 단면2차모멘트는 매우 정확하게 산정되지만 철근콘크리트 구조에서는 다소 부정확하다.

▸ 내구성(Permanence)

강재는 시간이 지나도 재료가 변하지 않고, 내력의 변화도 크게 없기 때문에 유지관리를 잘하면 아주 오래 동안 사용할 수 있다. 내후성 강재는 페인팅을 하지 않고도 사용할 수 있다.

▸ 연성(Ductility)

강재가 큰 인장응력을 받을 때에도 파괴되지 않고 커다란 변형에 저항할 수 있는 재료의 성질을 연성(延性)이라 한다[3]. 연강(軟鋼, mild steel)으로 인장시험을 해보면, 실제 파괴가 일어나기 전에 상당한 크기의 단면 감소와 커다란 신장(伸張, elongation)이 일어난다. 이러한 성질을 가지지 못하는 재료는 취성적(brittle) 재료이며, 구조재료로서 적합하지 않다. 취성적 재료는 급작스러운 충격을 받게 되면 부서진다.

일반적인 하중 조건하에서도 구조부재는 여러 곳에서 커다란 응력 집중 현상이 일어날 수 있다. 이 경우에 재료의 연성은 그 부재로 하여금 파괴보다는 국부적인 항복(降伏, yield)을 일어나게 한다. 과하중(overload)을 받는 경우에도 연성은 커다란 처짐 현상을 통하여 부재의 파괴를 예고하기도 한다. 특히, 연성은 내진설계에서 주요한 고려 사항이다.

▸ 인성(Toughness)

강재는 강도와 연성이라는 두 성질을 가지고 있어 매우 질긴 재료이다. 강재가 하중을 받아 상당한 크기의 변형이 일어나도 여전히 큰 하중에 견딜 수 있다. 즉, 현장 조립공사 중에 큰 변형이 일어나도 쉽게 파괴되지 않으며, 부재를 구부리거나(bent) 구멍을 뚫을 수 있다. 큰 에너지를 흡수할 수 있는 재료의 성질을 인성(靭性)이라 한다.

▸ 신속한 조립공사(Speed of Erection)

강구조는 필요한 길이에 맞게 공장에서 절단하여 볼트구멍을 뚫고 사전 용접도 할 수 있으며, 현장에서는 신속하게 조립할 수 있다. 인건비가 높은 나라에서는 매우 유리한 구조재료이다.

---

3 the ability to undergo large deformation before failure

▸ 다양한 압연형강(Various Types of Rolled Shapes)

공장에서 여러 종류의 크기로 압연할 수 있으며, 이에 관한 모든 단면의 특성(단면적, 단면2차모멘트, 소성모멘트 등)을 매뉴얼화 할 수 있어서 구조설계가 용이하다.

▸ 재사용과 재활용(Reuse and Recycle)

강재는 구조물의 해체 이후 재사용이 가능하고, 다른 철강 제품(자동차, 냉장고 등)의 고철(scrap)을 녹여서 새로운 압연형강을 만들 수 있다. 흔히, 강재는 산업의 쌀이라고 부르며 가장 친환경적인 재료이다.

▸ 확장성(Additions to Existing Structures)

강구조는 용도 변경과 보수, 보강이 용이하여 기존 건물에 수직 및 수평 증축 공사가 매우 편리하다. 강교량의 경우에도 확장 공사가 편리하다.

1.3 강구조의 단점

강구조는 철근콘크리트 구조에 비하여 다음과 같은 단점을 가지고 있다.

▸ 부식(Corrosion)

강재는 물이나 공기에 노출되어 있으면 부식이 일어나기 쉽기 때문에 주기적으로 페인트 칠을 하여야 한다. 내후성 강재(weathering steel)를 사용하는 경우에는 이 비용이 소요되지 않는다. 그러나 내후성 강재를 사용할 수 있는 경우는 매우 제한적이기 때문에 부식은 강재에 있어서 중요한 문제이다.

▸ 내화 비용(Fireproofing Costs)

강재는 가연성 재료가 아니지만 화재 시 강도(strength)가 현저히 감소된다. 건물 내부가 비어있는 경우에도 심각한 화재가 많이 발생하였다. 이는 구조부재가 화재 시 쉽게 열전달체 역할을 하기 때문이다. 내화피복이 되지 않은 강재가 화재 상황에서 열을 많이 받으면 인접 구조물에 열을 전달하여 발화시키는 작용을 한다. 또한, 강재보(steel beam)가 가열되면 처지면서 강재기둥의 좌굴에 대한 구속 역할을 하지 못하므로 기둥이 붕괴할 수 있다. 따라서 강재는 적절히 피복되어야 한다.

▸ 좌굴성(Susceptibility to Buckling)

압축력을 받는 강재가 세장(細長, Slender)하면 좌굴(挫屈, buckling)하기 쉬워진다. 강재는 단위 무게당 강도가 커서 매우 경제적인 재료이지만, 기둥에서는 좌굴 문제 때문에 더 큰 부재 단면을 쓰거나 횡지지를 하여야 한다.

▸ 피로(Fatigue)

강재는 응력의 반전을 반복적으로 많이 받거나 기복이 큰 인장응력을 많이 받으면 강도가 현저히 저하한다. 따라서 일정한 응력 변화의 사이클 횟수보다 많이 받는 경우에는 강재의 허용강도[4]를 줄여야 한다.

▸ 취성파괴(Brittle Fracture)

강재가 연성을 상실하는 경우에 응력 집중이 일어나는 곳에서 취성파괴가 일어난다. 피로하중이나 매우 낮은 온도 역시 취성파괴를 유발한다. 3축(triaxial) 응력 조건 또한 취성파괴를 일으킨다.

▸ 진동 및 사용성(Vibration and Serviceability)

강구조는 작은 단면과 장스팬의 사용이 가능하지만 이는 바닥진동과 수평진동에 불리한 결과를 가져다준다.

---

4 허용응력으로 표현할 수도 있다.

1.4 구조용 강재

1819년에 ㄱ형강(angle)이 미국에서 처음으로 제조되었고, 1884년에는 압연 I 형강이 생산되었다. 여러 철강 회사에서 다양한 형태의 압연 강재를 만들면서 제품 목록도 간행하였다. 1896년에 AASM[5](현재는 AISI[6])에서 처음으로 압연형강을 표준화하였다. 가장 경제적인 형강은 단면적에 대비하여 단면2차모멘트 값이 큰 형강이며, 여기에는 H형강, T형강, ㄷ형강 등이 있다.

■ 표준단면

구조설계의 과정은 가장 적절한 단면을 찾아가는 일이다. 이때, 조립단면보다는 표준화된 제품에서 선택하는 것이 더 경제적이다. 그림(1.4.1)은 표준단면의 치수와 표기법을 나타낸다. H형강의 표기법(H− $H\times B\times t_1\times t_2$)에서 맨 앞의 H는 H형강, H, B, t_1, t_2는 각각 단면의 춤(높이), 플랜지의 폭, 웨브의 두께, 플랜지의 두께를 나타낸다. 또한, r은 웨브 필렛(fillet)의 반경을 나타낸다. 참고로 ASTM[7] 부재 단면에서 W36×302[8]의 경우는 단면의 춤이 36인치(in.)이고, 단위길이(ft)당 무게가 302파운드(lb)라는 의미이다. SI 단위로는 W920×449이다(920mm, 449kg/m).

---

5 the Association of American Steel Manufactures

6 the American Iron and Steel Institute

7 ASTM(American Society for Testing Materials) 미국재료시험협회

8 W Beams은 Wide-Flange Beams를 의미한다.

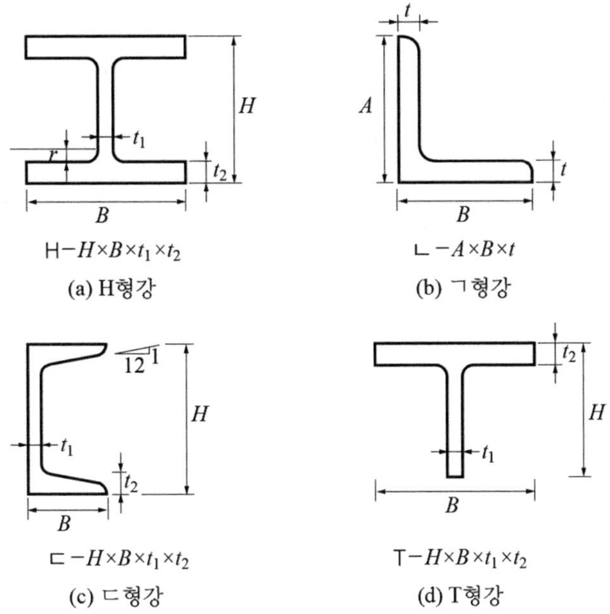

그림(1.4.1) 압연형강과 치수 표기법

■ 강재의 종류

강재의 주성분은 철(Fe)이다. 여기에 탄소, 망간 등 여러 원소가 극소량 포함되어 있으며 이 성분에 따라 재료적 성질이 달라진다. 이 중에서 탄소의 성분이 가장 큰 영향을 미치며, 탄소가 0.01% 증가할 때 응력은 3.45MPa(0.5ksi) 정도 증가한다. 그러나 탄소가 증가할수록 강재는 더 취성적이 된다. 한편 강재의 온도가 0℃ 이하로 내려가면 강도는 약간 증가하지만 연성과 인성은 크게 감소한다.

▸ 탄소강(Carbon Steels)

탄소강은 스테인레스강을 제외한 일반 강재를 의미한다. 탄소강은 약 0.15~2% 범위의 탄소를 포함하고 있으며, 성능이 우수하고 가격은 싼 편이어서 가장 널리 사용된다. 강재는 탄소량에 따라서 강도와 연성이 달라지는데, 탄소량이 증가하면 강도는 증가하지만 반대로 연성은 감소한다. 탄소 함량에 따라서 저탄소강(0.3% 이하), 보통 탄소강(0.3~0.6%), 고탄소강(0.6~1.0%), 초고탄소강(1.0~

2.0%) 등으로 구분한다. 이 중에서 저탄소강을 연강(mild steel)이라 부른다. 또한, 탄소강은 다음과 같은 원소의 최대 함량 제한치를 가지고 있다: 탄소(1.7%), 망간(1.65%), 실리콘(0.6%), 구리(0.6%).

▸ 고강도 저합금강(High-Strength Low-Alloy Steels)

탄소와 망간 외에도 컬럼븀, 바나듐, 크롬, 실리콘, 구리, 니켈 등의 원소를 함유하고 있으며, 항복응력은 300~500MPa 사이에 있다. 고강도강은 일반적으로 내부식성이 탄소강보다 크다. 저합금(low-alloy)의 용어는 전체 강재 성분 구성에 있어서 첨가 원소가 5%를 초과하지 않는다는 의미이다.

국내에서 건축구조용 초고강도 강재는 800MPa급이 개발되었으며, 해외에서는 1,100MPa급이 개발되었다. 현재 1,400~2,000MPa 사이의 강재도 시험 중에 있고, 수년 내에 3,400MPa의 강재도 생산되리라 전망하고 있다[9].

한편, 항복응력이 올라감에 따라 생산비도 올라간다. 그러나 항복응력의 상승만큼 생산비가 상승하지는 않는다. 따라서 인장재, 보, 기둥 등에는 고강도 강재를 사용하는 것이 더 경제적이다. 그리고 기둥의 길이가 짧은 경우에도 경제적이다. 그러나 보의 처짐이나 진동이 문제가 될 수 있는 장스팬의 경우, 고강도 강재가 필요하지 않다. 이 경우에는 두 세 가지의 강종을 함께 사용하는 것이 더 유리하다.

▸ 고강도 강재의 추가적인 장점

1) 내부식성이 더 좋다.
2) 자중이 절감되므로 운송, 조립, 기초 공사비 등에 유리하다.
3) 더 작은 보를 사용함으로써 층고를 줄일 수 있다.
4) 부재 단면이 줄어들기 때문에 내회피복 비용을 줄일 수 있다.

---

9 Structural Steel Design, Jack C. McCormac, Pearson Education, 2012

▸ TMCP강(Thermo Mechanical Control Process Steels)

높은 강도와 연성을 확보하기 위하여 압연 과정 중에 압연온도와 냉각조건을 조절하여 생산되는 제품으로서 탄소 함량은 낮은 편이다(0.18~0.44%). 판두께가 40~80mm의 후판(厚板)인 경우에도 항복강도의 저하가 없고, 용접성이 우수한 제품으로서 초고층건물과 장대교량에 적합하다. 국내 제품 중에는 SM490TMC, SM520TMC, SM570TMC 등이 많이 사용되고 있다. TMCP강의 탄소 함유량은 두께가 50mm 이하인 경우 0.18%이고, 50~80mm는 0.20%이다.

▸ 내후성강(Weathering Steels)

강재는 비나 바닷물에 노출되면 부식하기 때문에 방청도료로 보호해야 한다. 내후성강은 내부식성(corrosion-resistant)을 증대시키기 위하여 소량의 구리(Cu)·인(P)·크롬(Cr)·니켈(Ni) 등을 첨가한 강재이다. 내후성강이 외기에 노출되면 표면이 산화하면서 밀착성이 높은 녹이 슬면서, 보호 피막을 형성한다. 따라서 추가적인 산화 작용을 방지할 수 있으므로 방청도료를 칠하지 않아도 된다. 일반적으로 초기 산화 과정은 18~36개월이 걸린다. 내후성강은 건축물이나 교량의 골조가 외기에 그대로 노출될 때 자주 사용된다.

▸ 내화강(Fire-Resistant Steels)

강재는 상온에서 높은 강도를 가지고 있으나 화재가 발생하면 열에 의해 강도가 현저히 감소한다. 따라서 이러한 피해를 방지하기 위해 내화피복이 사용된다. 내화피복의 사용은 공사비와 공기(工期)의 증가를 가져와 경제적이지 못하다. 보통 강재의 녹는점은 1,535℃이고, 항복강도는 550℃에서 상온의 60% 수준 이하로 떨어진다[10](그림 1.5.7 참조). 그러나 내화강은 크롬(Cr), 몰리브덴(Mo), 니오브(Nb), 바나듐(V)의 합금 원소를 첨가한 것으로서 600℃의 높은 온도에서도 상온 항복강도의 2/3를 유지할 수 있다.

10 Eurocode 3: Design of Steel Structures－Part 1.2: General rules－structural fire design. (1995). European Community for Standardization, Brussels.

1.5 응력-변형률 관계(Stress-strain Relationships)

강재의 역학적 성질은 응력과 변형률의 관계를 통하여 파악할 수 있다. 이 관계는 주로 인장시험(tensile test)을 통하여 얻을 수 있으며, 강재의 강도를 결정하는 데 매우 중요하다.

인장시험에는 연강(ductile 또는 mild steel)이 시편(test specimen)으로 사용된다. 그림(1.5.1)과 같이 하중을 영(0)에서부터 서서히 증가시켜 파괴점까지 이르게 하면 응력-변형률 곡선을 얻을 수 있다(그림 1.5.2).

인장시험으로부터 얻어지는 응력(f)과 변형률(ϵ)의 관계를 살펴보자(그림 1.5.1).

$$f = P/A \tag{1.5.1}$$

$$\epsilon = \Delta L/L \tag{1.5.2}$$

여기서

P=인장력, A=단면적, ΔL=늘어난 길이, L=길이

$f = E\epsilon$의 관계로부터 $P/A = E(\Delta L/L)$

따라서 $\Delta L = PL/AE$

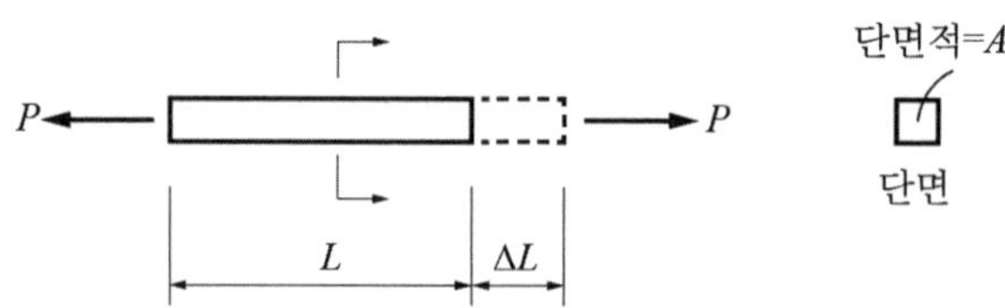

그림(1.5.1) 인장시험과 늘어난 길이(ΔL)

Note

식(1.5.1)에 표현된 응력(f)을 공칭응력(nominal stress) 또는 공학응력(engineering stress)이라고도 한다.

▸ 응력–변형률 곡선의 고찰

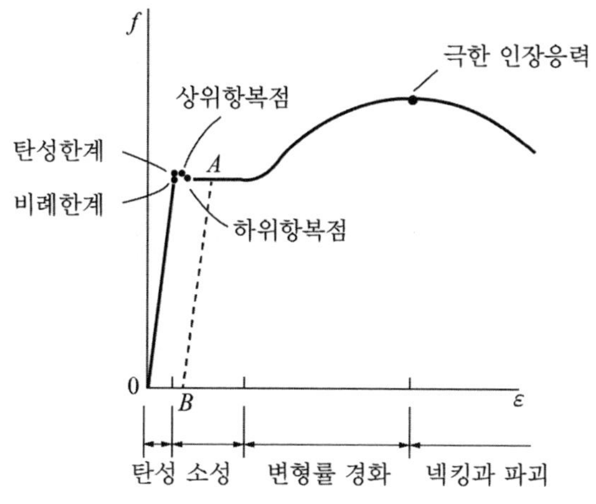

그림(1.5.2) 응력–변형률 곡선

1) 응력이 비례한계(proportional limit)까지는 선형(직선)으로 증가하며, 후크의 법칙이 적용된다($f = E\epsilon$). 즉, 응력과 변형률의 관계는 상수(E)이다. 모든 구조 강재는 동일한 탄성계수(E) 값을 가진다(그림 1.5.5 참조). 대부분의 구조부재는 이 범위 내에서 하중(응력)을 받는다.

2) 응력이 비례한계를 지나서 탄성한계(elastic limit)에 이른다. 이 구간은 엄밀하게는 비선형이며, 여기까지가 탄성영역이다. 탄성영역에서는 하중을 제거하면 변형은 없어진다.

3) 응력은 탄성한계점에서 상위항복점(yield point)을 거쳐 하위항복점으로 내려온다. 여기서부터는 응력이 일정하게 유지되어도 변형은 계속적으로 증가한다. 변형률이 항복점 변형률의 10~15배 정도까지 증가하는데, 이 구간을 소성영역이

라 한다. 여기에서 하중을 제거하면(그림 1.5.2의 직선 AB) 영구변형(permanent deformation)이 남는다.

4) 소성영역을 지나서 변형률 경화(strain hardening)가 시작한다. 추가적인 변형이 일어나려면 하중을 증가시켜야 한다.

5) 극한 인장응력(ultimate tensile stress)에 도달하면 곧 바로 변형률이 증가하면서 단면적이 감소하는 넥킹(necking) 현상이 시작되고 이어서 파괴에 도달하게 된다.

그림(1.5.3) 시편의 넥킹 현상

Note

1) 하중이 작용하는 동안 단면적은 감소하지만(포아송 효과) 응력 계산 시에는 초기 단면적을 사용한다.
2) 강재가 압축력을 받을 경우, 탄성구간에서 응력-변형률 곡선은 인장의 경우와 아주 유사하다. 그러나 최대응력은 압축의 경우가 인장보다 훨씬 더 크다[11].
3) 항복응력(F_y), 극한 인장응력(F_u), 탄성계수(E)가 구조설계에서 가장 중요한 값들이다.
4) 넥킹(necking) 현상이 일어나면 실제응력은 그림(1.5.2)보다 커진다.

11 Mechanics of Materials, Gere, Goodno, Cengage Learning, 2008

■ 응력–변형률 곡선의 이상화

그림(1.5.2)에서 비례한계, 탄성한계, 상위항복점, 하위항복점 모두가 매우 가까이 위치하고 있다. 이상화된 응력-변형률 곡선(그림 1.5.4)에서는 이 점들을 모두 한 점으로 간주하고 항복점(yield point)이라 부른다. 또한, 이 점의 응력을 항복응력(F_y)이라 한다.

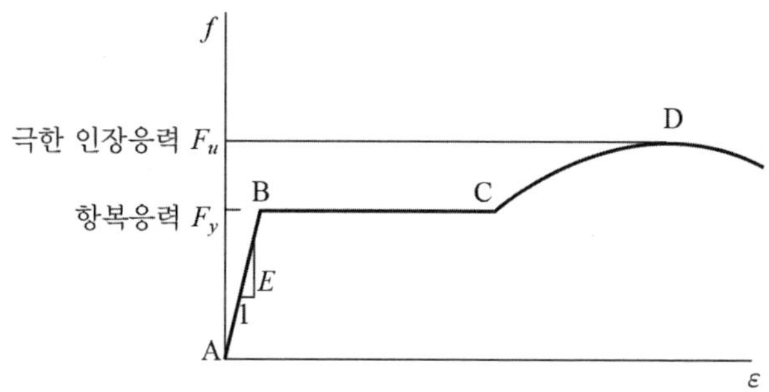

그림(1.5.4) 이상화된 응력–변형률 곡선

■ 탄성계수(Modulus of Elasticity)

그림(1.5.4)의 직선 A–B의 기울기를 탄성계수 E로 표기하고, 영계수(Young's modulus)라고도 한다. 모든 구조용 강재에 대해 동일한 값이 사용되며, 국내에서는 210,000 MPa(N/mm^2), ASTM에서는 29,000 ksi[12]를 사용한다[13].

* 2017년 1월 1일 개정된 한국산업표준(KS)에 의하여 강재의 탄성계수(E)를 205,000 MPa에서 210,000 MPa로 상향조정 되었다.

■ 탄성영역(Elastic Range)

그림(1.5.4)의 A–B 구간을 탄성영역이라고 부른다. 이 영역에서 하중을 제거하면 응력은 직선 A–B를 따라 원점으로 돌아가고 변형은 남지 않는다[14].

12 ksi (kips per square inch)

13 한국산업표준(KS) 2017.

14 Upon unloading it will return to its original length.

■ 항복응력(Yield Stress)

2017년 1월 1일 개정된 KS 항복응력은 다음과 같다.

<table>
<tr><th>강도</th><th>강재기호 / 판두께</th><th>SS275</th><th>SM275
SMA275</th><th>SM355
SMA355</th><th>SM420</th><th>SM460</th><th>SN275</th><th>SN355</th><th>SHN275</th><th>SHN355</th></tr>
<tr><td rowspan="4">F_y</td><td>16mm이하</td><td>275</td><td>275</td><td>355</td><td>420</td><td>460</td><td rowspan="2">275</td><td rowspan="2">355</td><td rowspan="3">275</td><td rowspan="3">355</td></tr>
<tr><td>16mm초과
40mm이하</td><td>265</td><td>265</td><td>345</td><td>410</td><td>450</td></tr>
<tr><td>40mm초과
75mm이하</td><td rowspan="2">245</td><td>255</td><td>335</td><td>400</td><td>430</td><td rowspan="2">255</td><td rowspan="2">335</td></tr>
<tr><td>75mm초과
100mm이하</td><td>245</td><td>325</td><td>390</td><td>420</td><td>–</td><td>–</td></tr>
</table>

SS275($F_y = 275\text{MPa}$), SM490($F_y = 355\text{MPa}$), SM420($F_y = 420\text{MPa}$)

한편, 탄소강인 ASTM A36강의 항복응력은 36ksi(248MPa)이며, A572(Grade 50)의 항복응력은 50ksi(345MPa)이다.

Note

미국에서 A36 강재는 현재 거의 쓰지 않고 있으며, A572(Grade, 50ksi)와 A572(Grade 65, 65ksi)를 주로 사용하고 있다.

■ 소성영역(Plastic Range)

그림(1.5.4)의 B-C 구간을 소성영역이라고 부른다. 이 영역에서는 하중을 증가시키지 않아도 변형이 계속된다. C점의 변형률은 항복점(B점) 변형률의 10~15배 정도이다. 이 영역에서 하중을 제거하면 영구변형이 남는다(그림 1.5.2).

■ 변형률 경화 영역(Strain Hardening Range)

그림(1.5.4)에서 응력은 C점을 지나면서 변형률과 더불어 다시 증가하면서 D점에서 최대값에 이른다. 이 영역을 변형률 경화 영역이라 한다.

■ 극한 인장응력(Ultimate Tensile Stress)

그림(1.5.4)의 D점은 최대응력점으로서 이때의 응력을 극한 인장응력(F_u)이라고 부른다. 이 값은 구조설계에 필요한 응력이다. 국내 제품의 (극한)인장응력(두께 100mm 이하)은 다음과 같다.

SS275($F_u = 410\text{MPa}$), SM355($F_u = 490\text{MPa}$), SM460($F_u = 570\text{MPa}$)

한편, ASTM A36 탄소강의 인장응력[15]은 58 ~ 80ksi (400 ~ 552MPa)이며, A572(Gr. 50)의 경우는 65ksi (450MPa)이다.

■ 고강도 강재의 응력–변형률

항복점이 분명하지 않는 고강도 강재의 경우($F_y \geq 450\text{MPa}$), 0.2% 오프셋(offset) 방법이나 0.5% 신장(elongation) 방법으로 항복점을 정한다. 그림(1.5.5)는 0.2% 오프셋 방법을 사용하고 있으며, 곡선 (c)의 경우 $F_y = 689\text{MPa}$ (100ksi)를 보이고 있다.

그림(1.5.5)에는 3가지 강종의 응력–변형률의 곡선이 나타나 있다.

1) 곡선 (a), (b), (c) 모두 동일한 탄성계수(E)를 보여주고 있다.
2) 곡선 (a)와 (b)는 모두 항복점을 분명하게 나타내고 있다.
3) 곡선 (c)는 항복점이 분명하지 않다.
4) 고강도강은 일반강(연강)보다 연성이 작다.

---

15 인장강도라고도 표현한다.

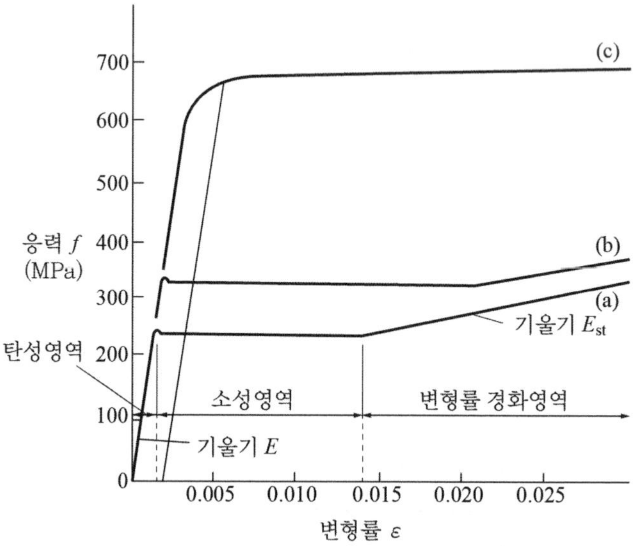

그림(1.5.5) 고강도 강재의 응력–변형률

■ 강재의 특성

▸ 잔류응력(Residual Stresses)

실제 건물에 사용되는 기둥 부재를 가지고 압축실험을 해보면 기둥의 강도가 좌굴하중보다도 훨씬 작은 값을 보인다. 여기에는 몇 가지 이유가 있다. 재료의 비탄성, 기둥의 초기 휘어짐, 단부 구속조건의 모델링 등이다. 이 중에서 재료의 비탄성은 기둥 단면에 존재하는 잔류응력에 기인한다. 이것은 제조과정에서 가열과 냉각을 거치면서 일어난다.

그림(1.5.6)에서 보는 바와 같이, 초기 냉각과정(그림 1.5.6a)에서 플랜지의 끝 부분이 먼저 냉각한다. 재료는 냉각하면서 수축하며 궁극적으로 상온에 도달한다. 옆 부분도 냉각하면서 수축하는데, 이미 냉각된 끝 부분을 잡아당기면서 압축응력을 일으킨다. 그림(1.5.6b)는 플랜지에서 추가적으로 냉각되는 부분을 보여준다. 이미 냉각된 끝 부분은 새로이 수축하는 부분을 억제하는 강성을 가지고 있어 새 부분에서는 수축할 수 없기 때문에 인장응력이 발생한다. 단면이 완전히 냉각하면(그림 1.5.6c) 플랜지의 끝 부분과 웨브의 중간 부분은 압축응력을 받고, 교차 부분은 인장응력을 받는다.

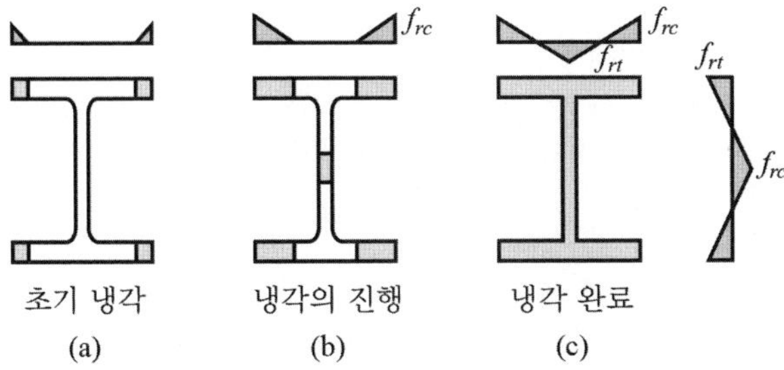

그림(1.5.6) 잔류응력의 분포

▸ 열처리

강(steel)은 소둔(annealing)이라는 열처리 과정을 통하여 가공하면 더 나은 제품이 될 수 있다. 강(鋼)을 700~760℃(1,300~1,400°F) 정도로 서너 시간 가열한 후, 서서히 상온 상태로 냉각하는 과정이 소둔(燒鈍)이다. 소둔 과정을 거친 강은 경도(hardness)와 취성(brittleness)이 감소되는 반면에 연성(延性)은 증대된다.

▸ 화재의 영향

강재가 화재에 노출되면 강도 저하가 일어난다. 일반적으로 강재의 온도가 400℃에 이를 때까지는 강도가 심각하게 저하되지 않는다. 그러나 400℃를 넘어서면서 하중저항능력(항복응력, 극한 인장응력)은 급격하게 떨어지게 되며, 온도가 550℃를 넘으면 60% 수준으로 떨어진다. 온도가 1,100℃에 이르면 상온의 20% 정도로 내려간다.

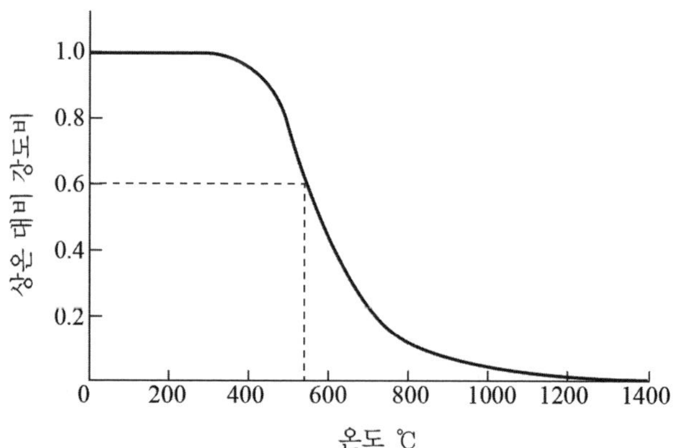

그림(1.5.7) 항복응력과 온도의 영향

▸ 라멜러 테어링(Lamellar Tearing)

강재의 재료 특성은 인장시험에 의한 응력-변형률 곡선을 통해 얻어진다. 압연 강재의 인장시험에서는 일반적으로 압연 방향과 평행하게 시험편을 채취한다. 그러나 압연 강재의 재료적 특성은 등방성을 갖지 않으며, 그림(1.5.8)과 같이 압연 직각방향 또는 판두께 방향(Z방향)에 대해서는 연성과 인성이 다소 낮아지는 특성을 보인다.

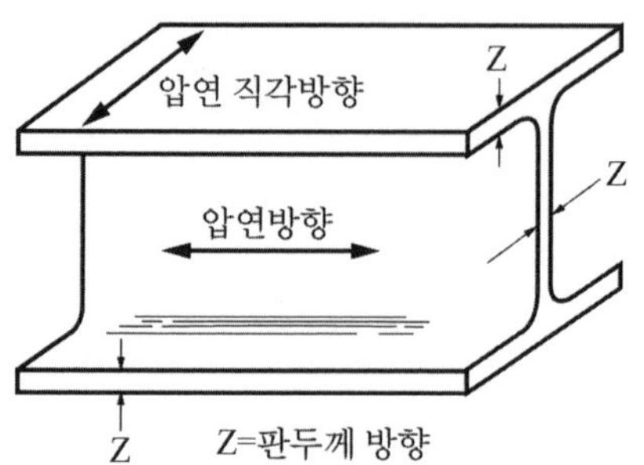

그림(1.5.8) 강재의 방향성 정의

이러한 현상은 두꺼운 판이 얇은 판에 용접될 때 큰 문제가 될 수 있다. 용접부의 강한 구속에 의해 Z방향의 용접 수축이 적절하게 분배되지 못하면 압연과 평행한 방향으로 강재에 균열이 발생할 수 있는데, 이를 라멜러 테어링이라 한다.

그림(1.5.9)는 용접부가 수축하면서 발생하는 균열을 보여준다. 이 균열은 가는 실선(즉, 압연 방향)을 따라 생기는데, 이는 실선들의 직각방향으로 연성과 인성이 부족하기 때문이다.

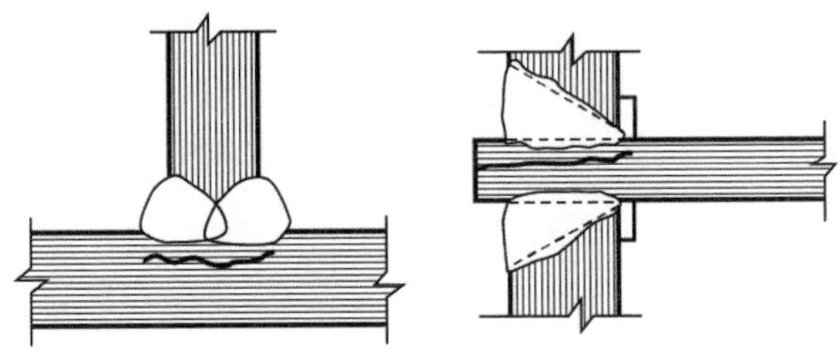

그림(1.5.9) 용접에 의한 라멜러 테어링

라멜러 테어링 문제는 적절한 용접 상세 및 용접 절차의 개선을 통해 완화할 수 있다. 이를 위해서는 용접에 의한 수축이 강재의 압연 방향으로 가능한 많이 발생할 수 있도록 용접 상세가 마련되어야 한다. 그림(1.5.10)은 라멜러 테어링의 가능성을 줄여줄 수 있는 용접 상세를 보여준다.

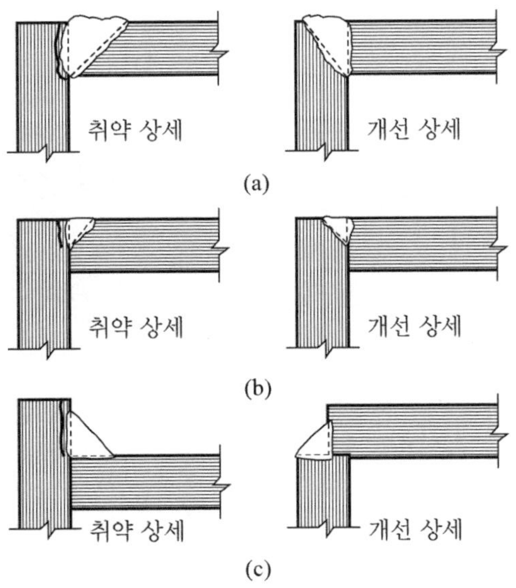

그림(1.5.10) 라멜러 테어링의 방지

1.6 구조설계자의 역할(Roles of Structural Designer)

구조설계자의 주된 역할은 건물에 부과되는 하중을 적절히 지지할 수 있도록 전체 구조물의 시스템과 개별 구조부재들을 설계하는 것이다. 적절한 구조시스템을 선정하기 위하여 구조설계자는 여러 가지 선택 가능한 계획안을 검토한다. 이 과정에서 하중 조건을 파악하고 부재의 응력과 처짐 등을 계산한다. 구조설계안은 안전함과 동시에 경제적으로 합리적이어야 하고, 시공성도 우수해야 한다. 구조설계의 최종 결과물은 구조도면으로 작성되어 시공이 이루어진다. 구조설계자는 이 구조도면에 대하여 책임을 진다.

▪ 구조안전(Structural Safety)과 사용성(Serviceability)

구조물은 부과되는 하중에 대해 안전하게 설계되어야 한다. 그리고 처짐과 진동에 대해서도 과도하지 않아야 한다. 과도한 처짐과 진동은 건물 사용자에게 불안감을 주거나 보이지 않는 작은 균열을 유발한다.

▪ 공사비(Cost)

구조설계자는 부재 강도의 안전 범위 내에서 공사비를 줄일 수 있는 방법을 강구하여야 한다. 이를 위해 표준 부재의 사용, 단순접합, 유지관리에 적합한 재료의 선택 등이 고려된다.

▪ 시공성(Constructability)

구조설계의 또 다른 목표 중의 하나는 부재의 가공과 조립을 용이하게 하는 것이다. 따라서 구조설계자는 부재 가공의 방법과 가공 설비에 대해서도 이해하고 있어야 한다. 설계자가 현장과 공장에서 일어나는 문제점, 허용 오차(tolerances)와 허용 간격(clearances) 등을 자세히 알고 있으면 더 합리적이고 실용적이며, 경제적인 설계를 할 수 있다. 그리고 자재의 운송 방법, 현장 근로자의 여건, 조립 및 설치 장비의 여건 등에 대해서도 알고 있어야 한다. 구조설계자는 냉난방 설비와 구조부재 간의 간섭 문제, 건축설계의 효과에 대한 이해도 필요하다.

1.7 경제적 설계(Economical Design)

강구조의 부재 설계는 하중을 지지하는 부재 단면의 특성을 파악하고, 가장 가벼운 단면을 선택하는 것처럼 보인다. 그러나 경제적인 설계를 위해서는 다른 요인들도 함께 고려해야 한다.

오늘날 구조용 강재의 제작(fabrication)과 설치(erection)에 소요되는 인건비는 전체 공사비의 60%를 차지하고 있다. 반면에 재료비는 약 25% 정도이다. 따라서 구조물의 경쟁력 향상을 위해서는 시공성 향상과 함께 인건비를 절감하는 방안을 모색하여야 한다. 설계자는 공사비를 고려할 때 강재 물량에 대해서만 고려하는 경향이 있다. 그 결과, 설계자는 가장 가벼운 부재로 설계하여 재료비는 절감하는 대신 인건비는 높게 하는 경우도 있다.

경제적인 강구조물을 설계하기 위하여 고려해야 할 사항은 다음과 같다

1) 설계자, 제작자, 시공자 등 프로젝트 참여자들이 활발하게 의사 교환을 한다. 이러한 과정은 각자의 역량과 경험에서 나오는 경제적인 아이디어를 반영하게 한다.

2) 가능하면 압연형강 단면을 사용하여 제작비를 줄여야 한다. 단면 사이즈가 특이한 경우에는 구입하기가 어렵거나 매우 비싸다. 또한, 특별 제작을 요구하는 단면은 피하는 것이 좋다.

3) 가장 가벼운 단면이 항상 가장 경제적이지는 않다. 가장 가벼운 단면으로 설계된 건물이 여러 개의 서로 다른 형태와 크기를 가진 부재들로 구성되면 복잡해질 뿐만 아니라 공사비도 높아진다. 또한, 동일한 부재를 대량으로 구입하는 것이 더 경제적이기 때문에 일부 부재가 약간 과하게 설계되더라도 가능한 한 동일한 사이즈의 부재를 많이 사용한다. 이러한 설계는 디테일, 제작, 설치 비용 등을 감소시킬 수 있다.

4) 보의 경우에 무게가 비슷하면 춤이 큰 단면을 사용한다. 춤이 큰 보의 단면2차모멘트와 저항모멘트의 값이 더 크다. 그러나 건물의 높이가 증가할 경우, 이 설계 방법이 항상 경제적이라고 말할 수 없다. 각 층이 최소 층고를 가지는 30층 규모의 건물을 생각해 보자. 보의 무게를 약간 늘리면서 춤을 대략 10cm 정도 줄일 수 있다고 가정하면, 보의 공사비는 증가하지만 건물의 전체 높이는 300cm 정도 줄어든다(한 개 층의 높이). 따라서 기둥, 벽체, 엘리베이터 통로, 배관, 배선의 길이도 줄어들고, 나아가 기초의 크기도 작아진다.

5) 강재보의 제작 및 설치 비용은 가벼운 부재와 무거운 부재가 거의 비슷하다. 그러므로 보는 가능한 배치 간격을 넓게 하고 개수를 줄여서 제작 및 설치 비용 또한 줄여야 한다.

6) 구조용 강재는 설계지침에서 요구하는 경우에만 도장(painting)을 한다. 강재가 콘크리트에 묻혀 있는 경우에는 도장하지 않아도 된다. 더욱이 내화피복을 해야 하는 경우에 도장이 되어 있지 않으면 피복 물질이 더 잘 부착한다.

1.8 구조물의 파괴(Failure of Structures)

구조물의 설계는 성공한 사례뿐만 아니라 실패한 사례에서도 배울 점이 있다. 특히, 경험이 많지 않은 설계자가 어떤 부분에 주의를 기울여야 하는지 신중한 판단이 필요하다. 강구조설계에서는 적절한 크기와 강도를 가지는 부재를 선택함과 동시에 접합부 상세, 처짐, 시공 과정(erection), 지반 침하 등에 세심한 주의를 기울여야 한다.

설계자들은 구조부재를 잘 설계한 후에도 접합부 설계에는 충분한 검토를 하지 않는 실수를 범하고 있다. 심지어 접합부 설계의 어려움을 충분히 이해하지 못하는 제도사들이 접합부 설계를 하는 경우도 있다. 그리고 접합부 설계에서 발생하는 가장 흔한 실수는 비틀림모멘트와 같이 접합부에 작용하는 힘을 간과하는 것이다. 축력만 받도록 설계된 트러스 부재에서 접합부가 편심을 받게 되면 2차 응력을 발생시키는 모멘트가 작용한다. 이와 같은 2차응력은 무시하지 못할 정도로 큰 경우가 있다.

다른 사례로는 보가 벽체에 지지된 경우로서 충분한 지압력이나 정착길이를 확보하지 못할 때 발생한다. 비가 오는 밤에 배수구가 고장난 평지붕을 받치고 있는 보를 가정해 보자. 빗물이 지붕에 물웅덩이를 만들기 시작하면서 보의 중앙부가 처지게 된다. 지붕에는 빗물이 더 모이고 보의 처짐은 계속해서 증가한다. 보가 처지면서 벽체를 밀게 되어 벽체가 붕괴되거나 보단부가 벽체로부터 밀려날 수 있다.

또 다른 사례로는 기초 침하에 의한 것이다. 대부분의 기초 침하가 붕괴로 나타나지는 않으나 눈에 보이지 않는 균열을 일으키면서 건물의 가치가 하락할 수 있다. 기초의 모든 부분이 동일하게 침하된다면 이론적으로 구조물의 응력 상태에는 변화가 없을 것이다. 그러나 지반 조건이 동일하지 않은 경우는 기초의 부동침하 현상이 발생할 수 있다. 구조설계자는 지질조사서를 토대로 구조물의 하중 분포를 고려해서 기둥의 위치를 계획하여 기초의 부동침하를 감소하도록 노력해야 한다. 또한, 예측되는 부동침하량에 의해 발생되는 응력을 구조설계에 반영하여야 한다.

다른 요인들도 구조적 실패의 원인이 된다. 여기에는 부재의 피로, 횡변위에 대한 안정성, 진동, 기둥의 좌굴, 보 압축플랜지의 좌굴 등이 있다. 일반적으로 구조물이 완공되었을 때는 바닥, 벽체, 접합부 그리고 가새에 의해 충분하게 지지되고 있지만 시공 중에는 이러한 요소들이 없는 상태이다. 따라서 최악의 조건은 시공 중에 발생할 수 있으므로 시공 시 하중과 임시 지지대 조건을 고려하여 특별한 가설재의 설치 여부를 결정하여야 한다.

02

하중과 설계법

/

2.1 하중(Loads)

건물에 작용하는 하중에는 여러 가지 종류가 있다. 정적하중으로서 고정하중(dead load)과 활하중(live load)이 있고, 동적하중으로서 지진하중(earthquake load)과 풍하중(wind load) 등이 있다.

고정하중은 영구적인 것으로서 자중(self weight)을 포함하며 바닥재, 칸막이벽, 천장 등이 있다. 활하중은 하중 발생 시간이 변할 수도 있고, 작용하는 위치가 변할 수도 있다. 여기에는 건물 내부에서 작용하는 거주자, 가구, 장비 등에 의한 하중이 포함된다. 건물에 작용하는 하중은 고정하중과 활하중 이외에도 건물의 외부에서 작용하는 풍하중, 적설하중, 토압, 수압 등이 있다. 고정하중과 활하중은 중력에 기인하므로 중력하중(gravity load) 또는 연직하중(vertical load)이라고도 한다.

지진하중은 대단히 위협적인 하중이다. 미국의 노스리지 지진(1994), 일본의 고베 지진(1995), 동일본 지진(2011) 등에서 목격한 바와 같이 수많은 인명 피해와 막대한 재산 손실을 가져다준다. 따라서 강구조설계에서 지진에 대비하는 설계가 매우 중요하다. 한편 풍하중은 경량 지붕 구조물과 고층건물에서 심각한 문제가 될 수 있다. 구조적인 문제 외에도 강풍에 의해 건물이 변형을 일으켜 외벽에 손상이 생기기도 하고, 심하게 흔들리면 거주자에게 불안감을 주는 사용성 문제가 발생한다.

▪ 고정하중(Dead Load)

고정하중은 이론적으로 말하자면 건물의 일생(lifespan) 동안 일정하게 남아있는 하중을 말한다. 여기에는 건물의 자중과 칸막이 벽체, 바닥과 천장 재료 및 영구적인 기계 장비 등이 포함된다. 고정하중은 설계기준에 항목별로 명시되어 있으므로 실제 무게를 비교적 정확하게 계산할 수 있다.

다음은 주요 재료의 단위 체적당 무게이다.

- 벽돌 1.9ton/m^3 (120pcf[16])
- 콘크리트 2.3ton/m^3 (150pcf)
- 강재(압연) 7.8ton/m^3 (490pcf)

Note

괄호 안은 ASTM 기준이다.

■ 활하중(Live Load)

활하중은 건물에 영구적으로 부과되는 하중이 아니다. 사용자, 가구, 움직일 수 있는 장비 등의 무게가 여기에 해당한다. 고정하중과는 달리 활하중의 편차는 상당히 큰 편이며, 예측 가능한 최대값을 사용한다. 따라서 설계기준에서 등분포하중으로 제시되는 활하중은 실제보다 큰 편이다. 다음은 용도별 활하중의 면적당 무게이다.

- 주거시설 2.0kN/m^2 (40psf)
- 사무시설 2.5kN/m^2 (50psf)
- 판매시설[17] 4.0kN/m^2 (100psf)
- 서고(도서관) 7.5kN/m^2 (150psf)

기둥과 보의 설계를 위한 바닥하중의 계산은 그림(2.1.1)의 분담면적(tributary area)에 근거하여 계산할 수 있다.

---

16 pcf(pound per cubic foot)

17 판매시설 1층의 경우 5.0kN/m^{2}이다.

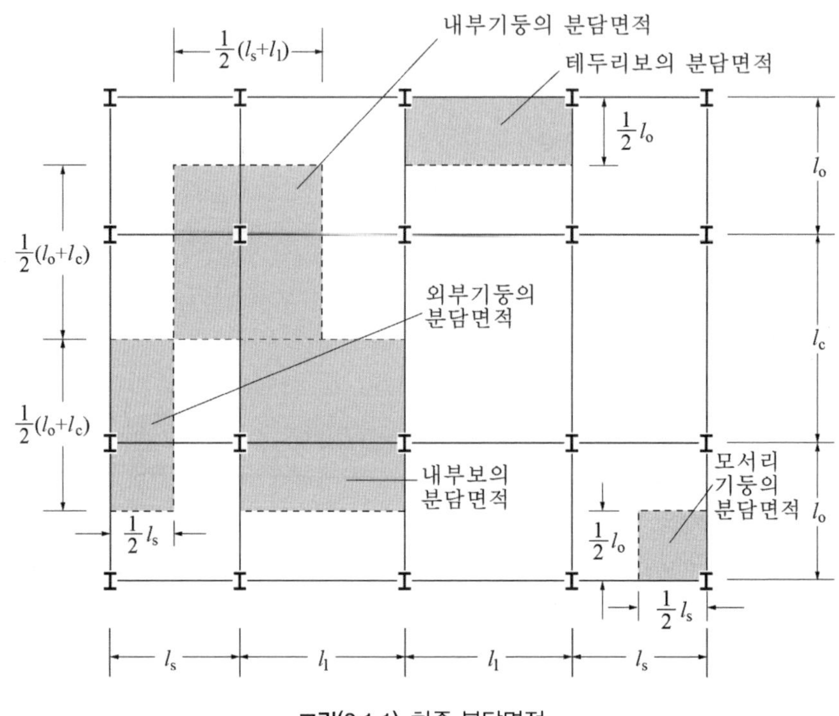

그림(2.1.1) 하중 분담면적

■ **적설하중(Snow Loads)**

적설하중은 기본적으로 지붕에 작용하는 하중이다. 그러나 적설량의 크기와 분포는 지역에 따라 편차가 크고 건물(특히 지붕)의 형태에도 영향을 받는다. 적설하중은 100년 재현주기에 근거하여 산정하고 있다.

적설하중은 지상적설량과 지붕적설하중계수, 노출계수, 지붕경사도 및 형상계수 등을 고려하여 결정된다. 우리나라의 주요 도시에 대한 적설하중기준치는 다음과 같다.

◦ 서울, 부산: 0.5kN/m^2, 강릉: 3.0kN/m^2, 울릉도, 대관령: 7.0kN/m^2

■ 풍하중(Wind Load)

풍하중은 바람의 운동에너지가 압력 형태의 위치에너지로 변환되어 생기는 동적하중으로 여러 가지 조건에 따라 달라진다. 풍하중은 공기밀도, 풍속 및 풍향 등의 기상학적인 특성과 건물의 형상, 질량과 강성, 감쇠 등의 구조역학적인 특성, 그리고 지표면 상태, 언덕이나 산악 지형 등 지형학적인 특성에 따라 달라지므로 이를 정량적으로 산정하기는 거의 불가능하다.

풍하중은 일반적으로 저층건물에서는 정적하중으로, 고층건물과 대공간, 장스팬 건물에서는 동적하중으로 고려한다. 저층건물의 경우 풍하중은 건물의 구조역학적인 특성(감쇠와 고유진동수)에 크게 영향을 받지 않으므로 정적하중으로 간주하여 설계기준을 따른다. 그러나 고층건물이나 대공간구조물에서는 구조물의 동적 특성을 반드시 고려하여야 한다. 더욱이 최근에는 건물이 고층화와 경량화 그리고 장스팬화 됨에 따라 풍하중으로 인한 수평변위와 진동의 영향을 크게 받는다. 따라서 건물의 안전성뿐만 아니라 거주성에도 심각한 문제를 초래할 수 있다.

구조물의 동적 특성을 고려할 경우에는 풍동실험 결과를 토대로 풍하중을 산정하여야 한다. 저층건물에서는 풍하중이 구조설계에 크게 문제가 되지 않지만, 고층건물의 경우 지진하중보다 풍하중이 커지게 되어 풍하중을 중심으로 구조설계가 이루어진다. 따라서 적절한 풍하중 산정은 초고층 프로젝트의 경제성과 직결된 문제라고 할 수 있다.

설계 풍하중은 구조골조용, 지붕골조용 및 외장재용 풍하중으로 구분하며, 각각 건물의 대표 높이에서 구한 설계용 풍압에 건물의 대표면적을 곱하여 산정한다. 우리나라는 100년 재현주기의 기본풍속에 대해 풍압을 계산하고, 수압(분담)면적을 곱하여 풍하중을 산정하고 있다. 풍하중을 계산하는 과정에 건물의 중요도, 지상으로부터 높이, 주변 지형 및 건물의 영향, 그리고 풍향과 같은 여러 요소가 고려되고 있다.

다음은 구조골조용 풍하중을 산정하는 과정이다.

▸ 구조골조용 풍하중 산정식

구조골조용 풍하중은 설계속도압에 수압면적, 가스트영향계수, 풍력계수 또는 풍압계수를 곱하여 다음과 같이 구한다.

$$W(z) = q(z)A(z)GC_{pw} - q_h A(z)GC_{pl} \tag{2.1.1}$$

여기서

$q(z)$, q_h는 각각 z 및 h (지붕 높이)에서의 설계속도압, $A(z)$는 수압면적, G는 가스트영향계수, C_{pw} 및 C_{pl}은 각각 풍상측과 풍하측의 풍압계수이다.

▸ 설계속도압

설계속도압은 설계풍속과 공기밀도를 이용하여 다음과 같이 구한다.

$$q(z) = \frac{1}{2}\rho V(z)^2 \tag{2.1.2}$$

여기서 ρ는 공기밀도, $V(z)$는 높이 z에서의 설계풍속이다.

▸ 설계풍속

설계풍속은 기본풍속(V_0)에 고도분포계수(K_{zr}), 지형에 의한 풍속할증계수(K_{zt}) 및 중요도계수(I_w)를 곱하여 다음과 같이 산정된다.

$$V(z) = V_0 K_{zr} K_{zt} I_w \tag{2.1.3}$$

▸ 기본풍속(V_0)

기본풍속은 100년 재현기간에 노풍도 C 지역에서의 높이 10m에서 발생하는 10분간 평균풍속이다. 이러한 기본풍속은 각 지역별로 기상대에서 측정된 기상자료를 바탕으로 확률·통계적으로 추정된 기본풍속도에 제시되어 있다. 기본풍속도에서는 기본풍속을 5m/s 단위로 구분하여 규정하고 있다.

▸ 고도분포계수(K_{zr})

고도분포계수는 지표면의 거칠기에 따른 풍상측의 노풍도에 의해 결정된다. 건축물 하중기준에서는 고도분포계수를 지수법칙을 이용하여 모델링하고 있으므로 각 노풍도 별로 분포지수 α와 경도풍 고도 Z_g를 제시하고 있다. 각 노풍도의 경도풍 고도에서 풍속 V_g는 노풍도에 관계없이 같기 때문에 노풍도 C에서 구한 기본풍속을 다른 노풍도의 값으로 변환할 수 있다.

표(2.1.1) 노풍도에 따른 고도분포지수 및 경도풍 고도

노풍도	A	B	C	D
α	0.33	0.22	0.15	0.10
Z_g	500	400	300	200

고도분포지수 및 경도풍 고도를 사용하여 다음과 같이 설계풍속($V(z)$)을 구할 수 있다.

$$V(z) = V_g(\frac{Z}{Z_g})^{\alpha} \tag{2.1.4}$$

그러나 건축물 하중기준에서 제시되어 있는 기본풍속은 노풍도 C에서 높이 10m인 지점에서 정의되어 있으므로 이를 각 노풍도별로 변환하여 적용하여야 한다.

▸ 중요도계수(I_w)

중요도계수는 건물의 중요도에 따른 설계풍속의 재현주기를 할증시켜 주는 계수이다. 이 계수는 100년 재현기간 풍속에 대한 임의의 재현기간 풍속 비율로 정의되며, 중요도 1.1은 재현기간이 300년, 1.0은 100년, 0.95는 50년, 0.9는 25년에 해당한다. 즉, 재해 발생 시 성능의 손상 없이 그 기능을 다하여야 하는 병원, 소방서와 같은 공공기관이나 인명 피해가 많이 발생할 수 있는 연면적이 일정 규모 이상인 건물 또는 공공장소 및 집회시설 등의 설계에서는 상대적으로 높은 중요도계수를 적용한다.

■ 지진하중(Seismic Load)

지진은 자연재해 중 가장 파괴력이 큰 환경하중으로서 구조물에 미치는 영향이 매우 크다. 지진으로 인한 지반운동은 구조체에 횡변형을 일으키고, 이 횡변형으로 인해 관성력이 발생한다. 이 관성력은 구조체에 응력을 발생시키면서 하중으로 작용하는데 이 하중을 지진하중이라 한다.

지진하중에 대한 해석방법으로는 정적해석과 동적해석 방법이 있다. 정적해석법은 지진하중을 등가 정적하중으로 고려하여 해석하는 방법이다. 동적해석에서는 지진 발생 시 나타나는 구조체의 가속도, 속도, 변위 중에 최대 응답을 나타내는 지진 반응스펙트럼(earthquake response spectrum)을 이용하는 스펙트럼 해석법과 실제 지진파를 이용하여 구조체의 반응을 계산하는 시간이력(time history) 해석법이 있다. 지진에 민감한 고층건물이나 원자력 발전소 등의 설계에는 동적해석을 수행하여야 한다.

지진하중을 산정하는 절차에서는 우선적으로 밑면전단력(base shear)을 결정한다. 밑면전단력은 건물의 중량에 지진응답계수를 곱한 값으로 정의한다. 정적해석을 수행하는 경우, KBC[18]에서는 다음과 같이 건물의 밑면전단력을 정의하고 있다.

$$V = C_s W \qquad (2.1.5)$$

여기서 V: 밑면전단력, C_s: 지진응답계수, W: 유효 건물중량

지진응답계수(C_s)는 설계스펙트럼, 고유주기, 반응수정계수, 중요도계수 등의 함수이며, 다음 식에 따라 구한다.

---

18 Korean Building Code

$$0.01 \le C_s = \frac{S_{D1}}{T(R/I_E)} \le \frac{S_{DS}}{R/I_E} \tag{2.1.6}$$

여기서

I_E: 건축물의 중요도계수, R: 반응수정계수, S_{DS}: 단주기 설계스펙트럼 가속도,
S_{D1}: 주기 1초에서 설계스펙트럼 가속도, T: 건축물의 고유주기

설계자는 내진설계를 위해 적절한 반응수정계수(R) 값을 선택하여야 한다. 그러나 KBC에서는 반응수정계수(R)가 3이하인 강구조물의 내진설계에서는 특별한 요구사항이 없는 한 내진상세를 적용하지 않는다고 규정하고 있다. 즉, 일반 강구조설계기준을 따르면 된다. 한편, 반응수정계수(R)가 3을 초과하는 경우 강구조 내진설계기준의 내진상세에 대한 요구사항을 만족하여야 한다.

▸ 지진력의 수직 분포

밑면전단력을 수직 분포시키는 층별 횡하중 F_x는 다음 식에 따라 결정한다.

$$F_x = C_{vx} V \tag{2.1.7}$$

$$C_{vx} = \frac{w_x h_x^k}{\sum_{i=1}^{n} w_i h_i^k} \tag{2.1.8}$$

여기서

C_{vx}: 수직분포계수

k: 건축물 주기에 따른 분포계수

$k=1$: 0.5초 이하의 주기를 가진 건축물

$k=2$: 2.5초 이상의 주기를 가진 건축물

(단, 0.5초와 2.5초 사이의 주기를 가진 건축물에서 k는 1과 2사이의 값을 직선 보간하여 구한다.)

h_i, h_x: 밑면으로부터 i 또는 x 층까지의 높이

w_i, w_x: i 또는 x 층 바닥에서의 중량

n: 층수

▸ 층전단력

x층에서의 층전단력 V_x는 다음 식에 의해 결정한다.

$$V_x = \sum_{i=x}^{n} F_i \tag{2.1.9}$$

여기서 F_i는 i층 바닥에 작용하는 지진력이다.

따라서 밑면전단력(V)은 층별 지진하중의 합이 된다.

$$V = C_s W = \sum_{i=1}^{n} F_i \tag{2.1.10}$$

Note

경제적인 내진설계를 수행하기 위하여 최대 지진 발생 시 골조를 제외한 건물의 일부 손상은 허용하되, 골조의 붕괴와 같은 심각한 손상이나 인명 피해를 방지하는데 목표를 두고 있다.

■ **특별하중(Special Loads)**

▸ 충격하중(Impact Load)

대부분의 건물하중은 정적이다. 즉, 하중은 매우 느리게 작용하고, 운동에너지는 중요하지 않다. 예를 들어, 방안으로 들어가는 사람은 그 움직임에 의해 실제로는 건물에 동적하중을 부과하는 것이다. 그러나 몸무게(질량)가 작고 움직임(속도)이 느리기 때문에 운동에너지는 사실상 없다고 볼 수 있다. 큰 하중이 빠른 속도로 작용하는 경우에는 구조물이 받게 되는 에너지의 영향이 고려되어야 한다. 움직이는 질량의 운동에너지가 구조물에 하중으로 변환되는 현상을 충격하중이라고 한다.

충격하중의 영향은 하중이 작용하는 속도에 따라 크게는 정적하중의 2배에 달한다. 크레인, 엘리베이터, BMU(건물 외벽 청소 기구) 등은 충격하중을 고려하여 설계해야 한다. 또한, 정밀 기계나 인쇄 설비 및 운동 경기장의 계단이나 대형 무도장의 바닥은 진동에 대해 고려하여야 한다.

▸ 폭발하중(Blast Load)

21세기에 들어오면서 폭발하중은 건물 설계에 있어서 더욱 중요해지고 있다. 예전에는 이러한 하중이 우연한 사고에 기인하는 것으로 보았다. 폭발하중은 일반 건물에서 충격하중에 비해 자주 발생하지도 않았고, 특별한 경우에만 고려되었다. 폭발성 위험물을 생산하는 산업시설은 이 하중에 대하여 설계하고 있다. 폭발하중의 설계를 고려할 때 가장 큰 주안점은 구조물이 저항해야 할 폭발력의 크기이다.

2001년 9월 11일 세계무역센터와 미국방성 건물에 대한 공격 이후, 테러의 위협은 점점 증대되고 있다. 이러한 위협에 대처하기 위하여 건축주는 설계에 반영할 위협의 크기를 결정해야 하고, 구조설계자는 어느 건물에 어떤 형태의 위협이 더 큰 영향을 줄 것인지에 대해 판단할 수 있어야 한다. 그리고 가능한 한 건물의 잉여도(redundancy)를 높여서 연쇄붕괴를 방지하여야 한다. 아직 폭발하중의 해석과 설계를 위한 자료들은 매우 부족한 편이지만 현재 폭발하중의 영향을 평가하고, 이에 저항하는 구조부재에 대한 설계 가이드라인은 준비되어 있다.

▸ 온도하중(Temperature Load)

강재는 온도 변화에 따라 팽창하거나 수축한다. 이때, 구조물의 움직임이 구속되어 있으면 상당한 크기의 힘이 구조물에 작용하게 된다. 그러나 대부분의 건물에 있어서 온도하중의 영향은 비교적 작은 편이다.

온도 변화에 따른 구조물의 움직임은 부재의 길이와 비례한다고 볼 수 있으며, 강구조의 경우 120m 이상의 길이에 대해 신축 이음(expansion joints)이 사용되고 있다. 팽창이나 수축이 허용되지 않는 경우에는 이로 인한 하중(the resulting forces)을 부재가 저항하도록 설계하여야 한다.

설계지침에는 화재에 노출된 강구조물에 대한 설계 절차가 포함되어 있으며, 여기에는 화재 상황에서의 구조시스템과 부재의 평가 방법이 설명되어 있다. 현재 건물의 설계기준에는 일반적으로 사양설계법(prescriptive approach)이 제시되고 있다. 이 방법은 주로 부재의 내화시험 결과에 근거를 두고 있다. 그러나 실제 화재 상황이 잘 구현될 수 있는 경우 성능설계법도 허용하고 있다.

■ **하중조합(Load Combinations)**

설계기준은 하중의 크기뿐만 아니라 최대 하중효과를 도출하기 위하여 개별 하중의 조합에 대해서도 규정하고 있다. 모든 하중의 최대값이 동시에 일어나지 않으므로 가장 주요한 조합을 결정하기 위해 여러 가지 하중조합을 검토해야 한다. 예를 들어, 최대 적설하중과 최대 풍하중은 동시에 일어나지 않으며, 최대 지진하중과 최대 풍하중도 동시에 일어나지 않는다. 따라서 설계기준에서는 하중조합에 대하여 상세하게 규정하고 있다. 그러나 설계기준이 하중 조건을 제대로 반영하지 못하거나 이전의 설계치보다 과도한 결과를 보이는 경우, 설계자는 하중조합 시에 적절한 판단을 내려야 한다. 예를 들어, 온도의 변화는 지진하중과 풍하중, 그리고 최대 적설하중과 동시에 일어날 수 있기 때문에 하중조합에 어느 정도 포함되어야 한다(이 부분은 현재 연구 중이다).

하중저항계수법(LRFD[19])에서는 하중을 증대하여 조합하고 있다. 강도 하중조합(strength load combinations)이라고도 부르는 이 조합에서는 부재의 최대강도로써 계수하중에 저항하는 구조물의 능력을 평가하는 것이다. 계수하중은 각 하중의 최대치가 동시에 일어나지 않을 가능성과 구조물의 파괴에 대한 여유치를

19 LRFD: Load and Resistance Factor Design

반영하고 있다.

고정하중, 활하중, 풍하중, 적설하중, 지진하중, 수압, 토압 등을 고려한 하중조합은 다음과 같다. 이 조합 중에서 가장 큰 값으로 설계한다.

1) $1.4(D+F)$
2) $1.2(D+F+T)+1.6(L+H)+0.5(L_r$ 또는 S 또는 $R)$
3) $1.2D+1.6(L_r$ 또는 S 또는 $R)+(L$ 또는 $0.65W)$
4) $1.2D+1.3W+L+0.5(L_r$ 또는 S 또는 $R)$
5) $1.2D+1.0E+0.2S$
6) $0.9D+1.3W+1.6H$
7) $0.9D+1.0E+1.6H$

여기서 D: 고정하중, L: 활하중, L_r: 지붕의 활하중, W: 풍하중, S: 적설하중, E: 지진하중, R: 강우하중, F: 수압, H: 토압, T: 온도 변화에 의한 하중이다.

Note

4), 5) 조합은 6), 7) 조합과 비교할 때 항상 더 큰 값을 가지며, 6), 7) 조합은 인장을 계산할 때 사용한다.

예제 (2.1.1)

기둥에 여러 가지 하중이 작용하고 있다. 압축(인장) 풍하중은 바람에 의해 기둥에 작용하는 하중이며, 압축(인장) 지진하중도 동일하다. 하중조합을 검토하고 가장 주요한 하중을 결정하시오.
고정하중: 900kN, 지붕 활하중: 225kN, 활하중: 1,125kN, 압축 풍하중: 350kN, 인장 풍하중: 290kN, 압축 지진하중: 265kN, 인장 지진하중: 310kN

풀이

1. $P_u = 1.4D = (1.4)(900) = 1{,}260\text{kN}$
2. $P_u = 1.2D + 1.6L + 0.5L_r = (1.2)(900) + (1.6)(1125) + (0.5)(225)$
   $= 2{,}992.5\text{kN}$
3. $P_u = 1.2D + 1.6L_r + 1.0L = (1.2)(900) + (1.6)(225) + (1.0)(1125)$
   $= 2{,}565\text{kN}$
4. (a)
   $P_u = 1.2D + 1.3W + 1.0L + 0.5L_r$
   $= (1.2)(900) + (1.3)(350) + (1.0)(1{,}125) + (0.5)(225)$
   $= 2{,}772.5\text{kN}$
   (b)
   $P_u = 1.2D - 1.3W + 1.0L + 0.5L_r$
   $= (1.2)(900) - (1.3)(290) + (1.0)(1{,}125) + (0.5)(225)$
   $= 1{,}940.5\text{kN}$
5. (a) $P_u = 1.2D + 1.0E = (1.2)(900) + (1.0)(265) = 1{,}345\text{kN}$
   (b) $P_u = 1.2D - 1.0E = (1.2)(900) - (1.0)(310) = 770\text{kN}$
6. (a) $P_u = 0.9D + 1.3W = (0.9)(900) + (1.3)(350) = 1{,}265\text{kN}$
   (b) $P_u = 0.9D - 1.3W = (0.9)(900) - (1.3)(290) = 433\text{kN}$
7. (a) $P_u = 0.9D + 1.0E = (0.9)(900) + (1.0)(265) = 1{,}075\text{kN}$
   (b) $P_u = 0.9D - 1.0E = (0.9)(900) - (1.0)(310) = 500\text{kN}$

∴ 최대하중 P_u =2,992.5kN이다.

Note

풍하중(W)과 지진하중(E)은 압축(-)과 인장(+)이 각각 고려되었다.

2.2 설계법(Design Method)

■ 구조설계(Structural Design)

건물의 설계는 건축설계자와 구조설계자의 협업에 의해 이루어진다. 건축설계자(architect)는 주로 건물의 외형과 내부 평면계획을 설계하고, 구조설계자(structural designer)는 경제성, 안전성, 시공성, 사용성을 고려하여 건물의 골조와 기초를 설계한다. 건물은 아름다워야 하고 동시에 뼈대가 튼튼해야 한다는 관점에서 구조설계자의 역할은 매우 중요하다. 건물이 대형화, 고층화 될수록 구조설계자의 역할은 더 중요해지며, 이는 주로 안전성과 경제성에 기인한다.

강구조의 구조설계는 나라마다 제각기 다른 설계기준(Building Code)에 의해 이루어진다. 우리나라는 KBC, 미국은 AISC, 유럽은 EURO Code, 중국은 GB(국가 표준), 일본은 JIS(건축 기준법)에 의해 이루어진다. 좋은 구조설계는 설계기준에 근거하여 시공성과 경제성을 확보하는 설계라고 할 수 있다. 이를 위해 구조사무소에서는 여러 개의 골조계획을 통하여 최적 설계안을 찾아간다.

대학에서 다루는 "강구조설계" 과목은 종합적인 골조계획보다는 세부적인 부재 설계에 주안점을 두고 있다. 다시 말하자면, 건물의 기둥, 보, 합성 슬래브, 접합부 등의 해석과 설계를 분리하여 다루고 있다. 이 책에서는 세 가지의 목표를 두고 있다. 먼저, 가장 많이 사용되는 H형강 부재 설계에 중점을 두었다. 그리고 구조설계 엔지니어보다는 건축사와 시공기술자를 염두에 두고 집필하였으며, 이러한 맥락에서 "종합설계"를 통하여 각 부재에 대한 설계과정을 실제 건물(2경간 3층)에 적용하여 체계적인 이해를 도모하고 있다. 여기에서는 접합부의 조건(핀접합, 강접합)에 의한 차이점과 가새의 역할에 대해 설명하고 있다.

■ 설계철학(Design Philosophies)

구조설계를 성공적으로 수행하려면 여러 가지 측면이 고려되어야 한다. 입주자들에게 안전을 확보해 주고, 부재에 과도한 하중이 가해지지 않도록 설계하며, 지나친 진동이 생기지 않게 하고, 경제적인 시공이 가능하면서도 수명이 다할 때까지 건물이 제 기능을 모두 발휘할 수 있도록 하는 것이다. 건물주의 입장에서는 경제성이 최고의 관심사이지만 구조설계자에게는 건물 안전에 관한 것이 최우선 사항이다. 지역에 따라 풍하중, 지진하중 및 지반 조건이 다르고 인건비와 재료비 또한 다르기 때문에 모든 지역에서 동일한 수준으로 경제적인 건물을 지을 수는 없다.

구조설계의 기본은 구조물의 강도가 하중효과보다 크도록 부재 크기와 접합부 상세를 결정하는 것이다. 이것을 얼마나 만족하는가 하는 정도를 안전 여유치(margin of safety)라고 부른다. 구조설계는 바로 안전 여유치와의 싸움이라고 볼 수 있다. 설계기준에 따라 최적 설계를 하여 경제성을 추구할 수도 있고, 다가올 미래의 불확실성을 고려하여 좀 더 안전성을 높일 수도 있다. 안전성과 경제성을 동시에 추구해야 하는 구조설계자의 역할은 매우 어렵고도 중요하다.

■ ASD[20]와 LRFD의 개념

ASD 설계법의 개념은 구조물에 작용하는 하중(working load)에 의해 발생되는 응력이 설계지침에서 규정하고 있는 허용응력을 초과해서는 안 된다는 것이다. 허용응력(allowable stress)은 항복응력(F_y)을 적절한 안전계수(Ω)로 나눈 값이다.

$$f \le F = \frac{F_y}{\Omega} \tag{2.2.1}$$

여기서 f : 실제응력, F : 허용응력, F_y : 항복응력, Ω : 안전계수이다.

ASD는 사용하기에 간편하고, 오랜 기간 동안 구조설계자들이 널리 사용해 온 설계법이다.

---

20 ASD: Allowable Stress Design

1986년에 AISC에서 LRFD 설계법을 소개하였다. 여기에서는 작용하중(DL, LL 등)에 계수를 곱하고 있다. 하중계수(load factor)는 확률 이론에 근거하고 다음 사항들을 고려하고 있다.

1) 예상되는 하중의 변동성
2) 설계 방법과 계산의 오차
3) 재료의 구조적 거동에 대한 이해 부족

부재의 공칭강도(또는 최대능력: ultimate capacity)는 설계지침(specification)에 따라 결정한다. 설계강도는 공칭강도에 적절한 저항계수를 곱하여 결정한다. 저항계수(resistance factor)는 확률 이론에 근거하고 다음 사항들을 고려하고 있다.

1) 재료강도의 변동성
2) 작업 기능공의 숙련도
3) 공사의 오차

따라서 설계기준은 다음과 같이 규정하고 있다.

$$R_u \leq \phi R_n \tag{2.2.2}$$

여기서 R_u: 소요강도, ϕ : 저항계수, R_n: 공칭강도, ϕR_n: 설계강도이다.

저항계수(resistance factor)는 부재의 종류와 고려하고 있는 한계상태에 따라서 달라진다.

압축재: $\phi_c = 0.90$
보: $\phi_b = 0.90$ (휨), $\phi_v = 0.90$ (전단)
인장재: $\phi_t = 0.90$ (항복), $\phi_t = 0.75$ (파단)

Note

1) 작용하중(working load)과 사용하중(service load)은 동일한 의미이며, 하중계수를 곱하지 않은 고정하중, 활하중 등을 말한다.
2) LRFD에 관한 이론적 설명은 Calibration to Determine Load and Resistance Factors for Geotechnical and Structural Design(Transportation Research Circular Number E-C079, September 2005)을 참고할 수 있다.

예제 (2.2.1)

등분포 고정하중(D)과 활하중(L)을 받고 있는 단순보가 있다. L=3D라고 가정할 때, ASD의 안전계수(Ω)와 LRFD의 저항계수(ϕ)와의 관계를 유도하시오.

풀이

▸ LRFD 설계법

하중조합: $w_u = 1.2D + 1.6L = 6D$

소요강도: $M_u = w_u l^2/8 = 3Dl^2/4$

공칭강도: $M_n = M_u/\phi = 3Dl^2/4\phi$

▸ ASD 설계법

하중조합: $w_a = D + L = 4D$

소요강도: $M_a = w_a l^2/8 = Dl^2/2$

공칭강도: $M_n = M_a\Omega = Dl^2\Omega/2$

안전계수와 저항계수의 관계는 다음과 같이 된다.

$3Dl^2/4\phi = Dl^2\Omega/2, \quad \therefore \Omega = 1.5/\phi$

■ 소성설계법(Plastic Design)

소성설계는 1961년부터 강구조설계에 선택적으로 사용하고 있다. 소성해석에서는 구조물이 붕괴하중에 도달하는 한계상태의 과정을 다루며, 붕괴하중은 각 구조부재들이 소성모멘트 내력에 도달하는 것을 의미한다. 그러나 대부분의 경우 재료와 부재의 연성 때문에 전체 구조물의 극한강도는 이 단계에 도달하지 못한다. 상대적으로 응력이 작게 발생한 부재들은 다른 부재들이 내력을 다 소진하여 더 이상 응력 재분배나 하중 분담을 할 수 없을 때에 추가적인 하중을 더 받을 수 있다. 구조물이 하중을 더 받을 수 없는 상태에 도달하면 그 구조물은 붕괴되었다고 말한다. 이때의 하중을 붕괴하중이라고 부르고, 붕괴하중은 특정한 붕괴 메케니즘에 관련이 된다.

■ 구조안전(Structural Safety)

모든 설계의 기본 목적은 안전하고 신뢰할 수 있는 구조물에 있다. 앞에서 설명한 설계철학은 여기에 도달하는 방법이 매우 다양하다는 것을 보여주고 있다. 과거에는 안전한 건물 설계의 기본 목표는 과중한 하중이 발생할 경우에도 적절한 안전율을 가지도록 하였다. 하중계수설계법은 이러한 점을 고려하기 위하여 개발되었다. 그러나 실제로 아래와 같이 많은 요소들이 영향을 주고 있다.

1) 재료강도의 편차
2) 단면적 크기와 형태의 편차
3) 해석방법의 정확도
4) 공장과 현장에서의 작업 숙련도
5) 잔류응력과 그 정도
6) 부재의 초기 변형
7) 하중 작용점의 오차

위의 요소들은 구조물과 각 부재의 강도에 영향을 줄 수 있는 일부분만을 포함하고 있다. 실제로 구조설계에 있어서 더 큰 변수는 하중이다. 구조물에 작용하는 하중은 다양한 종류의 하중이 서로 다른 형태로 작용하기 때문이다. 따라서 구조물의 강도와 하중의 영향을 고려하지 않는 설계법은 불확실성의 요인이 될 수 있다.

현실적인 해결 방법은 확률론적 개념으로 안진율을 다루는 것이다. 이것이 하중저항계수설계(LRFD)의 기본이 된다. 즉, 하중과 강도에 대한 확률이 계산되고, 이를 바탕으로 안전율이 통계학적으로 결정되는 것이다.

허용응력설계(ASD)에서는 하중과 강도의 변동성(variability)을 분리하여 다루지 않고 하나의 안전계수를 사용하여 표현한다. 안전계수는 각각의 강도 한계상태에 따라 변하지만 하중에 따라서 변하지는 않는다. LRFD 설계는 일반적으로 ASD 설계보다 일정한 수준의 신뢰성을 가지는 것으로 보고 있다. 이것은 각 부재의 파괴에 대한 확률이 하중과 하중조합의 형태와 관계없이 동일하다는 것을 의미한다.

LRFD 설계에서는 하중 영향(부재력) Q와 저항(부재 강도) R은 그림(2.2.1)의 종모양(Bell-shaped) 곡선의 정규분포(normal distributions)에 의한 변동성을 가지는 것으로 가정하고 있다.

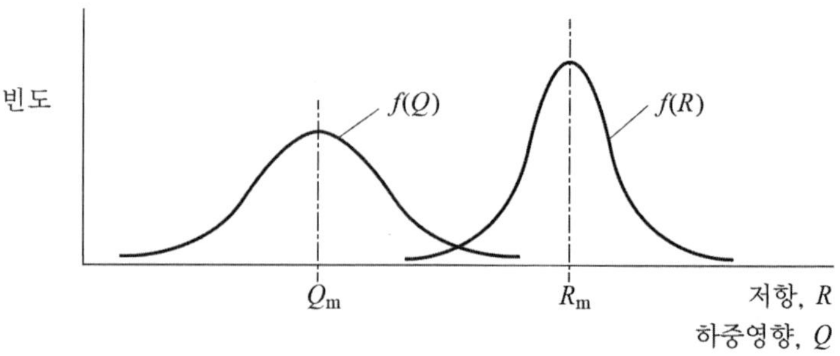

그림(2.2.1) 확률분포(R, Q)

저항이 하중효과보다 큰 경우($R > Q$)에 구조물은 안전하다고 간주한다. 그러나 실제 확률분포 자료는 확보하기가 어려우므로 평균값 Q_m과 R_m을 사용한다. 또한, 이 방법이 건물 안전에 대한 평가를 더 쉽게 해 준다. 그림(2.2.1)에서 두 개의 곡선이 겹치는 영역을 볼 수 있다. 이 영역은 하중의 영향이 저항을 초과하는 경우를 나타내는 것으로서 파괴가 발생하는 곳으로 정의된다. 건물의 안전은 겹치는 구간의 크기에 대한 함수이며, 겹치는 구간이 더 작을수록 파괴 확률은 더 작아진다.

확률분포를 표현하는 또 다른 방법은 저항과 하중 영향 사이의 차이를 관찰하는 것이다. 그림(2.2.2)는 그림(2.2.1)과 같은 데이터를 (R-Q)로 나타낸 것이다.

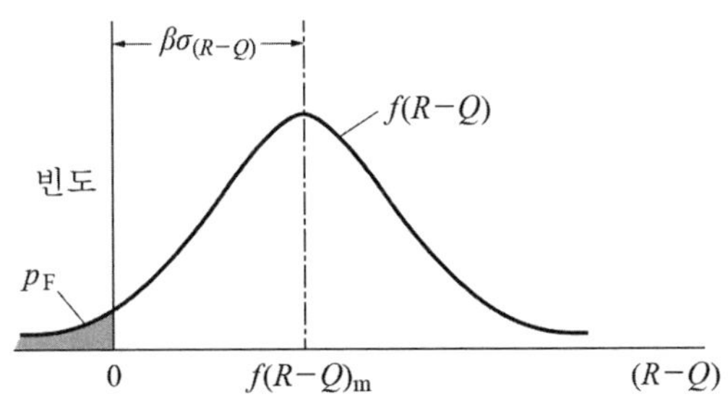

그림(2.2.2) 확률분포(R, Q)

($R-Q$) < 0이면 구조물은 파괴된다고 말할 수 있고, 그 값이 0보다 큰 경우에는 안전하다고 판단할 수 있다. 이 그림에서 원점의 왼쪽에 있는 음영 면적은 파괴 확률을 나타낸다. 파괴 확률을 제한하기 위해서 평균값$(R-Q)_m$은 원점으로부터 적절한 거리를 유지해야 한다. 이 거리는 그림(2.2.2)에 $\beta\sigma(R\text{-}Q)$로 표시되어 있다. 여기에서 β는 신뢰도 지표이고, $\sigma(R\text{-}Q)$는 (R-Q)의 표준편차이다.

세 번째 표현은 그림(2.2.3)에 나타나 있다. 이 경우에 확률분포는 $\ln(R/Q)$로 표현되어 있다. 자연로그 형태로 표현하는 것이 더 간결하고 편리하다.

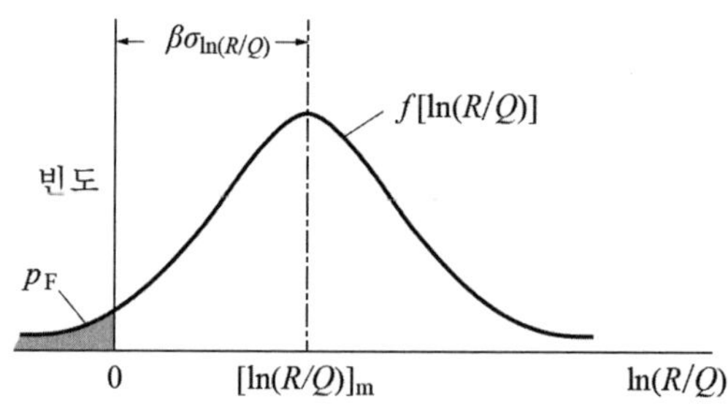

그림(2.2.3) 확률분포($\ln(R/Q)$)

$\ln(R/Q)$의 표준편차는 다음과 같이 개략화할 수 있다.

$$\sigma_{\ln(R/Q)} \approx \sqrt{V_R^2 + V_Q^2} \tag{2.2.3}$$

여기서 $V_R = \sigma_R / R_m$, $V_Q = \sigma_Q / Q_m$ 이다.

그림(2.2.3)에서 안전율은 거리 $\beta\sigma_{\ln(R/Q)}$로 나타내며, 이 거리가 커질수록 파괴 확률은 낮아진다.

$$\beta\sigma_{\ln(R/Q)} \approx \beta\sqrt{V_R^2 + V_Q^2} = \ln(R_m / Q_m) \tag{2.2.4}$$

여기서 신뢰도 지표 β는 다음과 같이 정의된다.

$$\beta = \frac{\ln(R_m / Q_m)}{\sqrt{V_R^2 + V_Q^2}} \tag{2.2.5}$$

표(2.2.1) 하중조합과 신뢰도 지표

하중조합	신뢰도 지표(β)
$D+L$ (또는 S)	3.0(부재), 4.5(접합부)
$D+L+W$	2.5(부재), 4.5(접합부)
$D+L+E$	1.75(부재), 4.5(접합부)

표(2.2.1)을 보면 지진과 강풍의 발생 확률은 중력하중보다 낮기 때문에 신뢰도 지표가 더 작은 값이다. 접합부는 일반 구조부재보다 더 안전하게 설계하므로 신뢰도 지표가 더 큰 값이다.

■ 한계상태(Limit States)

구조설계의 기본은 하중에 저항하는 구조물과 부재의 능력에 근거하고 있다. 구조설계가 본격적으로 시작된 20세기 초기부터 설계의 기본은 ASD나 LRFD에서 동일하다. 구조부재의 능력은 하중을 전달하고 파괴되는 과정과 직접적으로 관련이 있다. 이를 부재의 한계상태라고 한다. 구조부재는 여러 개의 한계상태를 가질 수 있는데, 설계자는 어떤 한계상태가 구조물의 강도를 실질적으로 제한하는지를 파악해야 한다.

한계상태를 나누는 유형에는 강도 한계상태와 사용성 한계상태 두 가지가 있다. 강도 한계상태(strength limit states)가 초과되면 구조물의 전체나 일부가 붕괴로 이어질 수 있고, 과도한 변형으로 인하여 구조물이 더 이상 하중을 저항할 수 없게 된다. 강도 한계상태는 이러한 상황을 제한하기 위한 것이다. 강도 한계상태를 평가하려면 공칭강도(R_n), 안전계수(Ω), 저항계수(ϕ) 등을 산정해야 한다. 일반적으로 설계지침에서 주로 제시되는 강도 한계상태로는 항복, 파단(rupture), 좌굴 등이 있다.

사용성 한계상태(serviceability limit states)는 강도 한계상태에 비해 명확하게 정의되어 있지 않다. 사용성 한계상태를 초과한다는 것은 구조물이 사용자의 불편이나 불쾌감을 초래할 수 있는 성능 수준에 도달했다는 것을 의미한다. 설계지침에서는 사용성에 대해 "일반적인 사용 시에 대해 건물의 기능, 외형, 유지 보수, 내구성 및 거주자의 쾌적성이 유지되는 상태"로 정의하고 있다. 이 설계지침에는 치올림(camber), 처짐, 횡변위, 풍진동, 팽창과 수축, 접합부의 미끄러짐에 대한 내용을 다루고 있지만 이들 한계상태에 대한 특정한 제한치는 두고 있지 않다. 한편 사용성 한계상태는 ASD와 LRFD에서 차이가 없고, 강재의 강도와도 관계가 없다.

■ **건물기준과 설계지침(Building Codes and Design Specifications)**

건물기준은 법적인 효력을 가지는 최소한의 구조설계기준이다. 즉, 사무소의 바닥하중기준이 $2.5kN/m^2$이라면 최소한 이 값 이상을 지지하도록 설계하라는 의미이다. 이 건물기준(Building Code)은 구조설계에만 국한되지 않고 건물의 설계, 시공 및 운영에 대해서도 다루고 있다. 건물기준에서 구조설계자에게 가장 중요한 부분은 설계에 적용되는 하중과 특정 구조재료의 사용에 관련된 요구조건이다. 우리나라는 건축구조기준인 KBC에 근거하여 설계하고 있다. KBC는 대한건축학회에 의해 제정되었고, 국토교통부장관이 이를 법적으로 승인하였다.

미국에는 건축설계기준의 모델로서 UBC, SBC, BOCA[21] 등이 있다. 그리고 최근에는 이 세 가지를 통합한 IBC[22]가 있다. 이 기준들은 그 자체로서 법적 효력을 가지는 것은 아니나 주로 설계하중과 조건을 수록하고 있다. 각 주 정부와 지방정부(뉴욕, 시카고 등)는 독립적으로 그 지역에 가장 적합하다고 판단되는 모델 설계기준을 채택하거나 이 기준들을 수정, 보완하여 사용하고 있다. 건물의 기능에 따라서도 달리할 수 있다. 예를 들어, 학교나 병원 등은 자체적으로 모델 설계기준을 채택할 수 있으며, 이 경우에 가장 엄격한 기준을 따르고 있다. 강구조설계를 위한 세부 사항은 AISC[23]의 설계지침(Specification)에 근거하고 있다. 이외에

---

21 Uniform Building Code, Standard Building Code, Building Officilas and Code Administrators

22 International Building Code

도 ASCE 7, Minimum Design Loads for Buildings and Other Structures(ASCE[24], 2010)는 최저 건축설계하중을 제시하고 있다. 어느 건물기준이나 설계지침의 사용 여부를 떠나서 구조물이 안전하게 설계되도록 확인하는 것은 구조설계자의 몫이자 책임이다.

---

23 American Institute of Steel Construction

24 American Society of Civil Engineers

연 · 습 · 문 · 제

(1) 한계상태를 강도 한계상태와 사용성 한계상태로 구분하여 개념을 설명하시오.

(2) 사무실 건물에서 분담면적이 100m^2인 내부기둥 설계 시 고려해야 하는 지배적인 축하중을 산정하시오. 철근콘크리트 바닥판두께는 150mm이고, 철근콘크리트의 단위 체적당 무게는 24kN/m^3, 사무시설의 활하중은 2.5kN/m^2이다(단, 이 기둥은 축력만 받는 것으로 가정).

(3) 다음 그림과 같은 바닥시스템에서 내부 보는 2.5m 간격으로 배치되어 있으며, 단면은 H-600×200×11×17이다. 바닥에는 3kN/m^2의 고정하중과 4kN/m^2의 활하중이 작용할 때 이 보의 설계 시 고려해야 하는 지배적인 하중을 산정하시오.

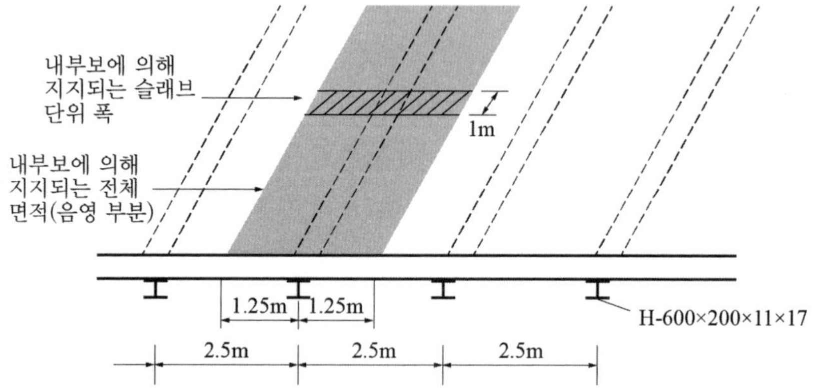

(4) 다음 그림과 같은 2층 건물이 있다. 남북 방향의 지진하중에 대한 수직 분포를 결정하시오. 지진응답계수(C_s)는 0.1로 가정하며, 건물의 고유주기(T)는 약산식인 $0.1N$(N은 층수)으로 산정한다. 지붕층과 2층 바닥에서의 유효중량은 각각 $w_r = 3\,\text{kN/m}^2$, $w_2 = 4\,\text{kN/m}^2$이며, 외벽하중은 유효중량에 이미 반영되어 있다.

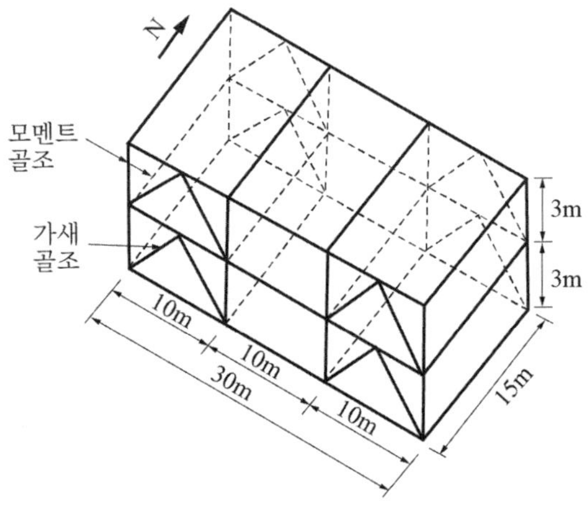

(5) 위의 문제(4)에서 2층 구조를 지탱하는 기둥 중에서 가장 인장의 우려가 되는 기둥은 어디에 위치하는 지를 대답하고 설명하시오.

(6) 다음의 내용에서 참과 거짓을 판별하시오.

1) 장스팬 보의 경우 고강도 강재를 사용하는 것이 효과적이다.

2) 장스팬 보에서 ASD로 설계할 경우 LRFD로 설계하는 경우보다 더 경제적인 단면 사용이 가능하다.

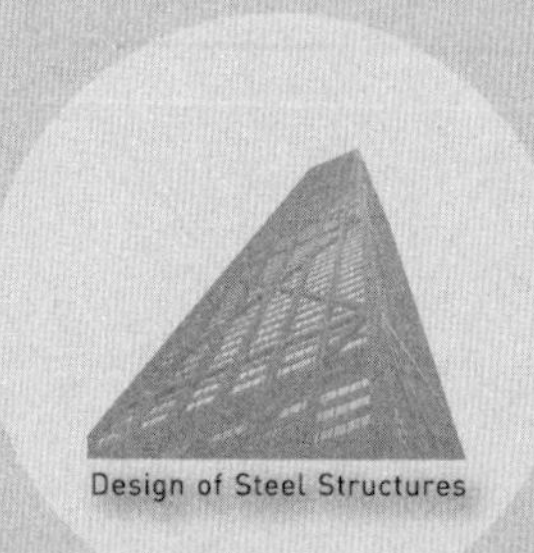
Design of Steel Structures

03

압축재

/

3.1 압축재의 정의

압축력(compression force)을 받는 부재를 압축재라 한다. 이 압축력은 부재의 길이축(longitudinal axis)을 따라 단면의 도심에 작용한다. 일반적으로 압축응력($f = P/A$)은 전단면에 걸쳐서 일정한 것으로 간주한다. 실제에서는 하중의 편심, 초기 변형 등 불가피한 상황으로 인하여 이러한 이상적인 경우는 존재하지 않는다. 그러나 편심 등에 의한 휨응력이 크지 않으면 2차응력으로서 무시할 수 있다. 한편 휨응력이 큰 경우에는 보-기둥(beam-column)의 문제로 다루어야 한다. 이 장에서는 축하중만을 받는 압축재를 고려한다.

건물이나 교량에 쓰이는 가장 일반적인 압축재(compression member)는 기둥(column)이다. 기둥의 1차 역할은 수직(중력)하중을 지지(支持)하는데 있으며, 기둥의 파괴는 치명적이어서 구조물의 붕괴로 이어질 수 있다.

압축재는 트러스나 가새 시스템의 부재로도 사용된다. 기둥으로 분류되지 않는 작은 압축재에는 스트럿(strut)이 있다. 가새는 바람이나 지진하중 등 수평하중에 저항하는 효과적인 횡력 저항 부재이다.

3.2 압축재의 단면

압축재는 기본적으로 축하중을 받기 때문에 단면의 면적이 1차적으로 중요하다. 건물의 기둥에는 일반적으로 압연 H형강이 사용된다. H형강이 가장 효율적인 단면은 아니지만 보와의 접합 등에 매우 유리하기 때문이다. 그림(3.2.1)은 압연 및 조립 압축재의 단면을 보여주고 있다.

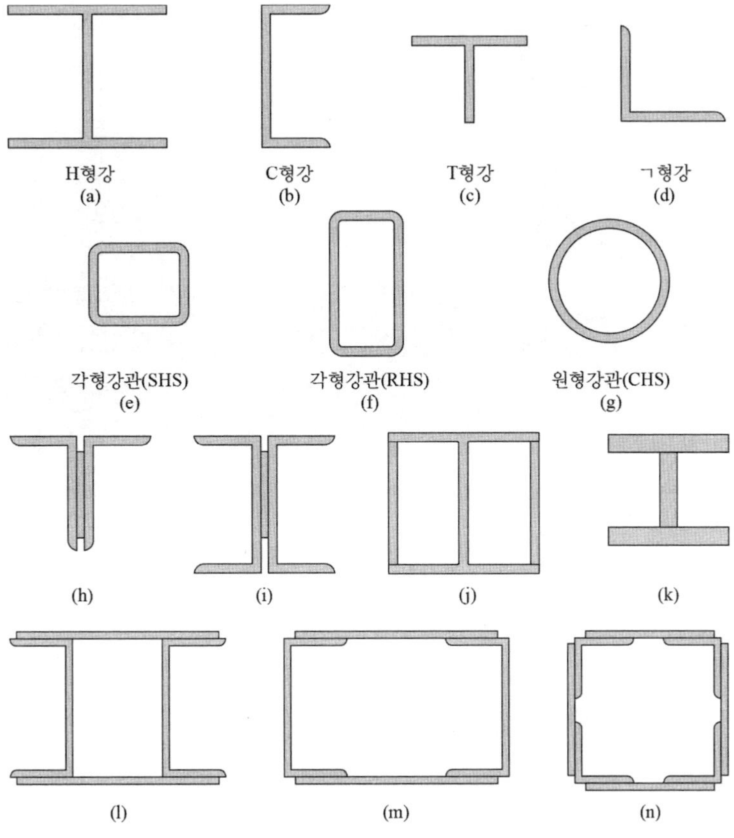

그림(3.2.1) 기둥의 단면(압연 및 조립)

T형강과 ㄱ형강(그림 3.2.1c, d)은 각각 트러스의 현재(chord)와 수직재 및 사재로 많이 사용된다. 이들 단면은 부재의 연결에 매우 편리한 장점이 있다. ㄱ형강은 그림(3.2.1h)와 같이 한 쌍으로 조립하여 사용할 수도 있다. 그림(3.2.1j)는 기둥의 약축을 보강하기 위한 조립단면이다. 각형강관 단면과 원형강관 단면은 저층건물에서 많이 사용된다.

그림(3.2.2) 실제 기둥과 이상화된 기둥 부재

3.3 기둥 이론(Column Theory)

그림(3.3.1a)의 장주(長柱)를 살펴보자. 축하중(P)을 서서히 작용시키면 처음에는 기둥의 길이 방향으로 줄어들지만 한계상태에 도달하면 큰횡변형을 일으

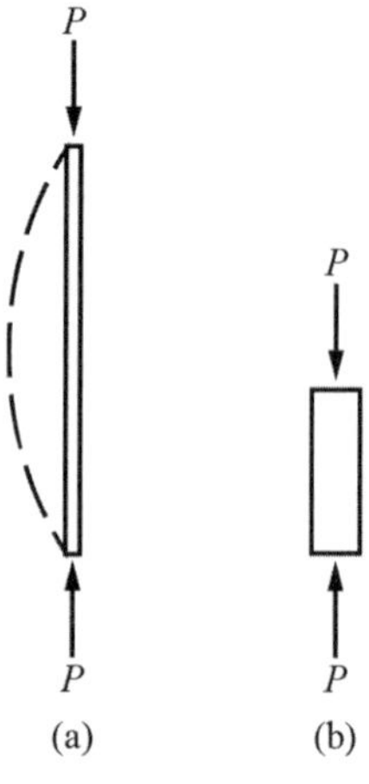

그림(3.3.1) 장주와 단주

키면서 불안정(unstable)해 진다(점선 참조). 이것을 좌굴(挫屈)이라 하며, 이때의 하중을 임계좌굴하중(critical buckling load)이라고 한다.

만약, 부재가 그림(3.3.1b)와 같이 단면이 큰 단주(短柱)이면 큰 하중이 작용하여야 불안정한 상태가 된다. 이와 같이 부재가 매우 땅딸막한(stocky) 경우에는 좌굴보다는 부재의 항복에 의해 파괴된다. 부재의 파괴모드가 항복이던 좌굴이던 간에 파괴 이전의 압축응력($f = P/A$)은 전단면에 걸쳐서 일정하다고 가정한다.

좌굴은 하중과 세장비의 함수이다. 아주 세장한 부재의 좌굴하중은 매우 작다. H형강 기둥의 가장 큰 단점 중의 하나는 약축 좌굴에 있다. 부재가 항복응력보다도 훨씬 작은 값에서 약축에 대해 좌굴하기 때문이다.

임계좌굴하중(P_{cr})은 다음과 같이 표현된다.

$$P_{cr} = \frac{\pi^2 EI}{L^2} \tag{3.3.1}$$

여기서 E는 탄성계수, I는 단면2차모멘트, L은 기둥의 길이이다. 식(3.3.1)은 부재가 탄성(elastic) 거동을 하고, 양단(兩端)은 힌지(hinge)로 구속된 경우이다. 힌지인 경우에 회전은 자유롭지만 횡변위는 일어나지 않는다(그림 3.3.2 참조).

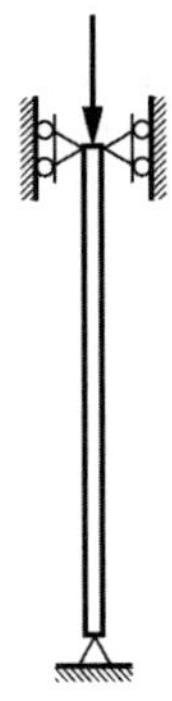

그림(3.3.2) 단순 지지된 기둥의 모델링

식(3.3.1)은 스위스의 수학자 오일러(Leonhard Euler)에 의해 1759년에 발표되었으며, 그 동안 많은 실험을 통하여 증명되었다. 이 식을 오일러 하중 또는 오일러 좌굴하중이라고 부른다.

■ **오일러 좌굴하중(Euler's Buckling Load)**

오일러 좌굴하중을 유도하기 위한 이상적인 기둥(ideal column)을 다음과 같이 가정하고 있다.

① 기둥의 단부는 마찰이 없는 핀(pin)지지이다.
② 기둥의 단면은 일정하고, 완전한 직선이다.
③ 축하중은 도심에 작용한다.
④ 구조재료는 균질하며, 탄성거동을 한다.

식(3.3.1)을 유도하기 위하여 그림(3.3.3)과 같이 단순 지지된 기둥을 x축방향으로 놓아보자. 축방향으로 압축하중을 서서히 증가시키면 부재는 점선과 같이 휘어진다(deflect). 축하중이 임계좌굴하중(P_{cr})에 도달하기 전에 제하(除荷)되면 부재는 원래의 위치로 돌아간다.

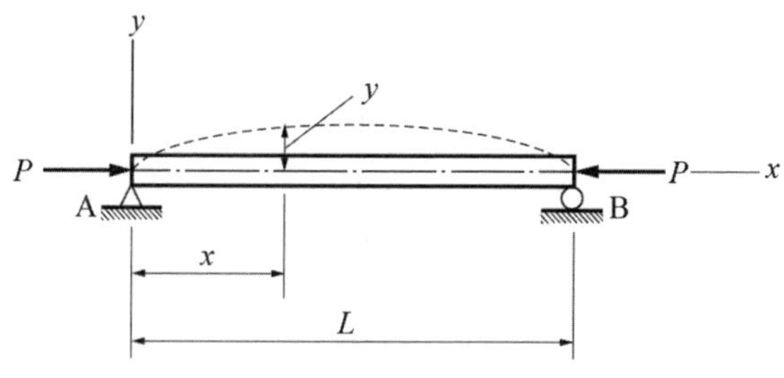

그림(3.3.3) 축하중을 받고 있는 기둥

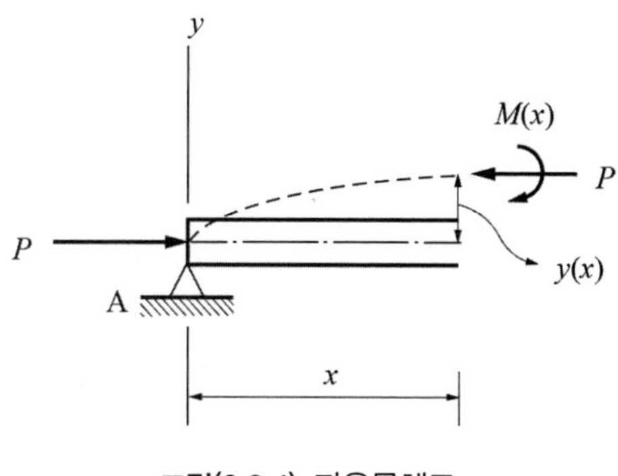

그림(3.3.4) 자유물체도

그림(3.3.4)에서 $y(x)$는 거리 x지점의 처짐이며 $y'(x)$는 처짐각(θ)이다. 이때, 모멘트와 $y''(x)$의 관계는 $M=-EIy''(x)$이다. 자유물체도의 A점에서 모멘트의 합은 영(zero)이 되므로 다음 관계식을 얻을 수 있다.

$$\Sigma M_A = -M + Py = EIy'' + Py = 0$$

$$y'' + (P/EI)y = 0$$

이 미분방정식의 일반해는 아래와 같다.

$$y(x) = A\cos(kx) + B\sin(kx)$$

여기서 A와 B는 미지 상수이며, $k = \sqrt{P/EI}$이다.

경계조건을 적용하면

① $x=0, y=0$: $y(0) = A\cos(0) + B\sin(0) = 0,\ \therefore A = 0$

② $x=L, y=0$: $y(L) = B\sin(kL) = 0$

②를 만족하는 해(解)는 $B=0$(이 해는 물리적 의미가 없으므로 무의미하다) 또는, $\sin(kL) = 0$이다. 이때, $kL = 0, \pi, 2\pi, 3\pi, \ldots = n\pi$ $(n = 0, 1, 2, 3, \ldots)$이다.

$k = \sqrt{P/EI}$ 이므로

$kL = (\sqrt{P/EI})L = n\pi$

$PL^2/EI = n^2\pi^2$

따라서 좌굴하중은 다음과 같다.

$$P = \frac{n^2\pi^2 EI}{L^2}$$

여기서 $n=1$은 1차모드로서 가장 작은 값의 좌굴하중이 된다. $n=2$는 2차모드로서 그림(3.3.5)에 나타나 있다. 그러나 2차모드 이상의 경우는 곡률이 바뀌는 지점에서 횡구속이 되어있지 않으면 실제로 일어날 수 없다.

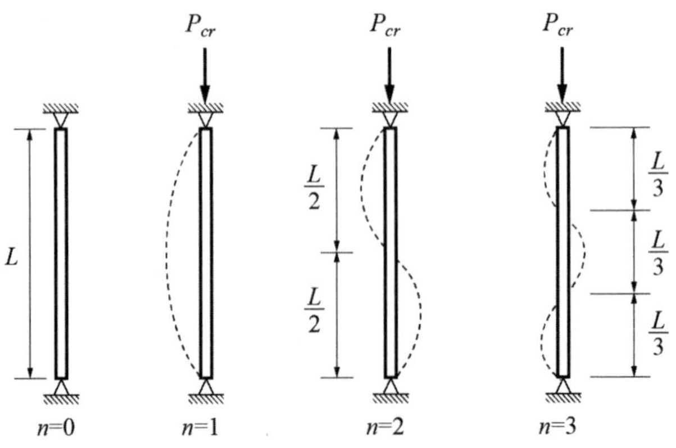

그림(3.3.5) 기둥의 좌굴모드

한편, 처짐의 식 $y(x)$는 다음과 같이 구할 수 있다.

$y(x) = A\cos(kx) + B\sin(kx)$ 에서 $A=0$이므로 $y(x) = B\sin(kx)$이다.

$kL = n\pi$ 의 관계에서

$$y(x) = B\sin\left(\frac{n\pi x}{L}\right) \tag{3.3.2}$$

여기서 B는 상수로서 어느 값이든지 만족하므로 불확정적이다. 최대 처짐은 B이다.

그림(3.3.5)에서 기둥의 양단부 사이에 아무런 횡구속이 없으면 1차 좌굴모드 ($n=1$)로서 변형한다. 이때의 하중을 임계좌굴하중(P_{cr}) 또는 오일러(Euler) 좌굴하중(P_e)이라 한다.

$$P_{cr} = P_e = \frac{\pi^2 EI}{L^2} \tag{3.3.1}$$

임계좌굴하중과 좌굴응력은 세장비(L/r)로서 표현할 수 있다.

$$P_{cr} = P_e = \frac{\pi^2 EI}{L^2} = \frac{\pi^2 EAr^2}{L^2} = \frac{\pi^2 EA}{(L/r)^2} \tag{3.3.3}$$

$$F_{cr} = F_e = \frac{P_{cr}}{A} = \frac{\pi^2 E}{(L/r)^2} \tag{3.3.4}$$

여기서 A: 강재의 단면적, r : $\sqrt{I/A}$ (단면2차반경)

Note

1) 좌굴하중의 크기는 세장비(L/r)의 제곱에 반비례한다.
2) 좌굴하중은 탄성계수와 단면적의 크기에 비례한다.
3) 좌굴하중은 강재의 항복응력(F_y)과는 무관하다(이 부분에 대해서는 추가적인 고찰이 필요하다. 예제(3.5.2) 참조).
4) 좌굴하중은 약축(weak axis)에 의해 결정된다(즉, I_y 또는 r_y).
5) 기둥의 세장비(L/r)는 200 이하로 추천되고 있다.

■ 다른 경계조건

식(3.3.3)과 (3.3.4)는 단순 지지된 경우의 좌굴하중과 좌굴응력이다. 그림(3.3.6)과 같이 지지조건이 다른 경우의 좌굴하중도 유사한 방법으로 유도할 수 있다. 좌굴하중과 좌굴응력의 일반식은 다음과 같다.

$$P_{cr} = P_e = \frac{\pi^2 EA}{(KL/r)^2} \tag{3.3.5}$$

$$F_{cr} = F_e = \frac{\pi^2 E}{(KL/r)^2} \tag{3.3.6}$$

여기서 K는 단부 구속조건에 따른 유효좌굴길이계수이다.

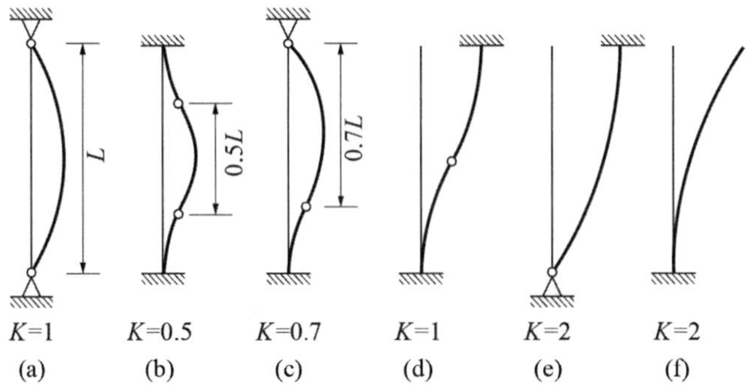

그림(3.3.6) 경계조건에 따른 좌굴형상

Note

1) 좌굴형상은 모두 사인(sine) 곡선이다.
2) 양단 고정인 경우에 유효좌굴길이는 $0.5L$이며, 단순 지지된 경우에 비해 4배의 좌굴하중을 받을 수 있다.

예제 (3.3.1)

아래 기둥에서 유효좌굴길이계수가 K=0.7임을 증명하시오.

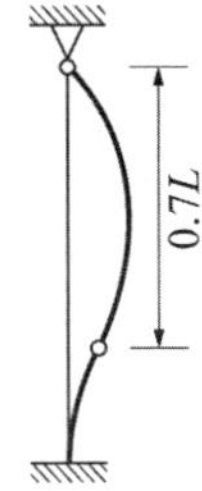

그림(3.3.7) 핀-고정단 지지의 기둥

풀이

핀-고정단 지지의 기둥을 편의상 x 방향으로 돌려놓는다.

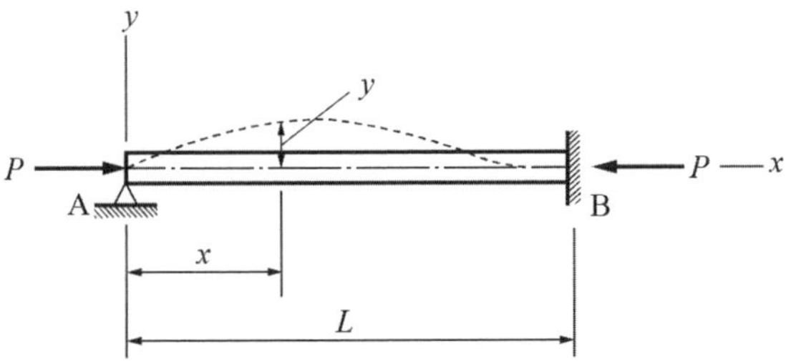

그림(3.3.8) 축하중을 받고 있는 기둥(힌지-고정단)

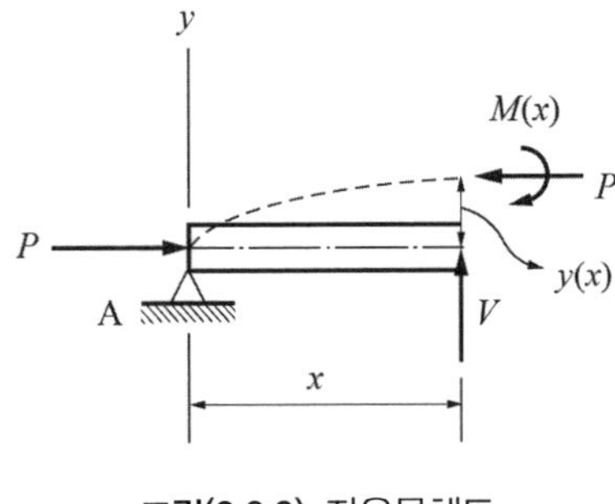

그림(3.3.9) 자유물체도

그림(3.3.9)의 자유물체도에서

$\Sigma M_A = -M + Py + Vx = EIy'' + Py + Vx = 0$

$y'' + (P/EI)y = -(V/EI)x$

여기서 $P/EI = k^2$으로 치환하면 다음과 같이 쓸 수 있다.

$y'' + k^2 y = -(V/EI)x$

위의 미분방정식의 해는 아래와 같다.

$y(x) = A\sin kx + B\cos kx - (V/EIk^2)x$

경계조건을 적용하면

① $y(0) = 0$, $\therefore B = 0$

② $y(L) = 0$, $y(L) = A\sin kL - (V/EIk^2)L = 0$

$\therefore A\sin kL = (V/EIk^2)L$

③ $y'(L) = 0$, $y'(L) = Ak\cos kL - (V/EIk^2) = 0$

$\therefore A\cos kL = V/EIk^3$

②와 ③의 조건으로부터

$\tan kL = kL$

$\therefore kL = 4.4934$

따라서 $(kL)^2 = 20.19$이고, $k^2 = P/EI$로 정의하였으므로

$(P/EI)L^2 = 20.19$이다.

$$\therefore P_{cr} = \frac{20.19EI}{L^2} = \frac{\pi^2 EI}{L_e^2}$$

여기서 $L_e = 0.699L \approx 0.7L$이다. 따라서 K=0.7이다.

예제 (3.3.2)

H-200×200×8×12 단면의 기둥에 대해 다음 사항을 구하시오.

(1) 길이 4m 기둥의 강축(x축) 좌굴하중과 좌굴응력

(2) 길이 4m 기둥의 약축(y축) 좌굴하중과 좌굴응력

(3) 길이 6m 기둥의 좌굴하중과 좌굴응력

강종은 SM355($F_y = 355\text{MPa}$)이며, $E = 210{,}000\text{MPa}$이다.

단면 특성:

$A = 6.353 \times 10^3\text{mm}^2,\ r_x = 8.62 \times 10^1\text{mm},\ r_y = 5.02 \times 10^1\text{mm}$

풀이

(1) 길이 4m 기둥의 강축 좌굴하중과 좌굴응력은 다음과 같다.

$$L/r_x = 4{,}000/86.2 = 46.4$$

$$P_{cr} = \frac{\pi^2 EA}{(L/r)^2} = \frac{\pi^2 (210{,}000)(6.353 \times 10^3)}{(46.40)^2} = 6{,}116\text{kN}$$

$$F_{cr} = P_{cr}/A = (6{,}116 \times 10^3)/(6.353 \times 10^3) = 962.7\text{MPa}$$

(2) 길이 4m 기둥의 약축 좌굴하중과 좌굴응력은 다음과 같다.

$$L/r_y = 4{,}000/50.2 = 79.7$$

$$P_{cr} = \frac{\pi^2 EA}{(L/r)^2} = \frac{\pi^2 (210{,}000)(6.353 \times 10^3)}{(79.7)^2} = 2{,}073\text{kN}$$

$$F_{cr} = P_{cr}/A = (2{,}073 \times 10^3)/(6.353 \times 10^3) = 326.3\text{MPa}$$

(3) 길이 6m 기둥의 좌굴하중과 좌굴응력은 다음과 같다.

이 부재는 약축에 대해 좌굴하므로 $L/r_y = 6{,}000/50.2 = 119.5$

$$P_{cr} = \frac{\pi^2 EA}{(L/r)^2} = \frac{\pi^2 (210{,}000)(6.353 \times 10^3)}{(119.5)^2} = 922\text{kN}$$

$$F_{cr} = P_{cr}/A = (922 \times 10^3)/(6.353 \times 10^3) = 145.1\text{MPa}$$

Note

1) x축의 좌굴응력(962.7MPa)은 SM355의 항복응력(355MPa)을 초과하고 있다.
2) y축의 좌굴응력(326.3MPa)은 SM355의 항복응력에 92% 수준이다.
3) 기둥의 길이가 길어지면 좌굴하중은 현저히 작아진다.

■ **장주와 단주 영역**

오일러 좌굴식은 부재의 탄성거동을 전제로 유도되었기 때문에 그 기둥은 항복하중(P_y) 이상을 받을 수 없다. 이 항복하중이 오일러 기둥의 상한값이다. 좌굴응력식(3.3.4)를 항복응력(F_y)과 같다고 놓으면 경계(한계)세장비(L/r)를 얻을 수 있다.

$$F_{cr} = \frac{P_{cr}}{A} = \frac{\pi^2 E}{(L/r)^2} \tag{3.3.4}$$

$$F_{cr} = \frac{\pi^2 E}{(L/r)^2} = F_y$$

따라서 경계(한계)세장비는 다음과 같다.

$$L/r = \pi\sqrt{E/F_y} \tag{3.3.7}$$

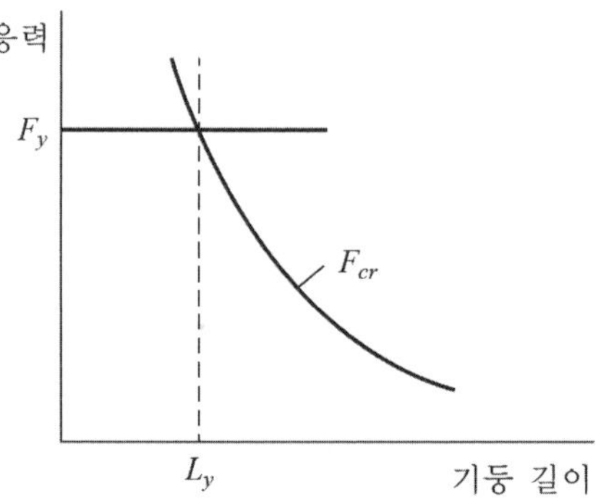

그림(3.3.10) 장주–단주 영역의 응력

기둥의 길이가 경계(한계)세장비($L/r = \pi\sqrt{E/F_y}$)보다 짧으면 단주(short column)라고 부르며, 항복에 의해 파괴된다. 반면에 경계세장비보다 길면 장주(long column)라 부른다. 이때 기둥은 좌굴에 의해 파괴된다. AISC와 KBC 기준은 한계세장비를 앞에서 산정된 값과 달리 $L/r = 4.71\sqrt{E/F_y}$로 규정하는데, 이는 실제의 기둥이 완전히 이상적인 거동을 하지 않기 때문이다. 한계세장비에 대한 내용은 '3.5 설계기준식'에서 보다 자세하게 설명한다.

■ 실제 기둥(Real Column)

기둥의 압축실험을 통하여 기둥의 강도(strength)가 장주에서는 오일러 좌굴하중보다 크지 않고, 단주에서는 재료의 항복응력에 의한 압괴하중(squash load)보다 작다는 사실이 입증되었다. 이론식이 실제 강도를 제대로 예측하지 못하는 데에는 여러 가지 요인들이 있다. 그 중에서 3가지는 다음과 같다.

1) 재료의 비탄성거동(잔류응력)
2) 기둥의 초기 변형(initial out-of-straightness)
3) 단부 구속조건의 모델링

기둥의 단부조건에 의한 영향은 앞에서 이미 논의되었으며, 경계조건에 따라 유효좌굴길이를 산정할 수 있었다.

한편, 우리가 앞에서 완전한 직선이라고 가정한 기둥은 실제 조건에서는 있을 수 없다. 어떠한 구조용 강재도 완벽하게 직선으로 제조되지 못하기 때문에 직선처럼 보이는 부재도 실제로는 약간 휘어져 있다. 이러한 초기 변형을 가진 기둥에서는 완전히 직선인 기둥에 비해 수평변위가 더 크게 발생하며, 편심모멘트의 증가로 인해 최대강도가 저하된다. 과도한 초기 변형은 기둥의 강도에 크게 영향을 줄 수 있기 때문에 미국의 강구조협회(AISC) 및 국내의 건축공사표준시방서에서는 길이의 1/1,000 이하로 초기 변형량을 제한하고 있다.

■ **잔류응력(Residual Stress)**

재료의 비탄성거동은 부재 단면 내의 잔류응력에 기인한다. 이 잔류응력은 강재의 열간압연에 의한 강재의 제조과정 또는 용접에 의해 발생한다. 강재의 단면이 형성되면 냉각과정을 거치게 되는데, 이때 위치별로 냉각속도가 차이나기 때문에 단면 내부에는 잔류응력이 발생한다.

H형강을 예로 들면, 압연 후 판두께가 두꺼운 플랜지는 웨브 부분보다 전체적으로 천천히 냉각된다. 또한, 외기에 노출된 표면적이 넓은 플랜지 단부는 플랜지와 웨브의 접합 부분보다 빨리 냉각된다. 그 결과 가장 빨리 냉각이 진행된 플랜지의 단부 부분과 웨브의 중앙 부분에는 압축 잔류응력이 생기고, 플랜지와 웨브가 만나는 부분은 인장 잔류응력이 발생하게 된다. 그림(3.3.11)은 이러한 과정을 거쳐 H형강에서 발생하는 잔류응력의 형상을 나타내고 있다.

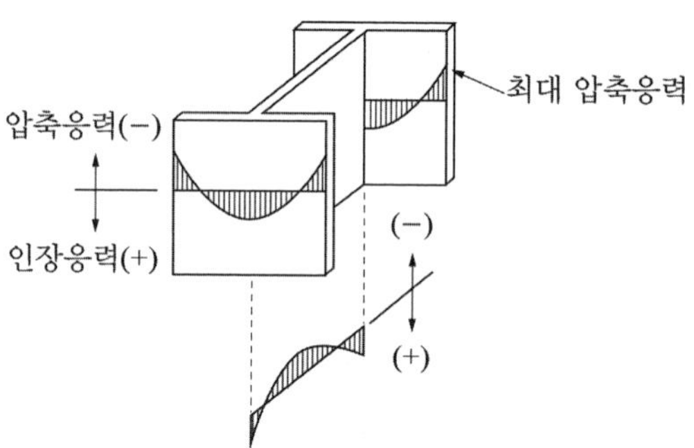

그림(3.3.11) 잔류응력 형상

그림(3.3.12)에서는 잔류응력이 압연 H형강의 응력-변형 곡선에 미치는 영향을 보여주고 있다. 비례한계 응력(F_{pl})을 지나 항복응력(F_y)에 도달하면서 응력은 비선형성을 보이고 있다. 우측의 H형강 그림에서 검은 부분은 항복응력에 도달한 부분으로서 1, 2, 3단계를 거치면서 부재의 강성은 작아지며 비탄성거동을 한다. 강재에 잔류응력이 있으면 낮은 압축력에서 재료의 성질이 비탄성영역으로 변할 수 있기 때문에 부재의 강성이 작아져서 좌굴에 대하여 불리하게 된다.

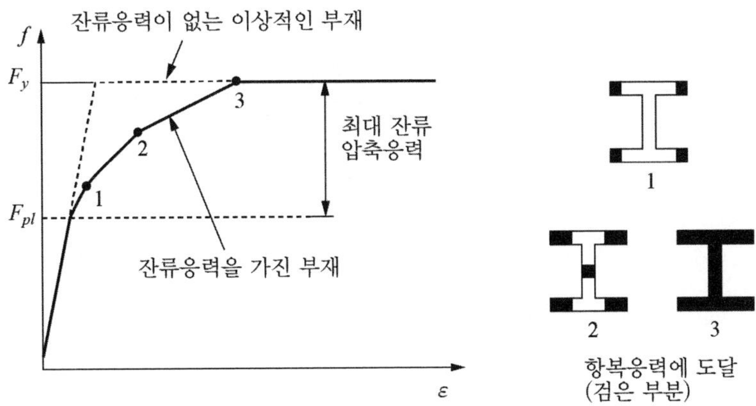

그림(3.3.12) 응력–변형 곡선에 대한 잔류응력의 영향

■ 비탄성좌굴(Inelastic Buckling)

오일러(Euler)가 좌굴하중식을 발표한 이후, 초기의 연구자들은 이 식이 짧은 기둥(stocky column)에 대해 잘 부합하지 않는다는 사실을 발견하였다. 세장비가 작은 경우는 오일러 좌굴응력($F_{cr} = \pi^2 E/(L/r)^2$)이 매우 커져서 그림(3.3.10)에서처럼 재료의 항복응력을 초과하게 된다. 또한, 실제 기둥은 앞에서와 같이 초기 변형이나 잔류응력의 영향을 받게 되므로 오일러식은 기둥의 거동을 적절하게 설명하지 못한다. 따라서 역사적으로 기둥의 거동에 대한 예측은 간단한 식을 통해 실험 데이터와 비교하면서 발전되어 왔다.

1889년에 엥게서(Friedrich Engesser)는 접선계수(tangent modulus, E_t)를 도입하여 단주 영역에서의 비탄성좌굴을 설명하였다. 그림(3.3.13)에서와 같이 비례한계 응력(F_{pl})과 항복응력(F_y) 사이에서는 응력과 변형률이 더 이상 선형이 아니기 때문에 기울기는 탄성계수(E)가 아닌 접선계수(E_t)가 된다. 이러한 비선형성(nonlinearity)은 주로 앞에서 언급된 잔류응력(residual stress)에 기인한다.

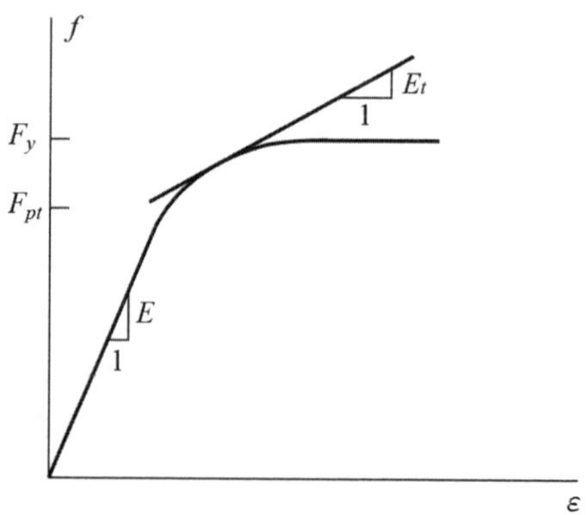

그림(3.3.13) 비탄성구간의 응력과 변형의 곡선

Note

1) 강재의 응력은 비례한계 응력(F_{pl})까지 선형으로 증가한다.
2) 비례한계 응력과 항복응력 사이에서는 비선형으로 증가하며 탄성거동을 한다 (그림 3.3.12 참조).

식(3.3.3)과 식(3.3.4)에서 탄성계수(E)를 접선계수(E_t)로 바꾸면 다음과 같은 식이 된다.

$$P_{cr} = \frac{\pi^2 E_t A}{(L/r)^2} \tag{3.3.8}$$

$$F_{cr} = \frac{\pi^2 E_t}{(L/r)^2} \tag{3.3.9}$$

엥게서의 접선계수 이론은 여러 가지 불일치의 문제점을 나타내었고, 1895년에 감소계수(reduced modulus) 이론을 다시 발표하였다. 그 뒤 1947년 쉔리(Shanley)는 실험 및 이론적 연구를 통해 기존 이론의 모순을 해결하는 등 비탄성좌굴에 대한 연구가 활발하게 진행되었다.

건축설계기준(KBC, AISC 등)에서는 비탄성구간을 그림(3.3.14)의 비례한계 응력(F_{pl})을 기준으로 설정하고 있다. 이 구간에서 좌굴응력은 식(3.3.4)을 따르지 않고, 비탄성거동을 반영한 식(3.3.9)을 사용한다. 비탄성거동 구간의 좌굴을 비탄성좌굴이라 부른다.

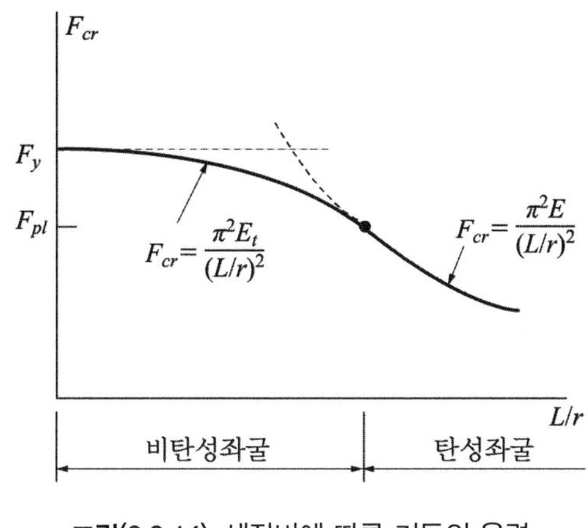

그림(3.3.14) 세장비에 따른 기둥의 응력

3.4 유효좌굴길이(Effective Length)

■ 가새골조(Braced Frame)

가새골조는 대각가새나 전단벽 등으로 횡적 안정성(lateral stability)이 확보된 골조를 말한다. 이 골조에서는 기둥의 상부와 하부 사이에 상대적인 횡변위가 없어야 한다. 유효좌굴길이(KL)는 좌굴된 형상에서 변곡점(inflection point) 사이의 거리를 통해 구할 수 있다. 가새골조에서 절점의 회전이 구속되면 변곡점 사이가 가까워지기 때문에 유효좌굴길이(KL)는 양단 핀지지인 경우보다 작아지게 된다.

다음 표(3.4.1)는 횡변위가 구속되는 가새골조의 단부 지지조건에 대한 K값을 나타낸다. 가새골조에서는 K값이 1.0 이하가 되며, 지지조건 및 좌굴형상은 단일 기둥인 경우는 그림(3.4.1), 골조인 경우는 그림(3.4.2)에서 확인할 수 있다.

표(3.4.1) 가새골조의 K값

가새골조(Braced Frame)	
(a) 양단 고정	K=0.5 (추천치 0.65)
(b) 고정단과 핀지지	K=0.7 (추천치 0.8)
(c) 양단 핀지지	K=1.0 (추천치 1.0)

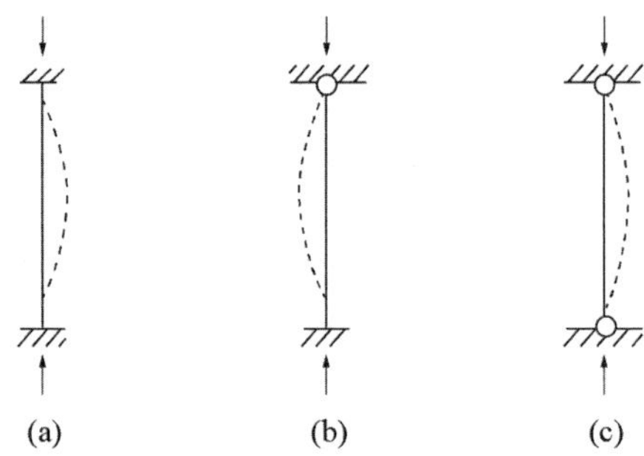

그림(3.4.1) 단일 기둥의 좌굴형상

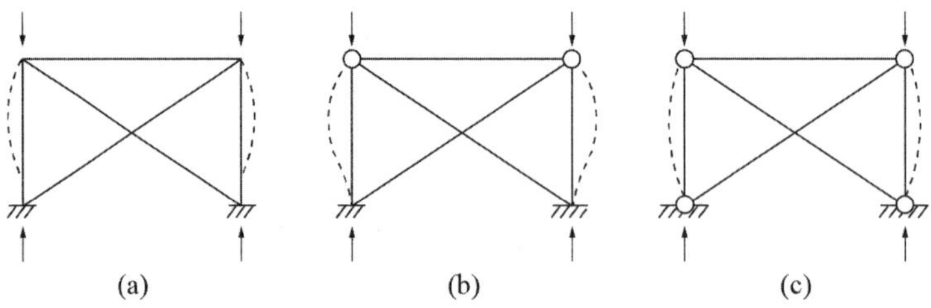

그림(3.4.2) 골조의 좌굴형상

실제 설계에서는 이론치보다는 추천치를 사용한다. 이것은 접합부 조건이 실제로는 완벽하게 구현되지 못하기 때문이다. 예를 들어, 그림(3.4.1a)와 같은 양단 고정인 가새골조의 이론적인 K값은 0.5이지만 단부 접합부는 실제로 미소하나마 회전이 발생할 수 있으며, 이때 유효좌굴길이는 증가된다. 이러한 영향을 고려하기 위해 K=0.65가 추천되고 있다.

■ 비가새골조(Unbraced Frame)

비가새골조는 강접합된 보와 기둥의 휨강성(bending stiffness)으로만 횡적 안정성을 확보하는 골조를 말한다. 이 골조에서는 기둥의 상부가 하부에 비교하여 횡변위가 일어난다. 그림(3.4.3)과 (3.4.4)에서 횡변위를 일으키며 좌굴된 모습을 확인할 수 있다. 비가새골조에서 K 값은 보와 기둥의 휨강성에 따라 결정되며, 항상 1 이상의 값을 갖는다.

비가새골조에서 그림(3.4.3a)와 같이 기둥의 양단이 고정단인 경우에 유효좌굴길이계수가 가장 작다. 그림(3.4.4a)의 골조에서 보의 강성이 매우 크면 동일한 조건이 되며, 이때 기둥의 변곡점은 중간 높이(0.5L)가 된다. 기둥의 좌굴형상을 단부를 기준으로 대칭화하면 변곡점 사이의 거리가 L이 되어 K 값은 1이 됨을 알 수 있다.

표 (3.4.2) 비가새골조의 K값

비가새골조(Sway Frame)	
(a) 고정단과 횡변위가 일어나는 고정단	K=1.0 (추천치 1.2)
(b) 핀지지와 횡변위가 일어나는 고정단	K=2.0 (추천치 2.0)
(c) 고정단과 자유단(캔틸레버)	K=2.0 (추천치 2.1)

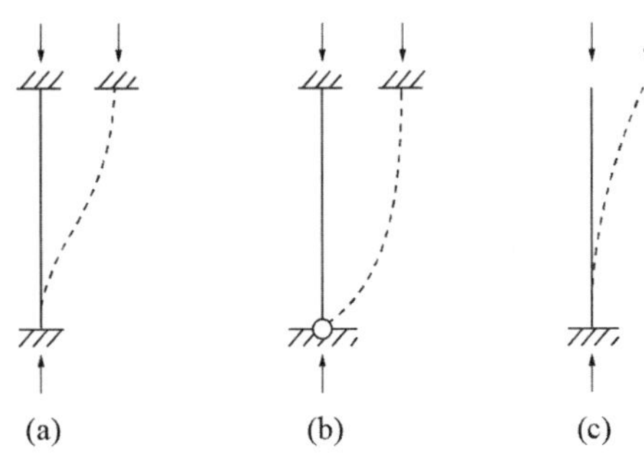

그림(3.4.3) 단일 기둥의 좌굴형상(비가새골조)

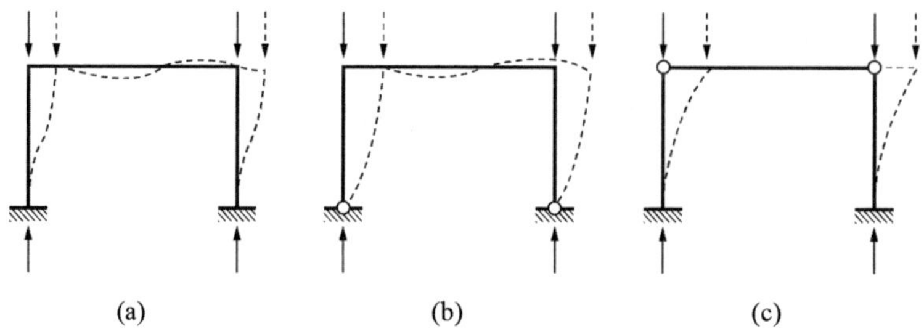

그림(3.4.4) 비가새골조의 좌굴형상

■ 실제 골조(Real Frame)

앞에서 언급된 골조 기둥의 유효좌굴길이계수는 단부 구속조건이 매우 이상적인 기둥에 대한 것이다. 예를 들어, 그림(3.4.2a)에서 기둥의 상단을 완전히 구속하기 위해서는 보의 강성이 무한히 커야 하며, 이 경우에만 그림(3.4.1a)와 같은 이상적인 단부 구속조건(고정)을 적용할 수 있다.

그러나 실제 상황에서는 이러한 이상적인 조건을 구현하기는 어려우며, 기둥과 보는 유한한 강성을 가지고 있다. 따라서 실제 골조에서 기둥의 유효좌굴길이를 산정하기 위해서는 기둥 및 연결된 부재들의 강성을 함께 고려해야 한다.

그림(3.4.5)의 B점에서 보에 의한 회전 구속(rotational restraint)은 이 절점에서 만나는 부재의 회전강성(rotational stiffness: EI/L)의 함수이다. Gaylord (1992)는 유효좌굴길이계수(K)는 기둥의 양단부에서 기둥과 보의 강성비에 달려 있다는 것을 보여주었다[1].

---

1 Gaylord, Edwin H.; Gaylord, Charles N.; and Stallmeyer, James E. Design of Steel Structures. 3rd ed. New York: McGraw-Hill, 1992

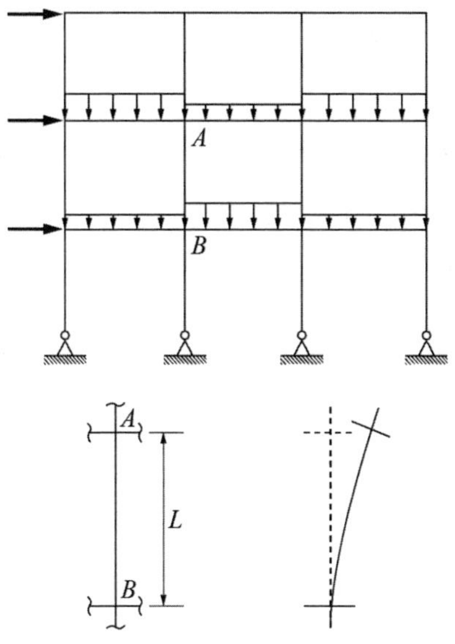

그림(3.4.5) 실제 골조의 형상

기둥과 보의 강성비(G)는 다음과 같이 정의된다.

$$G = \frac{\sum E_c I_c / L_c}{\sum E_g I_g / L_g} = \frac{\sum I_c / L_c}{\sum I_g / L_g} \tag{3.4.1}$$

여기서 E_c, E_g: 기둥과 보의 탄성계수,

I_c, I_g: 기둥과 보의 단면2차모멘트,

L_c, L_g: 기둥과 보의 길이,

$\sum E_c I_c / L_c$ = 기둥 단부에서 기둥 강성의 합

G와 K값의 관계는 1976년에 Johnson이 K값 도표(alignment charts)를 통하여 제시하였다(Jackson-Mooreland alignment charts). 기둥의 양단부에서 G값을 계산하여 각각을 G_A와 G_B로 놓고 직선으로 연결하면 K값을 구할 수 있다. K값 도표에는 횡변위가 일어나는 경우와 일어나지 않는 경우의 2가지 종류가 있다.

세장한 기둥에 상대적으로 강성이 매우 큰 보가 연결되면 이 보는 기둥의 회전을 효과적으로 구속할 수 있다. 따라서 기둥의 단부는 고정단에 가까워지고, K와 G 값은 매우 작아진다. 반면, 기둥의 강성이 보에 비해 매우 크면 단부의 회전이 보다 자유로워진다. 이때, 기둥 단부는 핀접합으로 개략화 되고, K와 G값은 매우 커진다. 단부가 고정조건인 경우 이론적인 G값은 0이지만 현실적으로 완전한 고정지지는 불가능하기 때문에 1.0을 사용한다. 한편, 핀지지인 경우 G값은 10이다.

■ *K*값 도표(Alignment Chart)

골조 기둥의 유효좌굴길이계수(K)를 결정하는 가장 일반적인 방법은 K값 도표를 이용하는 방법이다. 이 도표를 개발하는 과정에서 다음과 같은 가정들이 전제되었다.

1) 기둥은 탄성거동을 한다.
2) 모든 부재는 일정한 단면을 가진다.
3) 모든 절점(joint)은 강접합이다.
4) 횡이동(sidesway)이 방지된 기둥에서 구속하는 보의 반대 단부(opposite ends)의 회전은 크기가 같고 방향은 반대이다(단곡률).
5) 횡이동이 허용된 기둥에서 구속하는 보의 반대 단부의 회전은 크기와 방향이 같다(복곡률).
6) 모든 기둥의 강성계수 $L\sqrt{P/EI}$는 동일하다.
7) 절점 구속은 상하부 기둥의 EI/L 비율에 따라 분배된다.
8) 모든 기둥은 동시에 좌굴한다.
9) 보에 작용하는 축방향의 압축력은 무시할 만큼 작다.

위의 가정에 근거하여 골조 기둥에 대해 다음의 식이 유도되었다.

▸ 횡이동(Sidesway)이 일어나지 않는 골조 기둥(가새골조):

$$\frac{G_A G_B}{4}(\pi/K)^2 + \frac{G_A + G_B}{2}\left(1 - \frac{(\pi/K)}{(\tan\pi/K)}\right) + \frac{2(\tan\pi/2K)}{(\pi/K)} = 1 \tag{3.4.2}$$

▸ 횡이동(Sidesway)이 일어나는 골조 기둥(비가새골조):

$$\frac{G_A G_B(\pi/K)^2 - 36}{6(G_A + G_B)} - \frac{(\pi/K)}{\tan(\pi/K)} = 0 \tag{3.4.3}$$

여기서 G_A와 G_B는 기둥의 단부 A와 B에 연결된 보(거더)와 기둥의 상대(相對) 강성이다. 이 경우에 가정 1)에 따라 E값은 동일하다.

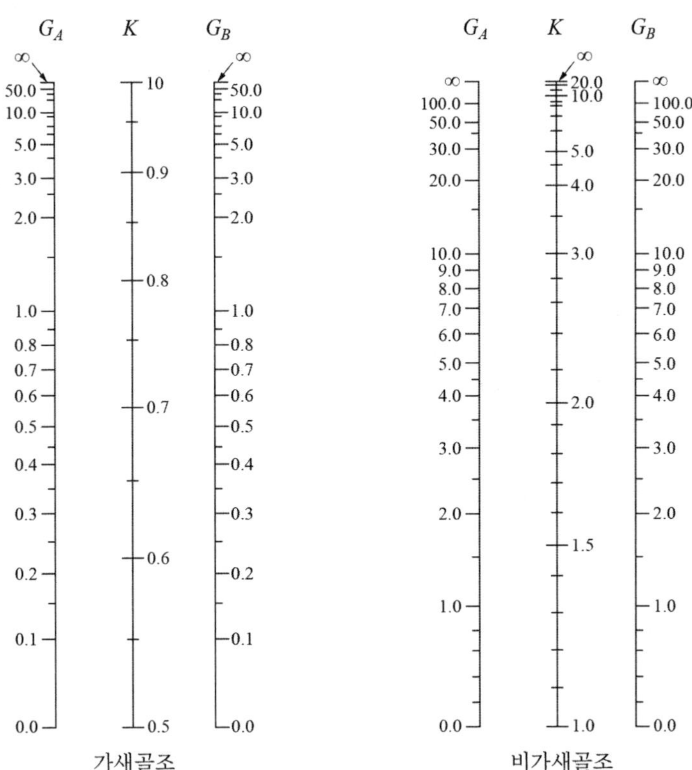

그림(3.4.6) 가새골조의 *K*값 도표　　**그림(3.4.7)** 비가새골조의 *K*값 도표

식(3.4.2)와 (3.4.3)은 정확한 해(解)를 구할 수 없는 초월 방정식(transcendental equations)이다. 그러나 컴퓨터 프로그램을 사용하여 반복적인 방법으로 해를 손쉽게 구할 수 있다. 1960년대 초에 이 식의 그래픽 해가 개발되었다. 이 그래픽 해를 Monograpics 또는 K값 도표라 부른다. 그림(3.4.6)은 가새골조(sidesway prevented frame)에 대한 도표이고, 그림(3.4.7)은 비가새골조(sidesway permitted frame)에 대한 도표이다.

Note

1) K값 도표는 위에 열거한 가정에 근거하여 개발되었으나 이 가정은 실제 구조물의 상황과는 잘 일치되지 않는다.
2) 그럼에도 불구하고 이 차트가 널리 사용되고 있으며, 가정과의 편차를 해소하기 위해 종종 변형되기도 한다.

프랑스에서는 식(3.4.2)와 (3.4.3)을 개략화하여 다음과 같은 식을 제안하고 있다. 이 식을 French 식[2]이라 하며, 2% 범위 내의 오차를 가지고 있다.

■ 가새골조(Braced Frames)

$$K = \frac{3G_A G_B + 1.4(G_A + G_B) + 0.64}{3G_A G_B + 2(G_A + G_B) + 1.28} \tag{3.4.4}$$

■ 비가새골조(Unbraced Frames)

$$K = \sqrt{\frac{1.6G_A G_B + 4(G_A + G_B) + 7.5}{G_A + G_B + 7.5}} \tag{3.4.5}$$

---

2 French Design Rule's for Steel Structures; Louis Geschwindner, Unified Design of Steel Structures, John Wiley & Sons, 2008

Note

이 식은 도표를 이용하여 K값을 구하는 것보다 더 정확하며, 초기설계 단계에서 유용하다.

예제 (3.4.1)

아래의 그림(3.4.8)에서 기둥 A–B와 B–C의 K값을 구하시오.

(1) G_A, G_B, G_C를 구하시오.

(2) K값 도표로 구하시오.

(3) French 식으로 구하시오.

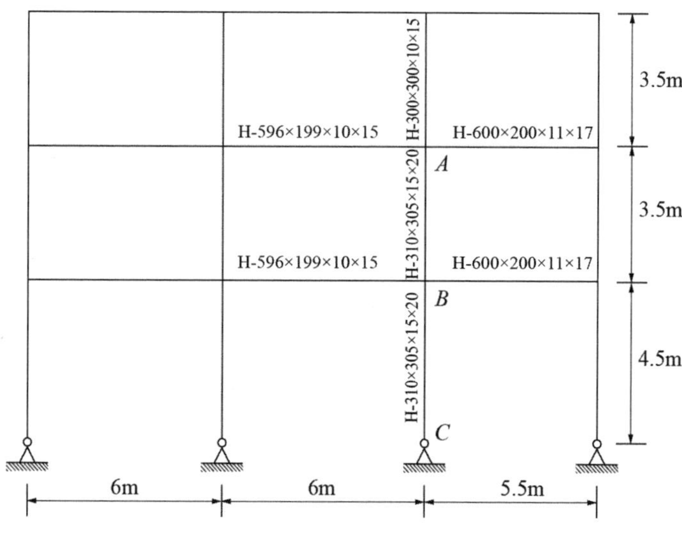

그림(3.4.8) 예제 골조

풀이

각 부재의 단면2차모멘트는 다음과 같다.

H–596×199×10×15 ($I_x = 6.87 \times 10^8 \text{mm}^4$): 보의 부재(좌)

H-600×200×11×17 ($I_x = 7.76 \times 10^8 \mathrm{mm}^4$): 보의 부재(우)

H-310×305×15×20 ($I_x = 2.86 \times 10^8 \mathrm{mm}^4$): 1, 2층 기둥 부재

H-300×300×10×15 ($I_x = 2.04 \times 10^8 \mathrm{mm}^4$): 3층 기둥 부재

(1) G 값

$$G_A = \frac{\sum I_c / L_c}{\sum I_g / L_g} = \frac{2.86/3{,}500 + 2.04/3{,}500}{6.87/6{,}000 + 7.76/5{,}500} = 0.548$$

$$G_B = \frac{\sum I_c / L_c}{\sum I_g / L_g} = \frac{2.86/3{,}500 + 2.86/4{,}500}{6.87/6{,}000 + 7.76/5{,}500} = 0.568$$

$G_C = 10.0$ (핀)

(2) K 값 도표 이용: 그림(3.4.7) 비가새골조의 K 값 도표

① 기둥 A-B

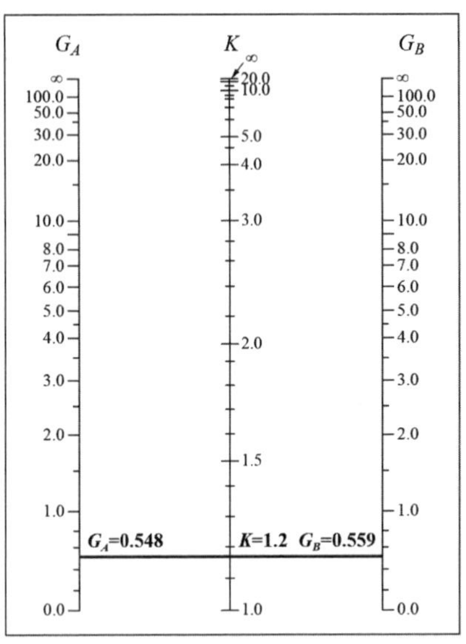

② 기둥 B-C

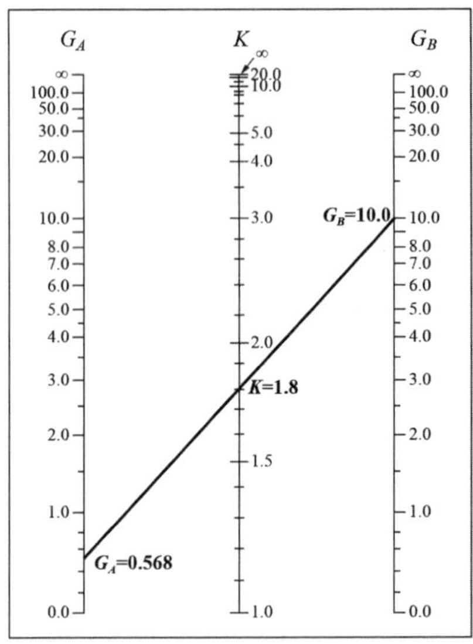

① 기둥 A-B: $K = 1.2$

② 기둥 B-C: $K = 1.8$

(3) French 식

① 기둥 A-B

$$K = \sqrt{\frac{1.6G_A G_B + 4(G_A + G_B) + 7.5}{G_A + G_B + 7.5}}$$

$$= \sqrt{\frac{1.6(0.548)(0.568) + 4(0.548 + 0.568) + 7.5}{0.548 + 0.568 + 7.5}} = 1.20$$

② 기둥 B-C

$$K = \sqrt{\frac{1.6G_B G_C + 4(G_B + G_C) + 7.5}{G_B + G_C + 7.5}}$$

$$= \sqrt{\frac{1.6(0.568)(10.0) + 4(0.568 + 10.0) + 7.5}{0.568 + 10.0 + 7.5}} = 1.80$$

3.5 설계기준식

세장비에 따른 기둥의 응력식을 보여주는 그림(3.3.14)에서 탄성영역과 비탄성영역에서의 좌굴응력은 각각 다음과 같이 제시되었다. 이때, 두 영역의 한계(경계)세장비는 비례한계 응력(F_{pl})에 의해 결정되었다.

(탄성영역) $$F_{cr} = \frac{\pi^2 E}{(L/r)^2} \tag{3.3.4}$$

(비탄성영역) $$F_{cr} = \frac{\pi^2 E_t}{(L/r)^2} \tag{3.3.9}$$

실제 기둥의 좌굴은 좌굴응력(F_{cr})보다도 더 낮은 응력에서 일어나고 있으며, 그 이유는 다음과 같다.

- 기둥의 초기 변형
- 잔류응력의 존재
- 작용하중의 편심($P-\Delta$ 효과)
- 실제 기둥의 구속조건 차이

기둥의 안정성에 관한 연구기관인 SSRC(Structural Stability Research Council)에서는 기둥의 구조적 거동을 예측하기 위해 강재의 제품에 따라 3가지 식을 제안하였다. AISC에서는 이 중에서 2개 식을 사용하여 아래와 같이 간단한 기둥의 설계응력식을 채택하였다.

▸ 탄성영역: $F_{cr}=0.877F_e$

▸ 비탄성영역: $F_{cr}=\left(0.658^{F_y/F_e}\right)F_y$

여기서 $F_e=\pi^2E/(KL/r)^2$이며, 두 영역을 구분하는 한계세장비(KL/r)는 $4.71\sqrt{E/F_y}$이다.

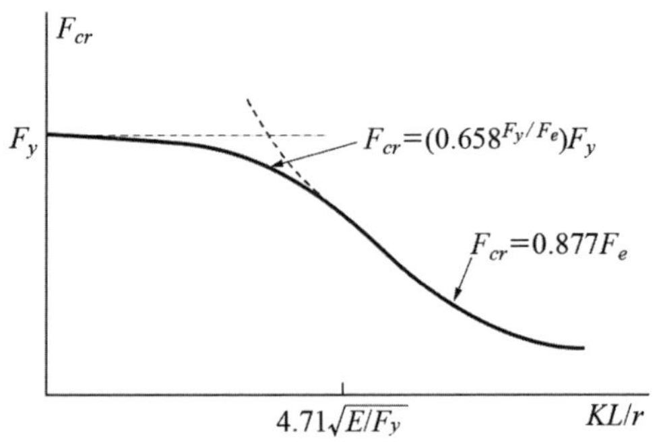

그림(3.5.1) 설계좌굴응력(F_{cr})

■ 한계상태설계

한계상태설계법에서는 다음 관계식을 만족하여야 한다.

$$P_u \le \phi_c P_n = \phi_c F_{cr} A \tag{3.5.1}$$

여기서

P_u = 계수압축하중(소요압축하중)

ϕ_c = 압축저항계수(0.90)

$P_n = F_{cr} A$ = 공칭압축강도(nominal compressive strength)

$\phi_c P_n$ = 설계압축강도(design compressive strength)

Note

공칭강도(nominal strength)는 하중에 대한 부재의 저항능력으로서 적합한 구조역학 원리나 현장실험 또는 축소모형의 실험결과로부터 유도된 공식과 규정된 재료강도 및 부재치수를 사용하여 계산된 값이다.

■ 좌굴응력(F_{cr})

공칭압축강도(P_n)를 응력으로 표현하면 다음과 같이 된다.

① $KL/r \le 4.71\sqrt{E/F_y}$ $(F_y/F_e \le 2.25)$

$$F_{cr} = \left(0.658^{F_y/F_e}\right)F_y \tag{3.5.2}$$

② $KL/r > 4.71\sqrt{E/F_y}$ $(F_y/F_e > 2.25)$

$$F_{cr} = 0.877F_e \tag{3.5.3}$$

* ( ) : KDS2019 기준식

예제 (3.5.1)

비탄성영역과 탄성영역을 나누는 한계세장비(KL/r)는 $4.71\sqrt{E/F_y}$ 이다. 다음 관계를 각각 비교 설명하시오.

(1) $KL/r \le 4.71\sqrt{E/F_y}$ 와 $F_y/F_e \le 2.25$

(2) $KL/r \le 4.71\sqrt{E/F_y}$ 와 $\lambda_c \le 1.5$

여기서 $\lambda_c^2 = F_y/F_e$이다.

풀이

(1) 오일러 응력(F_e)

$F_e = \dfrac{\pi^2 E}{(KL/r)^2}$ 이므로

세장비(KL/r)는 다음과 같이 표현할 수 있다.

$$\frac{KL}{r} = \sqrt{\frac{\pi^2 E}{F_e}}$$

따라서 $KL/r \le 4.71\sqrt{E/F_y}$ 에 대하여 다음 관계식이 성립한다.

$$\sqrt{\frac{\pi^2 E}{F_e}} \le 4.71\sqrt{E/F_y}$$

위 식을 정리하면 $F_y/F_e \le 2.25$ 이다.

따라서 $KL/r \le 4.71\sqrt{E/F_y}$와 $F_y/F_e \le 2.25$는 동일한 조건이다.

(2) $\lambda_c^2 = F_y/F_e$, $F_e = \pi^2 E/(KL/r)^2$이므로

$$\lambda_c^2 = \frac{F_y}{F_e} = (\frac{KL}{\pi r})^2 \frac{F_y}{E}$$

여기에 한계세장비 $KL/r = 4.71\sqrt{E/F_y}$을 대입하면 다음과 같이 λ_c를 얻을 수 있다.

$$\lambda_c = \frac{KL}{\pi r}\sqrt{\frac{F_y}{E}} = \frac{4.71}{\pi} = 1.5$$

따라서 $KL/r \le 4.71\sqrt{E/F_y}$와 $\lambda_c \le 1.5$ 는 동일한 조건이다.

예제 (3.5.2)

(1) 다음의 3가지 강재에 대해 세장비에 따른 설계좌굴응력을 그래프로 나타내시오. SS275($F_y = 275\text{MPa}$), SM355($F_y = 355\text{MPa}$), SM460 ($F_y = 460\text{MPa}$)

(2) 3가지 강종에 대해 한계세장비를 구하시오.

(3) 세장비(KL/r)가 50, 100, 150일 때의 설계좌굴응력 값을 구하시오.

풀이

(1) 설계좌굴응력 그래프

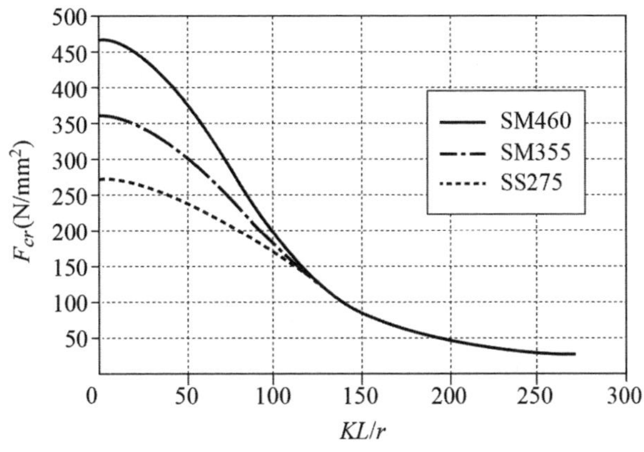

그림(3.5.2) 강종별 설계좌굴응력

(2) 강종별 한계세장비

① SS275($F_y = 275\text{MPa}$)

$$4.71\sqrt{E/F_y} = 4.71\sqrt{210{,}000/275} = 130$$

② SM355($F_y = 355\text{MPa}$)

$$4.71\sqrt{210{,}000/355} = 115$$

③ SM460($F_y = 460\text{MPa}$)

$$4.71\sqrt{210{,}000/460} = 101$$

(3) 세장비(KL/r) 50, 100, 150일 때의 설계좌굴응력 값은 그림(3.5.2)로 부터 얻는다.

강종 \ KL/r	50	100	150
SS275	239	158	81
SM355	297	173	81
SM460	365	182	81

단위: MPa

Note

1) 탄성좌굴 영역에서 설계좌굴응력은 강종에 관계가 없다(항복응력과 무관함).
2) 비탄성좌굴 영역에서 설계좌굴응력은 강종에 따라 다르다.
3) 한계세장비는 강재의 강도가 커질수록 작아진다.

지금까지 고려한 좌굴은 휨(bending)에 의한 휨좌굴(flexural buckling)이다. 다른 형태의 좌굴은 비틀림(twisting)에 의한 비틀림좌굴(torsional buckling)이나 휨과 비틀림의 혼합 형태인 휨-비틀림좌굴 형태가 있다. 1축 대칭 부재와 비대칭 부재, 십자형이나 조립기둥과 같은 2축 대칭 부재는 비틀림좌굴 및 휨-비틀림좌굴에 대한 한계상태를 고려하여야 한다.

예제 (3.5.3)

그림과 같은 비가새골조가 횡력에 저항할 수 있도록 기둥과 보의 크기가 정해져 있다. 1층과 2층의 내부기둥이 중력하중을 지지하기에 적합한 지를 검토하시오. 단, 강종은 SHN355이며 약축방향에 대해서는 연속적으로 횡지지 되어 있다고 가정한다. 부재의 K값은 French식으로 구한다.

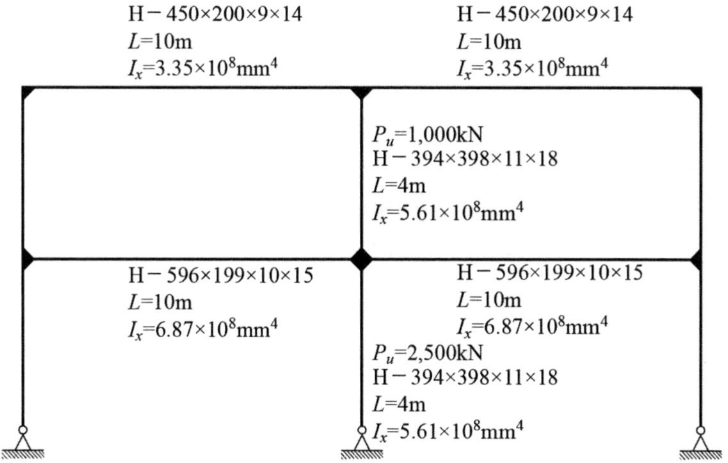

그림(3.5.3) 예제 골조

풀이

1) 2층 기둥 검토

2층 기둥에 대한 G값을 구하면 다음과 같다.

$$G_{top} = \frac{\sum I_c/L_c}{\sum I_g/L_g} = \frac{5.61\times 10^8/4{,}000}{2(3.35\times 10^8/10{,}000)} = 2.09$$

$$G_{bot} = \frac{\sum I_c/L_c}{\sum I_g/L_g} = \frac{2(5.61\times 10^8/4{,}000)}{2(6.87\times 10^8/10{,}000)} = 2.04$$

위에서 구한 G값을 식(3.4.5)에 대입하면 다음과 같다.

$$K = \sqrt{\frac{1.6G_{top}G_{bot}+4(G_{top}+G_{bot})+7.5}{G_{top}+G_{bot}+7.5}}$$

$$= \sqrt{\frac{1.6(2.09)(2.04)+4(2.09+2.04)+7.5}{2.09+2.04+7.5}} = 1.63$$

$F_y/F_e \le 2.25$이면 $\quad F_{cr} = \left(0.658^{F_y/F_e}\right)F_y \qquad (3.5.2)$

$F_y/F_e > 2.25$이면 $\quad F_{cr} = 0.877F_e \qquad (3.5.3)$

약축방향은 연속적으로 횡지지 되어 있으므로, 강축방향의 세장비를 구한다.

$KL/r_x = 1.63\times(4{,}000\text{mm})/(173\text{mm}) = 37.7$

$F_e = \pi^2 E/(KL/r)^2 = \pi^2(210{,}000)/37.7^2 = 1{,}458.3\text{MPa}$

$F_y/F_e = 355/1{,}458.3 = 0.2434 \le 2.25$

$F_{cr} = [0.658^{(F_y/F_e)}]F_y = 0.658^{0.2434}\times 355 = 320.6\text{MPa}$

압축좌굴강도(P_{cr})는

$P_{cr} = F_{cr}\times A = (320.6\text{N/mm}^2)(18{,}680\text{mm}^2) = 5{,}989\text{kN}$

$\phi P_n = 0.9F_{cr}A = 5{,}390\text{kN}$

$P_u(=1{,}000\text{kN}) < \phi P_n(=5{,}390\text{kN})$이므로
2층 기둥은 중력하중에 대하여 안전하다.

2) 1층 기둥 검토

1층 기둥에 대한 G값을 구하면 다음과 같다.

$$G_{top} = \frac{\sum I_c/L_c}{\sum I_g/L_g} = 2.04$$

$$G_{bot} = 10 \text{ (Pin)}$$

위에서 구한 G값을 식(3.4.5)에 대입하면 다음과 같다.

$$K = \sqrt{\frac{1.6G_{top}G_{bot}+4(G_{top}+G_{bot})+7.5}{G_{top}+G_{bot}+7.5}}$$

$$= \sqrt{\frac{1.6(2.04)(10)+4(2.04+10)+7.5}{2.04+10+7.5}} = 2.13$$

기둥의 좌굴강도(P_{cr})를 구하기 위해 세장비를 먼저 구한다(강축이 지배).
$KL/r_x = 2.13 \times (4{,}000\text{mm})/(173\text{mm}) = 49.2$

$F_e = \pi^2 E/(KL/r)^2 = \pi^2(210{,}000)/49.2^2 = 856.2\text{MPa}$
$F_y/F_e = 355/856.2 = 0.415 \le 2.25$
$F_{cr} = [0.658^{(F_y/F_e)}]F_y = 0.658^{0.415} \times 355 = 298.4\text{MPa}$

압축좌굴강도(P_{cr})는
$P_{cr} = F_{cr} \times A = (298.4\text{N/mm}^2)(18{,}680\text{mm}^2) = 5{,}574\text{kN}$
$\phi P_n = 0.9 F_{cr} A = 5{,}017\text{kN}$

$P_u (= 2{,}500\text{kN}) < \phi P_n (= 5{,}017\text{kN})$이므로
1층 기둥은 중력하중에 대하여 안전하다.

Note

1) 비탄성좌굴에 대한 내력 산정에서 사용되는 오일러 응력(F_e)의 상한치는 별도로 제한하지 않는다.
2) 이 예제에서는 F_e가 1,458.3MPa(2층 기둥)와 856.2MPa(1층 기둥)로 다소 큰 값을 나타내고 있는데, 이는 대상 기둥들의 세장비가 상대적으로 작은 결과이다.

기둥의 유효좌굴길이가 강축과 약축에 대하여 달라지는 경우도 있다. 그림 (3.5.4)에서 기둥의 길이는 강축에 대해 8m이지만 약축에 대해서는 중간 지점에서 좌우 보와 연결되어 있어 수평변위는 구속되며, 좌굴길이는 4m가 된다. 이와 같이 강축과 약축에 대한 비지지길이가 다른 경우는 세장비가 큰 쪽으로 좌굴이 발생하게 된다. 따라서 각 축에 대한 세장비(K_xL_x/r_x 및 K_yL_y/r_y)를 먼저 계산하고, 큰 세장비를 기준으로 압축강도를 산정해야 한다.

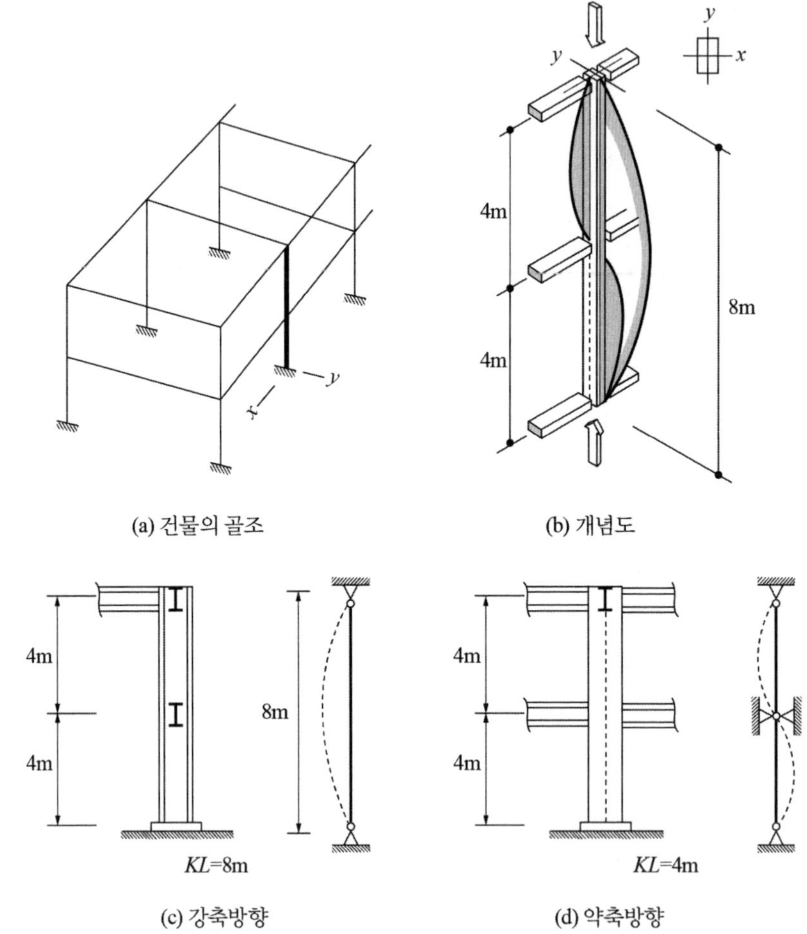

그림(3.5.4) 강축과 약축의 좌굴길이

Note

위 그림에서 기둥과 보의 접합부는 핀접합으로 하부 지점은 핀지지로 가정된 것이다. 실제로 고정단(fixed end)은 특별한 접합상세 없이는 구현하기가 매우 어렵기 때문에 보통(ordinary) 접합은 핀접합으로 개략화하는 것이 일반적이다.

예제 (3.5.4)

단면 H-350×350×12×19인 기둥이 3,096kN의 계수하중을 받고 있다. 유효좌굴길이(KL)가 강축 10m, 약축 5m일 때 이 기둥의 안전성을 검토하시오. 사용 강재는 SHN355($F_y = 355\text{MPa}$)이며, 국부좌굴은 검토하지 않는다(종합설계 Step 1 참조).

풀이

(1) H-350×350×12×19의 단면 특성:

$A = 17{,}390\text{mm}^2 \quad r_x = 152\text{mm} \quad r_y = 88.4\text{mm}$

(2) 설계압축강도 산정

강축과 약축에 대한 유효좌굴길이(KL)가 각각 다르므로 두 축에 대하여 KL/r 값을 비교하며, 큰 값을 가지는 축에 대하여 설계압축강도를 산정한다.

- 강축과 약축의 KL/r 값 비교:

(강축) $K_x L_x / r_x = 10{,}000/152 = 65.8$

(약축) $K_y L_y / r_y = 5{,}000/88.4 = 56.6$

강축의 KL/r 값이 더 크므로 강축에 대한 압축강도를 산정한다.

- 휨좌굴응력(F_{cr}) 산정:

$$F_e = \frac{\pi^2 E}{(K_x L_x / r_x)^2} = \frac{\pi^2 (210{,}000)}{65.8^2} = 478.7\text{MPa}$$

$F_y / F_e = 355/478.7 = 0.74 \le 2.25$

∴ 비탄성좌굴이 지배하므로 식(3.5.2)을 사용한다.

$$F_{cr} = \left[0.658^{F_y/F_e}\right] F_y = \left[0.658^{0.74}\right] 355 = 260.4\text{MPa}$$

• 설계압축강도 산정:

$$\phi_c P_n = \phi_c F_{cr} A = 0.9(260.3)(17{,}390)/1{,}000$$
$$= 4{,}074\,\text{kN} > P_u = 3{,}096\text{kN}$$

그러므로 H-350×350×12×19 단면은 강도비가
$P_u/\phi_c P_n = 3{,}096/4{,}074 = 0.76$으로서 안전하다.

■ **국부좌굴(Local Buckling)**

부재 단면이 매우 얇을 경우 일부 단면에 국부좌굴이 발생할 수 있다. 이때에는 기둥의 좌굴하중보다 더 작은 하중에서 한계상태에 도달하게 된다. 즉, 국부좌굴이 발생하게 되면 단면 전체가 사용되지 못하므로 비효율적이다.

플랜지나 웨브의 두께가 얇은 H형강의 경우에 이러한 현상이 더욱 현저하므로 사용에 유의하여야 한다. 불가피하게 이러한 단면을 사용할 경우에는 국부좌굴식을 검토하여 좌굴응력을 산정하여야 한다.

부재 단면의 국부좌굴 여부는 판폭두께비(width-thickness ratio)로서 판단하며, 비구속요소(unstiffened element)와 구속요소 두 가지가 고려된다. 비구속요소는 압축력을 받는 방향에 평행한 한 쪽 면이 비지지된 것으로서 H형강의 플랜지와 같은 것이다. 구속요소(stiffened element)는 양쪽 면이 지지(支持)된 것으로서 H형강의 웨브와 같은 것이다.

그림(3.5.5) H형강 기둥의 국부좌굴

판폭두께비(λ)에 대한 제한값은 콤팩트, 비콤팩트, 세장판요소 등으로 분류되어 있다[3]. 그러나 압축재에서는 플랜지와 웨브에 대하여

1) $\lambda \leq \lambda_r$

2) $\lambda > \lambda_r$의 여부를 검토한다.

1)의 경우는 국부좌굴이 일어나지 않으며 강도(strength)의 감소는 없다. 2)의 경우는 세장판요소 단면으로서 국부좌굴이 일어나므로 감소계수(Q)를 산정하여 강도(좌굴응력)를 감소시켜야 한다.

---

3 AISC-B4, Classification of Sections for Local Buckling

• 플랜지: $\lambda = \dfrac{b}{t} = \dfrac{b_f/2}{t_f} = \dfrac{b_f}{2t_f} \leq \lambda_r$

여기서 b_f와 t_f는 플랜지의 폭과 두께이며, $\lambda_r = 0.56\sqrt{E/F_y}$ 이다.

• 웨브: $\lambda = \dfrac{h}{t_w} \leq \lambda_r$

여기서 $\lambda_r = 1.49\sqrt{E/F_y}$ 이다. h와 t_w는 플랜지의 필렛 사이의 거리와 웨브의 두께이며, $h = (d - 2(t_f + k_{des}))$이다.

Note

k_{des}는 k의 설계값이며, 이 값은 제조사마다 조금씩 다르다.

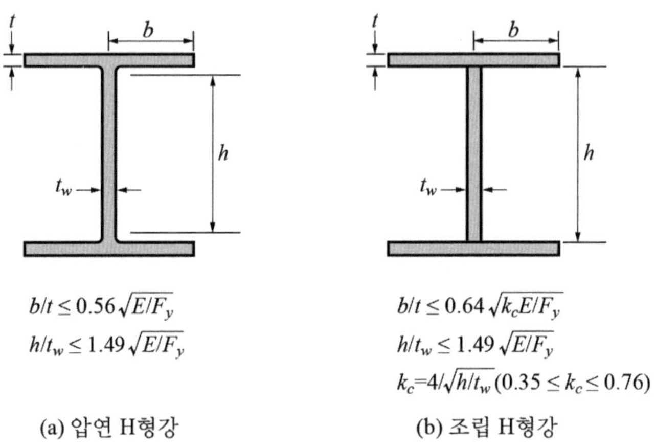

$b/t \leq 0.56\sqrt{E/F_y}$
$h/t_w \leq 1.49\sqrt{E/F_y}$

(a) 압연 H형강

$b/t \leq 0.64\sqrt{k_c E/F_y}$
$h/t_w \leq 1.49\sqrt{E/F_y}$
$k_c = 4/\sqrt{h/t_w}\,(0.35 \leq k_c \leq 0.76)$

(b) 조립 H형강

그림(3.5.6) 압축요소의 판폭두께비 제한

예제 (3.5.5)

H-350×350×12×19 부재가 기둥으로 사용되고 있다. 이 기둥의 국부좌굴을 검토하시오. 사용 강재는 SHN355($F_y = 355\text{MPa}$)이고, $E = 210{,}000\text{MPa}$이다.

풀이

(1) 단면 형상

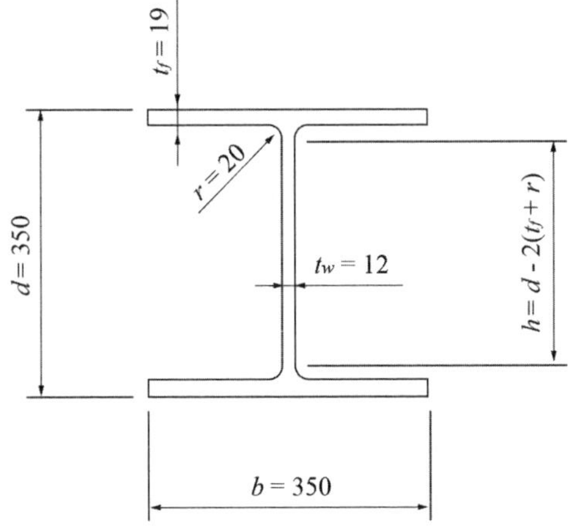

(2) 판폭두께비의 검토

- 플랜지 판폭두께비:

$b/2t_f = 350/(2 \times 19) = 9.21$

$\lambda_r = 0.56\sqrt{E/F_y} = 0.56\sqrt{210{,}000/355} = 13.6$

$b/2t_f < \lambda_r$

- 웨브 판폭두께비:

$h/t_w = (350 - 2(19 + 20))/12 = 22.67$

$\lambda_r = 1.49\sqrt{E/F_y} = 1.49\sqrt{210{,}000/355} = 36.2$

$h/t_w < \lambda_r$

따라서 H-350×350×12×19 단면은 압축에 대하여 국부좌굴이 발생하지 않는다.

■ 압축재의 설계

압축재는 다음의 절차에 따라 설계할 수 있다.

1) 압축재에 작용하는 계수축하중을 산정한다.
2) 좌굴응력(F_{cr})을 가정한다.
   이론적 최대 좌굴응력(F_{cr}) 값은 항복응력이다.
3) 소요단면적을 산정한다.
   $A_{req} \geq P_u/\phi_c F_{cr}$
4) 소요단면적(A_{req})을 만족하는 단면을 선택한다.
5) 좌굴응력(F_{cr})을 산정하고, 선택 단면의 강도($\phi_c F_{cr} A$)를 구한다. 이때에는 강축과 약축에 대한 세장비(KL/r)를 구한 후, 큰 세장비를 갖는 축에 대한 설계압축강도를 산정한다.
6) 선택 단면이 만족되지 않으면 다음 단면을 시도한다.
7) 국부좌굴을 검토한다.

예제 (3.5.6)

종합설계의 Step 1에서 내부기둥 1C1은 3개 층의 바닥하중을 지지하며, 이 기둥의 바닥하중 분담면적은 90m^2이다. 고정하중은 6.0kN/m^2으로 전층에서 동일하게 작용한다. 활하중은 2층과 3층에는 3.5kN/m^2, 지붕층에는 1.0kN/m^2이다. KL이 5m인 이 기둥의 단면을 선택하시오. 사용 강재는 SHN275($F_y = 275\text{MPa}$)이고, $E = 210{,}000\text{MPa}$이다.

풀이

(1) 계수하중 산정

먼저 $1.2D+1.6L$ 하중조합에 대한 각 층의 바닥하중을 산정한다.

2~3층 바닥하중: $w_u = 1.2 \times 6.0 + 1.6 \times 3.5 = 12.8\,\text{kN/m}^2$

지붕층 바닥하중: $w_u = 1.2 \times 6.0 + 1.6 \times 1.0 = 8.8\,\text{kN/m}^2$

바닥하중의 분담면적이 90m^{2}이므로 이를 이용하여 1C1에 작용하는 계수축하중을 계산하면 다음과 같다.

$$P_u = 2 \times (12.8\text{kN/m}^2 \times 90\text{m}^2) + (8.8\text{kN/m}^2 \times 90\text{m}^2) = 3{,}096\,\text{kN}$$

(2) 기둥 단면의 가정

좌굴에 의한 강도 저감효과를 사전에 고려하기 위해 계수축하중(P_u)을 15% 상향시킨 후 전단면 항복상태를 검토하여 1차 기둥 단면을 선택한다.

$$P_{u,eff} = 1.15P_u = 1.15 \times 3{,}096 = 3{,}560\,\text{kN}$$

$$\phi A F_y \geqq P_{u,eff}$$

$$A_{req} \geqq \frac{P_{u,eff}}{\phi F_y} = \frac{3{,}560(1{,}000)}{0.9(275)} = 14{,}384\,\text{mm}^2$$

위에서 요구하는 단면적을 초과하는 단면을 선택하되, 기둥 단면이므로 플랜지의 폭과 춤이 비슷한 정방형 단면을 선택하는 것이 좌굴에 유리하다. 이에 따라 H-350×350×12×19 ($A = 17{,}390\,\text{mm}^2$)를 1C1의 1차 단면으로 선택하여 검토한다.

Note

AISC에 의한 강구조설계 시 기둥 부재는 주로 W8, W10, W12, W14 시리즈가 사용된다. 또한, 국내 형강의 경우 H-200×200에서 H-400×400 시리즈가 주로 사용된다.

- H-350×350×12×19의 단면 특성:

  $A = 17{,}390\,\text{mm}^2$ $r = 20\,\text{mm}$ $r_x = 152\,\text{mm}$ $r_y = 88.4\,\text{mm}$

(3) 판폭두께비의 검토

- 플랜지 판폭두께비:

$b/2t_f = (350/2)/19 = 9.21$

$\lambda_r = 0.56\sqrt{E/F_y} = 0.56\sqrt{210,000/275} = 15.48$

$b/2t_f < \lambda_r$

- 웨브 판폭두께비:

$h/t_w = (350-2(19+20))/12 = 22.7$

$\lambda_r = 1.49\sqrt{E/F_y} = 1.49\sqrt{210,000/275} = 41.17$

$h/t_w < \lambda_r$

따라서 H-350×350×12×19 단면은 압축에 대하여 세장판 단면이 아니며, 국부좌굴이 일어나지 않는다.

(4) 설계압축강도 산정

강축 및 약축에 대한 유효좌굴길이(KL)가 5m로 동일하므로 좌굴은 약축방향으로 발생한다.

- 오일러 응력(F_e) 산정:

$K_yL_y/r_y = 1.0(5,000)/88.4 = 56.6$

$$F_e = \frac{\pi^2 E}{(K_yL_y/r_y)^2} = \frac{\pi^2(210,000)}{56.6^2} = 647\,\mathrm{MPa}$$

- 휨좌굴응력(F_{cr}) 산정:

$F_y/F_e = 275/647 = 0.425 \le 2.25$

∴ 비탄성좌굴이 지배하므로 식(3.5.2)을 사용한다.

$$F_{cr} = \left[0.658^{F_y/F_e}\right]F_y = \left[0.658^{0.425}\right]275 = 230.2\,\mathrm{MPa}$$

• 설계압축강도 산정:

$$\phi_c P_n = \phi_c F_{cr} A = 0.9(230.2)(17{,}390)/1{,}000$$
$$= 3{,}600\,\text{kN} > P_u = 3{,}096\text{kN}$$

H-350×350×12×19 단면은 강도비가 $P_u/\phi_c P_n = 3{,}096/3{,}600 = 0.86$으로서 안전하게 설계되어 있다.

Note

1) 위에서 적용한 계수하중의 증가율 15%는 임의적인 값이며, 조건에 따라 좌굴 내력의 저감 영향은 달라질 수 있다.
2) 정확한 설계를 위해서는 기둥 부재의 자중을 P_u에 포함하여 확인하여야 한다.
3) 선택한 단면이 안전성을 확보하지 못하거나 최적이 아닌 경우, 단면 크기를 변경하여 동일한 과정의 검토를 반복한다.

연·습·문·제

(1) 다음 조건에서 기둥의 유효좌굴길이계수 K를 유도하시오.

a) 양단 고정인 기둥(K=0.5)

b) 일단 고정, 일단 자유단인 기둥(K= 2.0)

(2) 아래 그림과 같은 단면에서 r_x와 r_y를 구하시오.

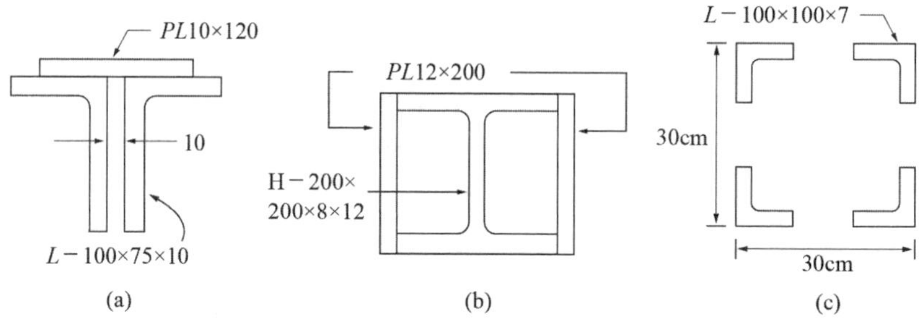

(3) H-200×200×8×12의 단면적은 $A = 6.353 \times 10^3 \mathrm{mm}^2$이다. 이 단면적과 동일한 정방향 각형단면을 두께 8mm로 만들고, 단면2차모멘트를 구하시오. 그리고 H형강의 $I_x = 4.72 \times 10^7 \mathrm{mm}^4$, $I_y = 1.60 \times 10^7 \mathrm{mm}^4$와 비교하시오.

(4) 예제(3.3.1)에서 $\tan kL = kL$로부터 $kL = 4.4934$이었다. 이 값을 수학적으로 증명하시오.

(5) 탄성영역과 비탄성영역의 좌굴응력을 나누는 한계세장비는 $4.71\sqrt{E/F_y}$이다. 이 값을 유도하시오.

(비탄성영역: $F_{cr} = \left(0.658^{F_y/F_e}\right)F_y$, 탄성영역: $F_{cr} = 0.877F_e$)

(6) H-150×150×7×10의 부재에서 국부좌굴이 발생하는지를 검토하시오. 그리고 이 부재의 플랜지 두께가 어느 정도 얇아졌을 때 국부좌굴이 발생할 수 있는지, 그 때의 플랜지 두께를 산정하시오. 단, 강종은 SS275이다.

(7) 단면이 H-300×300×10×15이고, 높이가 3m인 기둥이 양단 핀으로 지지되어 있다. 기둥의 압축강도를 구하고, 이 기둥에 좌굴이 먼저 발생할지, 전단면 항복이 먼저 발생할지를 결정하시오. 단, 강종은 SS275을 사용한다.

(8) 그림과 같은 조건의 기둥이 주어진 하중을 적절히 지지하고 있는지 검토하시오.

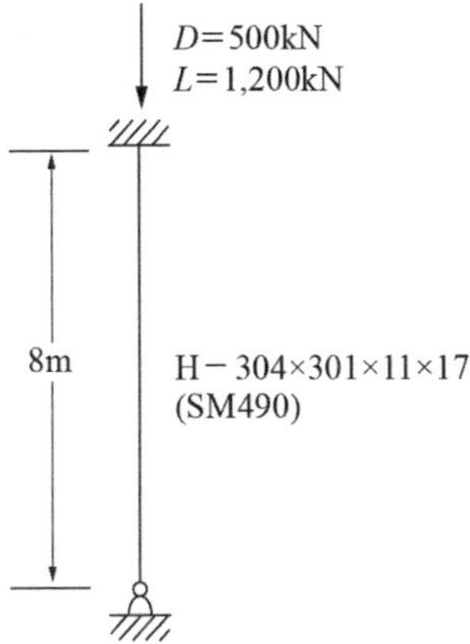

(9) 단면이 H-344×348×10×16인 기둥에 400kN의 고정하중과 600kN의 활하중이 작용한다. 기둥의 높이는 8m이고, 기둥의 약축방향으로는 5m 높이에 횡지지 가새가 설치되어 있다. *K*값은 1로 가정할 때 기둥의 안정성 여부를 판단하시오. 단, 강종은 SS275를 사용한다.

(10) 단면이 H-250×250×9×14인 기둥이 양단 고정 지점으로 지지되어 있다. 이 기둥에 항복 대신 탄성좌굴이 발생할 수 있는 기둥의 최소 높이를 산정하시오. 단, 강종은 SM355를 사용한다.

(11) 단면이 H-250×250×9×14이고, K값이 1인 기둥이 있다. 이 기둥의 공칭압축강도가 공칭인장강도의 50% 이상이 되려면 기둥의 길이가 얼마 이하로 제한되어야 하는지 검토하시오.

(12) 높이가 15m인 기둥에 800kN의 고정하중과 1200kN의 활하중이 작용한다. H-350×350×10×16 부재를 적용하기 위해서는 횡지지 가새를 어떻게 설치해야할지 결정하시오. 횡지지 가새는 등간격으로 설치하고, K값은 1로 가정한다. 단, 강종은 SS275를 사용한다.

(13) 단면이 H-300×300×10×15인 기둥의 유효좌굴길이는 $KL_x = 5\text{m}$, $KL_y = 3\text{m}$ 이다. 이 기둥에 작용하는 하중은 고정하중과 활하중이 각각 50%로 구성되어 있다. 이 기둥에 작용하는 최대 활하중을 구하시오. 강재는 SS275($F_y = 275\text{MPa}$)이다.

(14) 5m 높이의 기둥에 200kN의 고정하중과 500kN의 활하중이 작용한다. K값이 1인 경우에 가장 경제적인 압축재 단면을 선정하시오. 단, 강종은 SM355를 사용한다.

(15) 위 문제와 같은 기둥에서 약축방향에 대해 2.5m 높이의 횡지지 가새를 설치하였다. 이 경우에 가장 경제적인 압축재 단면을 선정하시오.

(16) SS275로 설계된 철골조 건물을 SM355로 강종을 변경하여 재설계를 하고자 한다. 내부기둥 C1에는 모멘트 없이 압축력만 작용하는데, 원설계의

단면은 H-400×400×13×21이다. 동일한 축하중을 저항하는 조건으로 변경 설계하면 단면의 크기는 얼마나 감소하는지 검토하시오.

(17) 아래와 같이 H형강(H-428×407×20×35)에 28mm 두께의 철판이 보강된 조립 압축재 기둥의 유효좌굴길이 KL=5m인 경우의 허용축하중을 구하시오. 강종은 SHN355를 사용한다.

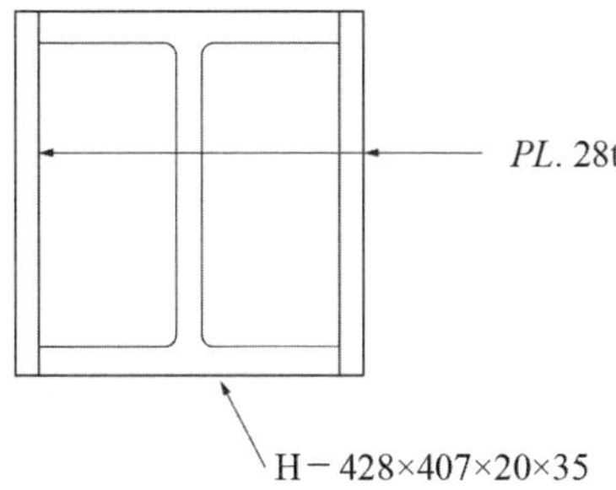

(18) H형강(H-416×405×18×28) 기둥이 아래 그림과 같은 지점조건을 갖는 경우의 허용축하중을 구하시오. 기둥의 높이는 7m이고, y축의 경우는 하부 지점으로부터 4m 높이에 횡지지 되어 있다. 강종은 SHN355를 사용한다.

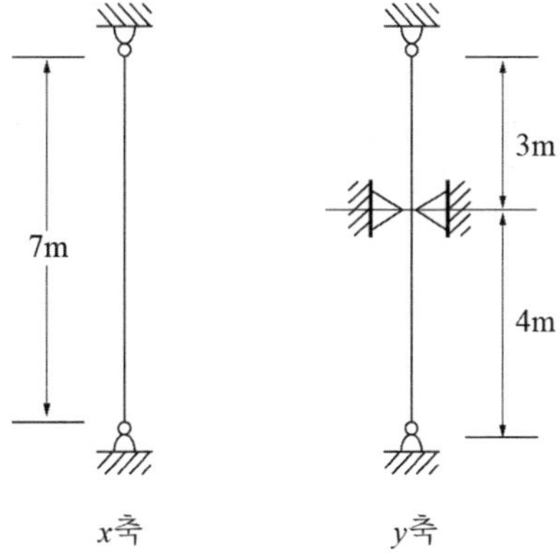

(19) 아래 그림의 골조에 있는 모든 기둥에 대한 유효좌굴길이계수를 구하시오. 기둥 BC와 EF는 횡이동이 발생하지 않는(braced against sidesway) 반면, 기둥 CD와 FG는 횡이동이 발생한다(subject to sidesway).

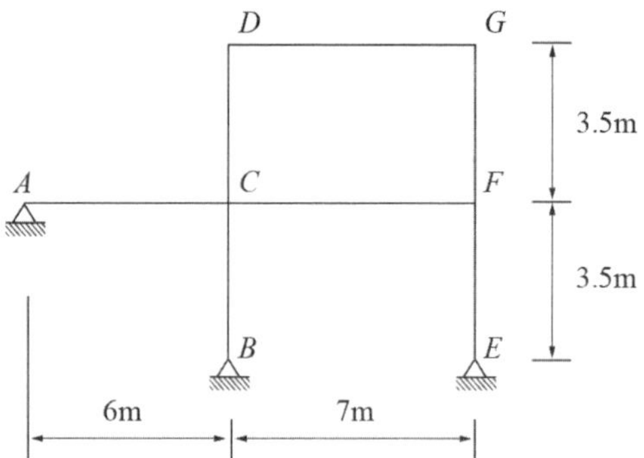

부재 위치	부재
AC	H-396×199×7×11
BC	H-416×405×18×28
CD, EC, FC	H-400×400×13×21
DG	H-500×200×10×16
CF	H-506×201×11×19

(20) 위 예제에서 건축적으로 횡지지 가새의 설치가 불가능한 경우 기존 기둥에 판을 덧붙여 조립단면(built-up)을 만들고자 한다. 아래 그림과 같이 플레이트를 기둥 플랜지에 직접 붙이는 방법과 BOX 모양으로 조립하는 두 가지 경우에 대하여 어느 방식이 더 경제적인지를 설명하시오.

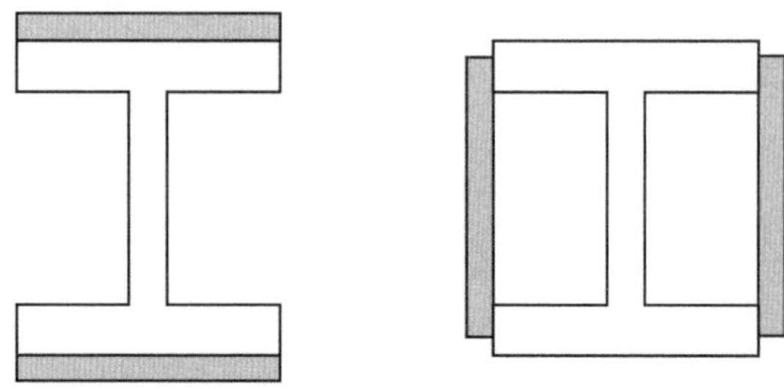

(21) 기둥이 매우 세장한 경우에는 기둥의 한계하중은 강재의 강도와 무관하다. H-250×250×9×14 기둥에서 사용 강재를 각각 SS275와 SM355로 했을 때 기둥의 한계하중이 같아지는 기둥 높이를 구하시오. 단, K값은 1로 가정한다.

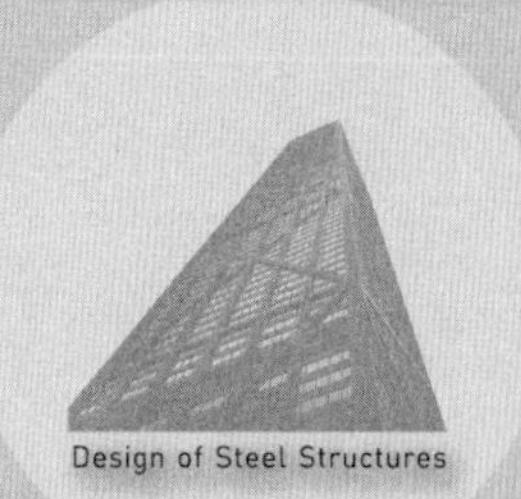
Design of Steel Structures

04

휨 재

/

4.1 구조물의 휨재(Bending Members)

휨재는 길이 방향에 수직으로 작용하는 하중에 대해 휨모멘트와 전단력으로 저항하는 부재를 말한다. 일반 건물에서는 바닥층과 지붕층의 하중을 지지하는 보(beam)가 가장 대표적인 휨재이다. 이 보(floor beam)는 단일 스팬이거나 연속 스팬(continuous span)으로서 하중을 기둥, 거더, 벽체 등 다른 구조부재에 전달한다. 거더(girder)는 보를 지지하는 부재를 말하며, 보와 동일한 구조적 거동을 하는 휨재이다.

가장 일반적인 휨재의 단면은 H형강(W-shape)이며, 가장 경제적이다. 그러나 다른 형태의 단면도 많이 사용되고 있다. ㄱ형강(angle)은 벽체 개구부(opening) 상부의 인방보(lintel)나 작은 수평하중을 받는 가새에, T형강은 트러스의 현재(chords)로, 채널(C-shape)은 인방보, 짧은 보 및 바닥 구조시스템 등에 H형강과 함께 쓰인다.

기타 보의 종류에는 조이스트(joists), 중도리(purlin), 스팬드럴(spandrels), 스트링거(stringers) 등이 있다. 조이스트는 장스팬 바닥이나 지붕의 지지를 목적으로 좁게 배치되는 트러스 형태의 보이고, 중도리는 지붕 조이스트 사이에 쓰인다. 스팬드럴은 건물의 외벽을 지지하는 보이고, 스트링거는 교량에 사용되는 보이다.

이러한 표준 형강 외에도 여러 형태의 형강을 조합하여 휨재를 구성할 수도 있다. 그러나 조립형강(built-up shapes)은 고가의 제작 비용으로 인하여 비경제적 단면일 수도 있다.

가장 경제적인 휨재는 국부좌굴에 의한 강도 저감 없이 재료의 항복강도(yield strength)를 사용할 수 있는 단면이다. 이러한 단면을 콤팩트(compact) 단면이라 부르며, 구조설계기준에 따라 조밀(稠密) 단면이라고 부르기도 한다.

그림(4.1.1) 실제 보와 이상화된 보 부재

그림(4.1.1)은 실제 건물의 보와 구조해석 시 보 부재의 모델링을 보여주고 있다.

4.2 보의 휨응력(Bending Stress)

보가 하중을 받아 휨모멘트가 발생할 때 부재 단면에는 휨응력이 발생한다. 이 응력은 압축 부분과 인장 부분으로 나누어지고 각각 상하 플랜지에 의해 저항된다. 압축플랜지는 마치 기둥처럼 좌굴하려는 경향이 있으나 횡방향으로 적절하게 구속되어 있으면 좌굴이 발생하지 않는다. 그러나 횡방향 지지가 적절하지 못하면 좌굴이 발생하며, 이것은 횡-비틀림좌굴(lateral-torsional buckling)을 야기한다.

등분포하중을 받는 단순보(simple beam[4])의 전단력과 휨모멘트 다이어그램은 그림(4.2.1)과 같다. 최대 휨모멘트는 중앙부에서 일어난다($M_{\max} = \omega L^2/8$). 이때, 휨응력(f_b)은 식(4.2.1)과 같으며, 단면의 상하 끝부분($y = d/2$)에서 최대 압축과 인장응력이 발생한다. 보의 단면에서 휨응력의 변화가 그림(4.2.2)에 나타나 있다.

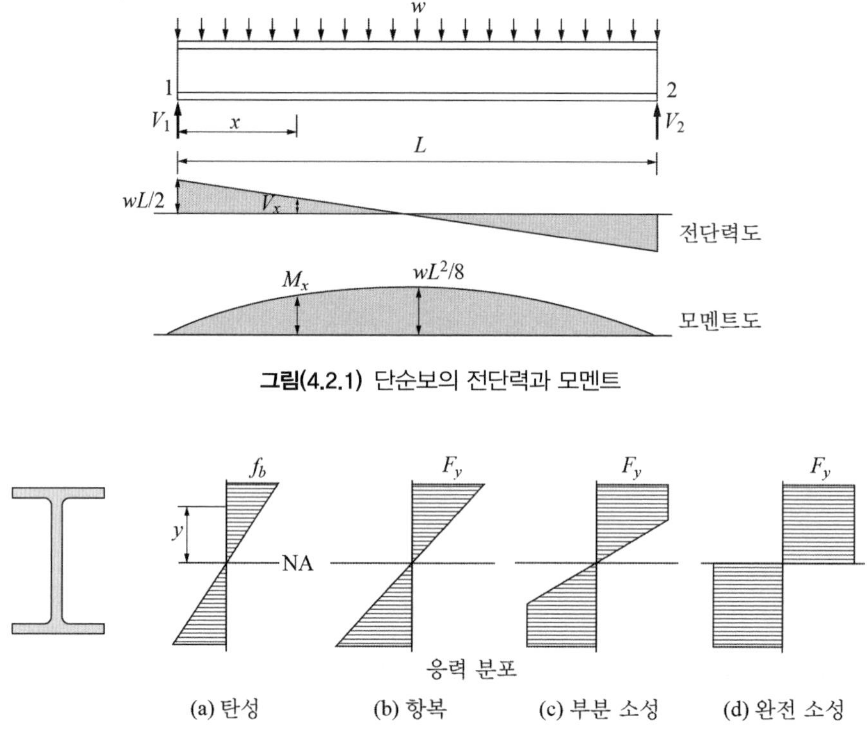

그림(4.2.1) 단순보의 전단력과 모멘트

그림(4.2.2) 휨응력의 변화

보의 설계에서는 휨응력이 전단면(全斷面)에 걸쳐서 탄성 범위 내에 있도록 설계하는 것이 바람직하다(그림 4.2.2b). 보 단면의 중립축으로부터 거리 y에 위치하는 휨응력(f_b)은 다음과 같다.

---

4 Simply Supported Beam

$$f_b = \frac{My}{I} \tag{4.2.1}$$

또한, 단면의 중립축에서 가장 멀리 떨어져 있는 최상부와 최하부에서의 휨응력(f_b)은 다음과 같이 표현한다.

$$f_b = \frac{Mc}{I} = \frac{M}{S} \tag{4.2.2}$$

여기서 f_b는 휨응력, $S(=I/c)$는 단면계수, $c=d/2$이다.

■ 항복모멘트와 소성모멘트

플랜지 상하 끝부분에서 휨응력이 항복응력(F_y)에 도달하면서(그림 4.2.2b) 발생하는 모멘트를 항복모멘트(yield moment)라 한다. 만약, 하중이 계속 증가하면 부재 단면의 최상부와 최하부에서 변형은 증가하지만 응력은 항복응력 상태에 그대로 남아 있다. 그러나 증가된 응력은 단면의 다른 부분에서 부담하게 된다(그림 4.2.2c). 휨응력이 추가로 더 증가하면 중립축 부근에서도 항복응력에 도달하고 궁극적으로는 전단면(全斷面)이 항복응력을 받는 상태가 된다(그림 4.2.2d). 이때, 발생하는 압축력과 인장력의 크기는 같고 방향은 반대이다. 이 두 개의 우력(couple)에 의해 소성모멘트(plastic moment)가 발생한다.

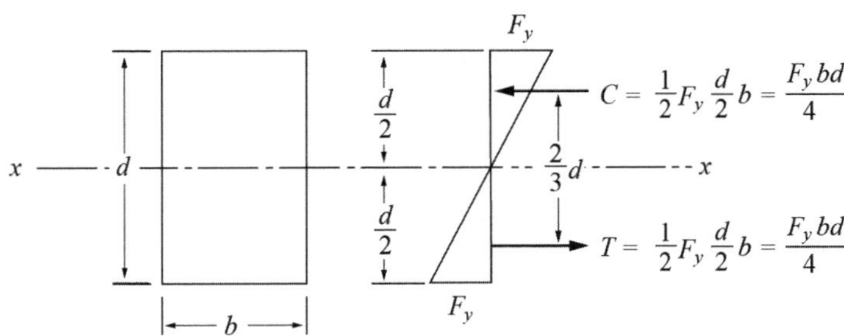

그림(4.2.3) 사각형단면과 항복응력

그림(4.2.3)에서 사각형단면의 항복모멘트(M_y)는 다음과 같다.

$$M_y = \left(\frac{F_y bd}{4}\right)\left(\frac{2}{3}d\right) = \frac{F_y bd^2}{6}$$

여기서 탄성단면계수(S)는 $bd^2/6$이다.

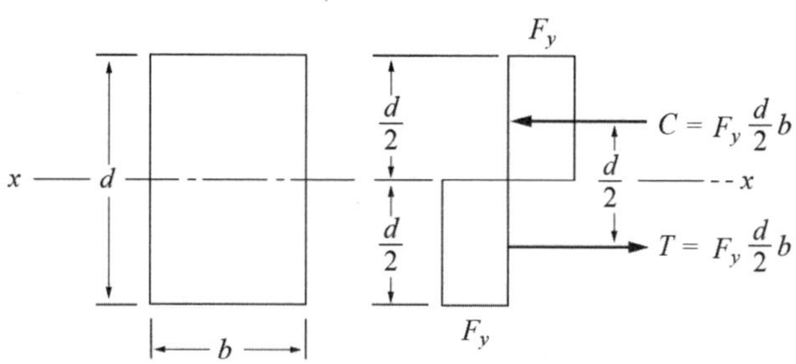

그림(4.2.4) 사각형단면과 소성응력

그림(4.2.4)에서 전단면이 소성응력 상태에 도달하면 소성힌지(plastic hinge)가 형성된다. 이때의 모멘트를 소성모멘트(M_p)라 한다.

$$M_p = T \cdot \frac{d}{2} = C \cdot \frac{d}{2} = \left(F_y \frac{bd}{2}\right)\left(\frac{d}{2}\right) = F_y \frac{bd^2}{4}$$

여기서 소성단면계수(Z)는 $bd^2/4$이다.

탄성단면계수(S)와 소성단면계수(Z)의 비(Z/S)를 형상계수(shape factor)라 하며, 직사각형단면의 형상계수는 1.5이다. H형강의 형상계수는 1.1 ~ 1.2 범위에 있고, 가장 일반적인 값은 1.12이다. 따라서 H형강의 경우 소성모멘트는 항복모멘트보다 최소한 10% 정도는 크다고 볼 수 있다.

예제 (4.2.1)

H − 200 × 100 × 5.5 × 8(F_y = 325MPa) 단면의 소성모멘트(M_p)와 항복모멘트(M_y)를 구하시오.
이 단면은 콤팩트 단면이며, 필렛 부분은 무시한다.

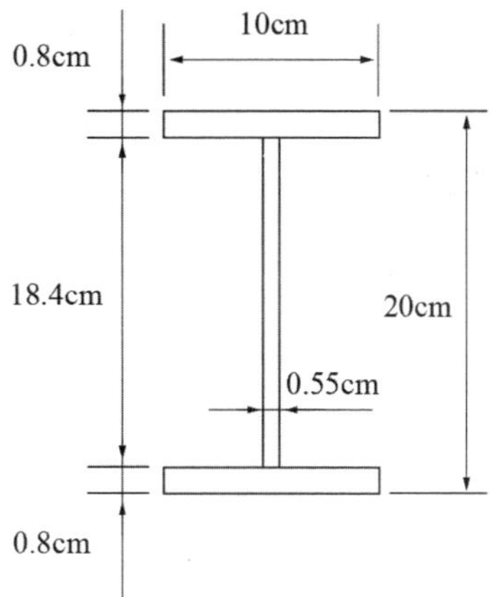

그림(4.2.5)

풀이

(1) 소성모멘트(방법 1): ($M_p = F_y \times Z_x$)

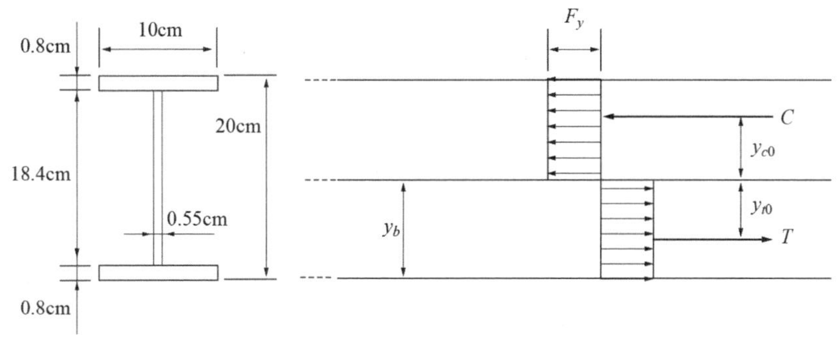

그림(4.2.6)

플랜지 면적 $A_f = 10 \times 0.8 = 8\text{cm}^2$

웨브 면적 $A_w = 18.4 \times 0.55 = 10.12\text{cm}^2$

H형강 단면적 $A = 2A_f + A_w = 2 \times 8 + 10.12 = 26.12\text{cm}^2$

소성힌지가 형성될 때 압축과 인장을 받는 면적은 같아야 하므로 소성중립축의 위치는 $y_b = 10\text{cm}$ 이며, 인장과 압축측의 단면적은 다음과 같다.

$A_T = A_C = A/2 = 26.12/2 = 13.06\text{cm}^2$

◦ 소성중립축으로부터 인장측 도심 거리(y_{t0})

인장측 플랜지 면적: $A_{ft} = 10 \times 0.8 = 8\text{cm}^2$

인장측 웨브 면적: $A_w/2 = A_{wt} = 18.4 \times 0.55/2 = 5.06\text{cm}^2$

(전체 면적)(y_{t0}) = (플랜지 면적)(도심 거리) + (웨브 면적)(도심 거리)

$(A_{ft} + A_{wt})y_{t0} = A_{ft}(y_b - t_f/2) + A_{wt}(y_b - t_f)/2$

$(8 + 5.06)y_{t0} = 8 \times (10 - 0.8/2) + 5.06 \times (10 - 0.8)/2$

$\therefore\ y_{t0} = 7.663\text{cm}$

소성단면계수 Z_x

$Z_x = 2(A_T \times y_{t0}) = 2(13.06\text{cm}^2 \times 7.663\text{cm}) = 200.16\text{cm}^3$

소성모멘트 M_p

$M_p = F_y \times Z_x = 32.5\text{kN/cm}^2 \times 200.16\text{cm}^3 = 6{,}505.2\text{kN}\cdot\text{cm}$

$= 65.05\text{kN}\cdot\text{m}$

(2) 소성모멘트(방법 2): ($M_p = C_1 \times y_1 + C_2 \times y_2$)

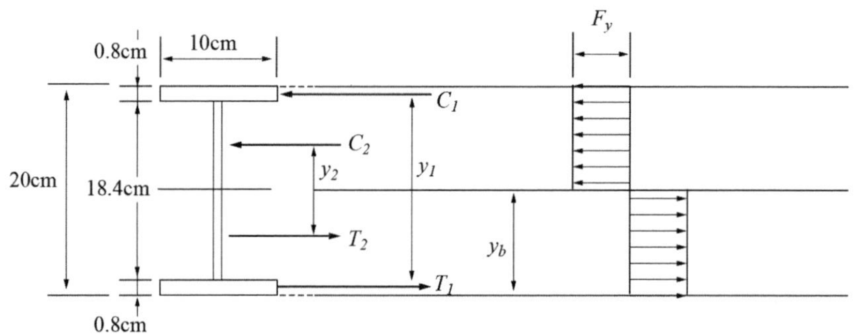

그림(4.2.7)

압축[인장] 플랜지 단면적

$A_{fc} = A_{ft} = 10 \times 0.8 = 8\text{cm}^2$

압축[인장] 웨브 단면적

$A_{wc} = A_{wt} = 18.4 \times 0.55/2 = 5.06\text{cm}^2$

압축력 = 단면적×응력

플랜지: $C_1 = A_{fc} \times F_y = 8\text{cm}^2 \times 32.5\text{kN/cm}^2 = 260\text{kN}$

웨브: $C_2 = A_{wc} \times F_y = 5.06\text{cm}^2 \times 32.5\text{kN/cm}^2 = 164.45\text{kN}$

$$
\begin{aligned}
M_p &= C_1 \times y_1 + C_2 \times y_2 \\
&= (260\text{kN})(20-0.8)\text{cm} + (164.45\text{kN})(18.4/2)\text{cm} \\
&= 65.05\text{kN}\cdot\text{m}
\end{aligned}
$$

(3) 항복모멘트($M_y = F_y S_x$)

$S_x = I_x / c$, $c = 10\text{cm}$

단면2차모멘트 $I_x = I_1 - I_2$

여기서 I_1은 사각형 $20 \times 10(\text{cm})$에 대한, I_2는 사각형 $18.4 \times 9.45(\text{cm})$에 대한 단면2차모멘트이다.

$I_1 = BH^3/12 = 10(20)^3/12 = 6{,}667\text{cm}^4$

$I_2 = bh^3/12 = 9.45(18.4)^3/12 = 4{,}906\text{cm}^4$

그러므로 $I_x = 6{,}667\text{cm}^4 - 4{,}906\text{cm}^4 = 1{,}761\text{cm}^4$

$\therefore S_x = 1{,}761/10 = 176.1\text{cm}^3$

$$
\begin{aligned}
M_y &= F_y S_x \\
&= 32.5\text{kN/cm}^2 \times 176.1\text{cm}^3 = 5{,}723\text{kN}\cdot\text{cm} = 57.23\text{kN}\cdot\text{m}
\end{aligned}
$$

Note

H − 200 × 100 × 5.5 × 8가 콤팩트 단면이 아니면 소성모멘트에 도달하지 못한다.

예제 (4.2.2)

항복모멘트(M_y)와 소성모멘트(M_p)는 다음과 같은 적분식으로 표현할 수 있다. 이를 이용하여 사각형단면($b \times d$)의 형상계수(shape factor)를 구하시오.

$$M_y = \int_A f\,y\,dA, \qquad M_p = \int_A f\,y\,dA$$

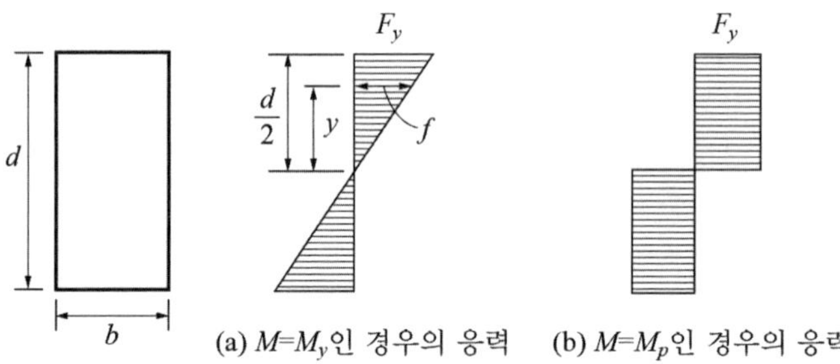

그림(4.2.8) 사각형단면과 응력 분포

풀이

(1) 항복모멘트(M_y)

그림(4.2.8a)에서 중립축으로부터 거리 y인 지점의 휨응력(f)은 $f/y = F_y/(d/2)$의 관계에서

$$f = F_y \frac{y}{d/2} = F_y \frac{2y}{d}$$

$$M_y = \int_A fydA = 2\int_0^{d/2} \frac{2F_y}{d} y^2 b\, dy = F_y \frac{bd^2}{6 =} F_y S$$

(2) 소성모멘트(M_p)

그림(4.2.8b)에서 $fdA = F_y\, dA = F_y bdy$ 이므로

$$M_p = \int_A fydA = 2\int_0^{d/2} F_y dydy = F_y \frac{bd^2}{4 =} F_y Z$$

(3) 형상계수

$$\xi = \frac{M_p}{M_y} = \frac{F_y(bd^2/4)}{F_y(bd^2/6)} = \frac{Z}{S} = 1.5$$

■ 소성중립축(Plastic Neutral Axis: PNA)

대칭 단면인 H형강(그림 4.2.9)에서 단면에 작용하는 힘의 평형을 생각해 보면, 단면의 전체 내부 압축력(ΣC)과 전체 내부 인장력(ΣT)은 같아야 한다. 이때, 모든 응력(F_y)이 같으므로 인장 부분과 압축 부분의 면적이 같아야 한다. 따라서 소성중립축(PNA)의 상부와 하부의 면적은 같다. 그러나 단면이 대칭이 아니면 탄성중립축과 소성중립축은 일치하지 않는다.

(a) 단면 (b) 응력 분포

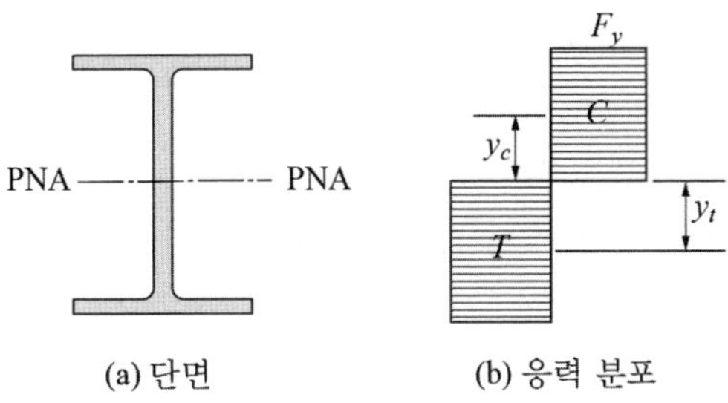

그림(4.2.9) H형강 단면과 소성응력

Note

H형강의 소성단면계수와 소성모멘트 값은 부재일람표(부록)에 수록되어 있다.

예제 (4.2.3)

그림(4.2.10)에서 T형강의 단순보가 등분포하중을 받고 있다. 항복모멘트, 소성모멘트, 소성단면계수, 형상계수, 공칭하중(w_n)을 각각 구하시오. 보의 길이는 4m이다.(F_y =325MPa)

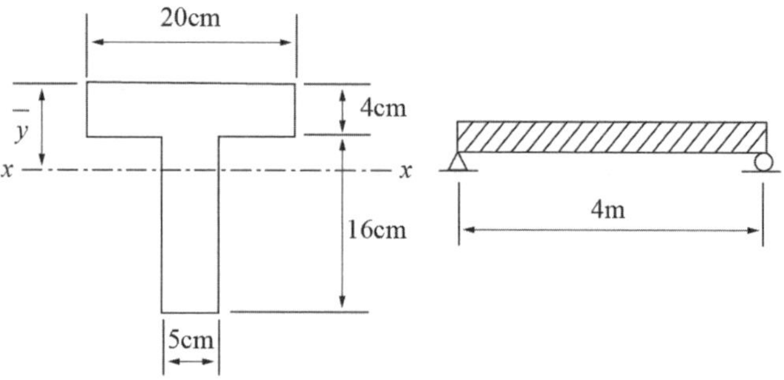

그림(4.2.10) T형강과 단순보

풀이

(1) 도심의 거리, 단면2차모멘트

◦ 단면적 $A = (20\text{cm})(4\text{cm}) + (16\text{cm})(5\text{cm}) = 160\text{cm}^2$

◦ 도심의 거리(플랜지 상단으로부터)

$$\bar{y} = \frac{(20\text{cm} \times 4\text{cm})(2\text{cm}) + (16\text{cm} \times 5\text{cm})(12\text{cm})}{160\text{cm}^2} = 7\text{cm}$$

◦ 단면2차모멘트

$$I = \frac{1}{12}(20\text{cm})(4\text{cm})^3 + (20\text{cm})(4\text{cm})(7\text{cm} - 2\text{cm})^2 + \frac{1}{12}(5\text{cm})(16\text{cm})^3 + (5\text{cm})(16\text{cm})(12\text{cm} - 7\text{cm})^2 = 5{,}813\text{cm}^4$$

∘ 단면계수

$$S_1 = \frac{I}{c_1} = \frac{5{,}813\text{cm}^4}{(20\text{cm} - 7\text{cm})} = 447.2\,\text{cm}^3 \ (\text{인장})$$

$$S_2 = \frac{\text{I}}{\text{c}_2} = \frac{5{,}813\text{cm}^4}{7\text{cm}} = 830.4\,\text{cm}^3 \ (\text{압축})$$

$\therefore\ S = 447.2\,cm^3$ (작은 값 선택)

Note

T형강의 아래 부분이 먼저 항복한다.

(2) 항복모멘트, 소성모멘트, 형상계수

∘ 항복모멘트

$$M_y = F_y S = (325\text{MPa})(447.2\text{cm}^3)$$
$$= (32.5\text{kN/cm}^2)(447.2\text{cm}^3) = 14{,}534\text{kN}\cdot\text{cm}$$

∘ 소성중립축

상부플랜지의 면적과 하부 웨브의 면적이 같으므로 소성중립축은 상부플랜지의 하단면에 위치한다.

∘ 소성단면계수

$$Z = (80\text{cm}^2)(2\text{cm}) + (80\text{cm}^2)(8\text{cm}) = 800\text{cm}^3$$

∘ 소성모멘트

$$M_p = F_y Z = (325\text{MPa})(800\text{cm}^3) = (32.5\text{kN/cm}^2)(800\text{cm}^3)$$
$$= 26{,}000\text{kN}\cdot\text{cm}$$

∘ 형상계수 $= \dfrac{M_p}{M_y} = \dfrac{Z}{S} = \dfrac{800\text{cm}^3}{447.2\text{cm}^3} = 1.79$

(3) 공칭하중[5]

$$M_n = \frac{w_n L^2}{8} = M_p = 26{,}000\text{kN}\cdot\text{cm} \text{ 에서}$$

$$\therefore\ w_n = \frac{(8)(26{,}000\text{kN}\cdot\text{cm})}{(400\text{cm})^2} = 1.3\text{kN/cm} = 130\text{kN/m}$$

■ 소성힌지(Plastic Hinge)

그림(4.2.11)에서 최대모멘트를 받는 지점에서 전단면이 항복응력(F_y) 상태에 도달하면 단면은 휨에 대해 더 이상 저항하지 못하고 마치 힌지와 같이 거동한다. 이를 소성힌지라 하며, 일반적으로 그림(4.2.12)와 같이 표현한다. 소성힌지가 형성될 때 가지는 일정한 저항력을 소성모멘트(M_p)라 한다.

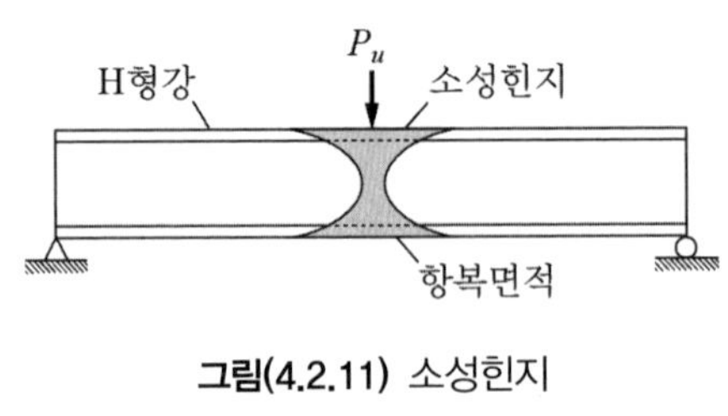

그림(4.2.11) 소성힌지

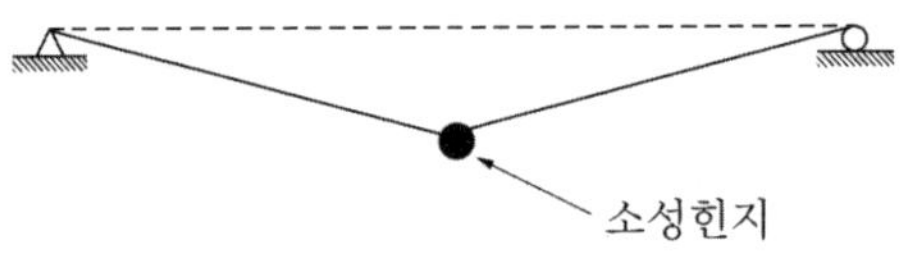

그림(4.2.12) 소성힌지의 간략화

5 이 문제에서 공칭하중은 단면이 저항할 수 있는 최대 등분포하중의 크기를 의미한다.

단순보인 경우에 스팬 내부에 소성힌지가 형성되면 이 보는 붕괴한다. 즉, 좌우 단부의 실제 힌지와 내부의 소성힌지가 구조물을 불안정하게 만들며, 이 현상을 붕괴 메케니즘(collapse mechanism)이라 한다. 일반적으로 단일 스팬 보에서 실제 힌지와 소성힌지를 합하여 3개의 힌지가 있으면 붕괴 메케니즘이 된다.

■ **조립단면(Built-up Sections)**

조립단면은 공장에서 생산되지 않는 형강의 경우 판재를 용접하여 제작하거나 기존의 단면(H형강 등)을 보강하기 위하여 판재를 덧붙인 단면을 말한다. 사례 중의 하나는 캡 채널(cap channels)이다. 캡 채널은 H형강 위에 채널을 덧붙인 것으로서 천장 크레인(overhead cranes)을 지지하기 위한 주행보(runway beams)에 사용된다.

개략적으로 강재의 장점은 모든 생산 제품에 대한 단면 성능이 매뉴얼화 되어 있어서 콘크리트 구조부재에 비해 내력 산정이 매우 간편한 점이다. 그러나 조립단면은 단면 성능을 별도로 계산하여야 하며, 압연형강(roll section)에 비하여 생산비가 대략 20% 정도 비싼 편이다.

압연형강은 H-100×100 ~ H-900×300의 범위 내에서 생산된다(최대크기: H-918×303×19×37). 건물 등에서 층고 제한으로 인하여 기성 제품을 사용할 수 없는 경우에는 조립부재를 사용하게 된다. 또한, H-918×303×19×37의 내력보다 더 큰 내력이 요구될 때에도 조립부재를 사용한다. 이와 같이 춤이 상당히 큰 부재를 일반적으로 플레이트 거더(plate girder, PG)라고 부른다.

압연형강은 판폭두께비 등 기본적인 단면 성능을 유지하면서 생산하는 반면에 조립부재는 모든 사항을 설계자가 결정해야 하므로 국부좌굴 등에 대한 검토가 중요하다.

예제 (4.2.4)

다음 그림과 같이 H형강이 커버 플레이트로 보강되어 있다. 이 단면의 소성모멘트를 구하시오. ($F_y = 325\text{MPa}$)

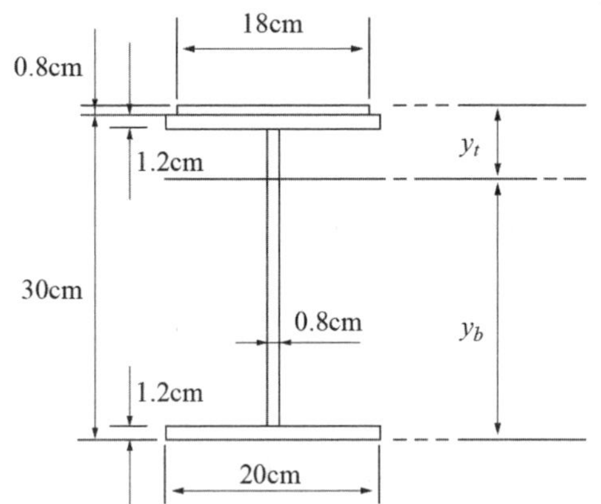

그림(4.2.13)

풀이

(1) 소성중립축의 위치

플랜지 면적 $A_f = 20 \times 1.2 = 24\text{cm}^2$

웨브 면적 $A_w = 27.6 \times 0.8 = 22.08\text{cm}^2$

H형강 단면적 $A_H = 2A_f + A_w = 2 \times 24 + 20.08 = 70.08\text{cm}^2$

플레이트 면적 $A_P = 18 \times 0.8 = 14.4\text{cm}^2$

◦ 조립단면 전체 면적

$A_{total} = A_H + A_P = 70.08\text{cm}^2 + 14.4\text{cm}^2 = 84.48\text{cm}^2$

소성힌지가 형성된 이후 압축과 인장을 받는 면적은 같으므로

$A_T = A_C = A_{total}/2 = 84.48/2 = 42.24\text{cm}^2$

◦ 소성중립축의 위치 (y_b: 하부로부터)

$A_T = A_f + t_w(y_b - t_f)$

$42.24 = 24 + 0.8(y_b - 1.2)$

$= 24 + 0.8y_b - 0.96$

$\therefore\ y_b = 24\text{cm}$

◦ 소성중립축의 위치 (y_t: 상부로부터)

$y_t = (30+0.8) - 24 = 6.8\text{cm}$

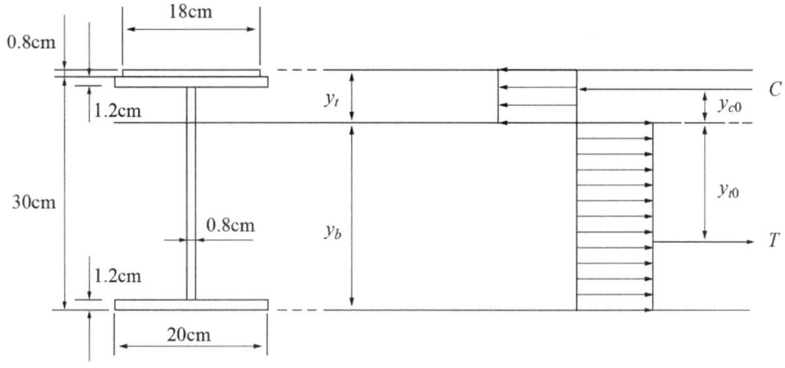

(2) 압축 및 인장 면적(상하부 면적 검토)

$A_C = (18\times0.8)+(20\times1.2)+(4.8\times0.8) = 42.24\text{cm}^2$

$A_T = (20\times1.2)+(22.8\times0.8) = 42.24\text{cm}^2$

(3) 압축측 도심 거리

$A_P = b_P\times t_P = 18\times0.8 = 14.4\text{cm}^2$

$A_{fc} = b_f\times t_f = 20\times1.2 = 24\text{cm}^2$

$A_{wc} = t_w\times(y_t - t_f - t_P) = 0.8\times(6.8-1.2-0.8) = 3.84\text{cm}^2$

$$(A_P + A_{fc} + A_{wc})y_{c0} = A_P(y_t - t_P/2) + A_{fc}(y_t - t_p - t_f/2) + A_{wc}(1/2)(y_t - t_f - t_p)$$

$$(14.4+24+3.84)y_{c0} = 14.4(6.8-0.8/2)+24(6.8-0.8-1.2/2) + 3.84(1/2)(6.8-0.8-1.2)$$

$\therefore\ y_{c0} = 5.468\text{cm}$

(4) 인장측 도심 거리

$A_{ft} = t_f \times b_f = 1.2 \times 20 = 24\text{cm}^2$

$A_{wt} = t_w \times (y_b - t_f) = 0.8 \times (24 - 1.2) = 18.24\text{cm}^2$ 이므로

$(A_{wt} + A_{ft})y_{t0} = A_{ft} \times (y_b - t_f/2) + A_{wt} \times (1/2) \times (y_b - t_f)$

$(24 + 18.24)y_{t0} = 24 \times (24 - 1.2/2) + 18.24 \times (1/2) \times (24 - 1.2)$

$\therefore\ y_{t0} = 18.218\text{cm}$

(5) 소성모멘트

모멘트 팔길이 L_a

$L_a = y_{t0} + y_{c0} = 18.22 + 5.47 = 23.69\text{cm}$

소성단면계수 Z_x

$Z_x = A_T \times y_{t0} + A_C \times y_{c0} = A_T(y_{t0} + y_{c0})$

$= A_T \times L_a = 42.24\text{cm}^2 \times 23.69\text{cm} = 1{,}000.67\text{cm}^3$

소성모멘트 M_p

$M_p = F_y \times Z_x = 32.5\,\text{kN/cm}^2 \times 1{,}000.67\text{cm}^3$

$= 3{,}2521.8\text{kN}\cdot\text{cm} = 325.22\text{kN}\cdot\text{m}$

4.3 콤팩트, 비콤팩트, 세장판 단면

▪ 국부좌굴(Local Buckling)

국부좌굴은 단면의 압축요소가 하중을 받을 때 전단면이 항복응력에 도달하기 전에 좌굴하는 현상이다. 좌굴은 항복응력보다 낮은 응력에서 발생하기 때문에

이 단면은 소성모멘트에 도달하지 못한다. 따라서 부재의 휨강도는 소성모멘트 (M_p)보다 작아진다.

단면의 플랜지 및 웨브의 좌굴과 횡-비틀림 좌굴이 분리되어 일어나지 않기 때문에 각각을 개별적으로 설명하기는 쉽지 않다. 그림(4.3.1)은 실험실에서 하중을 받아 H형강의 압축플랜지가 국부좌굴하는 모습을 보여주고 있다.

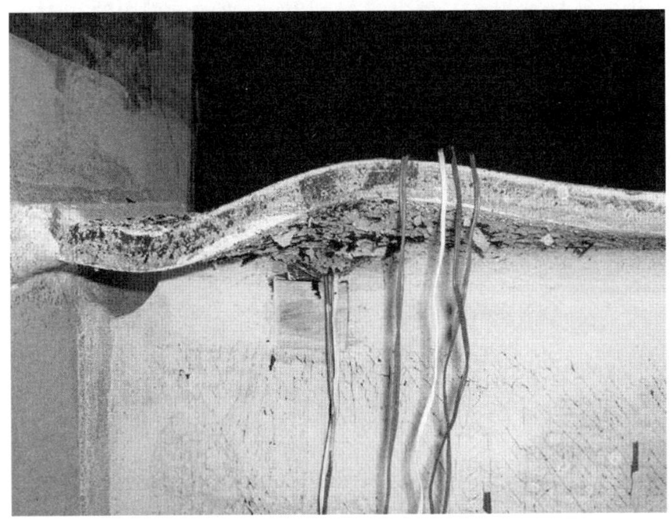

그림(4.3.1) 플랜지의 국부좌굴

이러한 국부좌굴은 플랜지나 웨브의 판폭두께비가 큰 경우에 발생한다. 이 현상은 판좌굴식(plate buckling equation)을 통하여 설명할 수 있다.

H형강의 플랜지는 비구속판요소(unstiffened element)로 고려할 수 있다. 왜냐하면 웨브가 플랜지의 중앙을 지지하지만 플랜지의 좌우는 비지지 되어 있어 자유롭게 회전하기 때문이다. 반면에 H형강의 웨브는 양쪽이 플랜지에 의해 구속되어 있어 구속판요소(stiffened element)로 간주된다.

KBC(표 0702.4.1)에서는 단면의 플랜지나 웨브에 대해 완전 소성모멘트를 확보할 수 있는 판폭두께비의 기준값(λ_p)을 제시하고 있다. 플랜지와 웨브 모두가 이 기준을 만족하면 콤팩트 단면(compact sections)이 된다. 그러나 플랜지나 웨브 중에 하나라도 이 기준을 만족하지 못하면 그 단면은 콤팩트 단면이 아니며, 공칭강도는 감소되어야 한다(이들 단면에 대해 추후 논의한다).

보가 횡가새로 적절히 지지되어 있는 경우, 보의 휨성능(flexural capacity)은 압축플랜지와 웨브의 판폭두께비에 달려있다. 판폭두께비에 따른 단면의 분류는 다음과 같다.

- 판폭두께비가 충분히 작으면 소성모멘트에 도달할 수 있으며, 그 단면은 콤팩트(compact) 단면으로 분류된다.
- 판폭두께비가 커서 단면의 일부는 항복응력에 도달하나 소성모멘트(M_p)에는 도달하지 못하고 압축플랜지나 웨브에서 국부좌굴(局部挫屈)이 발생하면 비콤팩트(noncompact) 단면으로 분류된다.
- 판폭두께비가 아주 커져서 부재 단면이 항복응력(F_y)에 도달하기 전에 국부좌굴이 발생하면 그 단면은 세장판(slender) 단면으로 분류된다.

Note

H-394×405×18×18 단면에서 판폭두께비를 생각해 보면 플랜지는 $b_f = 405\text{mm}$, $t_f = 18\text{mm}$이므로 플랜지의 판폭두께비 $b_f/2t_f = 11.25$이고, 웨브의 판폭두께비는 $h/t_w = 314\text{mm}/18\text{mm} = 17.44$이다.

■ 콤팩트 단면(Compact Section)

횡구속 가새가 적절히 배치되어 있어 하중을 받는 보의 압축플랜지나 웨브에서 국부좌굴이 발생하기 전에 소성힌지(plastic hinge)를 형성할 경우 그 단면을 콤팩트 단면이라 부른다. 콤팩트 단면을 결정하는 기준은 다음과 같다.

▸ 압연형강 플랜지의 콤팩트 기준

$$(\lambda_f = b_f/2t_f) < (\lambda_{pf} = 0.38\sqrt{E/F_y}) \qquad (4.3.1)$$

여기서 $\lambda_f = b_f/2t_f$: 플랜지의 판폭두께비

b_f : 플랜지의 폭(mm)

t_f : 플랜지의 판두께(mm)

λ_{pf} : 플랜지 콤팩트 단면의 한계 판폭두께비

▸ 압연형강 웨브의 콤팩트 기준

$$(\lambda_w = h/t_w) < (\lambda_{pw} = 3.76\sqrt{E/F_y}) \qquad (4.3.2)$$

여기서 $\lambda_w = h/t_w$: 웨브의 판폭두께비

h : 웨브의 춤 (필렛을 제외한 웨브의 높이)

t_w : 웨브의 판두께(mm)

λ_{pw} : 웨브 콤팩트 단면의 한계 판폭두께비

E : 210,000 MPa(N/mm²)

표(4.3.1) 항복응력과 한계 판폭두께비

λ \ F_y	235MPa	275MPa	325MPa	355MPa	420MPa
λ_{pf}	11.36	10.50	9.66	9.24	8.50
λ_{pw}	112.40	103.90	95.58	91.45	84.08

Note

1) 강구조 기준에서 콤팩트 단면은 국부좌굴 이전에 전단면이 완전 소성응력 분포에 도달하여 항복이 먼저 일어나도록 요구하고 있다.
2) 표(4.3.1)을 검토하면 플랜지의 판폭두께비, $\lambda = 10$ 인 단면은 SS275에 대해서는 콤팩트이지만 SM355(F_y =355MPa)에 대해서는 비콤팩트가 된다. 즉, 고강도강이 될수록 판폭두께비에 대한 제한이 더 엄격해지는 것을 알 수 있다.
3) 웨브의 한계 판폭두께비는 플랜지의 약 10배이다.
4) KBC에서는 λ와 λ_p를 쓰고 있으나 여기에서는 편의상 플랜지에 대하여 λ_f와 λ_{pf}를, 웨브에 대하여 λ_w와 λ_{pw}를 사용한다.

▸ 콤팩트 단면의 공칭휨강도(모멘트)

$$M_n = M_p = F_y Z_x \tag{4.3.3}$$

여기서 M_p은 소성모멘트, Z_x는 x축에 대한 소성단면계수이다.

Note

1) 조립형강의 경우에는 콤팩트, 비콤팩트, 세장판 단면 모두 가능성이 있다.
2) KS H형강 단면 중에 플랜지가 비콤팩트인 경우는 다음의 10개 단면이다.
($F_y = 275$MPa):
H − 244 × 252 × 11 × 11, H − 294 × 302 × 12 × 12,
H − 298 × 299 × 9 × 14, H − 338 × 351 × 13 × 13,
H − 344 × 348 × 10 × 16, H − 344 × 354 × 16 × 16,
H − 386 × 299 × 9 × 14, H − 388 × 402 × 15 × 15,
H − 394 × 398 × 11 × 15, H − 394 × 405 × 18 × 18,

3) 개정 된 KS의 재료 강도에 따라 $F_y = 275$MPa 적용 시 플랜지가 비콤팩트인 경우는 기존 SS400($F_y = 235$MPa)이었을 때의 5개에서 10개로 증가한다.

■ 판폭두께비

(1)

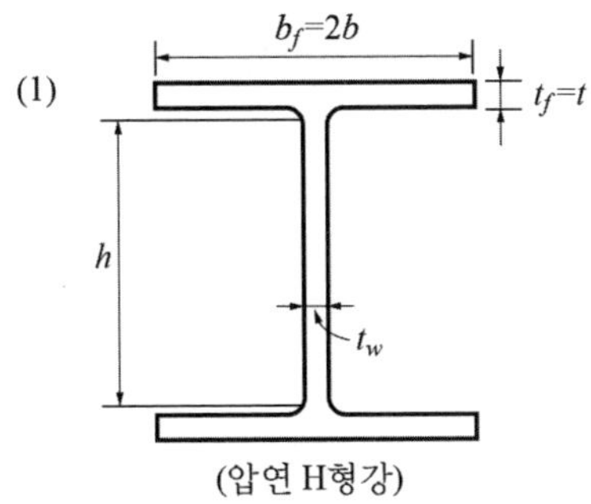

(압연 H형강)

폭-두께비	λ_p(콤팩트)	λ_r(비콤팩트)
$b_f/2t_f$	$0.38\sqrt{E/F_y}$	$1.0\sqrt{E/F_y}$
h/t_w	$3.76\sqrt{E/F_y}$	$5.70\sqrt{E/F_y}$

(2)

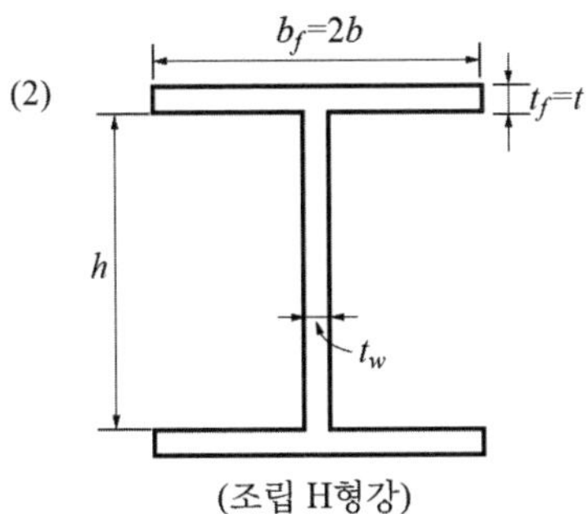

(조립 H형강)

폭-두께비	λ_p(콤팩트)	λ_r(비콤팩트)
$b_f/2t_f$	$0.38\sqrt{E/F_y}$	$0.95\sqrt{k_cE/F_L}$
h/t_w	$3.76\sqrt{E/F_y}$	$5.70\sqrt{E/F_y}$

(3)

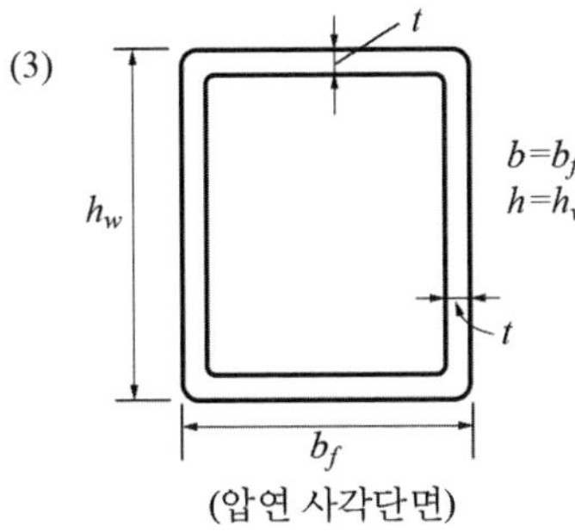

(압연 사각단면)

$b=b_f-3t$
$h=h_w-3t$

폭-두께비	λ_p(콤팩트)	λ_r(비콤팩트)
b_f/t	$1.12\sqrt{E/F_y}$	$1.40\sqrt{E/F_L}$
h/t	$2.42\sqrt{E/F_y}$	$5.70\sqrt{E/F_L}$

(4)

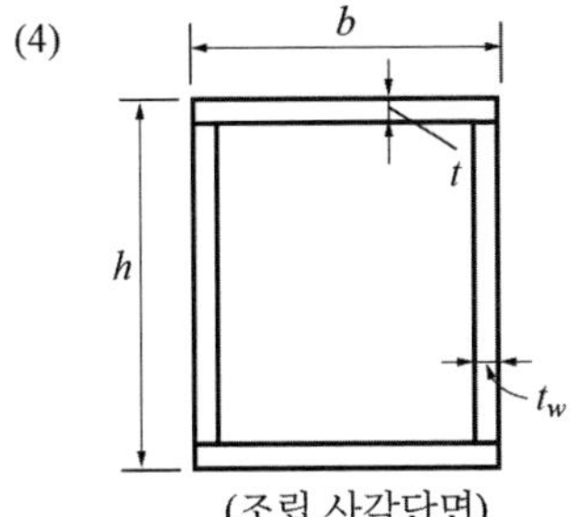

(조립 사각단면)

폭-두께비	λ_p(콤팩트)	λ_r(비콤팩트)
b_f/t_f	$0.38\sqrt{E/F_y}$	$0.95\sqrt{k_cE/F_L}$
h/t_w	$2.42\sqrt{E/F_y}$	$5.70\sqrt{E/F_y}$

그림(4.3.2) H형강과 사각형단면의 판폭두께비

Note

조립 H형강과 조립 사각단면에서 플랜지의 판폭두께비에 포함된 k_c 값의 범위는 $0.35 \le k_c = 4/\sqrt{h/t_w} \le 0.76$이다.

예제 (4.3.1)

H-394×405×18×18 단면의 판폭두께비 기준을 검토하시오.
(1) SS275 강재 (2) SM355 강재

풀이

(1) H-394×405×18×18 (SS275)

$h = 394\text{mm} - 2\times 18\text{mm} - 2\times 22\text{mm} = 314\text{mm}$

$t_w = 18\text{mm}$

$F_y = 265\text{MPa}\ (16 < \text{t} \le 40)$

$E = 210{,}000\text{MPa}$

▸ 플랜지 판폭두께비 검토

$$\lambda_f = \frac{b_f}{2t_f} = \frac{405\text{mm}}{2\times 18\text{mm}} = 11.25$$

$$\lambda_{pf} = 0.38\sqrt{E/F_y}$$
$$= 0.38\sqrt{210{,}000/265} = 10.70$$

$(\lambda_f = 11.25) > (\lambda_{pf} = 10.70)$

∴ 플랜지는 콤팩트 단면이 아니다.

▸ 웨브 판폭두께비 검토

$$\lambda_w = \frac{h}{t_w} = \frac{314\text{mm}}{18\text{mm}} = 17.44$$

$$\lambda_{pw} = 3.76\sqrt{E/F_y}$$
$$= 3.76\sqrt{210{,}000/265} = 106$$

$(\lambda_w = 17.44) < (\lambda_{pw} = 106)$

∴ 웨브는 콤팩트 단면이다.

따라서 H-394×405×18×18(SS275)은 콤팩트 단면이 아니다.

(2) H-394×405×18×18 (SM355)

▸ 플랜지 판폭두께비 검토

$\lambda_f = 11.25$

$\lambda_{pf} = 0.38\sqrt{E/F_y}$

$F_y = 345\text{MPa}\ (16 < t \leq 40)$

$= 0.38\sqrt{210{,}000/345} = 9.38$

$(\lambda_f = 11.25) > (\lambda_{pf} = 9.38)$

∴ 플랜지는 콤팩트 단면이 아니다.

▸ 웨브 판폭두께비 검토

$\lambda_w = 17.44$

$\lambda_{pw} = 3.76\sqrt{E/F_y}$

$= 3.76\sqrt{210{,}000/345} = 92.77$

$(\lambda_w = 17.44) < (\lambda_{pw} = 92.77)$

∴ 웨브는 콤팩트 단면이다.

따라서 H-394×405×18×18(SM355)은 콤팩트 단면이 아니다.

Note

1) SS275 단면이 비콤팩트이면 SM355, SM420 등 항복응력(F_y) 값이 더 큰 강종은 모두 비콤팩트 단면이다. 이는 $\lambda_{pf} = 0.38\sqrt{E/F_y}$ 에서 항복응력(F_y) 값이 커질수록 λ_{pf}가 작아지기 때문이다.
2) 내진설계 시 특수모멘트골조(SMF), 중간모멘트골조(IMF), 특수중심가새골조(SCBF) 및 편심가새골조(EBF)에 쓰이는 휨재는 내진용 콤팩트 단면이어야 한다. 내진설계용 판폭두께비는 건축구조기준(KBC) 강구조 편에 실려 있다. 이 경우 판폭두께비는 일반 휨재에 적용하는 것보다 더 엄격하다.

■ **공칭모멘트(Nominal Moment)**

휨재에서 공칭모멘트(M_n)는 ① 단면의 판폭두께비와 ② 보의 횡좌굴 지지 길이에 따라 산정한다.

단면의 판폭두께비(λ)에 따라서 3가지의 공칭모멘트 식이 있다(그림 4.3.3 참조).

1) $\lambda \le \lambda_p$ (콤팩트 단면)
2) $\lambda_p < \lambda \le \lambda_r$ (비콤팩트 단면)
3) $\lambda > \lambda_r$ (세장판 단면)

그리고 횡지지조건에 따라서 3가지의 공칭모멘트 식이 있다(그림 4.4.4 참조).

1) $L_b \le L_p$ (LTB가 발생하지 않음)
2) $L_p < L_b \le L_r$ (비탄성 LTB가 발생함)
3) $L_p > L_r$ (탄성 LTB가 발생함)

Note

1) LTB는 Lateral-Torsional Buckling(횡-비틀림좌굴)의 약자이다.
2) 판폭두께비와 횡지지조건에 따른 공칭모멘트 산정 과정은 4.4절에 있는 “콤팩트 단면과 비콤팩트 단면의 공칭모멘트(요약)”에 체계적으로 정리되어 있다.

그림(4.3.3)은 3가지 판폭두께비 영역에 따른 공칭강도(M_n)를 보여주고 있다. 첫 번째 경우는 단면이 소성모멘트에 도달할 수 있는 구간으로서 콤팩트 단면($\lambda \le \lambda_p$)이라 부른다. 이 경우의 공칭모멘트는 다음 식(4.3.4)와 같다.

$$M_n = M_p = F_y Z_x \tag{4.3.4}$$

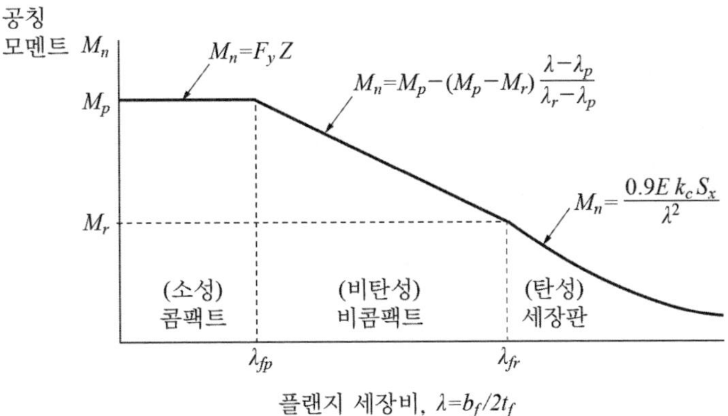

그림(4.3.3) 플랜지 국부좌굴강도

두 번째 경우는 비탄성좌굴을 보이는 구간으로서 이 단면은 비콤팩트(noncompact) 단면($\lambda_p < \lambda \leq \lambda_r$)이다. 세 번째 경우는 탄성좌굴을 보이는 구간으로서 이 단면은 세장판(slender) 단면($\lambda > \lambda_r$)이다.

■ 비콤팩트 단면(Noncompact Section)

판폭두께비가 $\lambda_p < \lambda \leq \lambda_r$이면 비콤팩트 단면이고, 비탄성좌굴이 발생한다. 이때, 공칭휨강도(M_n)는 횡-비틀림좌굴강도, 플랜지 국부좌굴강도 또는 웨브 국부좌굴강도 중에서 가장 작은 값이다.

▸ 압연형강 플랜지의 비콤팩트 기준

$$(\lambda_{pf} = 0.38\sqrt{E/F_y}\,) < b_f/2t_f < (\lambda_{rf} = 1.0\sqrt{E/F_y}\,) \qquad (4.3.5)$$

여기서 λ_{rf}는 비콤팩트 플랜지의 한계 판폭두께비이다.

▸ 압연형강 웨브의 비콤팩트 기준

$$(\lambda_{pw} = 3.76\sqrt{E/F_y}\,) < h/t_w < (\lambda_{rw} = 5.70\sqrt{E/F_y}\,) \qquad (4.3.6)$$

여기서 λ_{rw}는 비콤팩트 웨브의 한계 판폭두께비이다.

플랜지와 웨브 중 하나라도 비콤팩트이면 이 단면은 비콤팩트 단면으로 분류되며, 공칭휨강도는 다음과 같다.

$$M_n = M_p - (M_p - M_r)\left(\frac{\lambda_f - \lambda_{pf}}{\lambda_{rf} - \lambda_{pf}}\right) \le M_p \tag{4.3.7}$$

여기서 $\lambda_f = b_f/2t_f$, $\lambda_{pf} = 0.38\sqrt{E/F_y}$, $\lambda_{rf} = 1.0\sqrt{E/F_y}$

$M_r = 0.7F_yS_x$

Note

1) 비콤팩트 단면의 공칭휨강도는 식(4.3.7)로 산정한다. 그러나 횡지지조건에 따라 공칭휨강도(횡-비틀림좌굴강도)가 또한 검토되어야 한다(4.4절 참조).
2) 두 값 중에서 작은 값이 비콤팩트 단면을 가지는 보의 공칭휨강도이다.

예제 (4.3.2)

H－244×252×11×11 단면의 설계휨강도를 구하시오. 강종은 SS275 (F_y =275MPa)이며, 횡지지는 적절한 것으로 가정한다.

풀이

(1) 단면 특성

$S_x = 720\text{cm}^3$, $Z_x = 805\text{cm}^3$, $E = 210{,}000\text{MPa}$

(2) 단면의 구분

▸ 플랜지 판폭두께비 검토:

$\lambda_f = b_f/2t_f = 252/(2\times 11) = 11.45$

$\lambda_{pf} = 0.38\sqrt{E/F_y} = 0.38\sqrt{210,000/275} = 10.50$

$\lambda_{rf} = 1.0\sqrt{E/F_y} = \sqrt{210,000/275} = 27.63$

$\lambda_{pf} < \lambda_f < \lambda_{rf}$이므로 플랜지는 비콤팩트이다.

▸ 웨브 판폭두께비 검토:

$$\lambda_w = \frac{h}{t_w} = \frac{190}{11} = 17.3$$

$(h = 244 - 2\times 11 - 2\times 16 = 190)$

$\lambda_{pw} = 3.76\sqrt{E/F_y} = 3.76\sqrt{210,000/275} = 103.90$

$\lambda_w = 17.3 < \lambda_{pw} = 103.90$이므로 웨브는 콤팩트이다.

따라서 이 부재는 비콤팩트 단면이다. 식(4.3.7)로부터 공칭휨강도를 구한다.

(3) 공칭휨강도

공칭휨강도를 구하기 위해서 M_r과 M_p를 구하면

$$\begin{aligned} M_r &= 0.7F_yS_x = 0.7\times 275\text{N/mm}^2\times 720(10\text{mm})^3 \\ &= 138,600,000\text{N}\cdot\text{mm} \\ &= 138.60\text{kN}\cdot\text{m} \end{aligned}$$

$$\begin{aligned} M_p &= Z_xF_y = 805\text{cm}^3\times 10^3\times 275\text{N/mm}^2 = 221,375,000\text{N}\cdot\text{mm} \\ &= 221.4\text{kN}\cdot\text{m} \end{aligned}$$

공칭휨강도는 식(4.3.7)로부터

$$\begin{aligned} M_n &= M_p - (M_p - M_r)\frac{(\lambda_f - \lambda_{pf})}{(\lambda_{rf} - \lambda_{pf})} \\ &= 221.4 - (221.4 - 138.6)\times\frac{(11.45 - 10.50)}{(27.63 - 10.50)} \\ &= 216.8\text{kN}\cdot\text{m} \end{aligned}$$

(4) 설계휨강도(모멘트)

$\phi_b M_n = 0.9 \times 216.8 = 195.1\text{kN}\cdot\text{m}$

여기서 ϕ_b는 휨강도 저감계수이다.

예제 (4.3.3)

예제(4.3.2)의 문제에서 단순보의 길이가 10m이다. 이 보에 고정하중 3kN/m (보의 자중 포함)와 활하중 5kN/m 가 작용하고 있다. 이 보의 단면은 적절한가? (횡지지는 적절한 것으로 가정한다.)

풀이

(1) 계수휨모멘트 산정

$w_u = 1.2D + 1.6L = 1.2 \times 3 + 1.6 \times 5 = 11.6\text{kN/m}$

$$M_u = \frac{w_u L^2}{8} = \frac{11.6 \times 10^2}{8} = 145\text{kN}\cdot\text{m}$$

(2) 단면의 적절성 검토

예제(4.3.2)에 의해 설계휨강도는 195.1kN·m 이다.

$M_u = 145\text{kN}\cdot\text{m} < \phi_b M_n = 195.1\text{kN}\cdot\text{m}$ 이므로 이 단면은 적절하다.

Note

이 문제에서 횡지지조건은 적절한 것으로 가정되었다. 이 조건이 없으면 횡-비틀림좌굴(LTB)이 검토 되어야 한다.

- 횡-비틀림좌굴(LTB):
  1) $L_b \leq L_p$ (LTB가 발생하지 않음)
  2) $L_p < L_b \leq L_r$ (비탄성 LTB가 발생함)
  3) $L_p > L_r$ (탄성 LTB가 발생함)

■ 세장판 단면(Slender Section)

세장판 단면은 압축플랜지나 웨브가 좌굴하기 전에 단면의 어느 부분에서도 항복응력에 도달하지 못하는 단면으로서 판폭두께비(λ)가 한계 판폭두께비(λ_r)를 초과하는 경우이다.

▸ 압연형강 플랜지의 세장판 단면 기준

$$(\lambda_f = b_f/2t_f) > (\lambda_{rf} = 1.0\sqrt{E/F_y}) \qquad (4.3.8)$$

▸ 압연형강 웨브의 세장판 단면 기준

$$(\lambda_w = h/t_w) > (\lambda_{rw} = 5.70\sqrt{E/F_y}) \qquad (4.3.9)$$

적절히 횡구속된 세장판 단면의 공칭휨강도(M_n)는 다음과 같다.

$$M_n = 0.9E\,k_c(S_x/\lambda^2) \qquad (4.3.10)$$

여기서 $0.35 \leq k_c = 4/\sqrt{h/t_w} \leq 0.76$, $\lambda = b_f/2t_f$이다.

예제 (4.3.4)

다음과 같은 조립형강 BH-1000×450×10×10 단면의 공칭휨강도를 구하시오.
보의 횡구속은 적절한 것으로 가정한다.
강종은 SS275(F_y = 275 MPa)이며,
E = 210,000 MPa이다.

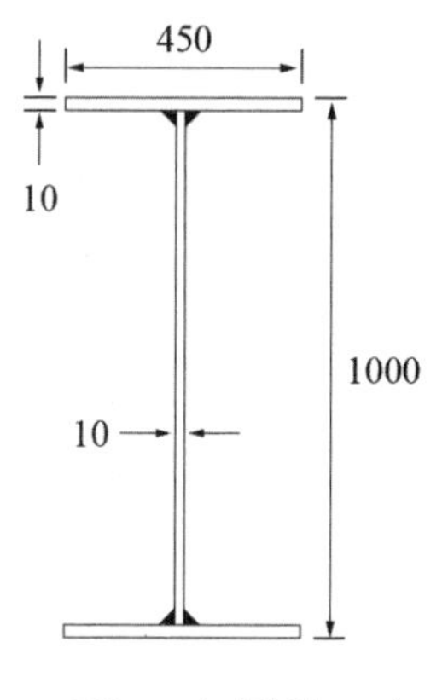

그림(4.3.4) (단위 mm)

풀이

(1) 단면 특성

$I_x = 2.99 \times 10^9 \text{mm}^4 \quad S_x = 5.98 \times 10^6 \text{mm}^3$

(2) 단면의 구분

▸ 웨브의 판폭두께비 검토:

$\lambda_w = h/t_w = (1000 - 2 \times 10))/10 = 98.0$

$\lambda_{pw} = 3.76\sqrt{E/F_y} = 3.76\sqrt{210{,}000/275} = 103.9$

$\lambda_w < \lambda_{pw}$이므로 웨브는 콤팩트이다.

▸ 플랜지의 판폭두께비 검토:

$\lambda_f = b_f/2t_f = (450/2)/10 = 22.5$

$\lambda_{pf} = 0.38\sqrt{E/F_y} = 0.38\sqrt{210{,}000/275} = 10.5$

$\lambda_{rf} = 0.95\sqrt{k_c E/F_L} = 0.95\sqrt{0.404 \times 210{,}000/192.5} = 19.9$

$(k_c = 4/\sqrt{h/t_w} = 4/\sqrt{98.0} = 0.404,\ F_L = 0.7F_y = 192.5\,\text{MPa})$

$\lambda_f > \lambda_{rf}$이므로 플랜지는 세장판이다.

Note

조립형강 문제에서 판폭두께비 검토 시 웨브를 먼저 검토하였다. 플랜지 판폭두께비 계산에서 $k_c = 4/\sqrt{h/t_w}$ 이 사용되기 때문이다.

(3) 공칭휨강도 산정

문제의 조건에서 횡구속이 적절한 것으로 가정함으로써 횡좌굴은 발생하지 않으며, 보의 한계상태는 압축플랜지의 국부좌굴에 의해 결정된다. 웨브가 콤팩트이고, 플랜지가 세장판인 2축 대칭 H형강이므로 식(4.3.10)으로 공칭휨강도가 산정된다.

$$M_n = 0.9E\,k_c(S_x/\lambda_f^2)$$
$$= 0.9(210{,}000)(0.404)(5.98\times10^6/22.5^2)\times10^{-6}$$
$$= 901.9\,\text{kN}\cdot\text{m}$$

4.4 횡-비틀림좌굴(Lateral-Torsional Buckling)

보가 하중을 받아 휘어질 때 단면에는 압축과 인장응력이 동시에 발생한다. 압축을 받는 플랜지는 기둥의 경우와 유사하게 좌굴하려는 경향이 있다. 그리고 보의 스팬이 길 때 비틀림(twisting)에 의해 휨좌굴(flexural buckling)이 동반된다. 이러한 형태의 불안전성(instability)을 횡-비틀림좌굴(LTB)이라 부른다.

휨재의 인장 부분은 횡좌굴을 억제하려는 경향이 있기 때문에 부재 단면은 횡좌굴과 비틀림좌굴의 혼합 형태로 좌굴한다. 그림(4.4.1b, c)에서 보듯이 보의 중간 부분은 아래로 처지면서 횡으로 좌굴하며, 이때 부재는 뒤틀어진다. 일반적으로 보는 약축에 대해 좌굴하려는 경향을 가지고 있다. 이 경향을 방지하기 위해 구조기준(KBC, AISC)에서는 부재축(longitudinal axis)을 따라 회전이 일어나지 않도록 휨부재의 횡구속을 적절히 하도록 규정하고 있다.

보가 부재축을 따라 충분한 횡-비틀림 지지(lateral torsional support)를 확보하고 있으면 그 부재 단면은 좌굴하기 전에 항복응력에 도달할 수 있다. 그러나 항복응력에 도달하기 전에 좌굴이 발생하면 공칭모멘트강도(nominal moment strength)는 소성모멘트보다 작아진다. 즉, 횡좌굴을 방지하기 위한 횡지지가 적절하지 않으면 휨 내력이 부재의 항복강도에 미치지 못한다. 적절한 횡지지는 비지지길이(L_b)를 소성한계 비지지길이(L_p)보다 짧게 하면 된다.

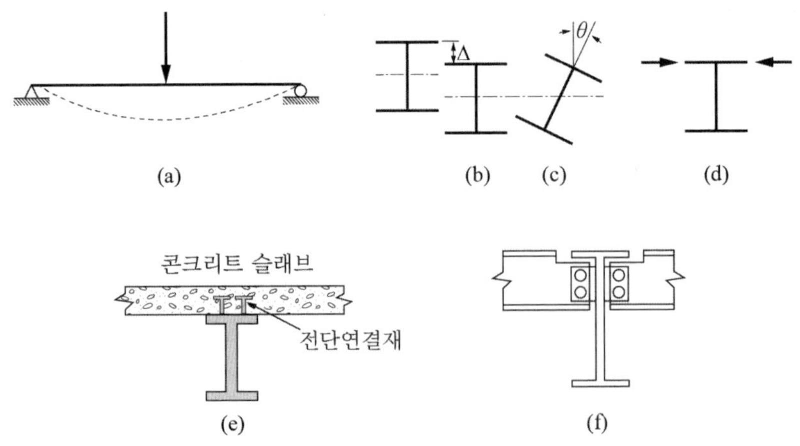

그림(4.4.1) 보의 처짐과 횡지지

그림(4.4.1)을 살펴보자. (a)와 같이 보에 하중이 작용하면 아래로 처지게 된다(b). 이때, 보의 횡-비틀림 저항력이 부족하면 상부의 압축플랜지가 옆으로 비틀어진다(c). 이 현상을 방지하기 위해 압축플랜지에 횡지지(lateral support)를 하여야 한다(d). 이렇게 횡지지(구속)하는 방법으로는 보 위에 스터드를 설치하여 콘크리트 슬래브를 합성구조로 만들거나 (e), (f)와 같이 좌우에 보를 연결시키는 방법 등이 있다.

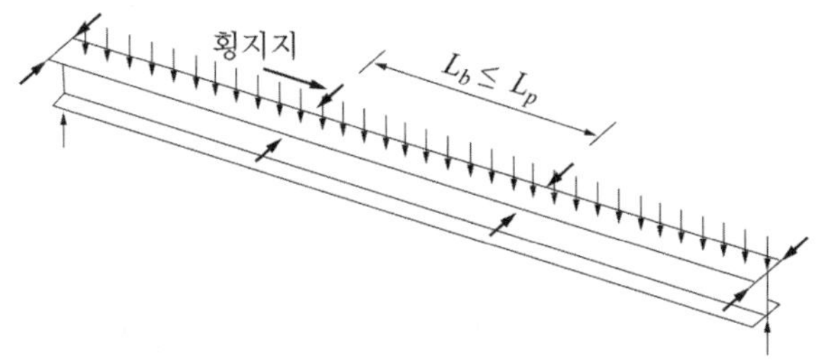

그림(4.4.2) 보의 횡지지(구속)

보가 아래로 쳐지면서 옆으로 비틀어지는 횡-비틀림좌굴을 방지하기 위해 횡지지(구속) 길이를 적절히 하여야 한다. 그림(4.4.2)에 비지지길이(L_b)가 표시되어 있다. 그림(4.4.1e)의 경우는 횡지지가 완벽하게 이루어 진 경우이다($L_b = 0$). 그러나 그림(4.4.1f)의 경우는 비지지길이(L_b)가 소성한계 비지지길이(L_p)보다 작아야 횡-비틀림좌굴이 일어나지 않는다.

강구조의 보 설계에서 횡지지(lateral support)는 매우 중요한 부분이며, 대부분의 강구조물 파괴(failure)는 부적절한 횡구속에 기인하고 있다. 그리고 시공 단계에서도 모든 횡구속요소들이 완전히 자리를 잡지 못했을 때 사고가 발생하므로 주의를 요한다.

■ **횡지지(Lateral Support)와 비지지길이**

횡-비틀림좌굴이 일어나지 않고 보의 단면에 완전한 소성모멘트를 일어나게 하기 위하여 AISC에서는 세장비(細長比)를 다음과 같이 제한하고 있다.

$$L_p/r_y \leq 1.76\sqrt{E/F_y} \tag{4.4.1}$$

여기서 L_p는 압축플랜지의 비(횡)지지길이(소성한계 비지지길이)이고, r_y는 y축에 대한 단면2차반경이다. 그러나 실용적인 면에서는 단면2차반경(radius of gyration)을 포함하고 있는 세장비 대신에 비지지(unbraced)길이를 사용하는 것이 더 편리하다.

$$L_b \leq L_p = 1.76 r_y \sqrt{E/F_y} \tag{4.4.2}$$

여기서 L_p는 소성모멘트에 도달할 수 있는 비지지길이이다.

횡-비틀림좌굴(LTB)이 보의 강도를 좌우하는 한계상태(limit state)이며, 보의 파괴는 다음 중 하나의 형태로 일어난다.

- 압축플랜지의 국부좌굴
- 압축 부분 웨브의 국부좌굴
- 횡-비틀림좌굴
- 소성항복

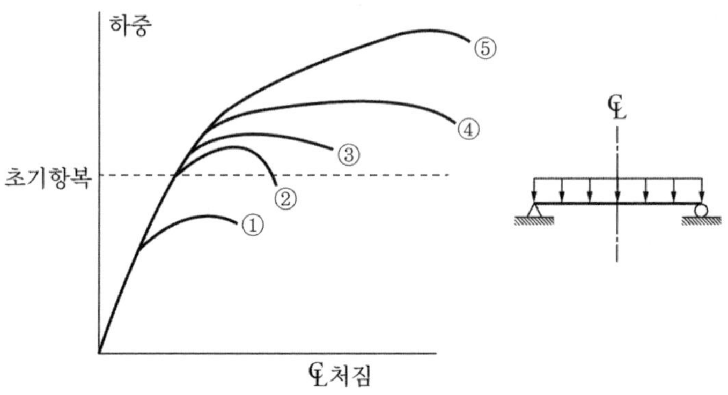

그림(4.4.3) 처짐과 응력 곡선

1) 곡선 ①은 첫 항복(first yielding)이 일어나기 전에 하중-저항능력이 떨어져서 보가 불안정해지는 경우이다.
2) 곡선 ②와 ③은 단면의 일부가 첫 항복을 넘어 하중을 받지만 소성힌지를 형성하기에는 충분하지 않다.

3) 곡선 ④와 ⑤의 경우에는 소성힌지가 형성되고, 소성붕괴 메케니즘에 도달한다. 곡선 ④는 균일한 모멘트(uniform moment)를 받는 경우이고, 곡선 ⑤는 다른 형태의 모멘트를 받는 경우이다.

Note

보의 안전한 설계는 어느 곡선의 경우도 가능하지만 곡선 ①과 ②는 재료의 비효율적 사용을 초래한다.

■ 균일 모멘트를 받는 보의 공칭모멘트

보의 비지지길이(L_b)에 따라 횡좌굴 저항모멘트는 달라진다. L_b가 L_p를 초과하면 횡좌굴을 일으킬 가능성이 있기 때문에 보의 강도를 줄이거나 비지지길이를 줄여야 한다. 보가 균일한 모멘트(uniform moment)를 받고 또 콤팩트 단면일 때, 비지지길이에 따라서 다음과 같이 분류한다.

1) 압축플랜지가 적절히 횡지지된 보: $L_b \leq L_p$
2) 압축플랜지가 긴 간격으로 횡지지된 보: $L_p < L_b \leq L_r$
3) 압축플랜지가 매우 긴 간격으로 횡지지된 보: $L_b > L_r$

여기서

L_b : 보의 비지지길이

L_p: 소성한계 비지지길이($L_p = 1.76 r_y \sqrt{E/F_y}$),

L_r: 탄성한계 비지지길이

위에서 언급한 보의 횡지지 구속조건에 따라 공칭모멘트를 3가지 영역으로 나눌 수 있다.

(영역 1) 압축플랜지가 완전히 횡지지 되거나 적절히 횡지지된($L_b \leq L_p$) 경우로서 소성모멘트가 발생한다. 이때의 붕괴모드는 소성모드이다.

(영역 2) 압축플랜지가 긴 간격으로 횡지지된($L_p < L_b \leq L_r$) 경우로서 보에 횡-비틀림좌굴(LTB)이 발생하며, 전단면이 소성모멘트에는 도달하지 못한다. 그러나 단면의 일부는 항복응력에 도달하면서 붕괴되는 비탄성모드이다.

(영역 3) 압축플랜지가 매우 긴 간격으로 횡지지된($L_b > L_r$) 경우로서 플랜지나 웨브에 국부좌굴이 일어나며, 횡-비틀림좌굴에 의해 붕괴된다. 이 경우에 보의 응력이 비례한계 또는 항복응력 아래에서 보가 파괴되기 때문에 탄성(붕괴)모드라 부른다.

각 영역에 대한 자세한 설명과 관련되는 식 및 예제들은 별도로 설명된다. 그림(4.4.4)는 비지지길이에 따른 공칭모멘트를 나타내고 있다.

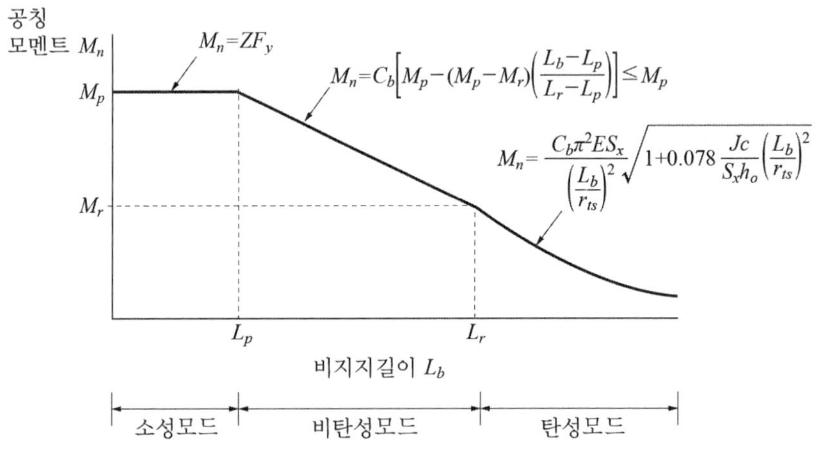

그림(4.4.4) 공칭모멘트와 비지지길이

■ **영역별 보의 공칭모멘트**

(1) 영역 1 (소성모드): $L_b \le L_p$

콤팩트 단면인 H형강 보에서 횡구속 가새가 적절히 배치되어 있으면 횡-비틀림좌굴이 발생하지 않으며, 보의 최대모멘트를 받는 지점에서 소성힌지가 형성될 수 있다. 이때, 공칭모멘트(M_n)는 소성모멘트(M_p)가 된다. 즉,

$$M_n = M_p = F_y Z \tag{4.4.3}$$

(2) 영역 2 (비탄성모드): $L_p < L_b \le L_r$

보의 압축플랜지에 대한 비지지길이(L_b)가 소성모멘트가 발생할 수 있을 정도로 짧지 않아 비탄성거동을 보이면서 횡-비틀림좌굴이 일어나는 구간이다. 이 경우에는 단면의 일부분만 항복응력에 도달하며 완전 소성모멘트가 일어나기 전에 보가 붕괴한다. 따라서 공칭모멘트(M_n)는 소성모멘트(M_p)와 탄성한계 횡좌굴모멘트(M_r, $L_b = L_r$인 지점) 사이에서 비지지길이에 따라 선형 보간하여 산정한다.

$$M_n = C_b \left[M_p - (M_p - 0.7F_y S_x)\left(\frac{L_b - L_p}{L_r - L_p}\right)\right] \le M_p \tag{4.4.4}$$

여기서 C_b는 횡-비틀림좌굴 보정계수(modification factor)이며, 균일 모멘트를 받는 경우 $C_b = 1.0$이다. 비균일 모멘트를 받는 경우 식(4.4.7)로 계산한다.

$0.7F_y S_x$는 잔류응력을 반영한 항복모멘트이다. L_r은 탄성 횡-비틀림좌굴(LTB)의 한계상태에 대한 비지지길이이다.

$$L_r = 1.95\, r_{ts} \frac{E}{0.7F_y} \sqrt{\frac{Jc}{S_x h_0}} \sqrt{1 + \sqrt{1 + 6.76\left(\frac{0.7F_y}{E}\frac{S_x h_0}{Jc}\right)^2}} \tag{4.4.5}$$

여기서 r_{ts}는 좌굴축에 대한 유효 단면2차반경(effective radius of gyration)

$$r_{ts}^2 = \frac{\sqrt{I_y C_w}}{S_x} \tag{4.4.6a}$$

또는 2축 대칭인 H형강에 대해

$$r_{ts} = \sqrt{I_y h_0 / 2S_x} \tag{4.4.6b}$$

$$r_{ts} = \frac{b_f}{\sqrt{12(1+\frac{1}{6}\frac{ht_w}{b_f t_f})}} \tag{4.4.6c}$$

$C_w = I_y h_0^2/4$ = 뒤틀림상수(warping constant)

J = 비틀림상수(mm^4)

h_0 = 상하부 플랜지간 중심거리(mm)

$c = 1.0$(2축 대칭인 H형강)

■ 횡-비틀림좌굴 보정계수(Modification Factor)

보의 횡-비틀림좌굴식의 개발은 균일한 모멘트(uniform moment)를 받는 경우를 전제로 하고 있다. 즉, 식(4.4.3), (4.4.4), (4.4.8)에 제시된 공칭휨강도는 보에 작용하는 모멘트가 균일한 경우이다(그림 4.4.5a). 이것은 보의 전체 길이에 대해 응력이 최대로 가해지기 때문에 가장 불리한 경우이다.

균일한 모멘트 하에서는 보에 단곡률의 변형이 일어난다. 그러나 다른 형태의 모멘트가 작용하는 경우에는 복곡률(double curvature)이 일어나면서 보의 압축 플랜지에 작용하는 응력은 줄어든다(그림 4.4.5b). 따라서 보의 전체 길이를 따라 압축응력이 감소되며, 이것은 횡-비틀림좌굴(LTB)을 감소시키는 결과로 나타난다. 이 경우에 공칭저항모멘트는 증가하게 된다.

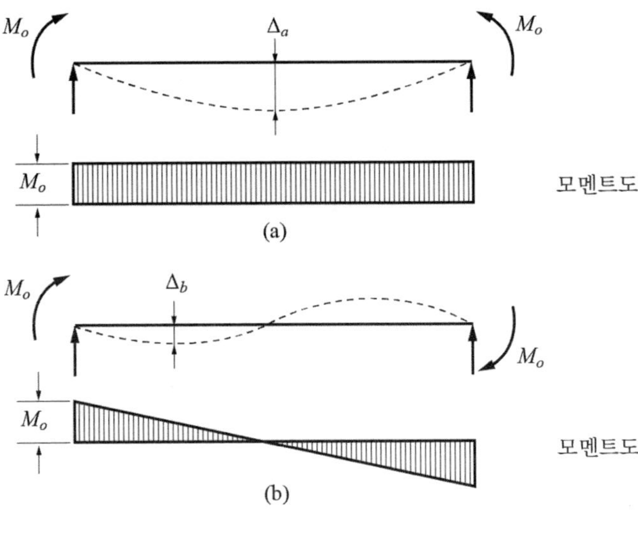

그림(4.4.5) 모멘트와 처짐 형태

이러한 모멘트의 변화(moment gradient)를 반영하기 위해 공칭강도 산정 시 횡-비틀림좌굴 보정계수(C_b)를 도입하고 있다. 이 계수는 Zoruba와 Dekker[6]가 제시하였고, Aminmansour[7]가 여러 사례에 대해 계산하였다(그림 4.4.7).

KBC에서는 보의 비지지 구간에서 횡-비틀림좌굴 보정계수(C_b)를 다음과 같이 정의하고 있다.

$$C_b = \frac{12.5M_{\max} \cdot R_m}{2.5M_{\max} + 3M_A + 4M_B + 3M_C} \leq 3.0 \qquad (4.4.7)$$

6 Zoruba, S. and Dekker, B. 2005, "A Historical and Technical Overview of the C_b coefficient in the AISC Specification," Engineering Journal, 3rd Quarter 2005.

7 Aminmansour, A. 2009, "Technical Note: Optimum Flexural Design of Steel Member Utilizing Moment Gradient and C_b," Engineering Journal, 1st Quarter 2009.

여기서 M_A : 1/4점 모멘트의 절대값

M_B : 중앙점 모멘트의 절대값

M_C : 3/4점 모멘트의 절대값

$M_{\max}$: 최대모멘트의 절대값

R_m : 단면 형상계수

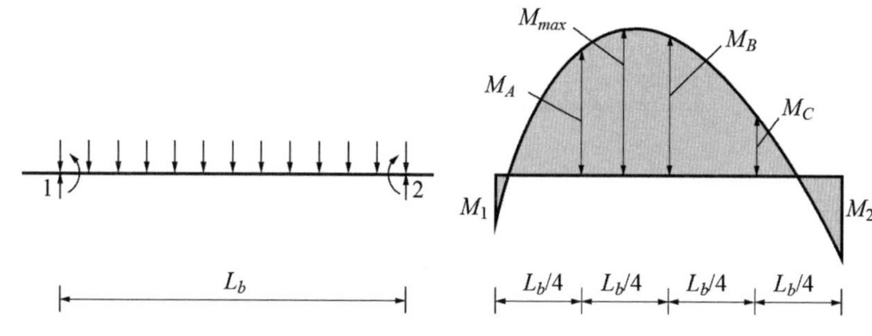

그림(4.4.6) 비지지 구간과 C_b 계산을 위한 모멘트 값

Note

1) 균일한 모멘트를 받는 단곡률의 보는 M_A, M_B, M_C, $M_{\max}$ 값이 모두 같기 때문에 $C_b = 1.0$이다.
2) 모멘트 값이 달라지는 경우에는 횡-비틀림좌굴(LTB)에 대한 저항이 증가하며, 이에 따라 C_b 값은 증가한다.
3) 모든 조건에 대한 안전측(conservative)의 값은 $C_b = 1.0$이다.
4) 자유단(自由端)에 횡가새 지지가 없는 캔틸레버 보의 C_b는 1.0이다.
5) H 형강의 경우 단면 형상계수 $R_m = 1$이다.
6) 다양한 하중 분포와 비지지길이에 따른 단순보의 C_b 값은 그림(4.4.7)과 같다.
7) 노출형 합성보의 경우 타설하중에 대한 횡좌굴 휨강도로 부재크기가 결정되는 경우가 있으며, 이를 방지하기 위하여 횡-비틀림좌굴(LTB) 방지용 보를 배치하는 경우가 많다. 이 때, 단순보의 C_b 값을 사용한다면 보다 합리적인 설계가 될 수 있을 것이다.

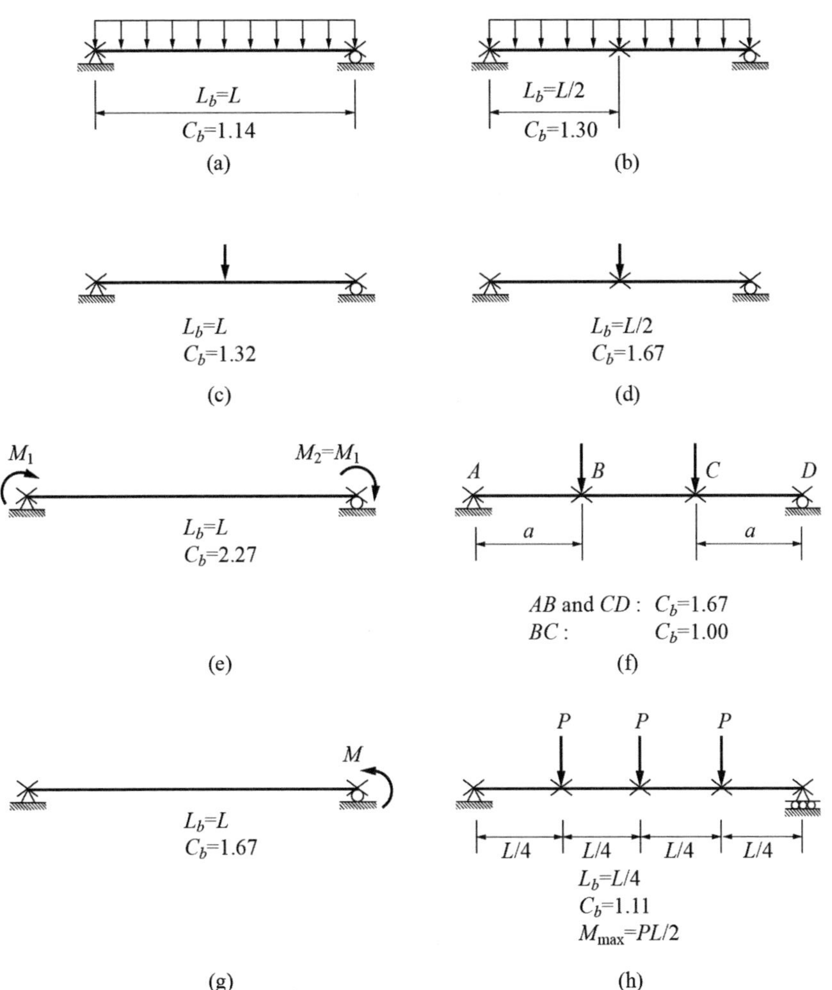

그림(4.4.7) 단순보의 C_b값

예제 (4.4.1)

등분포하중을 받고 있는 단순보의 보정계수(C_b)를 구하시오. 횡지지 가새는 양단에 설치되어 있다. 단, $R_m = 1$이다.

풀이

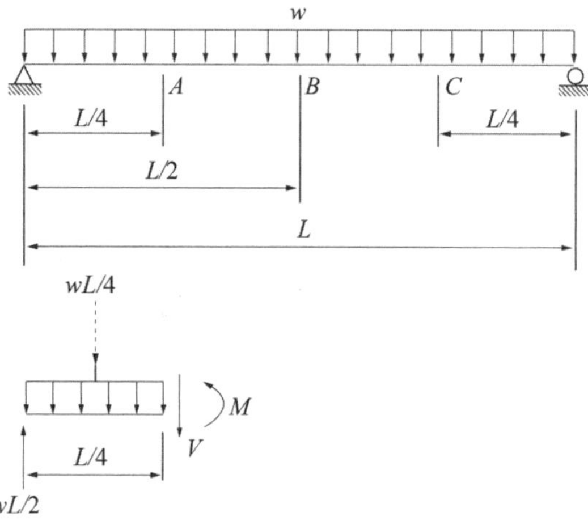

◦ $M_{\max} = M_B = wL^2/8 = 4wL^2/32$

◦ $M_A = M_C = \dfrac{wL}{2}\left(\dfrac{L}{4}\right) - \dfrac{wL}{4}\left(\dfrac{L}{8}\right) = wL^2/8 - wL^2/32 = 3wL^2/32$

식(4.4.7)로부터

$$C_b = \frac{12.5M_{\max}}{2.5M_{\max} + 3M_A + 4M_B + 3M_C}$$

$$= \frac{12.5(4)}{2.5(4) + 3(3) + 4(4) + 3(3)} = 1.14$$

예제 (4.4.2)

그림(4.4.8)에서 보는 바와 같이 길이 6m의 보(H-350×175×7×11)가 일단 고정, 일단 핀지지로 되어 있으며, 중앙에 45kN의 고정하중(DL)과 105kN의 활하중(LL)이 작용하고 있다. 횡-비틀림좌굴 보정계수(C_b)를 산정하시오. 횡지지 가새는 양단과 중앙에 설치되어 있다.

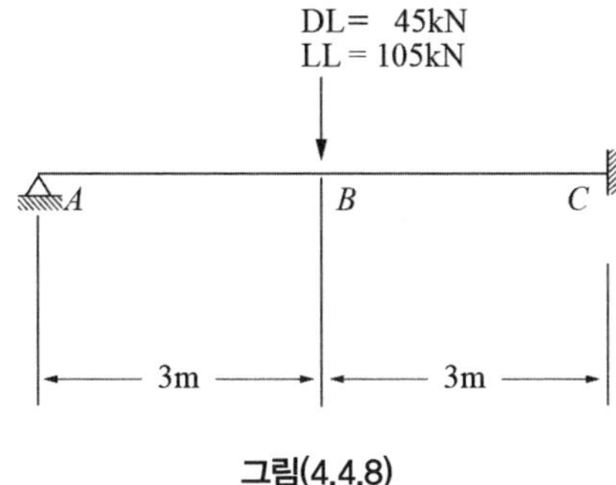

그림(4.4.8)

풀이

(1) 계수하중 산정

$P_u = 1.2(45) + 1.6(105) = 222\,\text{kN}$

(2) 반력과 모멘트:

A지점의 반력은 구조설계 매뉴얼로부터 $V_A = 5P_u/16$이다.

$V_A = 5P_u/16 = 5(222)/16 = 69.375\text{kN}\cdot\text{m}$

$V_C = 11P_u/16 = 11(222)/16 = 152.625\text{kN}\cdot\text{m}$

◦ $M_x(A-B) = 5P_u \cdot x/16$

$M(0.75\text{m}) = 5(222)(0.75)/16 = 52.03\text{kN}\cdot\text{m}$

$M(1.5\text{m}) = 5(222)(1.5)/16 = 104.06\text{kN}\cdot\text{m}$

$M(2.25\text{m}) = 5(222)(2.25)/16 = 156.09\text{kN}\cdot\text{m}$

$M(3.0\text{m}) = 5(222)(3.0)/16 = 208.125\text{kN}\cdot\text{m}$

◦ $M_x(B-C)$: 원점 $A(x=0)$

$M_x(B-C)=(5P_u/16)x-P_u(x-L/2)=P_u(L/2-11x/16)$

$M(3.75\text{m})=222(3-11\times 3.75/16)=93.66\text{kN}\cdot\text{m}$

$M(4.5\text{m})=222(3-11\times 4.5/16)=-20.81\text{kN}\cdot\text{m}$

$M(5.25\text{m})=222(3-11\times 5.25/16)=-135.28\text{kN}\cdot\text{m}$

$M(6.0\text{m})=222(3-11\times 6/16)=-249.75\text{kN}\cdot\text{m}$

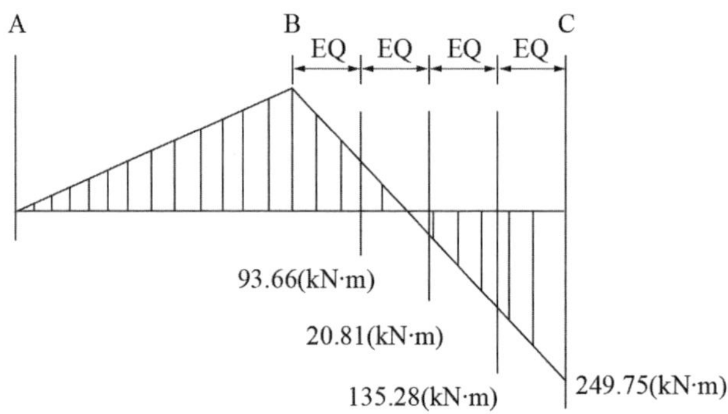

(3) A–B 구간의 C_b: 식(4.4.7)로부터

$M_{max}=208.125(\text{kN}\cdot\text{m})$ $\quad M_{1/4}=52.03(\text{kN}\cdot\text{m})$

$M_{1/2}=104.06(\text{kN}\cdot\text{m})$ $\quad M_{3/4}=156.09(\text{kN}\cdot\text{m})$

$$C_b=\frac{12.5M_{max}}{2.5M_{max}+3M_{1/4}+4M_{1/2}+3M_{3/4}}$$

$$=\frac{12.5(208.125)}{2.5(208.125)+3(52.03)+4(104.06)+3(156.09)}=1.67$$

(4) B–C 구간의 C_b:

$M_{max}=249.75(\text{kN}\cdot\text{m})$ $\quad M_{1/4}=93.66(\text{kN}\cdot\text{m})$

$M_{1/2}=20.81(\text{kN}\cdot\text{m})$ $\quad M_{3/4}=135.28(\text{kN}\cdot\text{m})$

$$C_b=\frac{12.5(249.75)}{2.5(249.75)+3(93.66)+4(20.81)+3(135.28)}=2.24$$

예제 (4.4.3)

다음 두 스팬 연속보(그림 4.4.9)의 횡-비틀림좌굴 보정계수를 산정하시오. 등분포하중은 $w_D = 15\text{kN/m}$, $w_L = 45\text{kN/m}$ 이며, 고정하중은 보의 자중을 포함하고 있다. 보는 각 지점(1, 2, 3)에서 횡지지 되어 있고 $R_m = 1$이다.

풀이

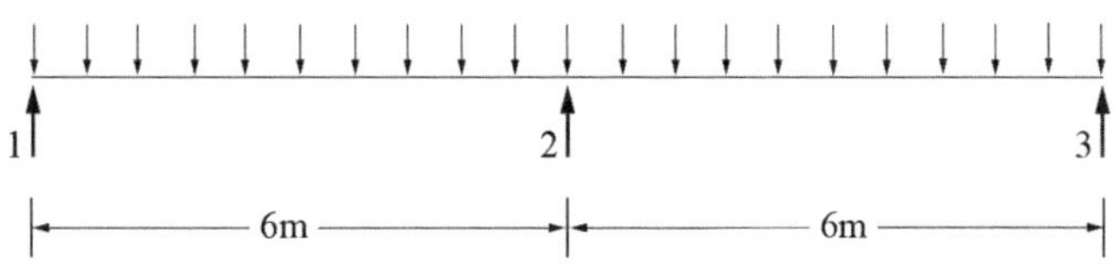

그림(4.4.9) 두 스팬 연속보

(1) 처짐과 반력

모멘트와 반력을 구하기 위하여 변형일치법을 이용해 보자. 좌우 대칭이므로 중앙의 지점 2를 제거하면 등분포하중에 의한 지점 2의 처짐과 반력 2에 의한 처짐이 같다.

등분포하중이 작용할 때 지점 2의 처짐(Δ_w): (L=12m),

$$EI\Delta_w = \frac{5wL^4}{384}$$

중앙부에 집중하중이 작용할 때 지점 2의 처짐(Δ_p): (L=12m),

$$EI\Delta_p = \frac{PL^3}{48}$$

$\dfrac{5wL^4}{384} = \dfrac{PL^3}{48}$ 의 관계에서

($w = w_D + w_L = 60\text{kN/m}$ 이므로)

$$P = R_2 = \frac{5wL \times 48}{384} = \frac{5 \times 60\text{kN/m} \times 12\text{m} \times 48}{384} = 450\text{kN}$$

따라서 각 지점의 반력은 다음과 같다.

$R_1 + R_2 + R_3 = 60 \times 12 = 720\text{kN}$

$R_1 = R_3$ 이므로

$2R_1 = 720 - 450 = 270\text{kN}$

$R_1 = R_3 = 135\text{kN}$

(2) 모멘트

지점 1로부터 임의의 거리 x점의 모멘트와 전단력은 다음과 같다.

$M(x) = 135x - 60x(x/2) = 135x - 30x^2$

$V(x) = \dfrac{d}{dx}M(x) = 135 - 60x$

지점 1과 2사이에서 최대모멘트는 전단력이 0인 지점에서 발생한다.

$V = 135 - 60x = 0,\ x = 2.25\text{m}$

$M(2.25) = 135 \times 2.25 - 30 \times 2.25^2 = 151.9\text{kN}\cdot\text{m}$

지점 2의 모멘트는

$M(6) = 135 \times 6 - 30 \times 6^2 = -270\text{kN}\cdot\text{m}$

따라서 최대모멘트는 $M(6) = -270\text{kN}\cdot\text{m}$ 이다.

스팬(1-2)의 모멘트 M_A, M_B, M_C:

$M_A(1.5) = 135 \times 1.5 - 30 \times 1.5^2 = 135\text{kN}\cdot\text{m}$

$M_B(3) = 135 \times 3 - 30 \times 3^2 = 135\text{kN}\cdot\text{m}$

$M_C(4.5) = 135 \times 4.5 - 30 \times 4.5^2 = 0$

보정계수(C_b)는 식(4.4.7)로부터

$$C_b = \frac{12.5M_{\max}}{2.5M_{\max} + 3M_A + 4M_B + 3M_C}$$

$$= \frac{12.5 \times 270}{2.5 \times 270 + 3 \times 135 + 4 \times 135 + 3 \times 0} = 2.08$$

Note

1) $M_{\max}$, M_A, M_B, M_C는 모두 절대값을 사용한다.
2) 등분포하중($w = 60\text{kN/m}$) 대신에 계수 등분포하중 ($w_u = 1.2w_D + 1.6w_L = 1.2(15) + 1.6(45) = 90\text{kN/m}$)을 사용하여도 동일한 결과가 얻어진다.
3) 스팬(2-3)의 C_b 값도 동일하다(대칭 모멘트).

예제 (4.4.4)

단순보가(그림 4.4.10)과 같이 등분포하중을 받고 있다. 제시된 두 가지 횡지지조건에 대하여 C_b를 산정하시오. 단, 보의 단면은 H형강이다.

Case A: 두 지점에서 횡지지된 경우($L_b = 12\text{m}$)

Case B: 두 지점 및 3등분점에서 횡지지된 경우($L_b = 4\text{m}$)

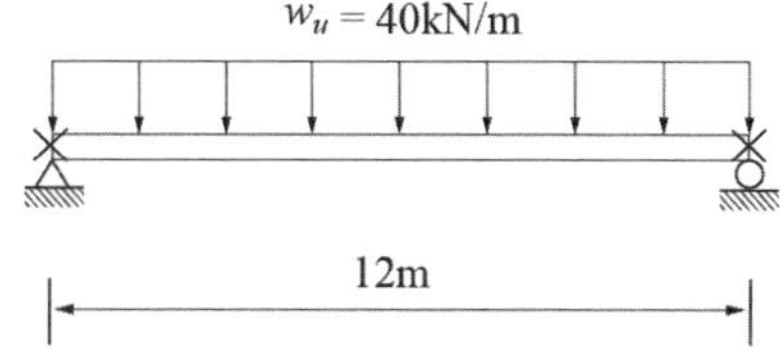

그림(4.4.10) 등분포하중을 받고 있는 단순보

풀이

(1) 모멘트 산정

양 지점에는 240kN의 반력이 작용하며, 좌측 단부로부터 x 지점의 휨모멘트는 $M_x = 240x - 20x^2$이 된다.

(2) Case A

예제 (4.4.1)로부터 $C_b = 1.14$이다.

(3) Case B

비지지길이는 스팬의 1/3인 4m가 되며, 각 구간별로 C_b를 개별적으로 산정할 수 있다. 그러나 비지지 구간 내에서는 모멘트 크기의 변화가 작은 경우 보다 작은 C_b가 도출되므로 다음 그림과 같이 중간 위치의 비지지 구간에 대하여 모멘트값을 산정한다. $M_{\max} = M_B$, $M_A = M_C$이며, 단면이 H형강(2축 대칭 부재)이므로 $R_m = 1.0$을 적용한다.

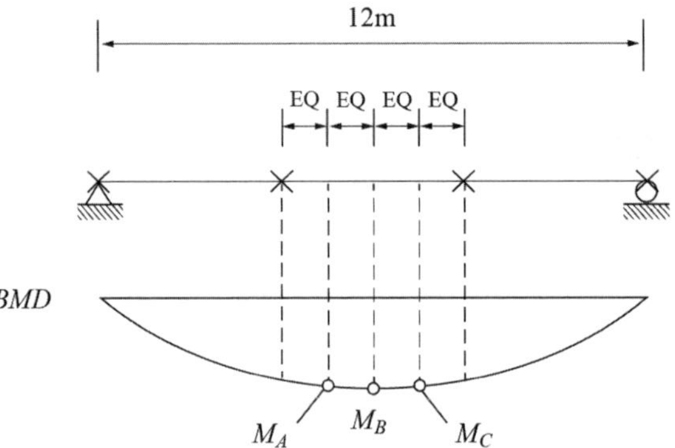

- 모멘트 산정

$$M_A = M_C = 240x - 20x^2 = 240 \times 5 - 20 \times 5^2 = 700\,\text{kN·m}$$

$$M_B = M_{\max} = 240 \times 6 - 20 \times 6^2 = 720\,\text{kN·m}$$

- C_b 산정: 식(4.4.7)로부터 (H형강의 경우 $R_m = 1$이다.)

$$C_b = \frac{12.5 M_{\max}}{2.5 M_{\max} + 3M_A + 4M_B + 3M_C} R_m$$

$$= \frac{12.5 \times (720)}{(2.5 + 4)(720) + (3 + 3)(700)}(1.0) = 1.01$$

예제 (4.4.5)

예제(4.4.4)의 보가 H−588×300×12×20 단면으로 설계되어 있다. L_p 및 L_r을 산정하시오. 단, 강종은 SHN275($F_y = 275\,\text{MPa}$)이며, $E = 210{,}000\,\text{MPa}$이다.

풀이

(1) H−588×300×12×20의 단면 특성

$A = 19{,}250\,\text{mm}^2 \quad I_x = 1.18 \times 10^9\,\text{mm}^4 \quad I_y = 9.02 \times 10^7\,\text{mm}^4$

$r_y = 68.5\,\text{mm} \quad S_x = 4.02 \times 10^6\,\text{mm}^3 \quad Z_x = 4.49 \times 10^6\,\text{mm}^3$

$J = 1.92 \times 10^6\,\text{mm}^4 \quad C_w = 7.275 \times 10^{12}\,\text{mm}^6$

(2) L_p 산정: 식(4.4.2)

$$L_p = 1.76\,r_y\sqrt{E/F_y} = 1.76 \times 68.5 \times \sqrt{210{,}000/275} = 3{,}332\,\text{mm}$$

(3) L_r 산정

식(4.4.6a)로부터

$$r_{ts} = \sqrt{\frac{\sqrt{I_y C_w}}{S_x}} = \sqrt{\frac{\sqrt{(9.02 \times 10^7) \times (7.275 \times 10^{12})}}{4.02 \times 10^6}} = 79.8\,\text{mm}$$

식(4.4.6b)로부터

$$r_{ts} = \sqrt{\frac{I_y h_o}{2S_x}} = \sqrt{\frac{9.02 \times 10^7 (568)}{2 \times (4.02 \times 10^6)}} = 79.8\,\text{mm}$$

식(4.4.6c)로부터

$$r_{ts} = \frac{b_f}{\sqrt{12(1 + \frac{1}{6}\frac{h t_w}{b_f t_f})}} = \frac{300}{\sqrt{12\left(1 + \frac{1 \times 548 \times 12}{6 \times 300 \times 20}\right)}} = 79.6\,\text{mm}$$

식(4.4.6a)로부터 $r_{ts} = 79.8\text{mm}$을 사용한다.

$c = 1$ (2축 대칭인 H형강의 경우)
$h_o = 588 - 20 = 568\text{mm}$ (상하부 플랜지 중심거리)

식(4.4.5)로부터

$$
\begin{aligned}
L_r &= 1.95 r_{ts} \frac{E}{0.7F_y} \sqrt{\frac{Jc}{S_x h_o}} \sqrt{1 + \sqrt{1 + 6.76\left(\frac{0.7F_y}{E} \frac{S_x h_o}{Jc}\right)^2}} \\
&= 1.95(79.8)\frac{210{,}000}{0.7(275)} \\
&\quad \times \sqrt{\frac{1.92 \times 10^6(1)}{4.02 \times 10^6(568)}} \sqrt{1 + \sqrt{1 + 6.76\left(\frac{0.7(275)}{210{,}000} \frac{4.02 \times 10^6(568)}{1.92 \times 10^6(1)}\right)^2}} \\
&= 9{,}852\text{mm}
\end{aligned}
$$

한편 L_r은 다음과 같은 간단한 식으로도 산정할 수 있으며, 이는 보다 보수적인 결과를 가져다준다.

$$
\begin{aligned}
L_r &= \pi r_{ts} \sqrt{\frac{E}{0.7F_y}} = \pi(79.8)\sqrt{\frac{210{,}000}{0.7(275)}} \\
&= 8{,}280\text{mm}
\end{aligned}
$$

Note

1) 부재일람표의 L_p, L_r, r_{ts} 값은 모두 식(4.4.2), (4.4.5), (4.4.6)으로부터 산출할 수 있다.

예제 (4.4.6)

아래 그림은 예제(4.4.4)의 Case B와 동일한 조건을 가지고 있는 단순보이며, 양단 및 스팬의 3등분점에서 횡지지되어 있다. 보의 단면이 H-588×300×12×20일 때 설계휨강도를 산정하고, 안전성을 검토하시오. 강종은 SHN275($F_y = 275\,\mathrm{MPa}$), $E = 210{,}000\,\mathrm{MPa}$이다.

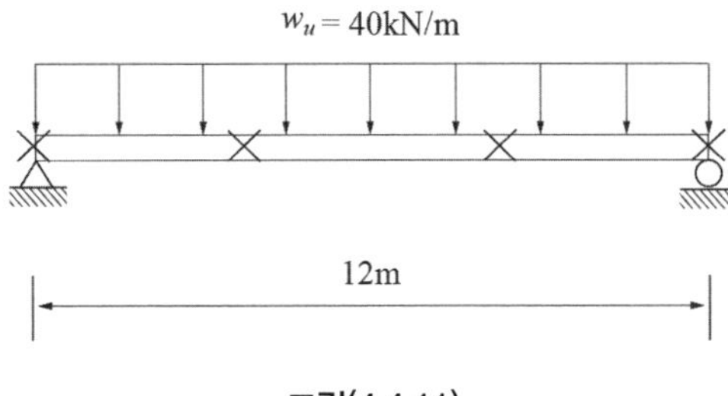

그림(4.4.11)

풀이

(1) 계수휨모멘트 산정

$$M_{u,\max} = w_u L^2/8 = 40(12)^2/8 = 720.0\,\mathrm{kN \cdot m}$$

(2) 단면 특성:

$$A = 1.925 \times 10^4 \mathrm{mm}^2 \quad I_x = 1.18 \times 10^9 \mathrm{mm}^4 \quad I_y = 9.02 \times 10^7 \mathrm{mm}^4$$

$$S_x = 4.02 \times 10^6 \mathrm{mm}^3 \quad Z_x = 4.49 \times 10^6 \mathrm{mm}^3$$

(3) 단면의 구분

◦ 플랜지의 판폭두께비 검토

$$\lambda_f = b_f/2t_f = (300/2)/20 = 7.5$$

$$\lambda_{pf} = 0.38\sqrt{E/F_y} = 0.38\sqrt{210{,}000/275} = 10.5$$

$\lambda_f < \lambda_{pf}$이므로 플랜지는 콤팩트이다.

◦ 웨브의 판폭두께비 검토

$\lambda_w = h/t_w = (588 - 2(20+28))/12 = 492/12 = 41.0$

$\lambda_{pw} = 3.76\sqrt{E/F_y} = 3.76\sqrt{210{,}000/275} = 103.9$

$\lambda_w < \lambda_{pw}$이므로 웨브는 콤팩트이다.

(4) 공칭휨강도 산정

◦ 소성항복강도 산정:

$M_p = F_y Z_x = 275 \times (4.49 \times 10^6) \times 10^{-6} = 1{,}234.8\,\text{kN·m}$

◦ 횡좌굴 보정계수 C_b 산정:

비지지된 3개의 구간 중 모멘트 크기의 변화가 작은 중앙 위치의 비지지 구간에서 C_b는 가장 작게 되며, 예제(4.4.4)에서 이 값은 1.01로 산정되었다.

◦ 횡좌굴강도 산정:

$L_b = 12{,}000/3 = 4{,}000\,\text{mm}$

$L_p = 3{,}332\,\text{mm}$, $L_r = 9{,}852\,\text{mm}$ (예제(4.4.5)에서 산정)

$L_p < L_b \leq L_r$이므로 비탄성모드의 횡좌굴이 발생한다.

식(4.4.4)로부터

$$M_n = C_b\left[M_p - (M_p - 0.7F_yS_x)\left(\frac{L_b - L_p}{L_r - L_p}\right)\right] \leq M_p$$

$$= 1.01\left[1{,}234.8 - \left(1{,}234.8 - \frac{0.7(275)(4.02\times10^6)}{10^6}\right)\left(\frac{4{,}000-3{,}332}{9{,}852-3{,}332}\right)\right]$$

$$= 1{,}199.5\,\text{kN·m} \leq M_p = 1{,}234.8\,\text{kN·m}$$

(5) 설계휨강도 검토

$\phi M_n = 0.9 \times 1{,}199.5 = 1{,}079.6\,\text{kN·m} \geq M_u = 720.0\,\text{kN·m}$

$\therefore$ OK

(3) 영역 3 (탄성모드): $L_b > L_r$

보의 압축플랜지에 대한 비지지길이(L_b)가 너무 길어서 단면의 어느 부분도 항복하지 않고 횡-비틀림좌굴이 발생하는 구간이다. 콤팩트 단면인 경우, 비지지길이(L_b)가 탄성한계 비지지길이(L_r)를 초과하면 보의 파괴모드는 비탄성횡좌굴모드로부터 탄성횡좌굴모드로 옮겨간다. 이때, 공칭모멘트는 탄성횡좌굴강도(F_{cr})로부터 얻어진다.

$$M_n = M_{cr} = F_{cr} S_x \le M_p \qquad (4.4.8)$$

여기서

$$F_{cr} = \frac{C_b \pi^2 E}{(L_b / r_{ts})^2} \sqrt{1 + 0.078 \frac{Jc}{S_x h_0} \left(\frac{L_b}{r_{ts}} \right)^2} \qquad (4.4.9)$$

$$r_{ts}^2 = \frac{\sqrt{I_y C_w}}{S_x} \qquad (4.4.6a)$$

J : 비틀림상수(torsional constant), $c = 1.0$(이중 대칭 단면)
h_0 : 상하부 플랜지간 중심거리(distance between the flange centroids)

예제 (4.4.7)

다음 그림은 예제(4.4.4)의 Case A와 동일한 조건을 갖는 단순보이며, 단부 지점에서만 횡지지되어 있다. 보의 단면이 H-588×300×12×20일 때 설계 휨강도를 산정하고, 안전성을 검토하시오. 강종은 SHN275($F_y = 275\,\mathrm{MPa}$), $E = 210{,}000\,\mathrm{MPa}$이다.

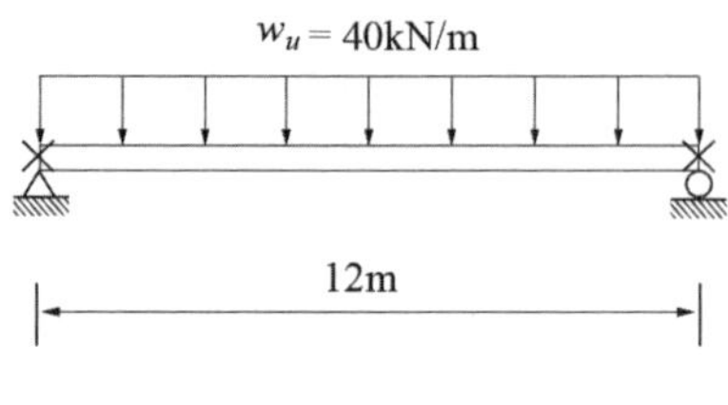

그림(4.4.12)

풀이

(1) 계수휨모멘트 산정 (예제(4.4.6)과 동일)

$M_{u,\max} = w_u L^2/8 = 40(12)^2/8 = 720.0\,\text{kN·m}$

(2) 단면 특성:

예제(4.4.5)에서 제시된 값을 참조한다.

(3) 단면의 구분

예제(4.4.6)으로부터 플랜지와 웨브 모두 콤팩트이다.

(이 보는 횡지지에 의한 횡좌굴강도로 산정한다.)

(4) 공칭휨강도 산정

◦ 횡좌굴강도 산정

$L_b = 12{,}000\,\text{mm}$

$L_r = 9{,}852\,\text{mm}$ (예제(4.4.5)에서 산정)

$L_b > L_r$ 이므로 탄성모드의 횡좌굴이 발생한다.

◦ 횡좌굴 보정계수 C_b 산정:

비지지길이가 12m인 경우에 대한 C_b는 예제(4.4.4)에서 1.14였다.

$$F_{cr} = \frac{C_b \pi^2 E}{(L_b/r_{ts})^2}\sqrt{1+0.078\frac{Jc}{S_x h_o}\left(\frac{L_b}{r_{ts}}\right)^2}$$

$$= \frac{1.14\pi^2(210{,}000)}{(12{,}000/79.8)^2}\sqrt{1+0.078\left(\frac{1.92\times10^6(1)}{4.02\times10^6(568)}\right)\left(\frac{12{,}000}{79.8}\right)^2}$$

$$= 164.7\,\text{MPa}$$

($r_{ts} = 79.8\,\text{mm}$, $h_o = 568\,\text{mm}$ 이며, 예제(4.4.5)에서 산정)

식(4.4.8)로부터

$M_n = F_{cr}S_x = 164.7 \times (4.02 \times 10^6) \times 10^{-6} = 662.1\,\text{kN·m}$

(5) 설계휨강도 산정

$\phi M_n = 0.9 \times 662.1 = 595.9\,\text{kN·m} < M_u = 720.0\,\text{kN·m}$

∴ 이 보의 단면은 적절하지 않다.

■ **콤팩트 단면과 비콤팩트 단면의 공칭모멘트(요약)**

강축 휨을 받는 H형강 단면 중에서 콤팩트 단면과 비콤팩 단면의 공칭모멘트를 산정하는 절차는 다음과 같다(세장판요소 단면은 제외).

▸ **콤팩트 단면**: ($\lambda < \lambda_p$)

① $L_b \leq L_p$ 이면 (LTB가 발생하지 않는다.)

$$M_n = M_p \tag{4.4.3}$$

여기서 $L_p = 1.76 r_y \sqrt{E/F_y}$

② $L_p < L_b \leq L_r$ 이면 (비탄성 LTB가 발생한다.)

$$M_n = C_b\left[M_p - (M_p - 0.7F_yS_x)\left(\frac{L_b - L_p}{L_r - L_p}\right)\right] \leq M_p \tag{4.4.4}$$

여기서

$$L_r = 1.95\, r_{ts} \frac{E}{0.7F_y} \sqrt{\frac{Jc}{S_x h_0}} \sqrt{1 + \sqrt{1 + 6.76\left(\frac{0.7F_yS_xh_0}{EJc}\right)^2}} \tag{4.4.5}$$

③ $L_b > L_r$ 이면 (탄성 LTB가 발생한다.)

$$M_n = F_{cr} S_x \le M_p \tag{4.4.8}$$

여기서

$$F_{cr} = \frac{C_b \pi^2 E}{(L_b / r_{ts})^2} \sqrt{1 + 0.078 \frac{Jc}{S_x h_0} \left(\frac{L_b}{r_{ts}} \right)^2} \tag{4.4.9}$$

▸ 비콤팩트(플랜지) 단면: $(\lambda_p < \lambda \le \lambda_r)$

플랜지 국부좌굴(FLB)과 횡-비틀림좌굴(LTB)에 의한 공칭강도 중에서 작은 값을 택한다.

* 플랜지 국부좌굴(FLB)

$$M_n = M_p - (M_p - 0.7 F_y S_x)\left(\frac{\lambda - \lambda_p}{\lambda_r - \lambda_p}\right) \le M_p \tag{4.3.7}$$

* 횡-비틀림좌굴(LTB)

횡지지길이 조건 ①, ②, ③ 중에서 해당되는 공칭모멘트(M_n)를 산정한다.

4.5 전단강도, 처짐, 보의 구멍

■ 전단강도

구조역학에서 다루었던 전단응력을 그림(4.5.1)과 같은 단순보를 통하여 검토해 보자. 좌측 단부로부터 x만큼 떨어져 있는 곳에서 중립축의 응력은 그림(4.5.1d)와 같다. 이 점은 중립축에 위치해 있기 때문에 휨응력은 받지 않는다. 이때, 전단응력은 다음과 같이 유도되었다.

$$f_v = \frac{VQ}{I_x b} \tag{4.5.1}$$

여기서

f_v: 수직 및 수평 전단응력, V: 단면의 수직 전단력

Q: 단면1차모멘트, I_x: 단면2차모멘트, b: 단면의 폭

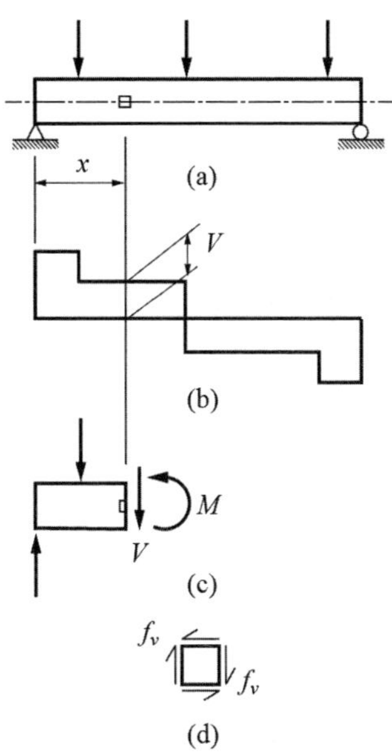

그림(4.5.1) 전단력과 전단응력

일반적으로 강재보에서는 웨브가 상당히 큰 전단력을 받을 수 있기 때문에 전단력이 문제가 되는 경우가 흔하지는 않다. 그러나 전단력을 신중히 고려해야 할 경우는 다음과 같다.

1) 큰 집중하중이 작용하는 경우
2) 보와 기둥이 강접한 된 부분
3) 보에 개구부(opening)가 있거나 절취된(coped) 경우
4) 보의 스팬은 짧고 하중은 큰 경우

그림(4.5.2)에서 사각형단면의 전단응력을 중립축에서 구해보자.

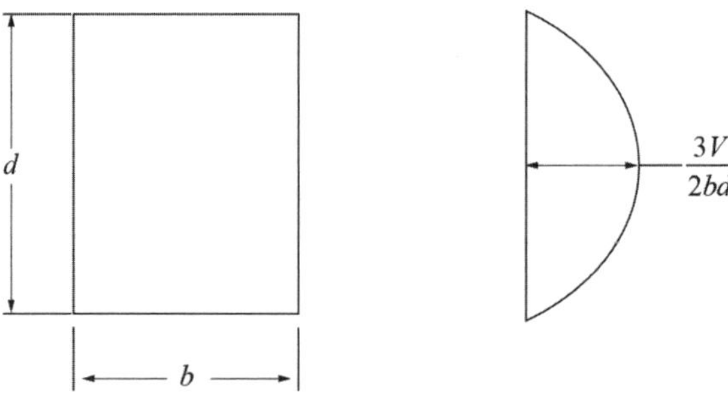

그림(4.5.2) 사각형단면의 전단응력

$$Q = (A/2)(\overline{y}) = (bd/2)(d/4) = bd^2/8$$

$$I_x = bd^3/12$$

$$f_v = \frac{VQ}{I_x b} = \frac{V(bd^2/8)}{(bd^3/12)b} = \frac{3V}{2bd}$$

예제 (4.5.1)

그림(4.5.3)과 같은 H형강 단면의 전단응력을 구하시오. 전단력 500kN이 작용하고 있다.

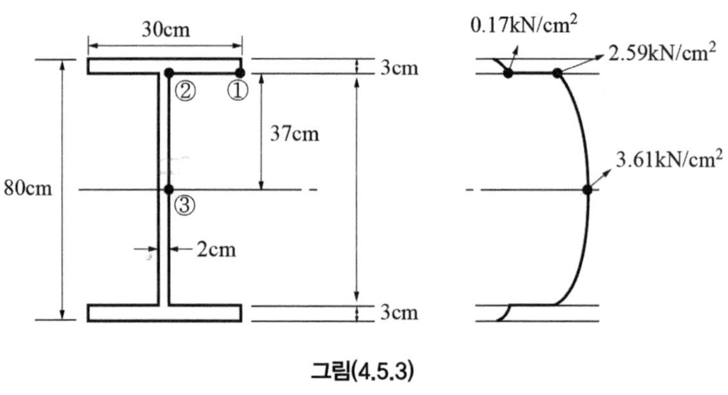

그림(4.5.3)

풀이

(1) 단면2차모멘트

$$I_x = (30 \times 80^3)/12 - (30-2)(74^3)/12$$
$$= 1,280,000 - 945,522 = 334,478\text{cm}^4$$

(2) 단면1차모멘트 (구하고자 하는 위치와 연단 사이 단면적의 도심에 대한 값)

① $Q_1 = A_1 \bar{y}_1 = (30 \times 3)(3/2 + 37) = 3,465\text{cm}^3$

② $Q_2 = A_1 \bar{y}_1 = 3,465\text{cm}^3$

③ $Q_3 = A_1 \bar{y}_1 + A_2 \bar{y}_2 = 3,465 + (2 \times 37)(37/2) = 4,834\text{cm}^3$

(3) 전단응력

$$f_{v1} = \frac{VQ_1}{Ib_1} = \frac{500\text{kN} \times 3,465\text{cm}^3}{334,478\text{cm}^4 \times 30\text{cm}} = 0.173\text{kN/cm}^2$$

$$f_{v2} = \frac{VQ_2}{Ib_2} = \frac{500\text{kN} \times 3,465\text{cm}^3}{334,478\text{cm}^4 \times 2\text{cm}} = 2.590\text{kN/cm}^2$$

$$f_{v3} = \frac{VQ_3}{Ib_3} = \frac{500\text{kN} \times 4,834\text{cm}^3}{334,478\text{cm}^4 \times 2\text{cm}} = 3.613\text{kN/cm}^2$$

H-형강의 전단응력 분포는 그림(4.5.4)와 같다. 전단응력의 평균치는 V/A_w이며, 실제 최대 전단응력과 비슷한 값이다.

전단에 대해 웨브는 플랜지가 항복하기 훨씬 이전에 먼저 항복하므로 웨브의 항복이 전단 한계상태를 의미한다. 전단항복응력을 인장항복응력의 60%로 취하면 파괴 시의 웨브 응력은 다음과 같이 쓸 수 있다.

$$f_v = \frac{V_n}{A_w} = 0.60F_y \tag{4.5.2}$$

여기서 A_w는 웨브의 단면적이다. 그러므로 이 한계상태에 해당하는 공칭강도는 웨브의 전단좌굴이 일어나지 않는다는 가정하에서 다음 식으로 나타낼 수 있다.

$$V_n = 0.6F_yA_w \tag{4.5.3}$$

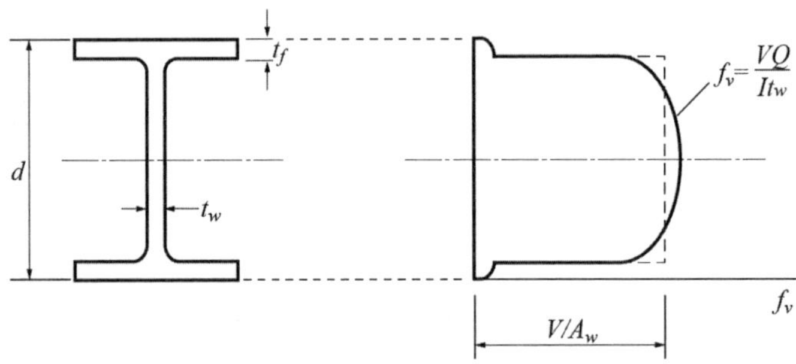

그림(4.5.4) H형강과 전단응력

전단좌굴의 발생 여부는 웨브의 판폭두께비(h/t_w)에 달려있다. 이 판폭두께비가 너무 크면, 즉 웨브가 너무 얇으면 웨브에 탄성 또는 비탄성 전단좌굴이 발생한다.

▸ 계수 및 설계전단력

$V_u \leq \phi_v V_n$

여기서

V_u = 최대 계수전단력, ϕ_v = 전단저항계수

Note

전단저항계수는 웨브의 판폭두께비에 달려있다.

▸ 공칭전단력

$$V_n = 0.6F_y A_w C_v \tag{4.5.4}$$

여기서

A_w: 웨브의 단면적($\approx d \cdot t_w$), d: 보의 춤

C_v: 전단좌굴응력-전단항복응력 비

C_v값은 한계상태가 웨브항복, 비탄성 웨브좌굴 또는 탄성 웨브좌굴에 따른 계수이다. 웨브의 판폭두께비가 다음의 조건을 만족하는 압연형강의 경우 한계상태는 전단항복이며, $C_v = 1.0$, $\phi_v = 1.0$이다.

$$h/t_w \le 2.24\sqrt{E/F_y} \tag{4.5.5}$$

Note

항복응력 $F_y \le$ 355MPa인 대부분의 H형강은 이 범주에 속한다.

예제 (4.5.2)

길이 12m인 단순보가 $w_D = 6\,\text{kN/m}$ (보의 자중 포함), $w_L = 15\,\text{kN/m}$ 의 하중을 받고 있다. 이 보의 단면은 H-350×350×12×19 ($F_y = 355\,\text{MPa}$)이다. 전단에 대해 검토하시오.

풀이

(1) 단면 특성

웨브 판폭두께비 $h/t_w = 272/12 = 22.67$

$(h = 350 - (19 + 20) \times 2 = 272\text{mm})$

웨브 단면적 $A_w = d \cdot t_w = 350(12) = 4{,}200\ \text{mm}^2$

(2) 공칭전단력: 식(4.5.4)

$2.24\sqrt{E/F_y} = 2.24\sqrt{210{,}000/355} = 54.5$

$h/t_w \leq 2.24\sqrt{E/F_y}$ 이므로

전단강도는 웨브항복에 의해 결정되며 $C_v = 1.0$, 저항계수 $\phi_v = 1.0$이다.

공칭전단력은 다음과 같다.

$V_n = 0.6F_yA_wC_v = 0.6(355)(4{,}200)(1.0) \times 10^{-3} = 895\,\text{kN}$

(3) 설계전단력

$\phi_v V_n = 1.0(895) = 895\text{kN}$

(4) 계수전단력

$w_u = 1.2 \times 6(\text{kN/m}) + 1.6 \times 15(\text{kN/m}) = 31.2\text{kN/m}$

최대전단력은 단부의 반력이므로

$$V_u = \frac{w_u L}{2} = \frac{31.2(12)}{2} = 187.2\text{kN}$$

계수전단력(V_u)이 설계전단력($\phi_v V_n$)보다 작으므로 이 단면은 안전하다.

■ **처짐**

장스팬 보의 경우, 보가 과도하게 처지면 구조적 안정성과 마감재의 훼손, 진동 등의 여러 가지 사용성 문제를 발생시킨다. 또한, 보의 처짐은 슬래브의 처짐으로 이어지고, 나아가 바닥이나 천장의 마감재에도 영향을 끼친다. 따라서 보의 안정성과 사용성을 확보하기 위하여 처짐에 대한 제한치를 두고 있다.

등분포하중을 받는 단순보의 최대 처짐은 그림(4.5.5)와 같다.

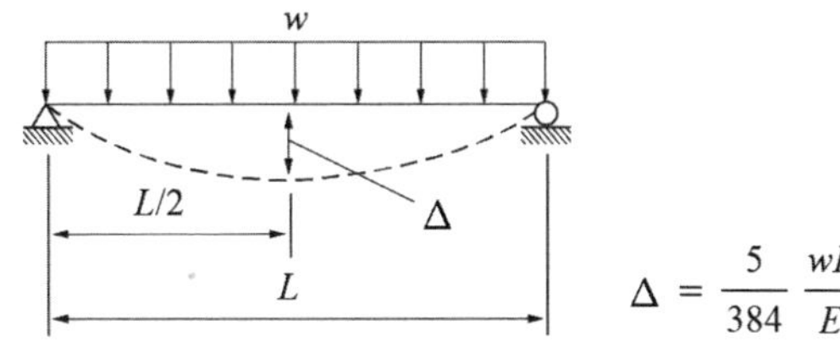

$$\Delta = \frac{5}{384}\frac{wL^4}{EI}$$

그림(4.5.5) 단순보의 등분포하중과 처짐

일반적으로 보의 처짐 제한치는 다음과 같다.

- 최대 활하중: $L/360$
- 최대 고정하중 + 활하중: $L/240$

합성보의 경우, 콘크리트 슬래브가 굳기 전에는 구조적 역할을 하지 못하므로 자중(自重)에 의한 처짐이 과다할 경우, 이를 방지하기 위해 치올림(Camber)을 두어 보정한다. 치올림은 처짐과는 반대 방향의 곡률로 하며, 강재보를 가열하거나 또는 가열하지 않고 구부려서 제작한다. 치올림을 두어 제작된 보에 자중이 작용하면 곡률이 제거되면서 보는 수평을 유지하게 된다. 치올림을 두는 경우 처짐은 치올림 값을 빼고 검토한다.

예제 (4.5.3)

그림(4.5.6)과 같은 보의 고정하중과 활하중에 의한 처짐을 계산하라. 최대 허용 활하중의 처짐이 $L/360$이라면 이 보는 적합한가?

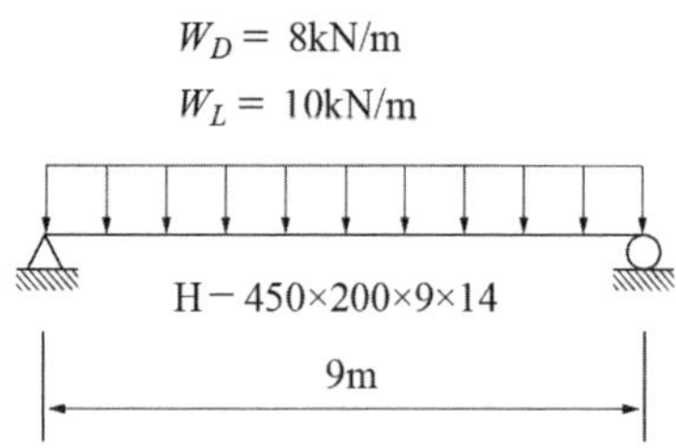

그림(4.5.6) 등분포하중과 단순보

풀이

(1) 단면 특성(H-450×200×9×14)

$$I_x = 33,500\text{cm}^4$$

(2) 고정하중 처짐량

$$\Delta_D = \frac{5}{384}\frac{w_D L^4}{EI} = \frac{5}{384}\frac{(8\text{kN/m})(9\text{m})^4(10^{12})}{210,000(33,500\times 10^4\text{mm}^4)} = 9.71\text{mm}$$

(3) 최대 활하중 처짐량

$$\Delta_L = \frac{5}{384}\frac{w_L L^4}{EI} = \frac{5}{384}\frac{(10\text{kN/m})(9\text{m})^4(10^{12})}{210,000(33,500\times 10^4)} = 12.14\text{mm}$$

(4) 최대 허용처짐

▸ 최대 활하중: $L/360$

$$\frac{L}{360} = \frac{9(10^3)}{360} = 25\text{mm} > 12.14\text{mm} = \Delta_L$$

▸ 최대 고정하중 + 활하중: $L/240$

$$\Delta_D + \Delta_L = 9.71 + 12.14 = 21.85\text{mm} < 9{,}000/240 = 37.5\text{mm}$$

∴ 이 보는 처짐 조건을 만족한다.

물고임(ponding)은 구조물의 안전에 영향을 주는 처짐 문제의 한 요인이 된다. 빗물이 고이기 쉬운 평지붕은 이러한 위험의 가능성이 있다. 폭풍이 부는 경우 배수구가 막히면 물의 무게가 처짐을 유발하게 되고 따라서 더 많은 양의 물이 고이게 된다. 이러한 과정이 더욱 심하게 진행되면 파괴가 일어날 수도 있다. 구조설계기준에서는 지붕 시스템이 물고임에 대한 충분한 강도를 가지도록 규정하고 있다.

Note

바닥구조 설계에서는 Floor Flatness(F_F)와 Floor Levelness(F_L)에 대한 지침을 참조할 수 있다. F_F는 바닥 표면이 돌출되거나 꺼짐 없이 편평한지를 살피는 것이고, F_L은 바닥의 경사에 대한 지침이다(ASTM E1155).

■ 보의 구멍

강재보를 볼트로 접합하면 플랜지나 웨브에 구멍이 생기게 된다. 또한, 전기 도관(electrical conduits), 환기 덕트(ventilation ducts) 등을 위해서 보에 상당히 큰 구멍을 내는 경우도 있다. 플랜지가 주로 휨모멘트를 받고, 웨브가 전단력을 받으므로 가능하면 플랜지의 구멍은 휨모멘트가 작은 곳에, 웨브의 구멍은 전단력이 작은 곳에 배치하는 것이 이상적이다. 그러나 불가피한 경우 구멍의 효과를 고려해야 한다. 압축플랜지의 경우 구멍이 있어도 볼트를 통해 하중을 전달하기 때문에 인장플랜지만이 관심의 대상이다. 이는 순단면적으로 하중을 저항하기 때문이다.

이러한 이유로 건축구조기준에서는 플랜지의 공칭인장파괴강도가 공칭인장항복강도보다 작은 경우에 보 플랜지의 볼트구멍을 고려해야 한다고 규정하고 있다.

1) $F_u A_{fn} \geq Y_t F_y A_{fg}$의 경우

볼트구멍의 단면적을 산정하지 않는다.

2) $F_u A_{fn} < Y_t F_y A_{fg}$의 경우

볼트구멍의 단면적을 고려하여 공칭휨강도를 다음과 같이 산정한다.

$$M_n = \frac{F_u A_{fn}}{A_{fg}} S_x \tag{4.5.6}$$

여기서

A_{fg}: 인장플랜지의 총단면적

A_{fn}: 인장플랜지의 순단면적

$Y_t = 1.0\,(F_y/F_u \leq 0.8$의 경우$)$

$\quad = 1.1\,($그 외의 경우$)$

$S_x\,(A_{fn}/A_{fg})$: 순단면의 탄성단면계수

Note

1) 볼트구멍의 직경은 볼트의 공칭직경보다 2mm~3mm 크다.
2) F_y/F_u값을 모르는 경우에는 Y_t는 1.1로 취한다.

예제 (4.5.4)

플랜지와 웨브가 모두 콤팩트 단면인 H-506×201×11×19 형강 플랜지에 직경 25mm 볼트구멍이 뚫려 있다. 강종은 SHN355이다. $C_b = 1.0$을 적용하고, 비지지길이가 3m인 경우 공칭휨강도를 구하시오.

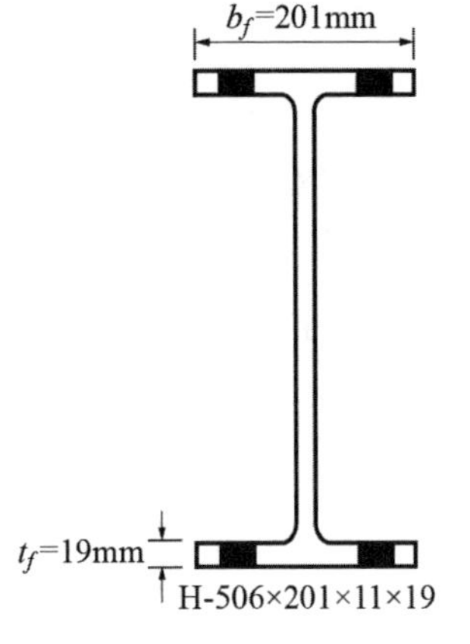

그림(4.5.7)

풀이

공칭휨강도 M_n을 구하기 위해 모든 적용 가능한 한계상태를 검토해야 한다.

(1) 단면 특성

$S_x = 2{,}230\text{cm}^3$, $Z_x = 2{,}540\text{cm}^3$

(2) 비지지길이($L_b = 3\text{m}$)

$L_p = 1.90\text{m}$, $L_r = 5.73\text{m}$

$L_p < L_b < L_r$이므로 보는 비탄성 횡-비틀림좌굴을 받게 된다.

식(4.4.4)로부터

$$M_n = C_b\left[M_p - (M_p - 0.7F_yS_x)\left(\frac{L_b - L_p}{L_r - L_p}\right)\right] \leq M_p$$

여기서

$$M_p = Z_xF_y = (2{,}540\text{cm}^3)(355\text{N/mm}^2)$$

$$= (2{,}540 \times 10^{-6}\text{m}^3)(355 \times 10^3\text{kN/m}^2) = 901.7\text{kN}\cdot\text{m}$$

$$M_n = 1.0\left[901.7 - (901.7 - 0.7 \times 355 \times 2{,}230 \times 10^{-3})\left(\frac{3.00 - 1.90}{5.73 - 1.90}\right)\right]$$

$$= 801.9\text{kN}\cdot\text{m}$$

(3) 플랜지의 구멍 검토

전단면적: $A_{fg} = t_f b_f = 19(201) = 3{,}819\text{mm}^2$

유효구멍 직경: $d_h = 25 + 2 = 27\text{mm}$

순단면적:

$A_{fn} = A_{fg} - t_f \sum d_h = 3{,}819 - 19(2 \times 27) = 2{,}793\text{mm}^2$

따라서 $F_u A_{fn} = 490(2{,}793)(10^{-3}) = 1{,}369\text{kN}$

◦ Y_t의 결정

$Y_t = 1.0$ ($F_y / F_u \le 0.8$의 경우)

$= 1.1$ (그 이외의 경우)

SHN355 강재, $F_y = 355\text{MPa}$, $F_u = 490\text{MPa}$

$$F_y / F_u = \frac{355}{490} = 0.725$$

$\therefore\ Y_t = 1.0$

◦ 식(4.5.7) 검토

$Y_t F_y A_{fg} = 1.0(355)(3{,}819)(10^{-3}) = 1{,}356\text{kN}$

$(F_u A_{fn} = 1{,}369\text{kN}) > (Y_t F_y A_{fg} = 1{,}356\text{kN})$이므로

볼트구멍의 손실을 고려하지 않아도 된다.

$\therefore\ M_n = 801.9\text{kN}\cdot\text{m}$

4.6 휨재의 설계

지금까지 보의 단면, 스팬, 횡지지길이 등의 조건이 주어진 상황에서 다음과 같은 사항을 산정하였다.

1) 보에 작용하는 계수하중에 의한 계수(소요)모멘트(M_u)
2) 보의 설계휨강도(ϕM_n)
3) 보의 전단력과 보의 처짐

설계휨강도를 산정하는 과정에서 플랜지의 국부좌굴, 웨브의 국부좌굴, 횡지지길이에 의한 횡-비틀림좌굴 등이 검토되었다. 이러한 일련의 과정을 보의 해석(analysis of beam)이라고 한다.

보의 설계는 1차적으로 다음 조건을 만족하여야 한다.

$$M_u \le \phi_b M_n \tag{4.6.1}$$

즉, 보에 작용하는 계수모멘트가 보의 성능(capacity)으로서 설계휨강도보다 작아야 한다. 이 조건이 만족되면 보의 전단력과 처짐 등이 검토된다.

■ 보 설계의 과정

1) 계수모멘트(M_u)를 산정한다.
2) 콤팩트 단면과 완전 횡지지로 가정하여 소성단면계수를 산정한다.
   ($Z_x \ge M_u/\phi_b F_y$)
3) 소성단면계수에 근거하여 예비 단면을 선정한다.
4) 자중을 포함하여 계수모멘트(M_u)를 재산정한다.
5) 소요단면계수를 재검토한다. ($Z_x \ge M_u/\phi_b F_y$)
6) 콤팩트, 비콤팩트 단면 여부를 검토한다.

7) 콤팩트 단면이면($\lambda < \lambda_p$), 다음 조건에 따라 공칭모멘트(M_n)를 구한다.

① $L_b \le L_p$ 인 경우, $M_n = M_p$

② $L_p < L_b \le L_r$ 인 경우,

$$M_n = C_b[M_p - (M_p - 0.7F_yS_x)(\frac{L_b - L_p}{L_r - L_p})] \le M_p$$

③ $L_b > L_r$ 인 경우, $M_n = F_{cr}S_x \le M_p$

8) 플랜지가 비콤팩트 단면이면($\lambda_p < \lambda \le \lambda_r$), 플랜지 국부좌굴(FLB)과 횡-비틀림좌굴(LTB)에 의한 공칭강도 중에서 작은 값을 공칭모멘트로 택한다.

▸ 플랜지 국부좌굴(FLB)

$$M_n = M_p - (M_p - 0.7F_yS_x)(\frac{\lambda - \lambda_p}{\lambda_r - \lambda_p}) \le M_p$$

▸ 횡-비틀림좌굴(LTB)

7)에서 설명한 ①, ②, ③의 구간 중에서 해당되는 공칭모멘트(M_n)를 산정하여 작은 값을 택한다.

9) 계수모멘트와 설계휨강도를 비교한다. ($M_u \le \phi_b M_n$)

10) 전단응력을 검토한다.

11) 처짐을 검토한다.

■ 보의 자중 추정(Beam Weight Estimates)

보는 외부에서 작용하는 하중은 물론 부재 자체의 하중, 즉 자중(自重)을 함께 받아야 한다. 따라서 보 설계를 위해서는 미리 가정된 자중을 반영하여 휨모멘트와 전단력을 산정해야 하며, 선택된 단면의 실제 자중을 반영하여 최종적으로 만족 여부를 반복적으로 검토해야 한다.

시행착오를 줄이기 위해서는 최초에 보의 자중을 잘 예측하는 것이 중요하다. 경험이 많은 설계자들은 용도 및 스팬에 따라 보의 자중을 비교적 정확하게 예측할 수 있다. 예를 들어, 사무실 용도의 건물인 경우, 기둥 간격이 10m×10m와

15m×15m인 경우는 보와 거더의 무게를 바닥 면적으로 나눈 자중이 대략 0.25 kN/m^{2}와 0.35kN/m^{2}의 범위이다. 따라서 10m 스팬을 가진 보가 3m 간격으로 배치되어 있을 때, 이 보의 자중은 앞에서 제시된 면적당 하중 0.25kN/m^{2}에 하중 분담 폭 3m를 곱하여 약 0.75kN/m로 어림할 수 있다. 한편 바닥하중이 증가하면 보의 단면이 더 커질 수 있는데, 동일한 스팬에서도 기계실 용도에서는 자중이 각각 0.35kN/m^{2}와 0.50kN/m^{2}의 범위로 증가하게 된다.

보의 자중을 사전에 예측하는 것은 어려운 일이나 다음과 같은 방법을 사용할 수 있다. 먼저, 보의 자중 없이 외부 하중만에 의한 최대휨모멘트를 산정한다. 자중을 고려하면 부재력이 조금 증가하게 되므로 산정된 최대휨모멘트에서 5~10% 정도를 할증한 부재력을 만족시키는 단면을 선택한다. 이 단면의 자중을 포함하여 하중에 의한 최대모멘트를 다시 계산하여 보의 저항모멘트와 비교하는 과정을 통해 만족 여부를 확인한다.

예제 (4.6.1)

그림(4.6.1)과 같이 보가 두 개의 집중 활하중 100kN을 받고 있다. 활하중에 의한 최대 처짐은 $L/360$을 초과하지 못한다. 다음 조건에 따라 적절한 H형강(SHN355)을 선택하시오.

(A) 양단에서 횡지지 되어 있다.

(B) 양단과 중앙부에서 횡지지 되어 있다.

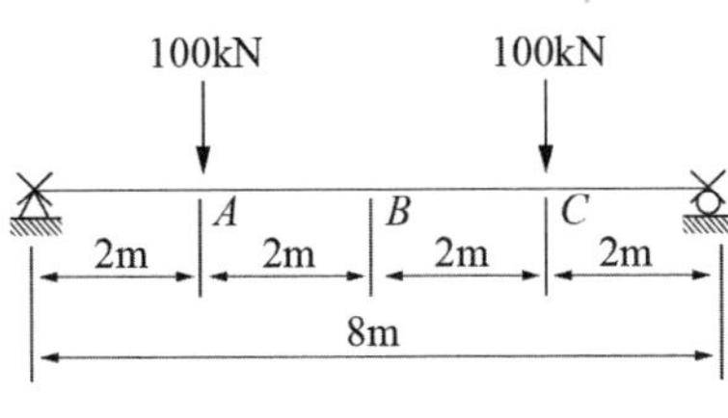

그림(4.6.1) 집중하중을 받는 단순보

풀이

(A) 양단에서 횡지지

보의 자중을 무시하면 보의 중앙부 절반은 모멘트의 크기가 같게 된다.

$M_A = M_B = M_c = M_{\max} \therefore C_b = 1.0$

만약, 보의 자중이 고려된다고 해도 집중하중과 비교해서 무시할 만하며, C_b 값은 여전히 1.0으로 취할 수 있다.

(1) 계수휨모멘트

잠정적으로 자중을 무시하면 계수휨모멘트는 다음과 같다.

$M_u = 1.6(2 \times 100) = 320\text{kN}\cdot\text{m}$

(2) 단면 선택

$$Z_{x,req} \geq \frac{M_u}{\phi_b F_y} = \frac{320 \times 10^6}{0.9 \times 355} = 1.002 \times 10^6 \text{mm}^3$$

부재일람표에서 위의 소성단면계수를 충족시키는 부재를 찾는다.

H-396×199×7×11 ($Z_x = 1.13 \times 10^6 \text{mm}^3$)을 예비단면으로 선택한다.

▸ 계수휨모멘트 재산정(강재의 단위 길이 당 중량: 0.555kN/m)

$$M_u = 320 + 1.2 \times \frac{0.555 \times 8^2}{8} = 325\text{kN}\cdot\text{m}$$

$$Z_{x,req} \geq \frac{M_u}{\phi_b F_y} = \frac{325 \times 10^6}{0.9 \times 355} = 1.017 \times 10^6$$

예비단면의 $Z_x = 1.13 \times 10^6 \text{mm}^3$이므로 H-396×199×7×11로 검토한다.

▸ 단면 특성(H-396×199×7×11):

$A = 7.216 \times 10^3 \text{mm}^2$, $I_x = 2.00 \times 10^8 \text{mm}^4$, $I_y = 1.45 \times 10^7 \text{mm}^4$,

$Z_x = 1.13 \times 10^6 \text{mm}^3$, $r = 16\text{mm}$, $r_y = 44.8\text{mm}$,

$S_x = 1.01 \times 10^6 \text{mm}^3$, $C_w = 5.36 \times 10^{11} \text{mm}^6$, $J = 2.19 \times 10^5 \text{mm}^4$

(3) 판폭두께비 검토

▸ 플랜지의 판폭두께비

$$\lambda_f = \frac{b}{t_f} = \frac{b_f}{2t_f} = \frac{199}{2\times 11} = 9.05$$

$$\lambda_{pf} = 0.38\sqrt{E/F_y} = 0.38\sqrt{210{,}000/355} = 9.24$$

$\lambda_f < \lambda_{pf}$ $\therefore$ 플랜지는 콤팩트 단면이다.

▸ 웨브의 판폭두께비

$$\lambda_w = \frac{h}{t_w} = \frac{396 - 2\times(11+16)}{7} = 48.86$$

$$\lambda_{pw} = 3.76\sqrt{E/F_y} = 3.76\sqrt{210{,}000/355} = 91.45$$

$\lambda_w < \lambda_{pw}$ $\therefore$ 웨브는 콤팩트 단면이다.

(4) 설계휨강도 산정

▸ 소성항복강도(M_p)

$$M_p = F_y Z_x = 355\times 1.13\times 10^6\times 10^{-6} = 401.15\text{kN}\cdot\text{m}$$

▸ 횡좌굴 검토(부재일람표)

$L_b = 8\text{m}$, $L_p = 1.92\text{m}$, $L_r = 5.26\text{m}$

$L_b > L_r$ 이므로 탄성모드의 횡좌굴이 발생한다(Zone 3).

$h_0 = 396 - 11 = 385(\text{mm})$

식(4.4.6a)로부터

$$r_{ts} = \sqrt{\frac{\sqrt{I_y C_w}}{S_x}} = \sqrt{\frac{\sqrt{(1.45\times 10^7)\times(5.36\times 10^{11})}}{1.01\times 10^6}} = 52.56\,\text{mm}$$

$$F_{cr} = \frac{C_b \pi^2 E}{(L_b/r_{ts})^2}\sqrt{1 + 0.078\frac{Jc}{S_x h_o}\left(\frac{L_b}{r_{ts}}\right)^2}$$

$$= \frac{\pi^2(210{,}000)}{(8{,}000/52.56)^2}\sqrt{1 + 0.078\left(\frac{2.19\times 10^5}{1.01\times 10^6\times 385}\right)\left(\frac{8{,}000}{52.56}\right)^2}$$

$$= 127.1\text{MPa}$$

$$M_{n.LTB} = F_{cr}S_x = 127.1\times(1.01\times10^6)\times10^{-6} = 128.4\,\text{kN·m}$$

$$M_n = \min(M_P, M_{n.LTB}) = 128.4\text{kN·m}$$

$$\phi M_n = 0.9\times128.4 = 115.6\text{kN·m}$$

$$M_u(325\text{kN·m}) > \phi \text{M}_\text{n}(115.6\text{kN·m}) \qquad \therefore \text{NG}$$

따라서 2차 부재를 시도한다.

(5) 2차 단면 선택

$$\text{Ratio}= \frac{M_u}{\phi M_n}= \frac{325}{115.6}= 2.81$$

1차 부재보다 약 3배의 소성단면계수를 가지는 단면을 선택한다.

$$Z_x\times\text{Ratio}= 1.13\times10^6\times3 = 3.39\times10^6$$

H-606×201×12×20($Z_x = 3.43\times10^6\text{mm}$)으로 검토한다.

▸ 단면 특성(H-606×201×12×20):

$A = 1.525\times10^4\text{mm}^2$, $I_x = 9.04\times10^8\text{mm}^4$, $I_y = 2.72\times10^7\text{mm}^4$,

$Z_x = 3.43\times10^6\text{mm}^3$, $r = 22\text{mm}$, $r_y = 42.2\text{mm}$,

$S_x = 2.98\times10^6\text{mm}^3$, $C_w = 2.336\times10^{12}\text{mm}^6$, $J= 1.40\times10^6\text{mm}^4$

(6) 계수휨모멘트(자중 포함)

(단위 길이당 중량: 1.18kN/m)

$$M_u = 320+1.2\times\frac{1.18\times8^2}{8} = 331\text{kN·m}$$

(7) 판폭두께비 검토

▸ 플랜지의 판폭두께비

$$\lambda_f = \frac{b}{t_f}= \frac{b_f}{2t_f}= \frac{201}{2\times20}= 5.03$$

$$\lambda_{pf} = 0.38\sqrt{E/F_y} = 0.38\sqrt{210{,}000/355} = 9.24$$

$\lambda_f < \lambda_{pf}$ $\therefore$ 콤팩트 단면이다.

▸ 웨브의 판폭두께비

$$\lambda_w = \frac{h}{t_w} = \frac{606 - 2\times(20+22)}{12} = 43.50$$

$$\lambda_{pw} = 3.76\sqrt{E/F_y} = 3.76\sqrt{210{,}000/355} = 91.45$$

$\lambda_w < \lambda_{pw}$ $\therefore$ 콤팩트 단면이다.

(8) 설계휨강도 산정

▸ 소성항복강도(M_p)

$$M_p = F_y Z_x = 355\times 3.43\times 10^6 \times 10^{-6} = 1{,}218\text{kN}\cdot\text{m}$$

▸ 횡좌굴 검토 (부재일람표)

$L_b = 8\text{m}$, $L_p = 1.81\text{m}$, $L_r = 5.38\text{m}$

$L_b > L_r$ 이므로 탄성모드의 횡좌굴이 발생한다(Zone 3).

$$F_{cr} = \frac{C_b\pi^2 E}{(L_b/r_{ts})^2}\sqrt{1+0.078\frac{Jc}{S_x h_o}\left(\frac{L_b}{r_{ts}}\right)^2}$$

$$= \frac{\pi^2(210{,}000)}{(8{,}000/51.74)^2}\sqrt{1+0.078\left(\frac{1.40\times10^6}{2.98\times10^6\times586}\right)\left(\frac{8{,}000}{51.7}\right)^2}$$

$$= 136.84\text{MPa}$$

$$M_{n\cdot LTB} = F_{cr}S_x = 136.84\times(2.98\times10^6)\times10^{-6} = 407.8\,\text{kN}\cdot\text{m}$$

$$M_n = \min(M_p, M_{n\cdot LTB}) = 407.8\text{kN}\cdot\text{m}$$

$$\phi M_n = 0.9\times367 = 367\,\text{kN}\cdot\text{m}$$

$M_u(331\text{kN}\cdot\text{m}) < \phi M_n(367\text{kN}\cdot\text{m})$ $\therefore$ OK

(9) 전단강도 검토

전단력은 다음과 같다.

$$V_u = 1.6(100) + \frac{1.2(1.18)(8)}{2} = 166\text{kN}$$

▸ 판폭두께비 검토

$h/t_w = 606/12 = 50.5$

$2.24\sqrt{E/F_y} = 2.24\sqrt{210,000/355} = 54.5$

$h/t_w = 50.5 \le 2.24\sqrt{E/F_y} = 54.5$이므로 $\phi_v = 1.0$, $C_v = 1.0$

▸ 설계전단강도

$$\phi_v V_n = \phi_v 0.6 F_y A_w C_v$$

$$= 1.0 \times 0.6 \times \frac{355 \times (606 \times 12)}{10^3} \times 1.0 = 1,549\text{kN}$$

$\phi_v V_n(1,549\text{kN}) \ge V_u(166\text{kN})$ $\therefore$ OK

(10) 처짐 검토

최대 허용처짐은 다음과 같다.

$$\triangle_{L,\lim} = \frac{L}{360} = \frac{8,000}{360} = 22.22\text{mm}$$

두 개의 대칭 집중하중이 작용하는 경우 중앙점의 최대처짐은 다음과 같다.

$$\triangle_L = \frac{Pa}{24EI}(3L^2 - 4a^2)$$

여기서 P: 집중하중, a: 지점으로부터 하중까지의 거리, L: 스팬 길이

$$\triangle_L = \frac{(100 \times 10^3) \times 2,000}{24 \times 210,000 \times (9.04 \times 10^8)}[3 \times 8,000^2 - 4 \times 2,000^2]$$

$$= 7.73\text{mm}$$

$\triangle_L(7.73\text{mm}) < \triangle_{L,\lim}(22.22\text{mm})$ $\therefore$ OK

(B) 양단과 중앙부에서 횡지지:

(1) 계수휨모멘트

$M_u = 1.6(2 \times 100) = 320\text{kN}\cdot\text{m}$

(2) 단면 선택

H-396×199×7×11 단면을 선택한다.

(3) 판폭두께비 검토

$\lambda_f < \lambda_{pf}$ ∴ 플랜지는 콤팩트 단면이다.

$\lambda_w < \lambda_{pw}$ ∴ 웨브는 콤팩트 단면이다.

Note

Part (A)와 동일하다.

(4) 설계휨강도 산정

- 소성항복강도(M_p): $M_p = 401.15\text{kN}\cdot\text{m}$
- 횡좌굴 검토

$L_b = 4\text{m},\ L_p = 1.92\text{m},\ L_r = 5.26\text{m}$

$L_p < L_b \le L_r$ 이므로 비탄성모드의 횡좌굴이 발생한다(Zone 2).

- C_b 산정

$M_{max} = 320\text{kN},\ M_A = 160\text{kN},\ M_B = 320\text{kN},\ M_C = 320\text{kN}$

$$C_b = \frac{12.5M_{max}}{2.5M_{max} + 3M_A + 4M_B + 3M_C}$$

$$= \frac{12.5 \times 320}{2.5 \times 320 + 3 \times 160 + 4 \times 320 + 3 \times 320} = 1.14$$

$$M_n = C_b\left[M_p - (M_p - 0.7F_yS_x)\left\{\frac{L_b - L_p}{L_r - L_p}\right\}\right] \le M_p$$

$$M_n = 1.14\left[401.15 - (401.15 - 0.7 \times 355 \times 1.01 \times 10^6 \times 10^{-6})\left\{\frac{4.00 - 1.92}{5.26 - 1.92}\right\}\right]$$

$$= 350.7\text{kN}\cdot\text{m} \le M_p(367.25\text{kN}\cdot\text{m})$$

$$= 350.7\text{kN}\cdot\text{m}$$

$\phi M_n = 0.9 \times 350.7 = 315.6\text{kN}\cdot\text{m}$

$M_u(325\text{kN}\cdot\text{m}) > \phi M_n(315.6\text{kN}\cdot\text{m})$ $\therefore$ NG

따라서 2차 부재를 시도한다.

(5) 2차 단면 선택

$$\text{Ratio} = \frac{M_u}{\phi M_n} = \frac{325}{315.6} = 1.03$$

1차 부재보다 약 1.1배의 소성단면계수를 가지는 단면을 선택한다.

$Z_x \times \text{Ratio} = 1.13 \times 10^6 \times 1.1 = 1.243 \times 10^6$

H-400×200×8×13 ($Z_x = 1.33 \times 10^6\text{mm}^3$)으로 검토한다.

▸ 단면 특성(H-400×200×8×13):

$A = 8.412 \times 10^3\text{mm}^2$, $I_x = 2.37 \times 10^8\text{mm}^4$, $I_y = 1.74 \times 10^7\text{mm}^4$,

$Z_x = 1.33 \times 10^6\text{mm}^3$, $r = 16\text{mm}$, $r_y = 45.4\text{mm}$,

$S_x = 1.19 \times 10^6\text{mm}^3$, $C_w = 6.50 \times 10^{11}\text{mm}^6$, $J = 3.57 \times 10^5\text{mm}^4$

$b_f = 200\text{mm}$, $t_f = 13\text{mm}$, $t_w = 8\text{mm}$

(6) 계수휨모멘트(자중 포함)

(단위 길이당 중량: 0.647kN/m)

$$M_u = 320 + 1.2 \times \frac{0.647 \times 8^2}{8} = 326.21\text{kN}\cdot\text{m}$$

(7) 판폭두께비 검토

▸ 플랜지의 판폭두께비

$$\lambda_f = \frac{b}{t_f} = \frac{b_f}{2t_f} = \frac{200}{2 \times 13} = 7.69$$

$$\lambda_{pf} = 0.38\sqrt{E/F_y} = 0.38\sqrt{210{,}000/355} = 9.24$$

$\lambda_f < \lambda_{pf}$ ∴ 콤팩트 단면이다.

▸ 웨브의 판폭두께비

$$\lambda_w = \frac{h}{t_w} = \frac{400 - 2 \times (13 + 16)}{8} = 42.75$$

$$\lambda_{pw} = 3.76\sqrt{E/F_y} = 3.76\sqrt{210{,}000/355} = 91.45$$

$\lambda_w < \lambda_{pw}$ ∴ 콤팩트 단면이다.

(8) 설계휨강도 산정

▸ 소성항복강도(M_p)

$$M_p = F_y Z_x = 355 \times 1.33 \times 10^6 \times 10^{-6} = 472.15\text{kN}\cdot\text{m}$$

▸ 횡좌굴 검토

$L_b = 4$ m, $L_p = 1.95$m, $L_r = 5.50$m

$L_p < L_b \le L_r$ 이므로 비탄성모드의 횡좌굴이 발생한다(Zone 2).

$$M_n = C_b\left[M_p - (M_p - 0.7F_y S_x)\left\{\frac{L_b - L_p}{L_r - L_p}\right\}\right] \le M_p$$

$$M_n = 1.14\left[472.15 - (472.15 - 0.7 \times 355 \times 1.19 \times 10^6 \times 10^{-6})\left\{\frac{4.00 - 1.95}{5.50 - 1.95}\right\}\right]$$

$$= 422.10\text{kN}\cdot\text{m} \le M_p(471.25\text{kN}\cdot\text{m})$$

$$= 422.10\text{kN}\cdot\text{m}$$

$$\phi M_n = 0.9 \times 422.10 = 379.89\text{kN}\cdot\text{m}$$

$M_u(326\text{kN}\cdot\text{m}) < \phi M_n(380\text{kN}\cdot\text{m})$ ∴ OK

(9) 전단강도 및 처짐 검토

Part (A)에서와 동일한 방법으로 검토하면 전단 및 처짐 조건을 만족한다.

예제 (4.6.2)

그림(4.6.2)와 같이 단순보가 양단과 중앙에서 횡지지 되어 있다. 집중하중은 활하중이며, 등분포하중의 30%는 고정하중, 70%는 활하중일 때, SHN355 강종 H형강을 선택하시오. 처짐의 제한은 없다.

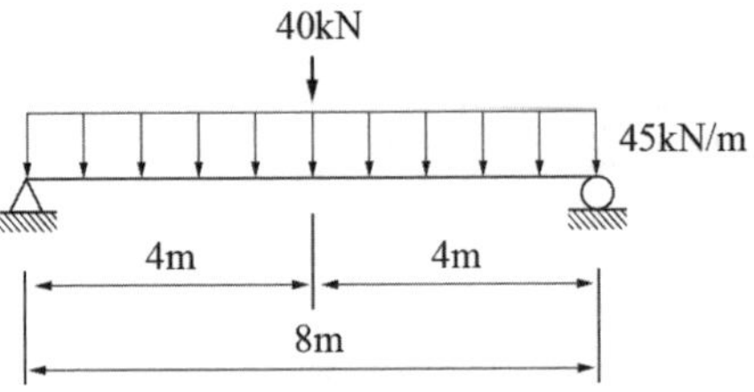

그림(4.6.2) 등분포하중 + 집중하중

풀이

(1) 계수하중 및 C_b 계산

고정하중(30%), 활하중(70%)이므로

$w_D = 0.3(45) = 13.5\,\text{kN/m}$

$w_L = 0.7(45) = 31.5\,\text{kN/m}$

▸ 계수하중

$w_u = 1.2(13.5) + 1.6(31.5) = 66.6\,\text{kN/m}$

$P_u = 1.6(40) = 64\,\text{kN}$

계수하중과 반력은 다음 그림과 같다. C_b를 결정하기 위하여 모멘트를 계산한다. 좌단으로부터 x만큼 떨어져 있는 점의 휨모멘트는 다음과 같다.

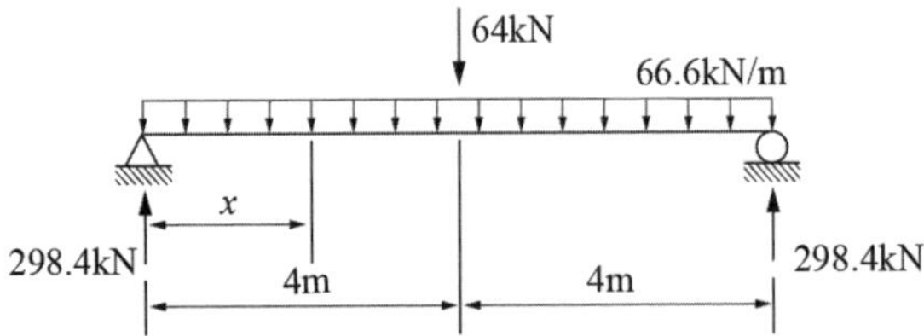

▸ C_b 계산

$$M(x) = 298.4x - 33.3x^2$$

$$x = 1\text{m},\ M_A = 298.4(1) - 33.3(1)^2 = 265.1\,\text{kN}\cdot\text{m}$$

$$x = 2\text{m},\ M_B = 298.4(2) - 33.3(2)^2 = 463.6\,\text{kN}\cdot\text{m}$$

$$x = 3\text{m},\ M_C = 298.4(3) - 33.3(3)^2 = 595.5\,\text{kN}\cdot\text{m}$$

$$x = 4\text{m},\ M_{\max} = 298.4(4) - 33.3(4)^2 = 660.8\,\text{kN}\cdot\text{m}$$

$$C_b = \frac{12.5M_{\max}}{2.5M_{\max} + 3M_A + 4M_B + 3M_C}$$

$$= \frac{12.5(660.8)}{2.5(660.8) + 3(265.1) + 4(463.6) + 3(595.5)} = 1.36$$

▸ 계수휨모멘트

$$M_u = \frac{P_u L}{4} + \frac{w_u L^2}{8} = \frac{64 \times 8}{4} + \frac{66.6 \times 8^2}{8} = 660.8\text{kN}\cdot\text{m}$$

(2) 단면 선택

$$Z_{x,req} \geq \frac{M_u}{\phi_b F_y} = \frac{660.8 \times 10^6}{0.9 \times 355} = 2.07 \times 10^6 \text{mm}^3$$

H-506×201×11×19 ($Z_x = 2.54 \times 10^6 \text{mm}^3$)를 예비단면으로 선택한다.

▸ 계수모멘트 재산정 (강재의 단위 길이 당 중량: 1.01kN/m)

$$M_u = 660.8 + 1.2 \times \frac{1.01 \times 8^2}{8} = 670.50\text{kN}\cdot\text{m}$$

$$Z_{x,req} \geq \frac{M_u}{\phi_b F_y} = \frac{670.50 \times 10^6}{0.9 \times 355} = 2.10 \times 10^6$$

따라서 H-506×201×11×19($Z_x = 2.54 \times 10^6 \text{mm}^3$)로 검토한다.

▸ 단면 특성 (H-506×201×11×19):

$A = 1.313 \times 10^4 \text{mm}^2$, $r = 16\text{mm}$, $I_x = 5.65 \times 10^8 \text{mm}^4$,

$I_y = 2.58 \times 10^7\text{mm}^4,\ r_y = 4.43 \times 10^1\text{mm},\ S_x = 2.23 \times 10^6\text{mm}^3,$

$Z_x = 2.54 \times 10^6\text{mm}^3,\ C_w = 1.53 \times 10^{12}\text{mm}^6,\ J = 1.13 \times 10^6\text{mm}^4$

(3) 판폭두께비 검토

▸ 플랜지의 판폭두께비

$$\lambda_f = \frac{b}{t_f} = \frac{b_f}{2t_f} = \frac{201}{2 \times 19} = 5.29$$

$$\lambda_{pf} = 0.38\sqrt{E/F_y} = 0.38\sqrt{210{,}000/355} = 9.24$$

$\lambda_f < \lambda_{pf}$ ∴ 플랜지는 콤팩트 단면이다.

▸ 웨브의 판폭두께비

$$\lambda_w = \frac{h}{t_w} = \frac{506 - 2 \times (19 + 20)}{11} = 38.91$$

$$\lambda_{pw} = 3.76\sqrt{E/F_y} = 3.76\sqrt{210{,}000/355} = 91.45$$

$\lambda_w < \lambda_{pw}$ ∴ 웨브는 콤팩트 단면이다.

(4) 설계휨강도 산정

▸ 소성항복강도(M_p)

$$M_p = F_y Z_x = 355 \times 2.54 \times 10^6 \times 10^{-6} = 901.7\text{kN}\cdot\text{m}$$

▸ 횡좌굴 검토 ($L_b = 4\text{m}$)

부재일람표로부터 $L_p = 1.90\text{m},\ L_r = 5.73\text{m}$

$L_p < L_b \leq L_r$ 이므로 비탄성모드의 횡좌굴이 발생한다(Zone 2).

$$M_n = C_b\left[M_p - (M_p - 0.7F_y S_x)\left\{\frac{L_b - L_p}{L_r - L_p}\right\}\right] \leq M_p$$

$$M_n = 1.36\left[901.7 - (901.7 - 0.7 \times 355 \times 2.23 \times 10^6 \times 10^{-6})\left\{\frac{4.00 - 1.90}{5.73 - 1.90}\right\}\right]$$

$$= 967.15\text{kN}\cdot\text{m}$$

$M_n \le M_p(901.7\text{kN}\cdot\text{m})$이어야 하므로 $M_n = 901.7\text{kN}\cdot\text{m}$ 이다.

$\phi M_n = 0.9 \times 901.7 = 811.53\text{kN}\cdot\text{m}$

$M_u(670.50\text{kN}\cdot\text{m}) < \phi M_n(811.53\text{kN}\cdot\text{m})$ $\therefore$ OK

(5) 전단강도 검토

전단력은 다음과 같다.

$$V_u = 298.4 + \frac{1.2(1.01)(8)}{2} = 303\text{kN}$$

▸ 판폭두께비 검토

$h/t_w = 506/11 = 46$

$2.24\sqrt{E/F_y} = 2.24\sqrt{210{,}000/355} = 54.48$

$h/t_w = 46 \le 2.24\sqrt{E/F_y}$ 이므로 $\phi_v = 1.0,\ C_v = 1.0$

▸ 설계전단강도

$\phi_v V_n = \phi_v 0.6 F_y A_w C_v$

$= 1.0 \times 0.6 \times \dfrac{355 \times (506 \times 11)}{10^3} \times 1.0 = 1{,}186\text{kN}$

$V_u(303\text{kN}) < \phi_v V_n(1{,}186\text{kN})$ $\therefore$ OK

예제 (4.6.3)

다음 그림은 종합설계 Step 1에서 다루는 건물의 기준층 평면이다. 바닥하중으로 6.0kN/m^{2}의 고정하중과 3.5kN/m^{2}의 활하중이 작용한다. 종합설계에서 G1은 합성보로 설계되었지만 이 예제에서는 강재보로 다시 설계하고자 한다. G1은 등간격으로 배치된 작은 보(B1)에 의해 횡지지 되어 있으며, 활하중에 대한 처짐 제한은 $L/360$이다. 적합한 H형강 단면을 선택하시오. 강종은 SHN275($F_y = 275\text{MPa}$)이며, C_b는 1.0으로 가정한다.

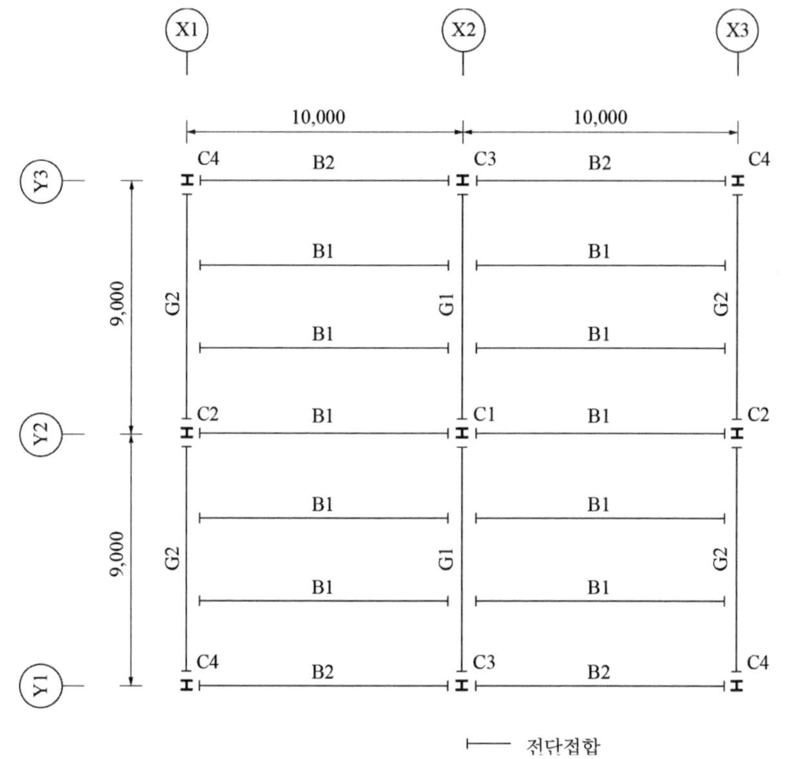

그림(4.6.3)

풀이

(1) 계수휨모멘트 산정

G1에는 좌우측의 B1에 의해 바닥하중이 전달된다. B1의 하중 분담폭은 3m이므로 계수집중하중은 다음과 같다.

$w_u = 1.2w_D + 1.6w_L = 1.2(6.0) + 1.6(3.5) = 12.8\,\text{kN/m}^2$

$P_u = w_u(3 \times 10) = 12.8(3 \times 10) = 384\,\text{kN}$

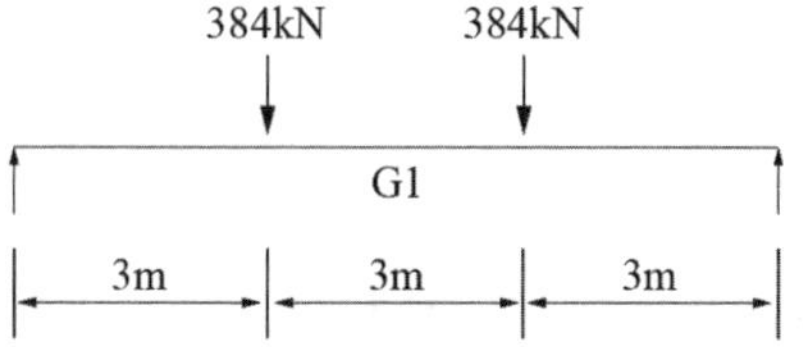

상기 집중하중이 3등분점에 작용하는 경우 G1에 발생하는 최대 계수휨모멘트는 다음과 같이 산정된다.

$M_u = P_u(L/3) = 384(9/3) = 1,152\,\text{kN·m}$

(2) 단면 가정

강재보의 소성항복 조건으로 소요단면계수를 먼저 산정하면 다음과 같다.

$$Z_{x,req} \geq \frac{M_u}{\phi_b F_y} = \frac{1,152 \times 10^6}{0.9 \times 275} = 4.65 \times 10^6\text{mm}^3$$

위의 소요단면계수를 만족하는 H-692×300×13×20 ($Z_x = 5.63 \times 10^6\text{mm}^3$)을 예비단면으로 선정한다. 그리고 이 단면의 중량(1.63 kN/m)을 고려하여 계수휨모멘트와 소요단면계수를 다시 산정한다.

$M_u = 1,152 + 1.2 \times 1.63(9)^2/8 = 1,172\,\text{kN·m}$

$$Z_{x,req} \geq \frac{M_u}{\phi_b F_y} = \frac{1,172 \times 10^6}{0.9 \times 275} = 4.74 \times 10^6\text{mm}^3 < 5.63 \times 10^6\text{mm}^3$$

∴ OK

자중의 영향은 집중하중과 비교해서 매우 작아 새로 산정된 소요단면계수는 예비단면의 소성단면계수보다 여전히 작다. 따라서 H-692×300×13×20으로 검토한다.

▸ H-692×300×13×20의 단면 특성:

$I_x = 1.72 \times 10^9\text{mm}^4$, $Z_x = 5.63 \times 10^6\text{mm}^3$

$r = 28\,\text{mm}$, $r_y = 65.3\,\text{mm}$

Note

H−692×300×13×20의 중량: 166kgf/m

$= 166 \times 9.8/1,000 = 1.63\text{kN/m}$

(3) 단면의 구분

▸ 플랜지의 판폭두께비 검토

$\lambda_f = b_f/2t_f = (300/2)/20 = 7.5$

$\lambda_{pf} = 0.38\sqrt{E/F_y} = 0.38\sqrt{210,000/275} = 10.5$

$\lambda_f < \lambda_{pf}$이므로 플랜지는 콤팩트이다.

▸ 웨브의 판폭두께비 검토

$\lambda_w = h/t_w = (692-2(20+28))/13 = 596/13 = 45.8$

$\lambda_{pw} = 3.76\sqrt{E/F_y} = 3.76\sqrt{210,000/275} = 103.9$

$\lambda_w < \lambda_{pw}$이므로 웨브는 콤팩트이다.

(4) 설계휨강도 산정

▸ 소성항복강도 산정

$M_p = F_y Z_x = 275\times(5.63\times10^6)\times10^{-6} = 1,548\,\text{kN·m}$

▸ 횡좌굴 검토

$L_b = 9/3 = 3\,\text{m}$, $L_p = 3.39\,\text{m}$ (부재일람표)

$L_b < L_p$이므로 횡좌굴이 발생하지 않는다.

▸ 설계휨강도 검토

$\phi M_n = 0.9\times1,548 = 1,393\,\text{kN·m} \geqq M_u = 1,172\,\text{kN·m}$

∴ OK

(5) 설계전단강도 검토

▸ 설계전단력 산정

$V_u = P_u + 1.63(9)/2 = 384 + 7.3 = 391.3\,\text{kN}$

▸ 웨브 판폭두께비 검토

$2.24\sqrt{E/F_y} = 2.24\sqrt{210,000/275} = 61.9$

$h/t_w = 45.8 < 2.24\sqrt{E/F_y}$ 이므로 $\phi_v = 1.0$, $C_v = 1.0$

▸ 설계전단강도 검토

$$\phi_v V_n = \phi_v 0.6 F_y A_w C_v$$
$$= 1.0 \times 0.6 \times \frac{275 \times (692 \times 13)}{10^3} \times 1.0 = 1{,}484.3\,\text{kN}$$
$$\phi_v V_n \geqq V_u = 391.3\,\text{kN} \quad \therefore \text{OK}$$

(6) 처짐 검토

▸ 최대 활하중 처짐량

$$P_L = w_L(3 \times 10) = 3.5(3.0 \times 10) = 105\,\text{kN}$$
$$\Delta_L = \frac{23 P_L L^3}{648 E I_x} = \frac{23(105 \times 10^3)(9{,}000)^3}{648(210{,}000)(1.72 \times 10^9)} = 7.5\,\text{mm}$$

▸ 최대 허용처짐

$$\Delta_{L,\lim} = L/360 = 9{,}000/360 = 25.0\,\text{mm} > \Delta_L = 7.5\,\text{mm}$$

$\therefore$ OK

연 · 습 · 문 · 제

(1) H-500×200×10×16 단면의 탄성단면계수(S_x)와 소성단면계수(Z_x)를 구하시오. 다만, 필렛 부분은 고려하지 않는다. 이 값을 부재일람표의 값과 비교하시오.

(2) 길이 8m의 단순보가 고정하중(DL) 3kN/m, 활하중(LL) 5kN/m를 받고 있다. 이 하중을 지지할 수 있는 최소 소성단면계수(Z_x)를 구하시오. 횡지지는 충분한 것으로 간주한다.

(3) 표(4.3.1)을 검토하면 플랜지의 판폭두께비가 $\lambda = 10$인 단면은 SS275에 대해서는 콤팩트이지만 SM355에 대해서는 비콤팩트가 된다. 즉, 고강도강(高强度鋼)이 될수록 판폭두께비에 대한 제한이 더 엄격해지는 것을 알 수 있다. 그 이유를 설명하시오.

(4) 길이 8m의 단순보가 120kN/m의 중력하중을 받고 있다. 중력하중의 구성이 다음과 같을 때 계수모멘트(M_u)를 각각 산정하시오.

a) LL = 20kN/m, DL = 100kN/m

b) LL = 40kN/m, DL = 80kN/m

c) LL = 60kN/m, DL = 60kN/m

d) LL = 80kN/m, DL = 40kN/m

(5) 길이 10m의 단순보(H-500×200×10×16, SM355)가 등분포하중에 의한 계수모멘트(M_u) 600kN·m를 받고 있다.

a) 비지지길이(L_b)가 5m이면 이 부재는 적절한가?

b) 최적의 비지지길이(L_b)는 얼마인가?

(6) 다음과 같이 H형강(H-428×407×20×35)에 16mm 두께의 철판이 보강된 조립 휨재의 탄성단면계수(S)와 소성단면계수(Z)를 구하시오.

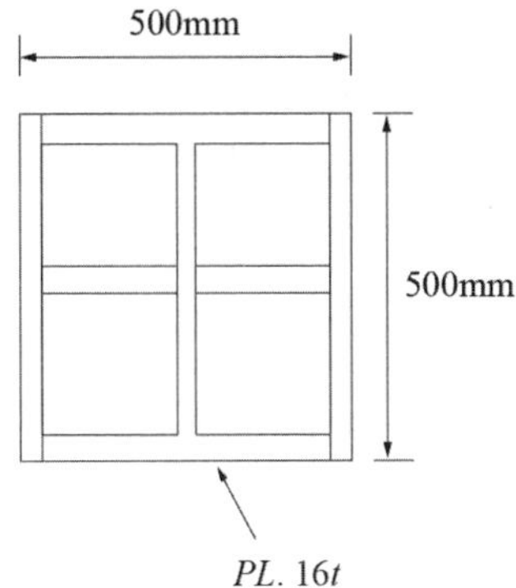

(7) 연속적으로 횡지지 되어 있는 8m 스팬의 강재보(H-500×200×10×16)가 다음 그림과 같이 집중하중 P_n을 받는다. 최대로 지지할 수 있는 집중하중의 크기를 구하시오. 단, 강종은 SM355이고, 처짐은 고려하지 않는다.

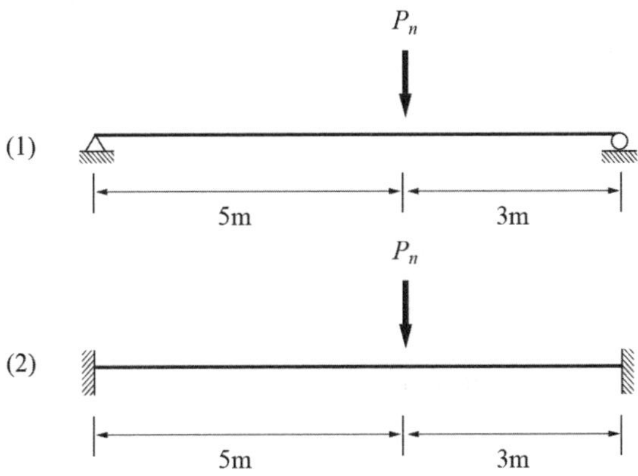

(8) 다음 보의 압축플랜지가 적절하게 횡지지 되었다고 가정할 때 가장 경제적인 H형강 단면을 선정하시오. 단, 이 보의 강종은 SHN275이고, 처짐은 고려하지 않는다.

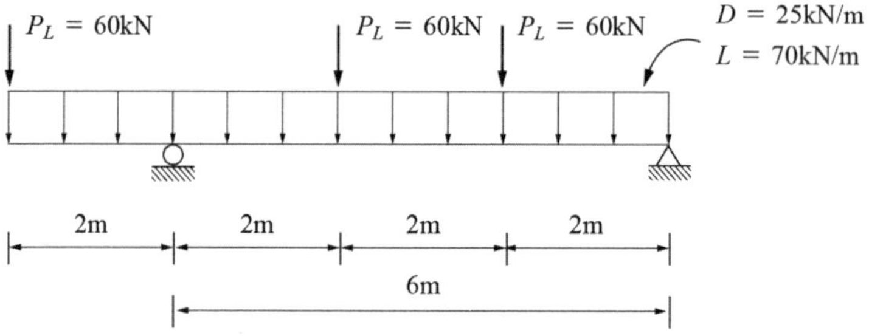

(9) 8m 스팬의 강재보가 경간 중앙에서 집중하중을 받는다. 이 보는 단면이 H-500×200×10×16 (SS275)이며, 4m 간격으로 횡지지 되어 있다. 집중하중이 20%의 고정하중(D)과 80%의 활하중(L)으로 구성될 때 이 보가 지지할 수 있는 최대 사용하중($D+L$)값을 결정하시오. 단, 처짐은 고려하지 않는다.

(10) 8m 스팬의 단순보가 30kN/m의 고정하중과 60kN/m의 활하중을 받는다. 이 보의 압축플랜지는 적절하게 횡지지 되었다고 가정할 때 가장 경제적인 H형강 단면을 선정하시오. 단, 이 보의 강종은 SHN275이고, 중앙부 처짐은 $L/1500$로 엄격하게 제한된다.

(11) 다음의 구조평면도에서 콘크리트 슬래브의 두께는 100mm이고, 활하중은 4.5kPa이다. 아래의 질문에 답하시오.

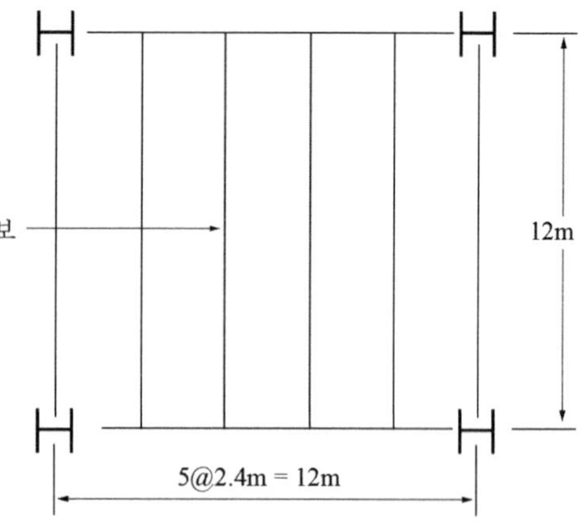

① 주어진 그림에서 표현된 작은 보에 대해 가장 경제적인 H형강 단면을 선정하시오. 이 보의 압축플랜지는 콘크리트 슬래브에 의해 연속적으로 횡지지 되어 있다. 보의 자중은 고려하지 않으며, 강종은 SHN355이다.

② 위 그림 보를 지탱하고 있는 거더에 대해 가장 경제적인 H형강 단면을 선정하시오. 거더 길이는 12m이고, 처짐은 활하중 처짐을 10mm로 제한하는 것으로 한다. 보의 자중은 고려하지 않으며, 강종은 SHN355이다. 단, 기둥의 강성이 매우 커서 거더 단부에서 회전각은 발생하지 않는 것으로 가정한다.

③ 위의 구조평면도에서는 100mm 슬래브가 2.4m 간격의 보에 지탱되고 있다. 슬래브 두께가 120mm이고, 보를 3m 간격과 4m 간격으로 변경할 경우 각각의 경우에 대하여 가장 경제적인 H 단면을 선정하시오. 단, 보의 처짐은 무시한다. 보의 자중은 고려하지 않으며, 강종은 SHN355이다. 또한, 각 경우에 대하여 보 사이즈를 비교하고, 가장 경제적인 보의 간격을 제시하시오.

(12) 강축방향으로 중력하중을 지지하며, 단면이 H-588×300×12×20인 강재보가 있다. 이 보에서 횡-비틀림좌굴이 발생하지 않고 소성모멘트를 저항할 수 있는 최대 횡지지 간격을 산정하고, 이때의 설계휨강도를 산정하시오. 단, 이 보의 강종은 SHN275이다.

(13) ① 7.5m의 스팬을 가진 단순보가 10kN/m의 고정하중을 받는다. 이 보의 단면이 H-400×200×8×13일 때 처짐 조건을 만족하면서 저항할 수 있는 최대 활하중을 산정하시오. 고정하중과 활하중에 의한 처짐 제한은 $L/240$이며, 활하중에 의한 처짐 제한은 $L/360$이다.

② 위의 설계에서 설계 변경에 의해 최대 활하중이 50% 증가하였을 경우 다음의 그림과 같이 180mm 폭의 플레이트를 보의 하부플랜지에 보강하고자 한다. 이때 사용될 플레이트 두께를 구하시오.

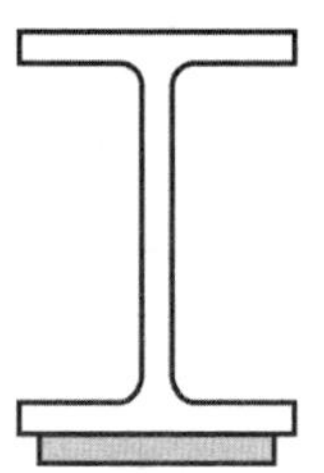

(14) H-500×200×10×16 (SM355) 부재에 대하여 다음의 값을 구하시오.

① 강축에 대한 탄성단면계수 S와 항복모멘트 M_y

② 강축에 대한 소성단면계수 Z와 소성모멘트 M_p

(15) 조립형강 보 BH-900×400×8×15의 국부좌굴 한계상태에 대한 공칭휨강도를 구하시오.

(16) 연속적으로 횡지지 되어 있는 10m 스팬의 강재보가 등분포하중을 받는다. 활하중이 고정하중의 두 배라면 최대로 지지할 수 있는 등분포하중의 크기(kN/m)를 구하시오. 단, 강종은 SHN355이고, 처짐은 고려하지 않는다.

(17) 다음 그림과 같이 SM355 강재의 H-396×199×7×11 보가 연속 횡지지 되어 있다. 두 개의 활하중이 작용하고 있다. 자중은 무시하고 단면의 적합성을 검토하시오.

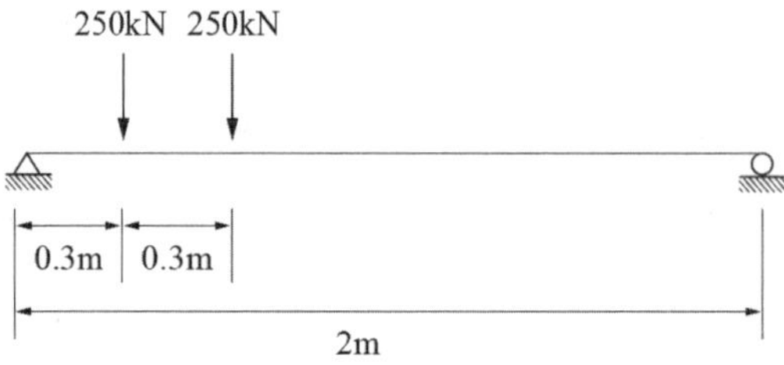

(18) 다음 그림과 같이 등분포하중과 집중하중을 받는 2.5m의 캔틸레버보가 H-400×200×8×13로 설계되어 있다. 보에 횡지지가 되어 있지 않을 경우 보의 단면이 적절한지 검토하시오. 등분포하중의 경우 보의 자중을 포함한 고정하중이고, 집중하중은 활하중이다. SM355 강재이다.

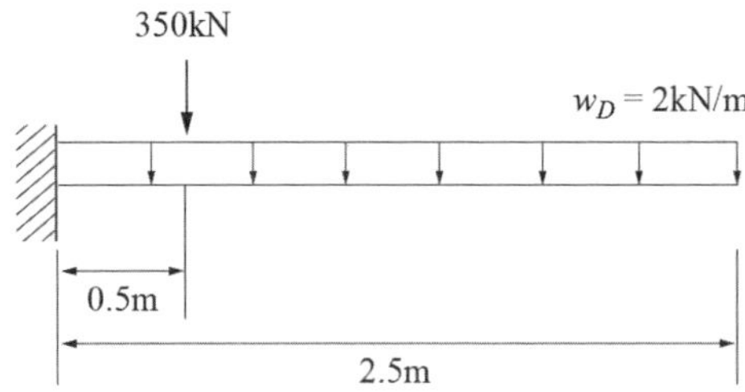

(19) 균등한 하중을 받는 12m 스팬의 보에 기계 설비를 위한 400mm×200mm (폭×높이) 크기의 개구부가 필요하다. 이 보의 춤이 600mm 인 경우 가장 이상적인 개구부의 위치를 제시하시오.

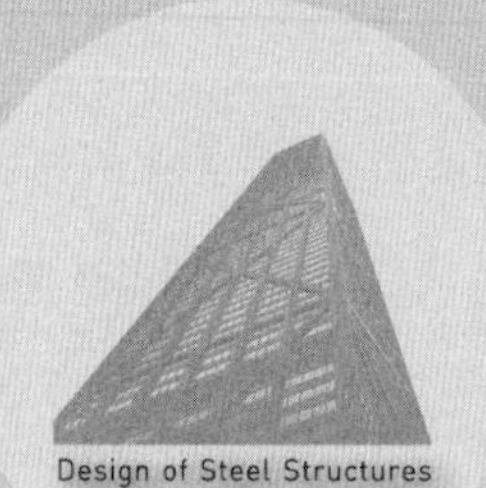
Design of Steel Structures

05

보-기둥과 골조의 거동

/

5.1 2차효과(Second-Order Effects)

주요 구조부재로는 축하중을 받는 기둥과 휨모멘트를 받는 보를 생각할 수 있다. 그러나 대부분의 보와 기둥은 어느 정도의 휨과 축하중을 동시에 받고 있다. 이러한 조합력을 받는 부재를 보-기둥(beam-column)이라고 한다. 따라서 이 부재의 구조적 거동은 기둥과 보의 거동 사이에 있다.

그림(5.1.1)의 모멘트골조를 생각해 보자. 골조에는 중력하중만 작용하지만, 보와 기둥이 강접합(모멘트접합)되어 있기 때문에 중력하중에 의한 모멘트가 기둥에도 전달된다.

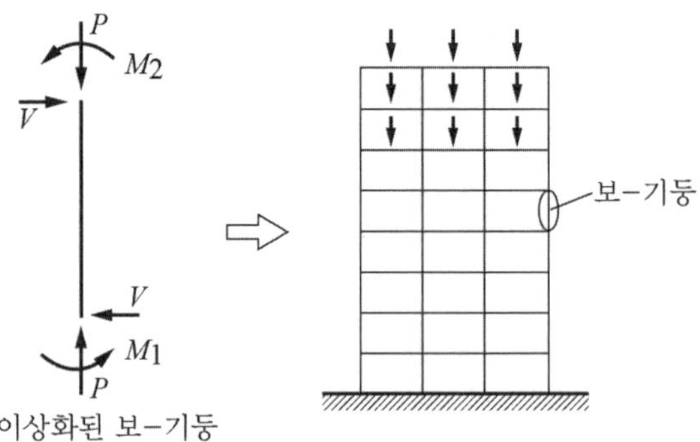

그림(5.1.1) 이상화된 보-기둥 부재

보-기둥의 구조적 거동을 이해하려면 축하중(P), 강축모멘트(M_x), 약축모멘트(M_y)가 작용하는 부재의 상관관계식을 살펴보아야 한다. 그림(5.1.2)에서 각 축은 P, M_x, M_y에 대한 부재의 능력(capacity)을 보여주고 있다. 반면에 곡선은 두 가지 하중의 조합을 나타내며, 3개의 곡선으로 구성되는 곡면(surface)은 축하중과 2축 휨모멘트의 상관관계를 나타낸다. 그리고 각 곡선의 끝 점은 보-기둥 부재에서 보와 압축재의 강도(strength)에 의해 결정된다.

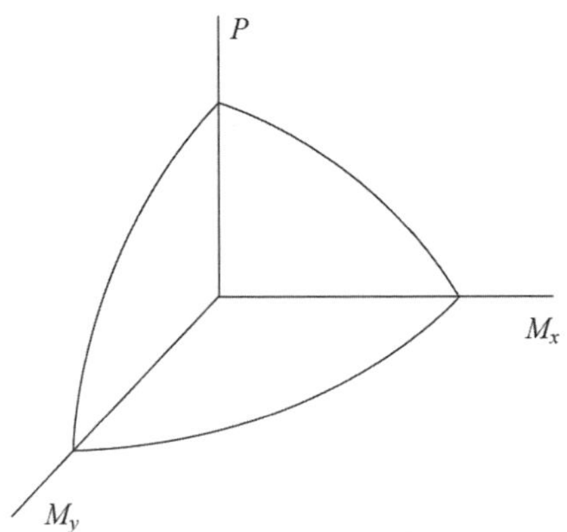

그림(5.1.2) 보-기둥 부재의 상관관계 곡면

■ 2차효과(Second-Order Effects)의 정의

일반 구조해석에서는 모든 변형이 작다고 가정하고 있다. 이러한 해석으로 얻어지는 결과(힘, 모멘트, 변위 등)를 1차효과(first-order effects)라 한다. 그러나 변형이 무시할 수 없을 정도로 큰 경우에는 추가적인 영향을 반영하여야 한다.

그림(5.1.3)에서 기둥에 작용하는 압축력(P)은 기둥의 변위(Δ)로 인하여 생기는 모멘트의 영향으로 2차응력을 유발한다. 이 영향을 $P-\Delta$ 효과라고 한다. 이와 같은 2차모멘트에는 2개의 P-델타 효과($P-\delta$, $P-\Delta$)가 있다. 이러한 변형의 영향을 고려하려면 추가적인 해석이 수행되어야 하며, 그 결과를 2차효과라고 한다.

2차효과를 반영하는 구조해석에는 여러 가지 방법이 있다. 그러나 일반 구조설계를 수행하는 관점에서는 대단히 복잡하기 때문에 간략한 방법을 사용한다. 이 방법은 1차효과(탄성해석)의 결과에 모멘트 확대계수를 곱하여 2차효과를 얻는 것이다.

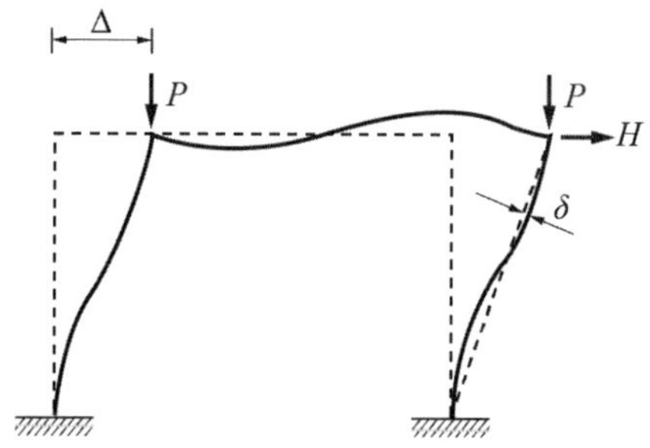

그림(5.1.3) $P-\Delta$ 효과

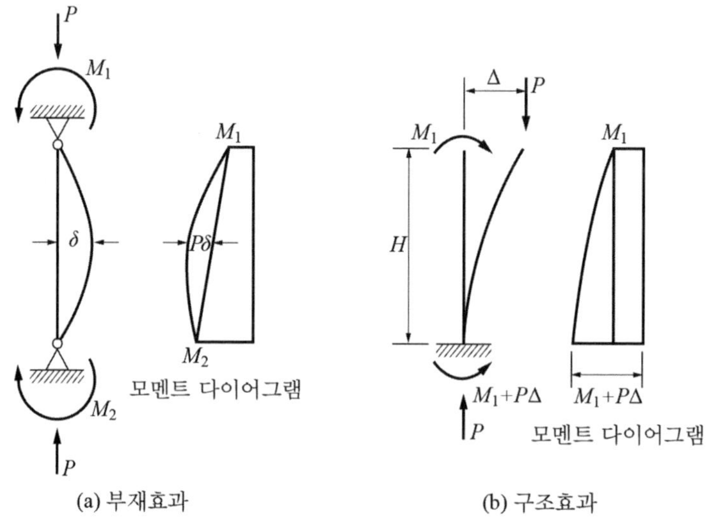

그림(5.1.4) 기둥 변위의 2차효과

그림(5.1.3), (5.1.4)에서 보는 바와 같이 보-기둥에 영향을 끼치는 변위에는 두 가지가 있다. 첫째는 부재의 길이를 따라서 일어나는 변위이다(그림 5.1.4a). 이 변위는 부재 단부모멘트의 영향으로 발생하는 것으로서 부재효과(member effect)라 한다. 이때 부재 중앙부의 변위가 가장 크며, 2차모멘트는 $P\cdot\delta$이다. 두 번째는 횡변위(sidesway)가 일어나는 경우(그림 5.1.4b)로서 이때의 2차모멘트는 $P\cdot\Delta$이다. 이 모멘트를 구조효과(structure effect)라 한다. 이 두 가지 2차효과가 보-기둥 설계에서 적절히 반영되어야 한다.

$P-\delta$ 효과는 기둥이 축하중을 받으면서 부재 양단 사이에 변위(δ)가 발생할 때, 부재(기둥)의 곡률로 인하여 모멘트를 증가시킨다. 이 영향을 고려한 모멘트 확대계수를 B_1이라 한다. $P-\Delta$ 효과는 골조의 횡변위(Δ)로 인하여 모멘트를 확대시킨다. 이 영향을 고려한 모멘트 확대계수를 B_2라 한다.

5.2 상관관계식(Interaction Equations)

보-기둥의 구조해석은 탄성범위 내에서 축하중과 휨모멘트에 의한 응력에 중첩의 원리를 적용할 수 있다.

축하중(P)과 모멘트(M_x, M_y)를 받는 보-기둥의 응력비는 다음 상관관계식을 만족하여야 한다.

$$\frac{P_r}{P_c} + \left(\frac{M_{rx}}{M_{cx}} + \frac{M_{ry}}{M_{cy}}\right) \leq 1.0 \tag{5.2.1}$$

여기서 P_r: 소요축강도, P_c: 설계축강도,

M_r: 소요모멘트강도, M_c: 설계모멘트강도이다.

이 상관관계식을 그림(5.2.1)에 나타내었다. 여기에서 수직 평면은 축하중과 휨모멘트의 상관관계를 보여주고 있으며, 수평 평면은 강축과 약축모멘트의 상관관계를 보여주고 있다.

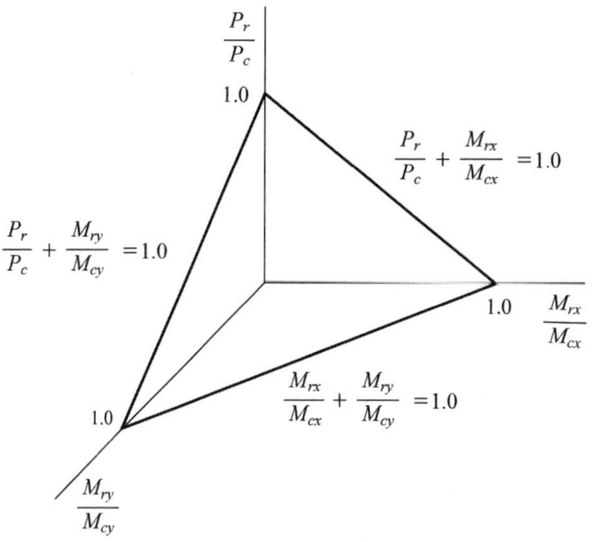

그림(5.2.1) 단순화된 상관관계 표면

축하중과 모멘트의 상관관계를 H-250×250×9×14($F_y = 325$MPa)의 단면으로 살펴보면(그림 5.2.2)와 같다. 여기서 부재 길이의 영향은 고려되지 않았다. 그림(5.2.2)를 항복축하중(P_y)과 소성모멘트(M_p)에 대해 정규화하면 그림(5.2.3)을 얻을 수 있으며, 이 그래프에서 식 2개를 유도할 수 있다(식 5.2.2, 5.2.3 참조). 이 식은 실험에 근거하여 볼 때, 강축(x축) 휨에 대해서는 비교적 정확하지만 약축(y축) 휨에 대해서는 매우 보수적이다. 그러나 약축 휨이 지배하는 경우가 드물기 때문에 이 식을 약축에 대해서도 적용할 수 있다.

그림(5.2.3)에서 축하중 비(P_n/P_y)는 x축의 모멘트 비(M_n/M_p)가 0에서부터 0.9까지 증가하는 동안 거의 일정하게 내려오다가 0.9 부근에서 급격하게 꺾이고 있다. 이 지점의 축하중 비(P_n/P_y)는 대략 0.2이다. 따라서 0.2의 축하중 비를 기준으로 두 가지 식이 제안된다.

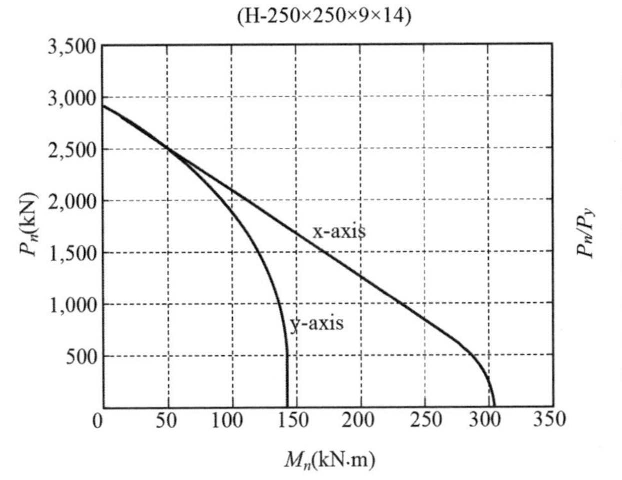

그림(5.2.2) 기둥의 상관관계 그래프

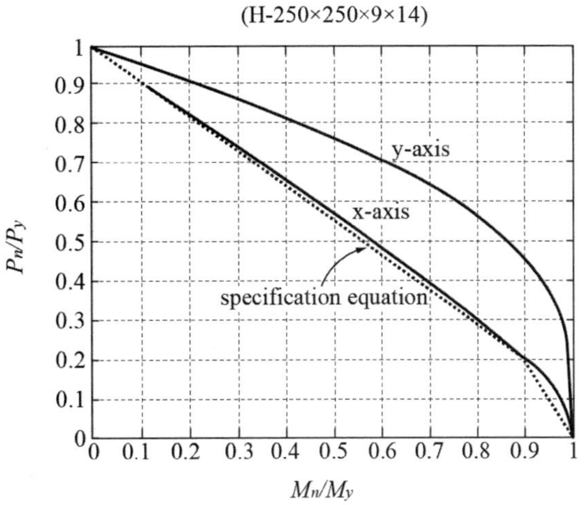

그림(5.2.3) 기둥의 정규화된 상관관계 그래프

- $\dfrac{P_r}{P_c} \geq 0.2$인 경우

$$\frac{P_r}{P_c} + \frac{8}{9}\left(\frac{M_{rx}}{M_{cx}} + \frac{M_{ry}}{M_{cy}}\right) \leq 1.0 \tag{5.2.2}$$

- $\dfrac{P_r}{P_c} < 0.2$ 인 경우

$$\frac{P_r}{2P_c} + \left(\frac{M_{rx}}{M_{cx}} + \frac{M_{ry}}{M_{cy}}\right) \leq 1.0 \tag{5.2.3}$$

여기서 P_r: 소요축강도(P_u), P_c: 가용축강도($\phi_c P_n$), M_r: 소요모멘트강도(M_u), M_c: 가용모멘트강도($\phi_b M_n$)이다.

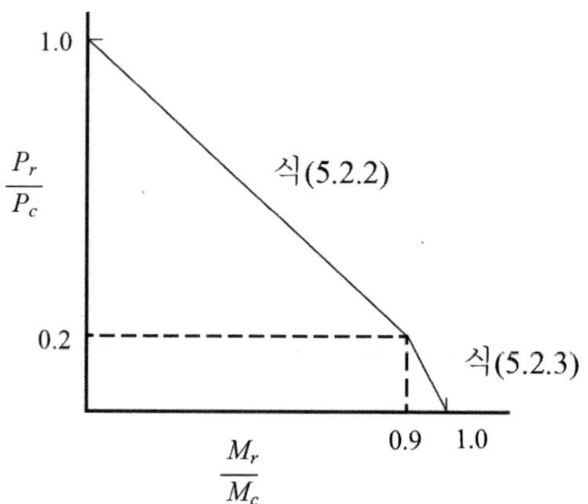

그림(5.2.4) 상관관계식 (5.2.2)와 (5.2.3)의 그래프

식(5.2.2)와 (5.2.3)은 한계상태설계(LSD)에서 다음과 같이 표현하고 있다.

- $\frac{P_u}{\phi_c P_n} \geq 0.2$ 인 경우

$$\frac{P_u}{\phi_c P_n} + \frac{8}{9}(\frac{M_{ux}}{\phi_b M_{nx}} + \frac{M_{uy}}{\phi_b M_{ny}}) \leq 1.0 \tag{5.2.4}$$

- $\frac{P_u}{\phi_c P_n} < 0.2$ 인 경우

$$\frac{P_u}{2\phi_c P_n} + (\frac{M_{ux}}{\phi_b M_{nx}} + \frac{M_{uy}}{\phi_b M_{ny}}) \leq 1.0 \tag{5.2.5}$$

여기서 P_u: 계수축하중, $\phi_c = 0.9$ (압축저항계수), $\phi_c P_n$: 설계축하중, M_{ux}: 강축 계수모멘트, M_{uy}: 약축 계수모멘트, $\phi_b = 0.9$ (휨저항계수), $\phi_b M_{nx}$: 강축 설계모멘트, $\phi_b M_{ny}$: 약축 설계모멘트이다.

예제 (5.2.1)

길이 5m의 보-기둥이 양단에서 핀지지 되어 있다. 하중 조건은 그림(5.2.5)와 같고, 휨모멘트는 강축에 대해 작용한다. 단면은 H-250×250×9×14 (SM355)이다. 이 부재의 적절성을 검토하시오. (모멘트 확대계수는 고려하지 않는다.)

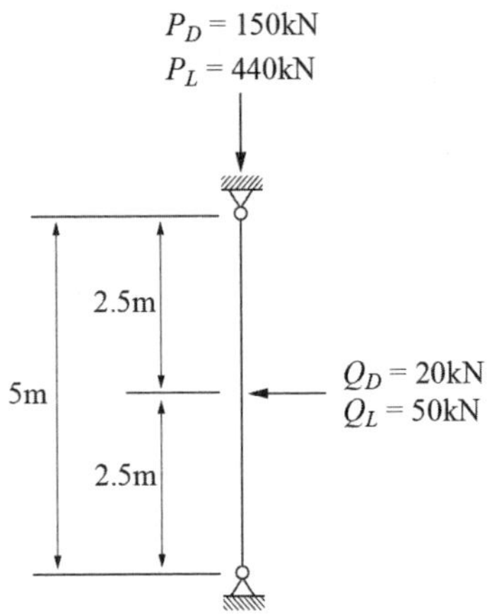

그림(5.2.5) 예제(5.2.1)

풀이

(1) 계수하중과 계수모멘트

▸ 계수하중

$P_u = 1.2P_D + 1.6P_L = 1.2(150) + 1.6(440) = 884\text{kN}$

$Q_u = 1.2Q_D + 1.6Q_L = 1.2(20) + 1.6(50) = 104\text{kN}$

▸ 계수모멘트

Q_u에 의한 반력은 52kN이며, 최대 휨모멘트는 기둥의 중간에서 일어난다.

$M_u = M_{ux} = (52\text{kN})(2.5\text{m}) = 130\text{kN}\cdot\text{m}$

(2) H-250×250×9×14(SM490) 단면 특성:

$A = 9{,}218\,\text{mm}^2$, $r = 16\text{mm}$, $r_x = 108\text{mm}$, $r_y = 62.9\text{mm}$

$S_x = 8.67 \times 10^5\,\text{mm}^3$ $\quad Z_x = 9.60 \times 10^5\,\text{mm}^3$

(3) 상관관계식 검토: (식 5.2.4와 5.2.5)

① P_u와 $\phi_c P_n$ 의 비가 0.2보다 큰 지, 작은 지 여부를 검토한다.

② $P_u = 884\text{kN}$, $\phi_c = 0.9$

③ $P_n = A \times F_{cr}$

④ $F_y/F_e \le 2.25$이면, $F_{cr} = \left(0.658^{F_y/F_e}\right)F_y$ (3.5.2)

$F_y/F_e > 2.25$이면, $F_{cr} = 0.877F_e$ (3.5.3)

⑤ $F_e = \dfrac{\pi^2 E}{(KL/r_{\min})^2}$

$$F_e = \frac{\pi^2 E}{(KL/r)^2} = \frac{\pi^2 \times 210{,}000}{(79.5)^2} = 328\text{N/mm}^2$$

$F_y/F_e = 355/328 = 1.08 \le 2.25$

$F_{cr} = (0.658^{F_y/F_e}) \times F_y = (0.658^{1.08}) \times 355 = 225.9\text{N/mm}^2$

$\phi_c P_n = 0.9AF_{cr} = 0.9 \times 92.18 \times 10^2 \times 225.9 \times 10^{-3} = 1{,}874\text{kN}$

$\dfrac{P_u}{\phi_c P_n} = \dfrac{884}{1{,}874} = 0.47 > 0.2$ 이므로 식(5.2.4)를 검토한다.

(4) 식(5.2.4) 검토

$$\frac{P_u}{\phi_c P_n} + \frac{8}{9}\left(\frac{M_{ux}}{\phi_b M_{nx}} + \frac{M_{uy}}{\phi_b M_{ny}}\right) \le 1.0 \qquad (5.2.4)$$

$M_{ux} = 130\text{kN}\cdot\text{m}$, $M_{uy} = 0$이며, M_{nx}를 계산한다.

Note

1) 공칭모멘트(M_{nx})를 계산하기 위하여 4.4절의 "콤팩트 단면과 비콤팩트 단면의 공칭모멘트(요약)"을 참고한다.
2) 콤팩트 단면($\lambda < \lambda_p$)인 경우 공칭모멘트 산정은 횡지지길이의 조건에 따라 다음과 같이 결정한다.
   ① $L_b \le L_p$인 경우 $M_n = M_p$
   ② $L_p < L_b \le L_r$인 경우

$$M_n = C_b[M_p - (M_p - 0.7F_y S_x)(\frac{L_b - L_p}{L_r - L_p})] \le M_p$$

   ③ $L_b > L_r$인 경우 $M_n = F_{cr} S_x \le M_p$
3) 비콤팩트 단면($\lambda_p < \lambda \le \lambda_r$)이면 플랜지 국부좌굴(FLB)과 횡-비틀림좌굴(LTB)에 의한 공칭강도 중에서 작은 값을 택한다.

▸ 플랜지의 판폭두께비 검토

$$\lambda_f = \frac{b_f}{2t_f} = \frac{250}{2 \times 14} = 8.93$$

$$\lambda_{pf} = 0.38\sqrt{E/F_y} = 0.38\sqrt{210{,}000/355} = 9.24$$

$\lambda_f < \lambda_{pf}$이므로 플랜지는 콤팩트 단면이다.

▸ 웨브의 판폭두께비 검토

$$\lambda_w = \frac{h}{t_w} = \frac{250 - 2 \times (14 + 16)}{9} = 21.11$$

$$\lambda_{pw} = 3.76\sqrt{E/F_y} = 3.76\sqrt{210{,}000/355} = 91.45$$

$\lambda_w < \lambda_{pw}$이므로 웨브는 콤팩트 단면이다.

∴ H-250×250×9×14는 콤팩트 단면이다.

▸ 비지지길이 $L_b = 5.0\text{m}$에 대한 검토

$L_p = 2.69\text{m}$, $L_r = 9.34\text{m}$

$L_p < L_b \le L_r$ 이므로 식(4.4.4)를 사용한다.

▸ 횡-비틀림좌굴강도[공칭모멘트] 산정(M_{nx})

$$M_n = C_b\left[M_p - (M_p - 0.7F_yS_x)\left(\frac{L_b - L_p}{L_r - L_p}\right)\right] \le M_p \qquad (4.4.4)$$

주어진 하중 조건에 대해 $C_b = 1.32$이다(그림 4.4.7c 참조).

$M_p = Z_xF_y = 9.60\times10^5\times355\times10^{-6} = 340.8\text{kN}\cdot\text{m}$

$0.7F_yS_x = 0.7\times355\times8.67\times10^5\times10^{-6} = 215.5\text{kN}\cdot\text{m}$

식(4.4.4)로부터

$$M_n = 1.32\left[340.8 - (340.8 - 215.5)\left(\frac{5.00 - 2.69}{9.34 - 2.69}\right)\right] = 392.4\text{kN}\cdot\text{m}$$

$M_n \le M_p$이어야 하므로 $M_n = 340.8\text{kN}\cdot\text{m}$

$\phi_bM_n = 0.9\times340.8 = 306.7\text{kN}\cdot\text{m}$

$$\frac{P_u}{\phi_cP_n} + \frac{8}{9}\left(\frac{M_{ux}}{\phi_bM_{nx}} + \frac{M_{uy}}{\phi_bM_{ny}}\right)$$

$$= 0.47 + \frac{8}{9}\left(\frac{130}{306.7} + 0\right) = 0.85 < 1.0$$

∴ 이 부재는 기준식을 만족한다.

Note

모멘트 확대계수(B_1)는 다음 절인 '5.3 가새골조'에서 설명된다. 예제(5.3.2)로부터 $B_1 = 1.11$이므로 휨모멘트가 11% 증가한다.

$1.11M_{ux} = 1.11(130) = 144.3\text{kN}\cdot\text{m}$

모멘트 확대계수를 적용한 경우에도 이 부재는 기준식을 만족한다.

5.3 가새골조(Braced Frames)

가새골조는 그림(5.3.1)에서 보는 바와 같이 횡하중에 저항하기 위하여 전단벽이나 대각가새(diagonal bracing)를 가지고 있는 골조를 말한다. 이 경우에 기둥에는 횡변위(sidesway)가 일어나지 않으며, 유효좌굴길이계수는 $K \leq 1.0$이다.

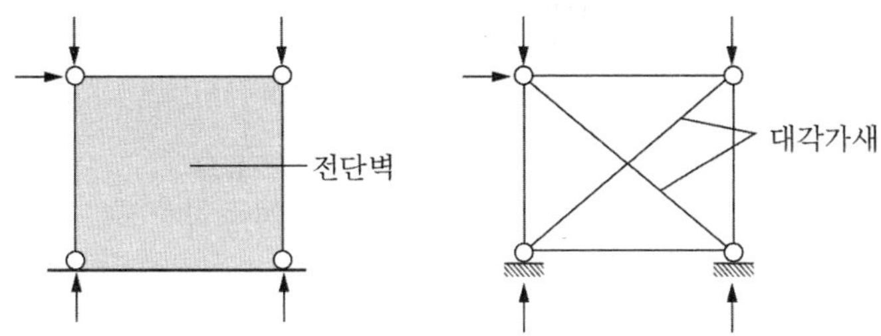

그림(5.3.1) 가새골조

실제 강접 가새골조에서 기둥이 그림(5.3.2a)와 같이 축하중과 모멘트를 동시에 받고 있는 경우, 모멘트(M_1)는 1차 탄성해석으로 쉽게 계산할 수 있다. 그러나 기둥의 횡변형에 의한 추가적인 2차모멘트($M = P \cdot \delta$)는 증폭계수(amplification factor)를 이용하여 산정한다. 증폭계수의 유도는 여러 연구자들이 시도하였다[8,9]. 그러나 이 유도 과정은 비교적 복잡한 편이다.

---

8 Galambos, T. V., Structural Members and Frames. Englewood Cliffs, NJ: Prentice Hall, Inc., 1968.

9 Johnson, B. G., Ed., Guide to Stability Design Criteria for Metal Structures, 3rd ed., SSRC, New York: Wiley, 1976.

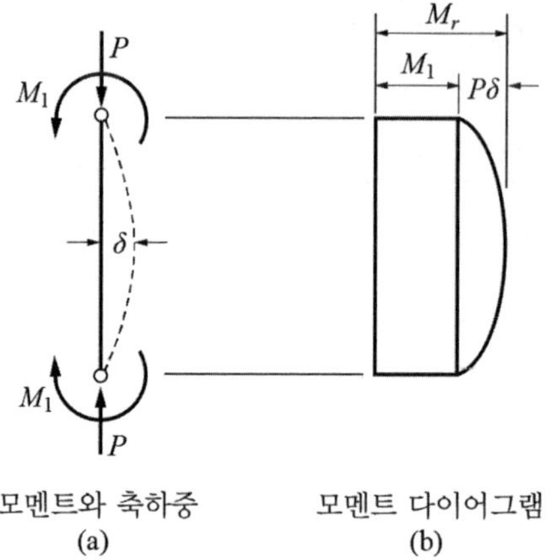

그림(5.3.2) 축하중과 모멘트를 받는 기둥

축하중(P)과 모멘트(M_1)를 받고 있는 기둥(그림 5.3.2a)의 모멘트 다이어그램은 그림(5.3.2b)와 같다. 여기서 2차모멘트는 $M = P \cdot \delta$이다. 기둥의 중간에서 발생하는 최대모멘트(M_r)는 다음과 같다.

$$M_r = M_1 + P \cdot \delta$$

이제 증폭계수(AF)는 다음과 같이 정의한다.

$$\mathrm{AF} = \frac{M_r}{M_1} = \frac{M_1 + P \cdot \delta}{M_1}$$

증폭계수(AF)를 다시 정리하면

$$\mathrm{AF} = \frac{1}{1 - \dfrac{P \cdot \delta}{M_1 + P \cdot \delta}}$$

δ가 아주 작은 값인 경우, 다음과 같이 가정할 수 있다.

$$\frac{\delta}{M_1 + P \cdot \delta} \approx \frac{\delta}{M_1}$$

중앙부의 처짐은 $\delta = (M_1 / EI)(L/2) \times (L/4) = M_1 L^2 / (8EI)$이므로

$$\frac{M_1}{\delta} = \frac{8EI}{L^2} \approx \frac{\pi^2 EI}{L^2} = P_e$$

여기서 P_e는 오일러 좌굴하중이다. 따라서

$$\mathrm{AF} = \frac{1}{1 - \dfrac{P \cdot \delta}{M_1 + P \cdot \delta}} = \frac{1}{1 - \dfrac{P \cdot \delta}{M_1}} = \frac{1}{1 - P/P_e} \qquad (5.3.1)$$

이 증폭계수(AF)는 실제 값과 아주 근접한 결과를 보여준다[10].

LRFD에서 증폭계수는 다음과 같이 정의하고 있다.

$$\frac{1}{1 - (P_u/P_e)} \qquad (5.3.2)$$

여기서 P_u는 계수축하중이다.

---

10 Unified Design of Steel Structures, Louis F. GESCHWINDNER, John Wiley & Sons Inc, 2007

예제 (5.3.1)

압축하중(P)과 등분포 횡하중(w)을 받고 있는 기둥(그림 5.3.3)에서 모멘트 증폭계수를 유도하시오.

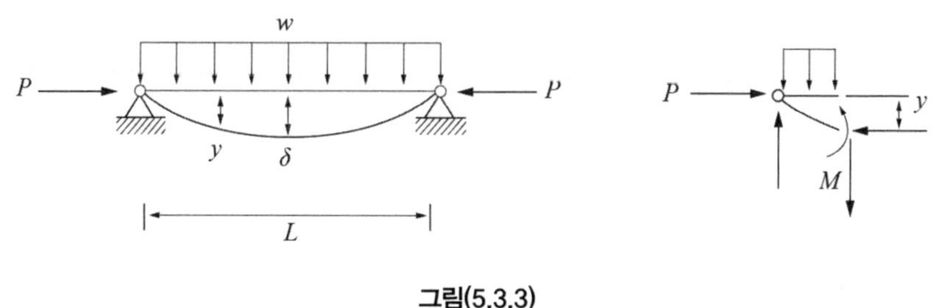

그림(5.3.3)

풀이

그림(5.3.4)에서 초기 처짐을 다음과 같이 개략적으로 나타낼 수 있다.

$$y_0 = e\sin\frac{\pi x}{L}$$

여기서 e는 부재 중앙에 생기는 최대 초기변위이다.

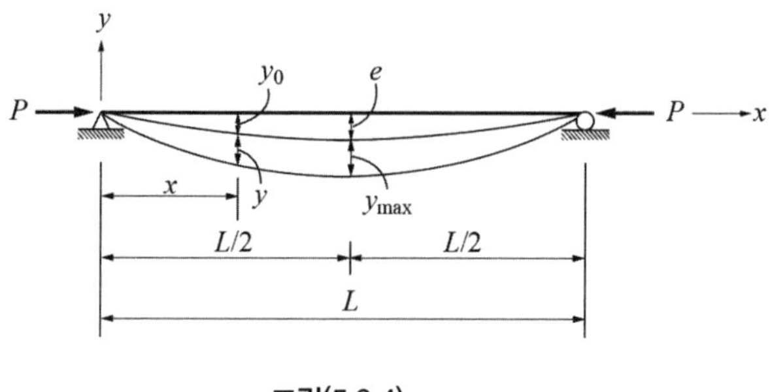

그림(5.3.4)

그림(5.3.3)의 좌표 시스템에 따라 모멘트-곡률 관계는 다음과 같이 쓸 수 있다.

$$\frac{d^2y}{dx^2} = -\frac{M}{EI}$$

압축하중(P)과 등분포 횡하중(w)에 의해 발생하는 추가 처짐을 $y(x)$로 표기하면 임의의 위치(x)에서 모멘트는 다음과 같다.

$$M(x) = P(y_0 + y)$$

이 식을 미분방정식에 대입하면 다음과 같은 식을 얻을 수 있다.

$$\frac{d^2y}{dx^2} = -\frac{P}{EI}(e\sin\frac{\pi x}{L} + y)$$

다시 정리하면

$$\frac{d^2y}{dx^2} + \frac{P}{EI}y = -(\frac{P \cdot e}{EI}\sin\frac{\pi x}{L})$$

위의 식은 일반적인 비제차(nonhomogeneous) 미분방정식이다. 이 식은 2차 미분방정식이므로 두 개의 경계조건이 필요하다. 그림(5.3.4)의 지지 조건에 따라 경계조건은 다음과 같다.

$$y(0) = 0,\ y(L) = 0$$

즉, 양단부에서 변위는 영(0)이다. 미분방정식과 경계조건을 모두 만족하는 처짐의 식은 다음과 같다.

$$y(x) = A\sin\frac{\pi x}{L}$$

여기서 A는 상수이다. 이 식을 미분방정식에 대입하면

$$\frac{d^2y}{dx^2} + \frac{P}{EI}y = -(\frac{P \cdot e}{EI}\sin\frac{\pi x}{L})$$로부터

$$-\frac{\pi^2}{L^2}A\sin\frac{\pi x}{L}+\frac{P}{EI}A\sin\frac{\pi x}{L}=-\frac{P\cdot e}{EI}\sin\frac{\pi x}{L}$$

양변을 $\sin(\pi x/L)$로 나누면 상수 A를 구할 수 있다.

$$-\frac{\pi^2}{L^2}A+\frac{P}{EI}A=-\frac{P\cdot e}{EI}$$

$$(-\frac{\pi^2}{L^2}+\frac{P}{EI})A=-\frac{P\cdot e}{EI}$$

$$A=\frac{-P\cdot e/EI}{P/EI-(\pi^2/L^2)}=\frac{-e}{1-(\pi^2 EI/PL^2)}=\frac{e}{(P_e/P)-1}$$

여기서 $P_e=\pi^2 EI/L^2=$ 오일러 좌굴하중이다.

$$\therefore\ y(x)=A\sin\frac{\pi x}{L}=[\frac{e}{(P_e/P)-1}]\sin\frac{\pi x}{L}$$

따라서 모멘트는

$$M=P(y_0+y)=P\left(e\sin\frac{\pi x}{L}+[\frac{e}{(P_e/P)-1}]\sin\frac{\pi x}{L}\right)$$

최대모멘트는 $x=L/2$에서 발생한다.

$$M_{\max}=P[e+\frac{e}{(P_e/P)-1}]=P\cdot e\left[\frac{(P_e/P)-1+1}{(P_e/P)-1}\right]=M_0\left[\frac{1}{1-(P/P_e)}\right]$$

여기서 $M_0(=P\cdot e)$는 확대되지 않은(unamplified) 모멘트이다. 이 경우에는 M_0는 초기 처짐에 의한 모멘트이지만 일반적으로 (등분포) 하중이나 단부모멘트에 의해 발생한다. 따라서 모멘트 증폭계수(AF)는 다음과 같다.

$$\text{AF}=\frac{1}{1-(P/P_e)}$$

Note

이 결과는 식(5.3.1)과 일치한다.

예제 (5.3.2)

식(5.3.2)을 사용하여 예제(5.2.1)의 보-기둥에 대한 증폭계수(AF)를 산정하시오.

풀이

예제(5.2.1)로부터 $P_u = 884\text{kN}$ 으로 산정되었고, 오일러 하중(P_e)은 다음과 같다.

$$P_e = \frac{\pi^2 EI}{(KL)^2} = \frac{\pi^2 EI_x}{(K_x L)^2} = \frac{\pi^2 (210,000)(1.08 \times 10^8)}{(1.0 \times 5,000)^2} = 8,954\,\text{kN}$$

$$\frac{1}{1-(P_u/P_e)} = \frac{1}{1-(884/8,954)} = 1.11$$

∴ 증폭계수는 1.11이다.

지금까지 기둥 단부에 작용하는 모멘트는 크기가 같고 작용 방향은 반대였다. 따라서 모멘트 다이어그램은 균일(uniform)하였다. 이것은 보-기둥의 사례에서 가장 심각한(severe) 하중 상태이다. 그러나 모멘트가 균일하지 않는 경우에는 부재의 처짐(변형)이 앞에서 고려한 것보다는 작아지며, 따라서 모멘트 증폭계수도 작아진다. 이 점을 고려하기 위하여 모멘트 감소계수(moment gradient: C_m)를 사용한다. 부재에 횡하중이 작용하지 않는 경우에 C_m은 다음 식(5.3.3)으로 계산한다. 그러나 횡하중이 작용하는 경우에는 1.0을 사용할 수 있다.

$$C_m = 0.6 - 0.4(M_1/M_2) \le 1.0 \tag{5.3.3}$$

여기서 M_1/M_2는 비지지 구간의 부재 단부모멘트 비이며, M_1은 작은 값, M_2는 큰 값이다. 그리고 M_1/M_2은 복곡률인 경우 양수(+), 단곡률이면 음수(-)이다. C_m값은 보수적으로 1.0을 사용할 수 있다.

증폭계수(AF)와 모멘트 감소계수(C_m)를 합하여 가새골조의 확대계수(B_1)를 다음과 같이 정의한다.

$$B_1 = \frac{C_m}{1 - P_r/P_{e1}} = \frac{C_m}{1 - P_u/P_{e1}} \ge 1.0 \tag{5.3.4}$$

여기서 $P_{e1} = \pi^2 EI/(K_1 L)^2$,

K_1[11]: (횡변위가 없는 경우의 유효좌굴길이계수)

Note

P_{e1}은 유효좌굴길이계수 $K_1 = 1.0$을 가진 오일러 좌굴하중이며, 횡방향으로 구속된 부재의 탄성좌굴 저항이다.

11 Effective length factor in the plane of bending, calculated based on the assumption of no lateral translation set equal to 1.0 unless analysis indicates that a smaller value may be used.

모멘트 확대계수(B_1)가 반영된 소요휨강도는 다음과 같다.

$$M_r = B_1 M \quad (5.3.5)$$

여기서 얻어진 M_r은 식(5.2.2)와 (5.2.3)에서 가새골조의 안정성을 검토할 때 적용된다. 한편 LRFD 기준에서 이 식(5.3.5)는 다음과 같이 표현된다.

$$M_u = B_1 M_{nt} \quad (5.3.6)$$

여기서 M_{nt}는 가새골조(횡변위가 일어나지 않는)의 최대모멘트이다. M_u를 식(5.2.4)와 (5.2.5)에 적용하여 가새골조의 안정성을 검토한다.

예제 (5.3.3)

그림(5.3.5)의 기둥(H-300×300×10×15)은 가새골조의 일부이다. 강재는 SM355($F_y = 355\,\mathrm{MPa}$)이며, $KL = 4\mathrm{m}$ 이다. 축하중과 휨모멘트(강축)는 아래 그림과 같이 작용한다. $1.2D + 1.6L$의 하중조합을 고려하여 이 부재의 적절성을 검토하시오.

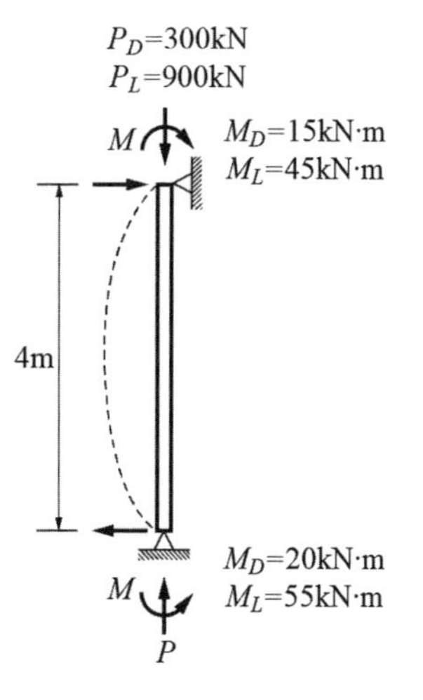

그림(5.3.5) 예제(5.3.3)

풀이

(1) 계수하중과 계수모멘트

$P_u = 1.2(300) + 1.6(900) = 1,800\text{kN}$

$M_1 = 1.2(15) + 1.6(45) = 90\text{kN}\cdot\text{m}$

$M_2 = 1.2(20) + 1.6(55) = 112\text{kN}\cdot\text{m}$

(2) H-300×300×10×15 단면 특성:

$A = 11,980\,\text{mm}^2$, $I_x = 2.04 \times 10^8\text{mm}^4$, $r_x = 131\text{mm}$,

$r_y = 75.1\text{mm}$, $r = 18\text{mm}$, $S_x = 1.36 \times 10^6\,\text{mm}^3$,

$Z_x = 1.50 \times 10^6\,\text{mm}^3$

(3) 상관관계식 검토: (식 5.2.4와 5.2.5)

$P_u = 1,800\text{kN}$ 이며, $\phi_c P_n$ 을 계산한다.

$KL/r_{\min} = (1.0 \times 4,000)/75.1 = 53.3$

$F_e = \dfrac{\pi^2 E}{(KL/r)^2} = \dfrac{\pi^2 \times 210,000}{(53.3)^2} = 729.6\text{N/mm}^2$

$F_y/F_e = 355/729.6 = 0.49 \le 2.25$

$F_{cr} = (0.658^{F_y/F_e})F_y = (0.658^{0.49}) \times 355 = 289.2\text{N/mm}^2$

$\phi_c P_n = 0.9AF_{cr} = 0.9 \times 11,980 \times 289.2 = 3,118,150\text{N} = 3,118\text{kN}$

$\dfrac{P_u}{\phi_c P_n} = \dfrac{1,800}{3,118} = 0.58 > 0.2$ 이므로 식(5.2.4)를 검토한다.

(4) 식(5.2.4) 검토

$$\frac{P_u}{\phi_c P_n} + \frac{8}{9}\left(\frac{M_{ux}}{\phi_b M_{nx}} + \frac{M_{uy}}{\phi_b M_{ny}}\right) \le 1.0 \qquad (5.2.4)$$

$\dfrac{P_u}{\phi_c P_n} = 0.58$, $\dfrac{M_{uy}}{\phi_b M_{ny}} = 0$ ($\because\ M_{uy} = 0$)이므로

$\dfrac{M_{ux}}{\phi_b M_{nx}}$ 를 계산한다.

① M_{ux} 산정: 식(5.3.6)

$M_u = M_{ux} = B_1 M_{nt}$ 를 산정한다.

여기서 식(5.3.4)로부터

$$B_1 = \frac{C_m}{1-(P_u/P_{e1})}$$

▸ 모멘트 감소계수(Moment Gradient: C_m)

$$C_m = 0.6 - 0.4\left(\frac{M_1}{M_2}\right) = 0.6 - 0.4\left(-\frac{90}{112}\right) = 0.92$$

$$P_{e1} = \frac{\pi^2 EI}{(K_1 L)^2} = \frac{\pi^2 EI_x}{(K_x L)^2} = \frac{\pi^2(210{,}000)(2.04\times 10^8)}{(1.0\times 4{,}000)^2}$$

$$= 26{,}425{,}866\text{N} = 26{,}426\,\text{kN}$$

▸ 횡변위가 없는 모멘트에 대한 확대계수

$$\therefore\ B_1 = \frac{C_m}{1-(P_u/P_{e1})} = \frac{0.92}{1-(1{,}800/26{,}426)} \approx 1.0$$

M_{nt} 는 계수모멘트($M_1 = 90\text{kN}\cdot\text{m}$, $M_2 = 112\text{kN}\cdot\text{m}$) 중에서 큰 값을 택한다.

$M_{nt} = 112\text{kN}\cdot\text{m}$

▸ 소요모멘트강도

$M_{ux} = B_1 M_{nt} = 1.0(112) = 112\text{kN}\cdot\text{m}$

Note

M_{nt} 는 가새골조의 최대모멘트이다(횡변위가 일어나지 않음).

② $\phi_b M_{nx}$ 산정:

공칭휨모멘트를 구하기 위하여 판폭두께비를 검토하고, 이어서 비지지길이(L_b)를 검토한다: 콤팩트 단면과 비콤팩트 단면의 공칭모멘트(요약) 참조.

▸ 플랜지의 판폭두께비 검토: H-300×300×10×15

$$\lambda_f = \frac{b_f}{2t_f} = \frac{300}{2 \times 15} = 10$$

$$\lambda_{pf} = 0.38\sqrt{E/F_y} = 0.38\sqrt{210{,}000/355} = 9.24$$

$\lambda_f > \lambda_{pf}$ 이므로 플랜지는 비콤팩트 단면이다.

▸ 웨브의 판폭두께비 검토

$$\lambda_w = \frac{h}{t_w} = \frac{300 - 2(15+18)}{10} = 23.4$$

$$\lambda_{pw} = 3.76\sqrt{E/F_y} = 3.76\sqrt{210{,}000/355} = 91.45$$

$\lambda_w < \lambda_{pw}$ 이므로 웨브는 콤팩트 단면이다.

∴ 이 단면은 플랜지 국부좌굴(FLB)을 검토해야 하는 비콤팩트 단면이다.

Note

□ 비콤팩트 단면인 경우: ($\lambda_p < \lambda \leq \lambda_r$)

플랜지 국부좌굴(FLB)과 횡-비틀림좌굴(LTB)에 의한 공칭강도 중에서 작은 값을 공칭모멘트로 택한다.

▸ 플랜지 국부좌굴(FLB)에 의한 공칭모멘트: (판폭두께비)

$$M_n = M_p - (M_p - M_r)\left(\frac{\lambda_f - \lambda_{pf}}{\lambda_{rf} - \lambda_{pf}}\right) \leq M_p \qquad (4.3.7)$$

여기서

$$M_p = Z_x F_y = (1.5\times10^6)(355)\times10^{-6} = 532.5\text{kN}\cdot\text{m},$$

$$M_r = 0.7F_yS_x = 0.7(355)(1.36\times10^6) = 338\text{kN}\cdot\text{m},$$

$$\lambda_f = 10,\ \lambda_{pf} = 9.24,\ \lambda_{rf} = 1.0\sqrt{E/F_y} = \sqrt{210{,}000/355} = 24.32$$

$$M_n = M_p - (M_p - M_r)\left(\frac{\lambda_f - \lambda_{pf}}{\lambda_{rf} - \lambda_{pf}}\right)$$

$$= 532.5 - (532.5 - 338.0)\left(\frac{10.00 - 9.24}{24.32 - 9.24}\right) = 522.7\text{kN}\cdot\text{m} < M_p$$

따라서 플랜지 국부좌굴(FLB)에 의한 공칭모멘트(M_n)는

M_n=522.7kN·m 이다.

Note

횡-비틀림좌굴(LTB): (횡지지길이 조건)

- $L_b \le L_p$이면, $M_n \le M_p$
- $L_b < L_b \le L_r$이면,

$$M_n = C_b[M_p - (M_p - 0.7F_yS_x)(\frac{L_b - L_p}{L_r - L_p})] \le M_p \tag{4.4.4}$$

- $L_b > L_r$이면, $M_n = F_{cr}S_x \le M_p$

▸ 횡-비틀림좌굴(LIB)에 의한 공칭모멘트: (비지지길이 검토)

$L_b = 4.0\text{m}$

$L_p = 3.21\text{m},\ L_r = 10.40\text{m}$

$L_p < L_b \le L_r$이므로 식(4.4.4)를 사용한다.

$$M_n = C_b\left[M_p - (M_p - 0.7F_yS_x)\left(\frac{L_b - L_p}{L_r - L_p}\right)\right] \le M_p \tag{4.4.4}$$

이 문제에서 보-기둥은 균일 모멘트를 받는 경우가 아니므로 횡-비틀림좌굴 보정계수, C_b 값을 계산해야 한다. 그림(5.3.6)의 모멘트 다이어그램으로부터

$$C_b = \frac{12.5M_{\max}}{2.5M_{\max} + 3M_A + 4M_B + 3M_C} \quad (4.4.7)$$

$$= \frac{12.5(112)}{2.5(112) + 3(95.5) + 4(101) + 3(106.5)} = 1.085$$

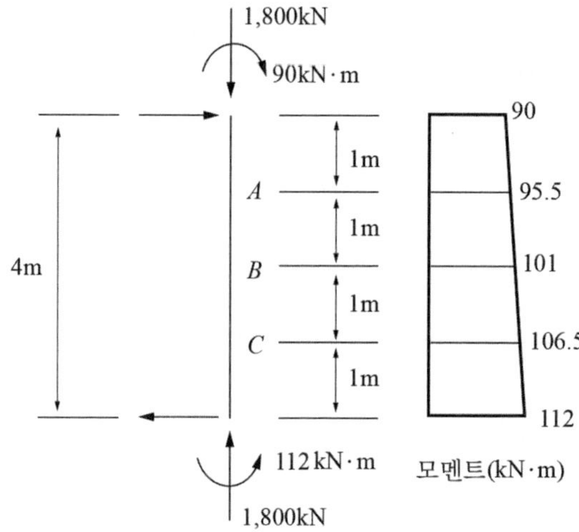

그림(5.3.6) 모멘트 다이어그램의 분포

Note

C_b 값은 계수모멘트나 비계수모멘트에 상관없이 동일하다.

$$0.7F_yS_x = 0.7(325)(1.36 \times 10^6) = 309.4 \times 10^6\text{N·mm} = 309.4\text{kN·m}$$

$$M_n = C_b\left[M_p - (M_p - 0.7F_yS_x)\left(\frac{L_b - L_p}{L_r - L_p}\right)\right]$$

$$= 1.085\left[532.5 - (532.5 - 338.0)\left(\frac{4.00 - 3.21}{10.40 - 3.21}\right)\right]$$

$$= 554.6\text{kN·m} \quad > M_p = 532.5\text{kN·m}$$

횡-비틀림좌굴(LTB)에 의한 공칭모멘트(M_n)는 M_p를 초과할 수 없으므로 $M_n = 532.5\text{kN·m}$ 이다.

따라서 공칭모멘트는 아래 값 중에서 작은 값이다.

① 플랜지 국부좌굴(FLB): $M_n = 522.7\text{kN}\cdot\text{m}$

② 횡-비틀림좌굴(LTB): $M_n = 532.5\text{kN}\cdot\text{m}$

설계휨모멘트는

$\phi_b M_{nx} = 0.9(522.7) = 470\text{kN}\cdot\text{m}$

그러므로 $\dfrac{M_{ux}}{\phi_b M_{nx}} = \dfrac{112}{470} = 0.238$이다.

식(5.2.4)로부터

$$\frac{P_u}{\phi_c P_n} + \frac{8}{9}\left(\frac{M_{ux}}{\phi_b M_{nx}} + \frac{M_{uy}}{\phi_b M_{ny}}\right)$$

$$= 0.58 + (8/9)(0.238) = 0.79 < 1.0$$

∴ 이 부재는 적절하다.

5.4 모멘트골조(Moment Frames)

모멘트골조는 중력하중과 횡하중에 대해 보와 기둥의 강성(stiffness)으로 저항하는 구조로서 횡변위(sidesway)가 일어난다(그림 5.1.3 참조). 모멘트골조에서 보-기둥 부재의 설계에 대해서도 식(5.2.2)와 (5.2.3)의 상관관계식을 사용한다. 가새골조에서는 횡변위가 일어나지 않기 때문에 부재 내부에서 발생하는 $P-\delta$ 효과에 의한 2차모멘트만을 추가하여 고려하였지만 모멘트골조의 보-기둥 부재에 대한 설계에서는 횡변위에 의해 발생하는 2차모멘트($P-\Delta$ 효과)도 추가로 고려해야 한다.

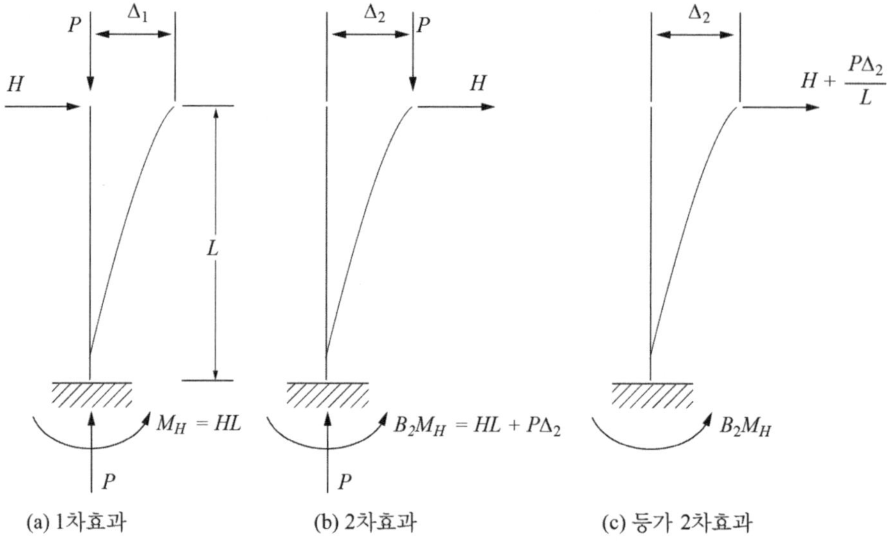

그림(5.4.1) 캔틸레버 기둥의 2차 구조효과

그림(5.4.1)의 캔틸레버 기둥을 살펴보자. 그림(5.4.1a)에서 지지점의 모멘트는 $M_H = HL$이며, 횡변위(Δ_1)는

$$\Delta_1 = \frac{HL^3}{3EI} \tag{5.4.1}$$

2차효과를 포함한 모멘트(B_2M_H)는 그림(5.4.1b)에 나와 있다.

$$B_2M_H = HL + P\Delta_2 \tag{5.4.2}$$

그림(5.4.1b)와 동일한 하중 조건을 그림(5.4.1c)와 같이 표현할 수 있다. 두 조건에 대한 기둥 상부의 횡변위는 같으므로 그림(5.4.1c)로부터 Δ_2는 다음과 같이 구할 수 있다.

캔틸레버 보의 단부에 작용하는 하중 P에 대해 단부 처짐은 $\Delta = PL^3/3EI$이므로 횡하중 $H + P\Delta_2/L$에 대하여 Δ_2는 다음과 같다.

$$\Delta_2 = \frac{(H + P\Delta_2/L)L^3}{3EI} = \frac{HL^3}{3EI}(1 + \frac{P\Delta_2}{HL}) = \Delta_1(1 + \frac{P\Delta_2}{HL})$$
$$= \Delta_1 + P\Delta_1\Delta_2/HL$$

Δ_2에 대해 다시 정리하면

$$\Delta_2(1 - P\Delta_1/HL) = \Delta_1$$

$$\therefore \Delta_2 = \frac{\Delta_1}{1 - P\Delta_1/HL} = \frac{\Delta_1 HL}{HL - P\Delta_1}$$

Δ_2를 식(5.4.2)에 대입하면 $(M_H = HL)$

$$B_2(HL) = HL + P\Delta_2 = HL + \frac{P\Delta_1 HL}{HL - P\Delta_1}$$

$$B_2 = 1 + \frac{P\Delta_1}{HL - P\Delta_1} = \frac{HL}{HL - P\Delta_1}$$

$$\therefore B_2 = \frac{1}{1 - \frac{P\Delta_1}{HL}} \qquad (5.4.3)$$

식(5.4.3)에 근거하여 다층 모멘트골조에 대한 확대계수 B_2는 다음과 같이 쓸 수 있다.[12]

$$B_2 = \frac{1}{1 - \frac{\Sigma P_{nt}}{\Sigma P_{e2}}} = \frac{1}{1 - \frac{\Sigma P_{nt}\Delta_H}{R_M \Sigma HL}} \geq 1 \qquad (5.4.4)$$

12 AISC Specification, Eq. C2-3

여기서

ΣP_{nt}: 고려하는 층의 모든 기둥에 대한 소요 하중 내력의 합
(total gravity load on the story)

$$\Sigma P_{e2} = \Sigma \frac{\pi^2 EI}{(K_2 L)^2} = R_M \frac{\Sigma HL}{\Delta_H}$$

= 고려하는 층의 모든 기둥에 대한 오일러 하중의 합
(measure of lateral stiffness of the structure)

K_2: 횡변위가 발생하는 기둥의 유효좌굴길이계수

R_M: 0.85(모멘트골조), 1.0(가새골조)

ΣH : 전체 횡하중

Δ_H: 횡력 H가 작용할 때의 층간변위(일반적으로 허용변위 $L/500 \sim L/300$)

L: 기둥 길이

앞에서 설명한 바와 같이 보-기둥 설계에는 부재효과(member effect)를 나타내는 2차모멘트($P \cdot \delta$)와 구조효과(structure effect)를 반영하는 2차모멘트($P \cdot \Delta$)가 포함되어야 한다. 따라서 횡변위가 발생하지 않는 경우의 모멘트(M_{nt})와 횡변위가 발생하는 경우의 모멘트(M_{lt})에 각각 확대계수 B_1과 B_2로 곱하여 계수모멘트(M_u)를 산정한다. 이 값을 식(5.2.4)와 (5.2.5)에 적용한다.

$$M_u = B_1 M_{nt} + B_2 M_{lt} \tag{5.4.5}$$

여기서

B_1 = 가새골조의 모멘트 확대계수

B_2 = 모멘트골조의 모멘트 확대계수

M_u = 계수모멘트

M_{nt} = 가새골조의 모멘트(횡변위 없는 경우)

M_{lt} = 모멘트골조의 모멘트(횡변위 발생하는 경우)

Note

1) M_{nt}는 골조의 가새 지지 여부에 상관없이 횡변위가 일어나지 않는다고 가정한 최대모멘트이다(아래 첨자 'nt'는 '변위가 없음'을 의미한다).
2) M_{lt}는 횡하중 또는 불균형 중력하중에 의해 횡변위가 발생하면서 유발되는 최대모멘트이다(아래 첨자 'lt'는 '횡변위'). 골조가 비대칭이거나 또는 중력하중이 비대칭으로 작용하는 경우에 횡변위를 발생시킬 수 있다. 그러나 이 값은 일반적으로 작기 때문에 무시한다. 가새골조인 경우에 M_{lt}는 0이 된다.

계수압축하중(P_u) 산정 시에는 $P-\Delta$ 효과를 다음과 같이 반영한다.

$$P_u = P_{nt} + B_2 P_{lt} \tag{5.4.6}$$

여기서 P_{nt}: 가새 지지된 골조에서 축하중, P_{lt}: 비가새 지지된 골조에서 축 하중

Note

1) 그림(5.4.1)에서 보는 바와 같이 모멘트골조에서 횡변위로 인한 최대 2차모멘트는 항상 단부에서 발생한다. 이러한 결과로 최대 1차와 2차모멘트는 일반적으로 합산하고, 감소계수(C_m)는 무시할 수 있을 정도로 작은 값이다.
2) 지금까지 설명한 2차 해석방법은 1차 처짐효과에 대한 2차 처짐효과의 비(Δ_2/Δ_1)가 1.5보다 작은 경우에 유효하다.

예제 (5.4.1)

길이 4.5m인 H-300×300×10×15(SM355) 단면이 비가새골조의 기둥으로 사용되고 있다. 중력하중(고정하중과 활하중)에 대해 1차해석으로 얻어진 축하중과 단부모멘트는 그림(5.4.2a)에 나타나 있다.
이 골조는 대칭이고 중력하중도 대칭으로 작용하고 있다. 1차해석으로부터 얻은 풍하중 모멘트는 그림(5.4.2b)에 나와 있다. 유효좌굴길이계수는 횡변위가 있는 경우 $K_x = 1.2$, 횡변위가 없는 경우 $K_x = 1.0$이다. 이 부재의 적절성을 검토하시오.

풀이

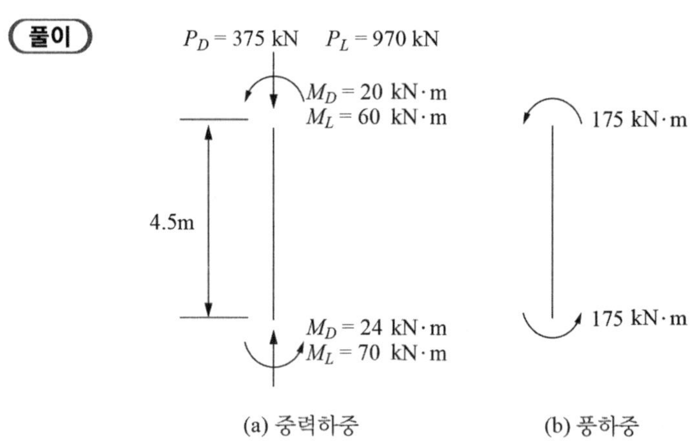

그림(5.4.2) 하중 조건

다음 하중조합을 검토한다.

(1) $1.4D$ (2) $1.2D + 1.6L$

(3) $1.2D + (L$ 또는 $0.8W)$ (4) $1.2D + 1.6W + 0.5L$

(5) $1.2D + 0.5L$ (6) $0.9D \pm 1.6W$

▸ 하중조합 비교

(1) $1.4D$와 (2) $1.2D + 1.6L$를 비교하면

$1.4D = 1.2D + 1.6L \rightarrow D=8L$

고정하중은 활하중에 8을 곱한 것보다 작으므로 하중조합 (1)은 제외한다.

(2) $1.2D + 1.6L$와 (5) $1.2D + 0.5L$ 비교

하중조합 (2)가 (5)보다 더 중요하므로 (5)를 제외한다.

(3) $1.2D + (L$ 또는 $0.8W)$와 (4) $1.2D + 1.6W + 0.5L$ 비교
하중조합 (4)는 (3)보다 더 중요하므로 (3)을 제외한다.
(4) $1.2D + 1.6W + 0.5L$와 (6) $0.9D \pm 1.6W$ 비교
하중조합 (4)는 (6)보다 더 중요하므로 (6)을 제외한다.

따라서 하중조합은 (2)와 (4)의 경우만 검토한다.

(2) $1.2D + 1.6L$
(4) $1.2D + 1.6W + 0.5L$

두 가지 하중조합에 대해 산정된 축하중과 휨모멘트는 그림(5.4.3과 5.4.5)에 나와 있다.

[1] 하중조합(2)에 대한 검토: $(1.2D + 1.6L)$

(1) 계수하중과 계수모멘트

$P_u = 1.2P_D + 1.6P_L = 1.2(375) + 1.6(970) = 2{,}002\text{kN}$

$M_{u(1)} = 1.2M_D + 1.6M_L = 1.2(20) + 1.6(60) = 120\text{kN}\cdot\text{m}$

$M_{u(2)} = 1.2M_D + 1.6M_L = 1.2(24) + 1.6(70) = 140.8\text{kN}\cdot\text{m} \rightarrow M_{nt}$

$\therefore\ P_u = 2{,}002\text{kN},\ M_{nt} = 140.8\text{kN}\cdot\text{m}$,

$M_{lt} = 0$ (골조와 중력하중이 대칭이므로 횡변위 모멘트는 무시한다).

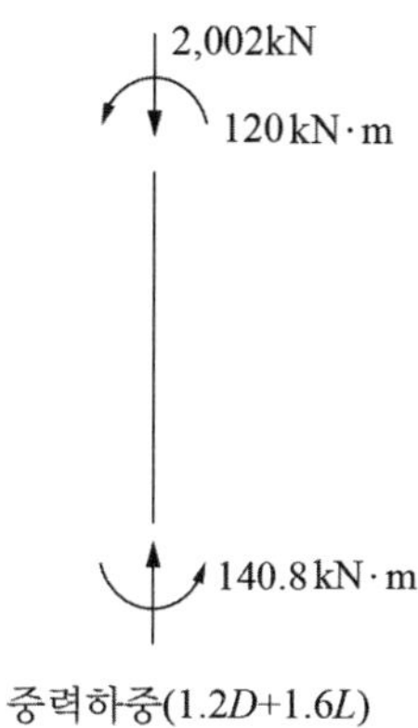

그림(5.4.3) 하중조합(2)

(2) H-300×300×10×15 단면 특성:

$A = 11{,}980\text{mm}^2$, $I_x = 2.04\times10^8\text{mm}^4$, $r_x = 131\text{mm}$,

$r_y = 75.1\text{mm}$, $r = 18\text{mm}$, $S_x = 1.36\times10^6\text{mm}^3$,

$Z_x = 1.50\times10^6\text{mm}^3$

(3) 상관관계식 검토: (식 5.2.4와 5.2.5)

$KL/r_{\min} = (1.0\times4{,}500)/75.1 = 59.9$

$$F_e = \frac{\pi^2 E}{(KL/r)^2} = \frac{\pi^2\times210{,}000}{(59.9)^2} = 578\text{N/mm}^2$$

$F_y/F_e = 355/578 = 0.61 \le 2.25$

$F_{cr} = (0.658^{F_y/F_e})F_y = (0.658^{0.61})\times355 = 275\text{N/mm}^2$

$\phi_c P_n = 0.9A_gF_{cr} = 0.9\times11{,}980\times275 = 2{,}965{,}050\text{N} = 2{,}965\text{kN}$

$\dfrac{P_u}{\phi_c P_n} = \dfrac{2{,}002}{2{,}965} = 0.68 > 0.2$이므로 식(5.2.4)를 검토한다.

$$\frac{P_u}{\phi_c P_n} + \frac{8}{9}\left(\frac{M_{ux}}{\phi_b M_{nx}} + \frac{M_{uy}}{\phi_b M_{ny}}\right) \le 1.0 \qquad (5.2.4)$$

$\dfrac{P_u}{\phi_c P_n} = 0.68$, $\dfrac{M_{uy}}{\phi_b M_{ny}} = 0$이며,

$\dfrac{M_{ux}}{\phi_b M_{nx}}$를 계산한다.

① 식(5.4.5)로부터 M_{ux}를 산정한다.

$M_u = M_{ux} = B_1M_{nt} + B_2M_{lt}$

여기서 식(5.3.4)로부터

$$B_1 = \frac{C_m}{1 - P_u/P_{e1}}$$

($M_{lt} = 0$이므로 B_2는 계산하지 않는다.)

▸ 모멘트 감소계수(C_m)

$$C_m = 0.6 - 0.4\left(\frac{M_1}{M_2}\right) = 0.6 - 0.4\left(\frac{120}{140.8}\right) = 0.26$$

$$P_u = 2{,}002\text{kN}$$

$$P_{e1} = \frac{\pi^2 EI}{(K_1 L)^2} = \frac{\pi^2 EI_x}{(K_x L)^2} = \frac{\pi^2(210{,}000)(2.04\times 10^8)}{(1.0\times 4{,}500)^2}$$

$$= 20{,}879{,}696\text{N} = 20{,}880\text{kN}$$

▸ 횡변위가 없는 모멘트에 대한 확대계수

$$B_1 = \frac{C_m}{1 - P_u/P_{e1}} = \frac{0.26}{1-(2{,}002/20{,}880)} = 0.29 \leq 1.0$$

$$\therefore B_1 = 1.0$$

$$M_{ux} = B_1 M_{nt} + B_2 M_{lt} = 1.0(140.8) + 0 = 140.8\text{kN}\cdot\text{m}$$

② $\phi_b M_{nx}$ 산정

공칭 휨모멘트를 구하기 위하여 판폭두께비를 검토하고, 이어서 비지지 길이(L_b)를 검토한다: 콤팩트 단면과 비콤팩트 단면의 공칭모멘트(요약) 참조.

예제(5.3.3)에서 H-300×300×10×15 단면은 플랜지 국부좌굴(FLB)을 검토해야 하는 비콤팩트 단면이었다. 비콤팩트 단면인 경우($\lambda_p < \lambda \leq \lambda_r$), 플랜지 국부좌굴(FLB)과 횡-비틀림좌굴(LTB) 의한 공칭모멘트 중에서 작은 값을 택한다.

▸ 플랜지 국부좌굴(FLB)에 의한 공칭모멘트: (판폭두께비)

$$M_n = M_p - (M_p - M_r)\left(\frac{\lambda_f - \lambda_{pf}}{\lambda_{rf} - \lambda_{pf}}\right) \le M_p \tag{4.3.6}$$

예제(5.3.3)으로부터

$M_n = 522.7\text{kN·m}$

▸ 횡-비틀림좌굴(LTB)에 의한 공칭모멘트: (비지지길이 검토)

$L_b = 4.5\text{m}$

$L_p = 3.21\text{m},\ L_r = 10.40\text{m}$

$L_p < L_b \le L_r$ 이므로 식(4.4.4)를 사용한다.

식(4.4.4)에서 횡-비틀림좌굴 보정계수(C_b)를 산정하여야 하므로 그림(5.5.4)의 모멘트 다이어그램으로부터 C_b값(식 4.4.7)을 계산한다.

$$C_b = \frac{12.5M_{\max}}{2.5M_{\max} + 3M_A + 4M_B + 3M_C} \tag{4.4.7}$$

$$= \frac{12.5(140.8)}{2.5(140.8) + 3(54.8) + 4(10.4) + 3(75.6)} = 2.24 < 3.0$$

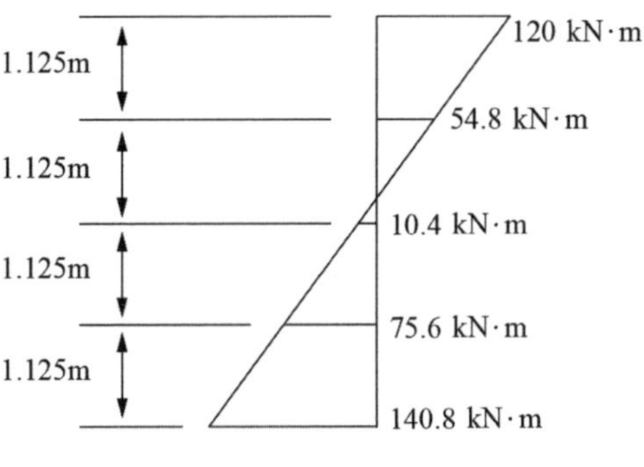

그림(5.4.4)

$$M_n = C_b\left[M_p - (M_p - 0.7F_yS_x)\left(\frac{L_b - L_p}{L_r - L_p}\right)\right] \quad (4.4.4)$$

$$= 2.24\left[532.5 - (532.5 - 338)\left(\frac{4.50 - 3.21}{10.40 - 3.21}\right)\right]$$

$$= 1{,}115\text{kN}\cdot\text{m} > M_p = 532.5\text{kN}\cdot\text{m}$$

횡-비틀림좌굴에 의한 공칭모멘트는 M_p를 초과할 수 없으므로 $M_n = 532.5\text{kN}\cdot\text{m}$ 이다.

따라서 공칭모멘트는 아래 값 중에서 작은 값이다.

① 플랜지 국부좌굴(FLB): $M_n = 522.7\text{kN}\cdot\text{m}$

② 횡-비틀림좌굴(LTB): $M_n = 532.5\text{kN}\cdot\text{m}$

설계휨모멘트는

$\therefore\ \phi_b M_{nx} = 0.9(522.7) = 470\text{kN}\cdot\text{m}$

그러므로 $\frac{M_{ux}}{\phi_b M_{nx}} = \frac{140.8}{470} = 0.3$ 이다.

식(5.2.4)로부터

$$\frac{P_u}{\phi_c P_n} + \frac{8}{9}\left(\frac{M_{ux}}{\phi_b M_{nx}} + \frac{M_{uy}}{\phi_b M_{ny}}\right)$$

$$= 0.68 + (8/9)(0.3) = 0.94 < 1.0$$

$\therefore$ 이 부재는 하중조합(2)에 대해 적절하다.

[2] 하중조합(4)에 대한 검토: $(1.2D + 1.6W + 0.5L)$

(1) 계수하중과 계수모멘트

▸ $1.2D + 0.5L$ (M_{nt} 유발)

$P_u = 1.2P_D + 0.5P_L = 1.2(375) + 0.5(970) = 935\text{kN}$

$M_{u(1)} = 1.2M_D + 0.5M_L = 1.2(20) + 0.5(60) = 54\text{kN}\cdot\text{m}$

$M_{u(2)} = 1.2M_D + 0.5M_L = 1.2(24) + 0.5(70) = 63.8\text{kN}\cdot\text{m} \rightarrow M_{nt}$

▸ 1.6 W (M_{lt} 유발)

$M_{u(1)} = M_{u(2)} = 1.6M_W = 1.6(175) = 280\text{kN}\cdot\text{m} \rightarrow M_{lt}$

$\therefore\ P_u = 935\text{kN},\ M_{nt} = 63.8\text{kN}\cdot\text{m},\ M_{lt} = 280\text{kN}\cdot\text{m}$

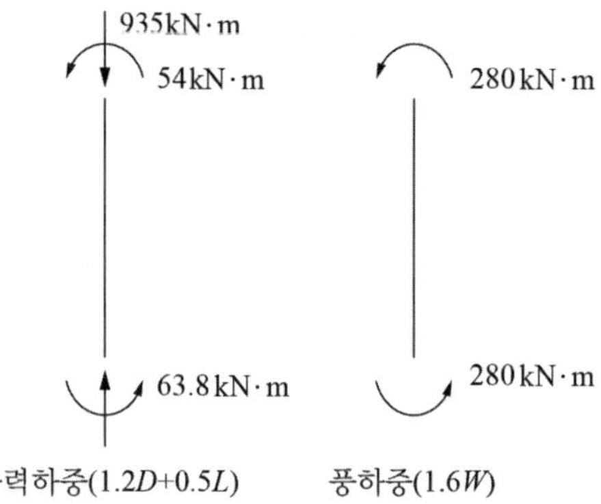

그림(5.4.5) 하중조합(4)

(2) 상관관계식 검토: (식 5.2.4와 5.2.5)

$P_u = 935\text{kN}$

$\phi_c P_n = 2{,}965\text{kN}$ (하중조합 2와 동일함)

$\dfrac{P_u}{\phi_c P_n} = \dfrac{935}{2{,}965} = 0.32 > 0.2$이므로 식(5.2.4)를 검토한다.

$$\frac{P_u}{\phi_c P_n} + \frac{8}{9}\left(\frac{M_{ux}}{\phi_b M_{nx}} + \frac{M_{uy}}{\phi_b M_{ny}}\right) \le 1.0 \qquad (5.2.4)$$

$\dfrac{P_u}{\phi_c P_n} = 0.32,\ \dfrac{M_{uy}}{\phi_b M_{ny}} = 0$이며 $\dfrac{M_{ux}}{\phi_b M_{nx}}$ 를 계산한다.

① 식(5.4.5)로부터 M_{ux}를 산정한다.

$M_u = M_{ux} = B_1 M_{nt} + B_2 M_{lt}$

여기서 식(5.3.4)로부터

$$B_1 = \frac{C_m}{1 - P_u/P_{e1}}$$

◦ 모멘트 감소계수(C_m)

$$C_m = 0.6 - 0.4\left(\frac{M_1}{M_2}\right) = 0.6 - 0.4\left(\frac{54}{63.8}\right) = 0.26$$

$$P_u = 935\text{kN}$$

$$P_{e1} = \frac{\pi^2 EI}{(K_1 L)^2} = \frac{\pi^2 EI_x}{(K_x L)^2} = \frac{\pi^2(210,000)(2.04 \times 10^8)}{(1.0 \times 4,500)^2} = 20,880\text{kN}$$

◦ 횡변위가 없는 모멘트에 대한 확대계수

$$B_1 = \frac{0.26}{1 - (935/20,880)} = 0.27 < 1.0$$

$$\therefore\ B_1 = 1.0$$

B_2(횡변위 모멘트를 위한 확대계수)를 산정하기 위해 P_{e2}(탄성 임계좌굴하중)를 먼저 계산해야 한다. 여기서 오일러 하중에 대한 축하중의 비가 고려 대상인 기둥에 대해 그 층에 있는 모든 기둥과 동일하다고 가정한다.

$$B_2 = \frac{1}{1 - \dfrac{\sum P_{nt}}{\sum P_{e2}}} \approx \frac{1}{1 - \dfrac{P_{nt}}{P_{e2}}}$$

여기서 $P_{nt} = P_u = 935\text{kN}$ 이다.

$$P_{e2} = \frac{\pi^2 EI}{(K_2 L)^2} = \frac{\pi^2 EI_x}{(K_x L)^2} = \frac{\pi^2(210,000)(2.04 \times 10^8)}{(1.2 \times 4,500)^2}$$

$$= 14,499,789\text{N} = 14,500\text{kN}$$

(횡변위가 있는 경우 $K_x = 1.2$)

따라서 횡변위가 있는 모멘트에 대한 확대계수

$$B_2 = \frac{1}{1 - \frac{P_{nt}}{P_{e2}}} = \frac{1}{1 - \frac{935}{14,500}} = 1.07$$

$M_{lt} = 280\text{kN}\cdot\text{m}$

$M_{ux} = B_1 M_{nt} + B_2 M_{lt} = 1.0(63.8) + 1.07(280) = 363.4\text{kN}\cdot\text{m}$

$\therefore\ M_{ux} = 363.4\text{kN}\cdot\text{m}$

② $\phi_b M_{nx}$ 산정

이 단면은 플랜지 국부좌굴(FLB)을 검토해야 하는 비콤팩트 단면이었다.

$M_n = 522.7\text{kN}\cdot\text{m}\ \ < M_p$

비지지길이는 $L_p < L_b \le L_r$ 이었으므로 식(4.4.4)를 사용하여 횡-비틀림좌굴에 의한 공칭모멘트는 $M_n = 532.5\text{kN}\cdot\text{m}$ 이었다.

(이때 모멘트 M_{nt}와 M_{lt}가 서로 다르지만 분포는 비슷하기 때문에 C_b는 거의 같다고 볼 수 있다.)

따라서 두 값 중에서 작은 값을 택하여 설계휨모멘트를 구한다.

$\phi_b M_{nx} = 0.9(522.7) = 470.4\text{kN}\cdot\text{m}$

$\frac{M_{ux}}{\phi_b M_{nx}} = \frac{363.4}{470.4} = 0.77$ 이다.

◦ 식(5.2.4)로부터

$$\frac{P_u}{\phi_c P_n} + \frac{8}{9}\left(\frac{M_{ux}}{\phi_b M_{nx}} + \frac{M_{uy}}{\phi_b M_{ny}}\right)$$

$= 0.32 + (8/9)(0.77) = 1.004 > 1.0$

∴ 이 부재는 하중조합(4)에 대해 적절하지 못하다.

Note

이 경우 압축하중(0.32)보다는 풍하중(0.69)에 의한 응력비가 두 배 이상이다. 기둥의 단면을 키우기 보다는 플랜지의 두께를 조절하여 단면의 춤(depth)을 늘리는 방안이 합리적이다(동일한 단면적 유지).

■ 기둥(압축재)과 보-기둥의 차이점

1) 기둥과 보의 접합부가 단순(전단)접합이면 기둥은 압축력만 받는다(모멘트는 전달되지 않음).
2) 기둥과 보의 접합부가 강(모멘트)접합이면 기둥은 일반적으로 보-기둥의 부재이다.

5.5 보-기둥의 설계

보-기둥의 설계는 상관관계식(식 5.2.4와 5.2.5)에서부터 출발한다. 그러나 여기에는 변수가 많이 있어 본질적으로 시행착오의 과정을 밟게 된다. Aminmansour (2000)[13]가 개발한 설계 방법은 이러한 과정, 특히 단면 형상의 선택 과정을 단순화하고 있다. AISC에서 제시하는 설계과정을 간단히 기술하면 다음과 같다.

$$\frac{P_r}{P_c} + \frac{8}{9}\left(\frac{M_{rx}}{M_{cx}} + \frac{M_{ry}}{M_{cy}}\right) \le 1.0 \tag{5.2.2}$$

위 식을 변형하면

$$P_r + \frac{8}{9}\frac{M_{rx}P_c}{M_{cx}} + \frac{8}{9}\frac{M_{ry}P_c}{M_{cy}} \le P_c$$

$$P_r + mM_{rx} + mUM_{ry} \le P_c$$

---

13 Aminmansour, A. 2007, "Design of Structural Steel Members Subjected to Combined Loading," Structural Magazine, February, 2007.

여기서

$$m = \frac{8P_c}{9M_{cx}},\ U = \frac{M_{cx}}{M_{cy}}$$

따라서

$$P_{eff} = P_r + mM_{rx} + mUM_{ry} \le P_c \tag{5.5.1}$$

식(5.5.1)을 검토해 보자. 먼저 기둥의 길이 영향, 즉 P_c와 M_{cx}에 대한 좌굴의 영향을 무시하면 $P_c/M_{cx} \approx A/Z_x$로 간주할 수 있다. 따라서 다음의 결과를 얻게 된다.

$$m = 8P_c/9M_{cx} = 8A/9Z_x$$

W형강의 여러 가지 m의 평균값이 표(5.5.1)에 제시되어 있다.

표(5.5.1) m과 U 계수

형강	m	$24/d$	U
W6	4.41	4.00	3.01
W8	3.25	3.00	3.11
W10	2.62	2.40	3.62
W12	2.08	2.00	3.47
W14	1.72	1.71	2.86

그러나 KBC에서는 아직 보-기둥 부재의 설계과정에 대해 식(5.5.1)과 같은 제안식 및 m과 U에 대한 값이 제시되어 있지 않다. 따라서 편의상 다음과 같은 시행착오의 과정을 시도한다. 먼저, 좌굴에 의한 내력저감을 고려하여 계수축하중을 약간 상향시키고, 휨모멘트 효과를 반영하기 위해 추가적으로 상향시켜서 유효 계수축하중을 산정한다. 이 값으로 항복한계상태를 만족시키는 단면을 1차적으로 선택한다.

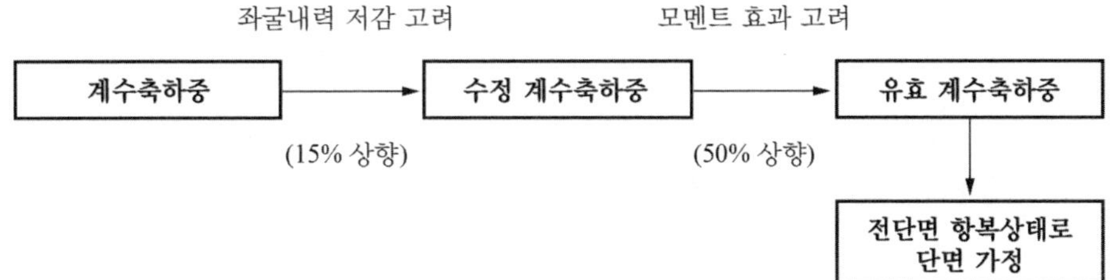

그림(5.5.1) 보-기둥의 단면 선택 과정

예제 (5.5.1)

종합설계 Step 3에서 1C1은 축력과 1축 휨을 받는 보-기둥 부재이며, 기둥의 길이는 5m이다. 이 부재에 작용하는 설계 부재력은 $P_u = 2{,}873\,\mathrm{kN}$, $M_u = 298\,\mathrm{kN{\cdot}m}$, $V_u = 111.6\,\mathrm{kN}$ 이다. 기둥의 강종은 SS235($F_y = 235\mathrm{MPa}$)이고, $K=1$ 일 때 이 보-기둥을 H형강으로 설계하시오. 단, $C_m = 1.0$으로 가정한다.(E=205,000MPa)

풀이

(1) 기둥 단면의 선택

▸ 소요단면적 산정

주어진 계수축하중은 $P_u = 2{,}873\,\mathrm{kN}$ 이다. 좌굴에 의한 내력저감과 휨모멘트의 영향을 반영하기 위해 계수축하중을 각각 15%와 50%(임의의 값)씩 상향 조정하여 1차 소요단면적을 산정한다.

$$P_{u,eff} = P_u \times 1.15 \times 1.5 = 2873 \times 1.15 \times 1.5 = 4{,}956\,\mathrm{kN}$$

$$A_{req} \geq \frac{P_{u,eff}}{\phi F_y} = \frac{4{,}956(1{,}000)}{0.9(235)} = 23{,}433\,\mathrm{mm}^2$$

요구되는 단면적($23,433\,\mathrm{mm}^2$)보다 조금 큰 정방형 단면인 H-400×408×21×21 ($A = 25,070\,\mathrm{mm}^2$)을 선택하여 검토를 진행한다.

(2) H-400×408×21×21의 단면 특성:

$A = 25,070\,\mathrm{mm}^2,\ I_x = 7.09 \times 10^8\mathrm{mm}^4,\ I_y = 2.38 \times 10^8\mathrm{mm}^4,$

$r = 22\,\mathrm{mm},\ r_x = 168\,\mathrm{mm},\ r_y = 97.5\,\mathrm{mm},$

$S_x = 3.54 \times 10^6\,\mathrm{mm}^3,\ Z_x = 3.99 \times 10^6\,\mathrm{mm}^3$

(3) 상관관계식 검토: (식 5.2.4와 5.2.5)

$P_u = 2,873\,\mathrm{kN}$ 이며, $\phi_c P_n$ 를 계산한다.

▸ 플랜지 판폭두께비

$b/2t_f = (408/2)/21 = 9.71$

$\lambda_r = 0.56\sqrt{E/F_y} = 0.56\sqrt{205,000/235} = 16.5$

$b/2t_f < \lambda_r$ → 비콤팩트 요소

▸ 웨브 판폭두께비

$h/t_w = (400 - 2(21 + 22))/21 = 15.0$

$\lambda_r = 1.49\sqrt{E/F_y} = 1.49\sqrt{205,000/235} = 44.0$

$h/t_w < \lambda_r$ → 비콤팩트 요소

따라서 H-400×408×21×21 단면은 압축에 대하여 비콤팩트 단면이다. 또한, 문제의 조건에 따라 비지지길이가 5m로 동일하고, K가 1.0이므로 좌굴은 약축방향으로 발생한다.

▸ 탄성(오일러) 좌굴응력(F_e) 산정

$K_y L_y / r_y = 1.0(5,000)/97.5 = 51.3$

$$F_e = \frac{\pi^2 E}{(K_y L_y / r_y)^2} = \frac{\pi^2 (205{,}000)}{51.3^2} = 768.8\,\text{MPa}$$

▸ 휨좌굴응력(F_{cr}) 산정: 식(3.5.2)

$F_y/F_e = 235/768.8 = 0.31 < 2.25 \rightarrow$ 비탄성좌굴 지배 (식 3.5.2사용)

$$F_{cr} = \left[0.658^{F_y/F_e}\right] F_y = \left[0.658^{235/768.8}\right] 235 = 206.8\,\text{MPa}$$

▸ 설계압축강도 산정

$$\phi_c P_n = \phi_c F_{cr} A_s = 0.9(206.8)(25{,}070)/1{,}000 = 4{,}666\,\text{kN}$$

$\dfrac{P_u}{\phi_c P_n} = \dfrac{2{,}873}{4{,}666} = 0.62 > 0.2$이므로 식(5.2.4)를 검토한다.

(4) 식(5.2.4) 검토

$$\frac{P_u}{\phi_c P_n} + \frac{8}{9}\left(\frac{M_{ux}}{\phi_b M_{nx}} + \frac{M_{uy}}{\phi_b M_{ny}}\right) \le 1.0 \qquad (5.2.4)$$

$$\frac{P_u}{\phi_c P_n} = 0.62, \quad \frac{M_{uy}}{\phi_b M_{ny}} = 0$$

$\dfrac{M_{ux}}{\phi_b M_{nx}}$를 계산한다.

① M_{ux} 산정

$$M_u = M_{ux} = B_1 M_{nt} + B_2 M_{lt} \qquad (5.4.5)$$

$$B_1 = \frac{C_m}{1 - P_u/P_{e1}} \qquad (5.3.4)$$

▸ 횡변위가 없는 모멘트에 대한 확대계수

$P_u = 2{,}873\text{kN}$, $I_x = 7.09 \times 10^8 \text{mm}^4$

$$P_{e1} = \frac{\pi^2 EI}{(K_1 L)^2} = \frac{\pi^2 EI_x}{(K_x L)^2} = \frac{\pi^2 (205,000)(7.09 \times 10^8)}{(1.0 \times 5,000)^2}$$

$$= 57,379,906\text{N} = 57,380\text{kN}$$

$$B_1 = \frac{C_m}{1 - P_u / P_{e1}} = \frac{1.0}{1 - (2,873/57,380)} = 1.05$$

$M_{ux} = B_1 M_{nt} + B_2 M_{lt} = 1.05(298) + 0 = 312.9\text{kN}\cdot\text{m}$

여기서 주어진 골조와 하중 조건이 대칭이므로 $M_{lt} = 0$으로 가정한다.

② $\phi_b M_{nx}$ 산정

공칭휨모멘트를 구하기 위하여 판폭두께비를 검토하고, 이어서 비지지길이(L_b)를 검토한다.

▸ 플랜지의 판폭두께비 검토: H-400×408×21×21

$\lambda_{pf} = 0.38\sqrt{E/F_y} = 0.38\sqrt{205,000/235} = 11.2$

$\lambda_f = b_f/2t_f = 408/(2 \times 21) = 9.71 < \lambda_{pf} = 11.2$

플랜지의 국부좌굴은 발생하지 않는다.

▸ 웨브의 판폭두께비 검토

$\lambda_{pw} = 3.76\sqrt{E/F_y} = 3.76\sqrt{205,000/235} = 111.1$

$\lambda_w = h/t_w = (400 - 2(21 + 22))/21 = 15.0 < \lambda_{pw} = 111.1$

웨브의 국부좌굴은 발생하지 않는다.

따라서 H-400×408×21×21은 콤팩트 단면이다.

▸ 횡-비틀림좌굴강도(LTB) 산정

$L_b = 5,000\,\text{mm}$

$L_p = 1.76 r_y \sqrt{E/F_{yf}} = 1.76 \times 97.5 \times \sqrt{205,000/235} = 5,068\,\text{mm}$

$L_b \leqq L_p$ 이므로 보의 소성항복 이전에 횡-비틀림좌굴은 발생하지 않는다.

$\therefore M_n = M_p = F_y Z_x = 235 \times (3.99 \times 10^6) \times 10^{-6} = 937.7\,\text{kN}\cdot\text{m}$

$\phi_b M_{nx} = 0.9 \times 937.7 = 843.9\,\text{kN·m}$

그러므로 $\dfrac{M_{ux}}{\phi_b M_{nx}} = \dfrac{312.9}{843.9} = 0.37$이다.

식(5.2.4)로부터

$$\frac{P_u}{\phi_c P_n} + \frac{8}{9}\left(\frac{M_{ux}}{\phi_b M_{nx}}\right)$$
$$= 0.62 + (8/9)(0.37) = 0.95 < 1.0$$

따라서 H-400×408×21×21 단면은 작용하는 압축력과 휨모멘트에 적절한 강도를 확보하고 있다.

Note

1C1 단면의 조합력에 대한 내력비는 0.95로서 상당히 경제적으로 설계되었지만 최적 설계가 수행되었는지를 확인하기 위해 H-400×408×21×21보다 중량이 작은 부재에 대해 앞의 과정을 반복하여 내력비를 평가하면 다음 표와 같은 결과를 얻게 된다.

표(5.5.2) 예비 단면 검토

단면	단면적 (mm^2)	P_c (kN)	M_{cx} (kN·m)	내력비	검토
H-400×400×13×21	218.7	4,106	776.2	1.04	NG
H-594×302×14×23	222.4	3,644	1031.4	1.05	NG
H-700×300×13×24	235.5	3,824	1266.3	0.96	OK
H-792×300×14×22	243.4	3,323	1394.8	0.94	OK
H-400×408×21×21	250.7	4,666	843.9	0.95	OK

표(5.5.2)에서 H-400×408×21×21보다 단면적, 즉 중량이 작은 부재 중 조합력 검토를 만족하는 단면은 H-700×300×13×24, H-792×300×14×22의 2개가 존재한다. 그러나 이들 단면은 춤이 매우 큰 부재로서 주로 보 부재로 사용되며, 차지하는 공간이 매우 크기 때문에 직접적인 경

제성과 건축 계획 측면을 함께 비교하면 H-400×408×21×21 단면이 가장 효율적임을 알 수 있다.

(5) 설계전단강도 산정

스티프너가 없는 기둥의 설계전단강도는 웨브의 판폭두께비에 따라 설계식이 결정된다.

$h/t_w = (400-2(21+22))/21 = 15.0$

$2.24\sqrt{E/F_y} = 2.24\sqrt{205{,}000/235} = 66.2$

1C1(H-400×408×21×21)은 압연 H형강이고, $h/t_w < 2.24\sqrt{E/F_y}$ 이므로 $\phi_v = 1.0$, $C_v = 1.0$ 를 사용하여 설계전단강도를 산정할 수 있다.

$$\phi_v V_n = \phi_v 0.6 F_y A_w C_v$$
$$= 1.0 \times 0.6 \times \frac{235 \times (400 \times 21)}{10^3} \times (1.0) = 1{,}184\,\text{kN}$$

$$\phi_v V_n \geqq V_u = 111.6\,\text{kN}$$

그러므로 이 부재는 전단력의 조건을 만족한다.

연 · 습 · 문 · 제

(1) 그림과 같은 조건의 부재가 하중을 적절히 지지하고 있는지 검토하시오. 휨은 강축방향으로 작용하며, 강종은 SHN355이다. 이때, 모멘트 확대는 고려하지 않는다.

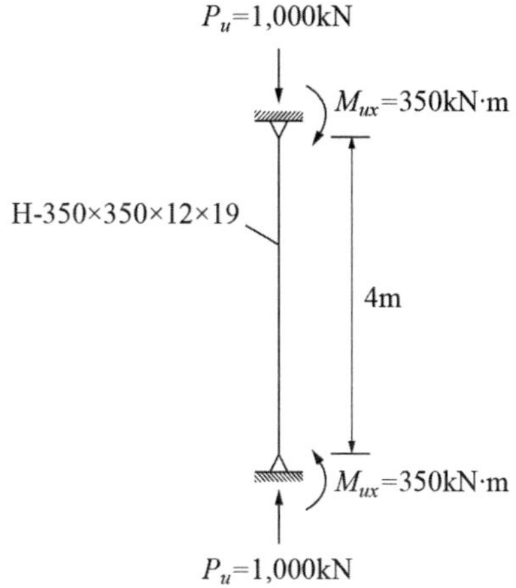

(2) 문제 (1)에서 부재에 대한 모멘트 확대계수 B_1을 산정하시오.

(3) 그림과 같은 조건의 H-298×201×9×14 부재가 저항할 수 있는 사용축하중(service axial load) P를 결정하시오. 횡지지 위치는 양단 및 경간 중앙이며, SS275와 SM355에 대해 모두 검토하시오.

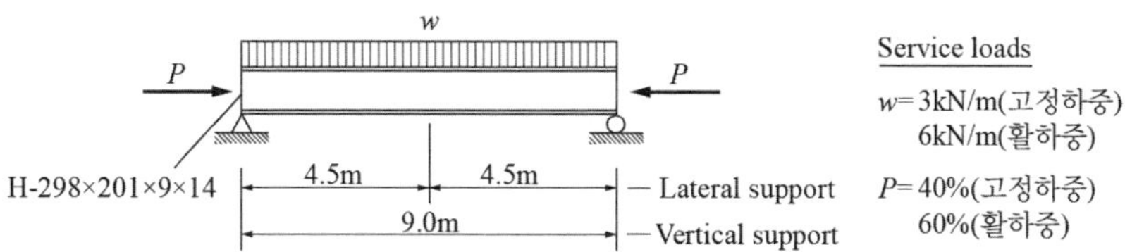

(4) H-400×400×13×21의 단면을 가진 보-기둥에 강축방향으로 500kN·m의 계수휨모멘트가 작용하고 있다. 이 부재의 길이는 8m이고, 양단은 핀지지되어 있으며, 4m 위치에서 약축방향으로 횡지지 되어 있다. C_b는 1로 가정할 때, 이 부재가 저항할 수 있는 계수인장력과 계수압축력은 얼마인지 각각 산정하시오. 단, 강종은 SHN275이고, 모멘트 확대는 고려하지 않는다.

(5) 단면이 H-250×250×9×14인 4m 길이의 부재가 500kN의 계수축하중을 저항하고 있다. 이 부재는 입면에 배치되어 풍하중에 의한 휨모멘트를 동시에 저항해야 한다. 휨이 강축과 약축방향으로 작용하는 경우에 대해서 저항할 수 있는 최대 계수휨모멘트를 각각 산정하시오. 양단에서만 횡지지되며, 강종은 SM355이다. K_x와 K_y는 1.0, C_b는 1로 가정하며, 모멘트 확대는 고려하지 않는다.

(6) SHN355 강재를 이용해 아래 그림의 보-기둥에 대해 가장 가벼운 H형강을 선택하시오. 이 부재는 횡지지된 골조의 일부분이다. 그림의 하중은 사용하중이며, 40%의 고정하중과 50%의 활하중으로 구성되어 있다. 작용하는 휨은 강축에 대한 것이고, $K_x = K_y = 1.0$ 이다.

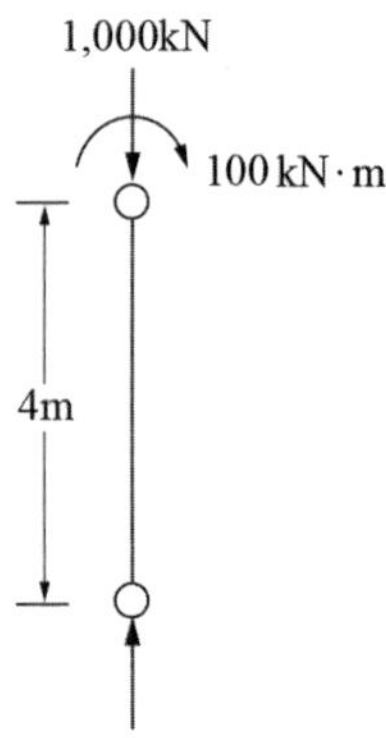

(7) 그림과 같은 조건의 부재가 A, B, C 점에서 횡지지 되어 있고, 강축방향의 휨을 받고 있다. SHN355 강재가 사용되었을 경우, 이 부재가 적절한지 검토하시오.

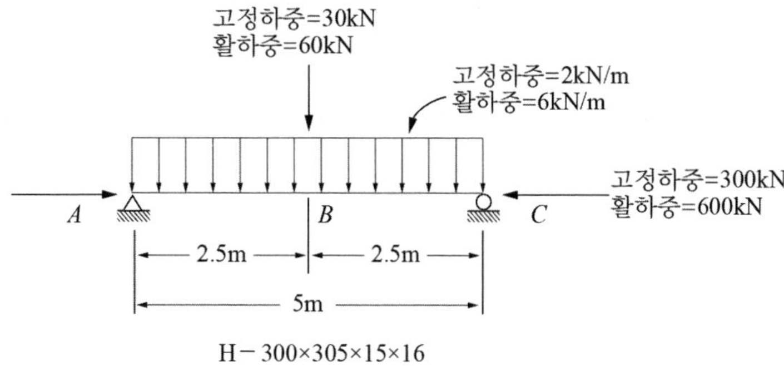

(8) 다음 그림은 횡지지된 골조의 기둥이다. 아래의 휨은 강축에 대한 휨이다. SHN355 강재인 경우 이 부재가 적당한지 판단하시오. $K_x = K_y = 4.0\text{m}$ 이다.

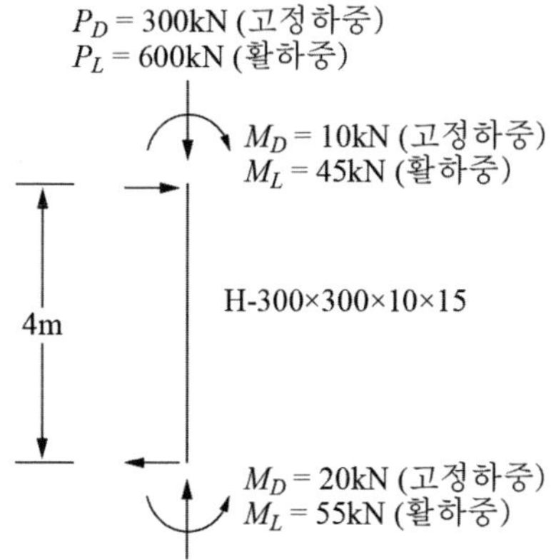

(9) 다음 그림과 같은 보-기둥 부재가 등분포하중 w와 집중하중 P를 받고 있다. 가장 가벼운 H형강 부재(강종 SHN355)를 선택하시오. 단, 이 부재는 적절하게 횡지지 되어 있다고 가정한다.

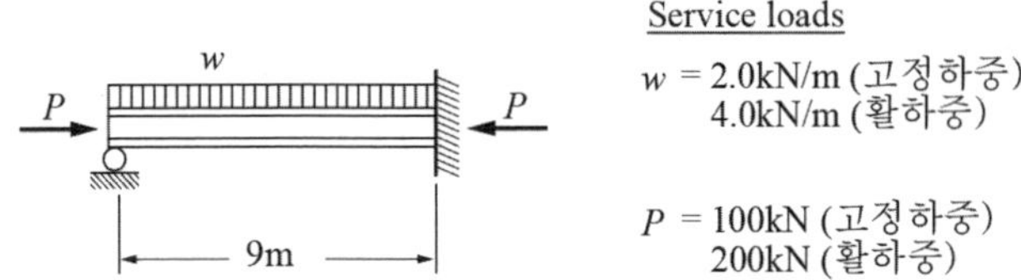

(10) 다음의 횡지지 되지 않은 골조에서의 기둥 A와 B에 대한 적절한 H형강을 선택하시오. 단, 골조의 면외방향에 대해서는 횡지지 되어 있다고 가정한다($K_y = 1.0$). 또한, 기둥의 경우 기둥의 중간 높이에서 추가적인 횡지지가 되어 있다고 가정한다. SHN355 부재를 이용하시오.

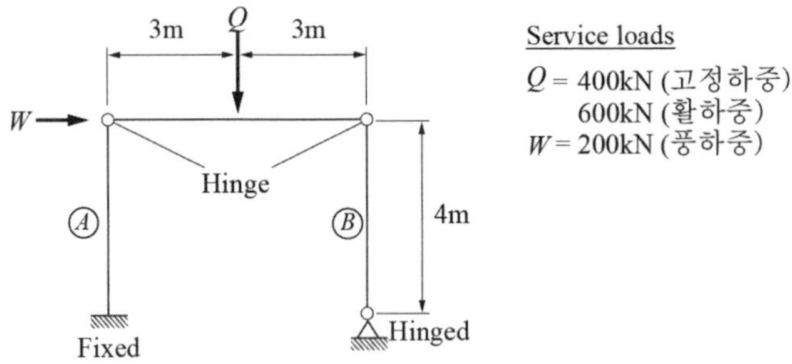

(11) 다음의 골조에서 최대로 지지할 수 있는 집중하중 P의 크기를 구하시오. 강종은 SHN355이다.

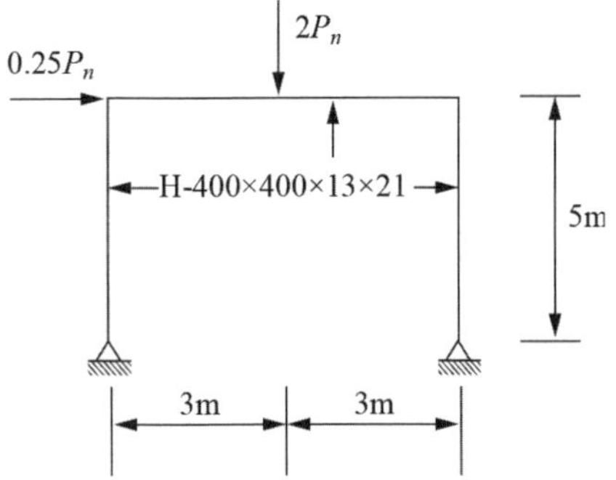

(12) 5장의 식(5.2.4)에서 다음과 같이 계산 결과가 NG로 나온 경우, 새로운 기둥 부재를 선택하는 기준을 제시하시오.

① 0.3 + 8/9 (0.8 + 0.1) > 1.0

② 0.3 + 8/9 (0.1 + 0.8) > 1.0

③ 0.9 + 8/9 (0.2 + 0.1) > 1.0

(13) 5장의 식(5.2.4)에서 다음과 같이 계산 결과가 NG로 나온 경우, 기둥을 보강하여 식을 만족시키고자 한다. 각 경우의 보강 방식을 제시하시오.

① 0.3 + 8/9 (0.8 + 0.1) > 1.0

② 0.3 + 8/9 (0.1 + 0.8) > 1.0

③ 0.9 + 8/9 (0.2 + 0.1) > 1.0

(14) 아래 2층 구조를 지탱하는 기둥을 횡하중 지지를 고려해서 가장 효율적인 기둥의 방향을 정하고 설명하시오.

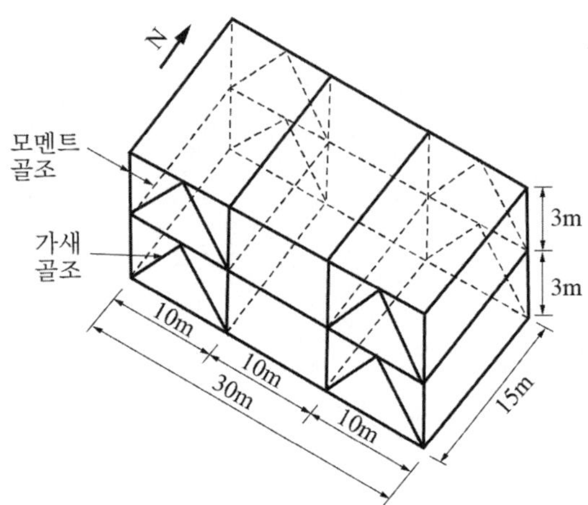

Design of Steel Structures

06

합성구조

/

6.1 서론

응력과 변형의 관계가 서로 다른 두 가지 이상의 구조재료가 함께 사용되어 단일 부재로서 작용할 때 합성재(composite member)라 한다. 합성재에는 여러 가지 종류가 있다. 그림(6.1.1)에서 보는 바와 같이 철근콘크리트보(a), 프리캐스트보(b)와 합성보(c)이다.

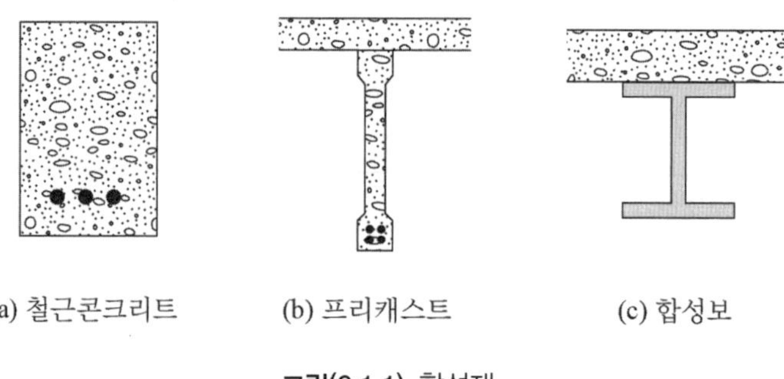

그림(6.1.1) 합성재

대표적인 합성재에는 그림(6.1.2)에서 보는 바와 같이 합성보(a, b, c)와 합성기둥(d)이 있으며, 기타 합성트러스, 합성전단벽, 합성가새 등이 있다. 본 장에서는 주로 사용되는 합성보와 합성기둥의 설계에 대한 설명에 중점을 둔다. 매입형 합성보(a)의 경우 강재와 콘크리트 사이에 기계적 연결 장치(mechanical anchorage)를 필요로 하지 않는다. 그러나 그림(6.1.2b, c, d)의 경우, 전단연결재(shear connector)가 필요하다. 즉, 두 재료가 일체로 거동하기 위하여 반드시 연결되어야 한다. 합성재가 되면 강재의 하중저항강도를 현저하게 증가시킬 수 있다.

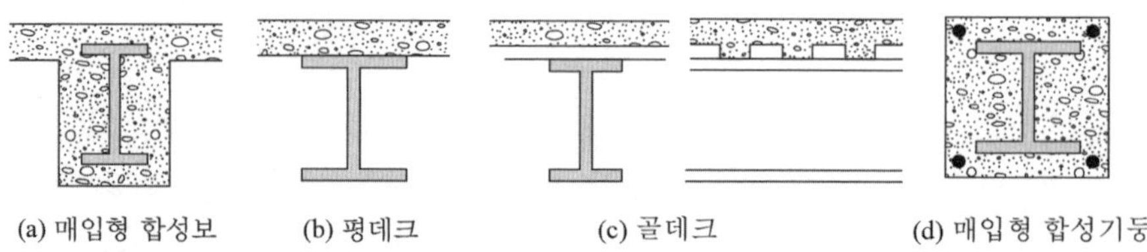

그림(6.1.2) 합성보와 합성기둥

1935년 미국에서 처음으로 합성보가 교량에 사용되었다. 전단연결재로는 시어스터드(shear stud)가 개발되기 전까지 나선형 와이어(wire spirals)나 채널(ㄷ형강)이 사용되었다. 1940년대에 Nelson Stud Company가 시어스터드를 개발하였다. 이 시어스터드의 머리는 둥근 모양이고, 스터드건(stud gun)으로 강재보에 용접된다.

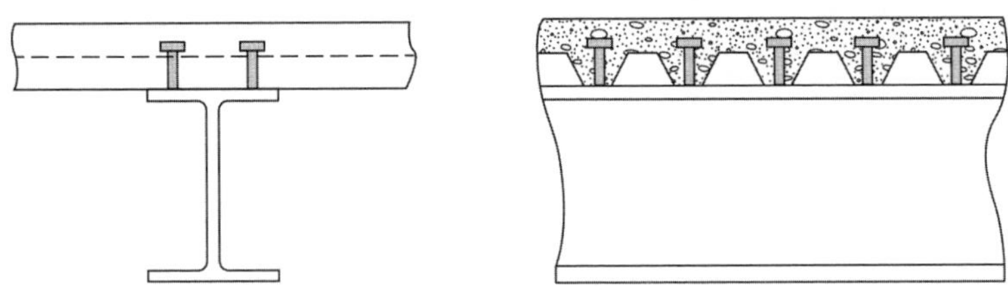

그림(6.1.3) 합성보와 전단연결재

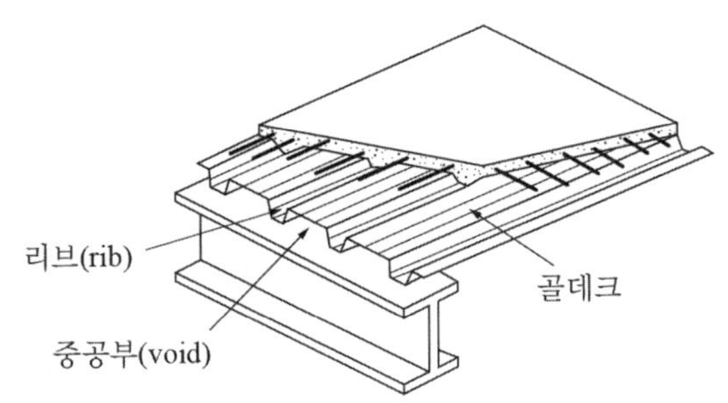

그림(6.1.4) 골데크 슬래브

그림(6.1.5) 시어스터드

그림(6.1.6) 전단연결재 설치

합성재의 구조설계는 비교적 단순하다. 합성재의 극한 휨강도(ultimate flexural strength)는 강재와 콘크리트 사이의 전단력을 받아주는 전단연결재의 소성응력 분포(plastic stress distribution)에 근거하고 있다.

합성재에 사용되는 재료에는 다음과 같은 구조제한을 두고 있다.

1) 콘크리트 설계기준압축강도(f_{ck}): 21 ~ 70MPa

2) 강재 및 철근의 항복강도(F_y): 650MPa 이내

6.2 합성보의 장단점

합성보의 장점은 콘크리트 슬래브를 강재보에 연결하여 더 큰 하중-저항능력을 가지게 하는 데 있다. 이 점이 보의 춤(depth)을 줄이고 자중을 감소시켜 준다. 그리고 콘크리트 슬래브는 주로 압축력을 받고, 강재보는 인장력을 받기 때문에 두 구조재료를 가장 효율적으로 이용할 수 있다. 보의 유효춤(effective depth)도 슬래브 상부면에서부터 강재보의 하단면까지 증가되어 합성재의 효율이 증대된다. 결과적으로 작은 단면의 강재보를 사용할 수 있으며, 강재의 무게는 20 ~ 30% 정도 절감된다.

강성(stiffness)을 고려해 보면 합성보의 단면2차모멘트는 강재보만의 값보다 증가한다. 합성보의 강성 산정이 다소 개략적이기는 하지만 강성의 증가는 처짐에 대해 큰 영향을 끼친다. 합성재의 유일한 단점은 전단연결재 설치에 따르는 비용이다. 그러나 합성구조의 강도 증가와 강재보의 무게 감소는 이 증가된 비용을 상쇄시킬 수 있다. 따라서 전단연결재의 비용은 단점이라고 볼 수 없다.

6.3 지주(支柱)의 설치

합성보의 공사에는 두 가지 방법이 있다. 지주를 설치하는 경우(shored)와 설치하지 않는 경우(unshored)이다. 각각은 장단점을 가지고 있으며, 주요한 차이점은 콘크리트가 굳어 합성효과를 기대하기 전 양생되지 않은 콘크리트(wet concrete)를 지지하는 방법에 있다.

비지주(unshored)는 강재보가 직접 바닥 콘크리트를 지지하는 경우이다. 이 방법은 거푸집이나 데크가 강재보에 직접적으로 지지되기 때문에 가장 간단하게 합성보를 시공하는 방법이다. 이는 가설재 설치를 최소화하여 하부의 작업공간을 확보하고 공기 단축에 유리하기 때문에 주로 사용하는 방법이다. 비지주 공법은 공사 중에 양생되지 않은 콘크리트를 강재보가 홀로 지지하기 때문에 처짐이 발생할 수 있는데, 처짐이 발생한 부분은 콘크리트 슬래브의 수평 조절을 위한 콘크리트가 더 타설되어 고정하중 증가의 원인이 된다. 특히 스팬이 긴 경우 지붕의 물고임과 유사한 안정성의 문제를 발생시킬 수 있으므로, 보의 캠버를 이용하여 지나친 처짐을 방지하는 것을 추천한다.

양생 전 콘크리트를 지지하기 위하여 지주(shored)를 강재보 아래에 설치하는 경우가 있다. 양생 후 지주를 해체한 후에는 합성보의 단면 전체가 하중을 지지한다. 콘크리트 타설 중에 강재보 혼자서 하중을 지지하는 것이 아니므로 강재보에 처짐이 발생하지 않는다. 시공 중 콘크리트와의 합성효과를 기대할 수 없어 철골보의 처짐이 우려되는 경우 적용하며, 오늘 날 합성보 공사에서 지주를 설치하는 경우는 거의 없다.

지주 공법에 고려해야 할 사항

1) 임시 지주를 설치하고, 해체하는 시간과 비용
2) 콘크리트의 크리프로 인한 장기처짐 증가의 가능성

사용(서비스)하중 하에서 응력 분포나 처짐은 지주 설치 여부에 따라서 영향을 받는다. 그러나 많은 연구 결과에 의하면 합성보의 극한강도는 영향을 받지 않는다. 따라서 지주 설치는 전적으로 사용성과 적합성(compatibility)의 문제이다.

지주를 설치하는 경우와 설치하지 않는 경우에 있어서 합성보의 공칭강도는 ASD나 LRFD에 상관없이 동일하다.

그림(6.3.1) 합성재의 지주

6.4 합성보의 유효폭

합성보의 일반적인 단면 형태가 그림(6.4.1)에 나와 있다. 일반적으로 콘크리트 슬래브는 바닥시스템의 한 부분이기 때문에 슬래브의 두께와 강재보의 간격(spacing)은 합성보의 설계 이전에 계획되어 진다. 하중저항에 참여하는 슬래브의 능력은 보의 중심선으로부터 거리가 증가할수록 감소하기 때문에 합성보의 강도 계산에 사용되는 슬래브의 폭을 결정하는 데에 제한을 두어야 한다.

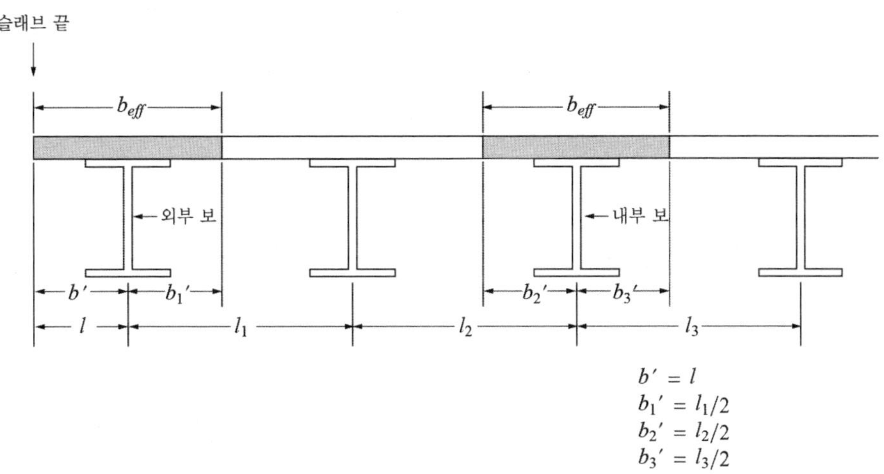

그림(6.4.1) 합성보의 유효폭

구조설계기준에서는 콘크리트 슬래브의 유효폭(b_{eff})을 결정하는데, 내부 보(interior beam)와 외부 보(edge beam)에 대해 각각 2가지 기준을 제시하고 있으며, 이 중에서 작을 값을 택한다.

내부 보: b_{eff}[1] $\leq$ 보 스팬/4

b_{eff} $\leq$ 인접 보의 중심선까지 거리의 1/2의 합

---

1 건축구조기준(KBC)에서 유효폭은 b_e로 표기하고 있다.

외부 보: b_{eff} ≤ 보 스팬/8 + 보 중심선에서 슬래브 끝까지
b_{eff} ≤ 인접 보의 중심선까지의 거리의 1/2 + 보의 중심선에서 슬래브 끝까지 거리

Note

콘크리트 슬래브의 전체 두께(t)를 압축력 전달에 사용할 수 있다. 그러나 실제로는 강재가 저항할 수 있는 최대 인장력만큼, 즉 힘의 평형을 이루는 데 필요한 만큼의 슬래브 두께가 압축력에 참여한다. 소성중립축이 슬래브 내에 존재하면 압축력 산정 시 전체 두께(t) 대신에 응력블록의 춤(a)을 사용한다. 그러나 슬래브 두께는 슬래브의 유효폭을 산정하는 데에는 영향을 미치지 않는다.

6.5 합성보의 강도

그림(6.1.2b)의 평데크(flat soffit) 보는 강재보의 상부플랜지 위에 거푸집을 설치하여 콘크리트 슬래브를 타설하는 것으로서 보의 상부 레벨은 평평한 표면이다. 그림(6.1.2c)는 골데크(formed deck)를 사용한 합성보로서 콘크리트가 데크 위에 타설되며, 콘크리트 리브(ribs)와 중공부(voids)가 교대되고 있다. 리브 상부에 있는 콘크리트의 압축력이 강재보가 받는 인장력과 평형을 이룰 수 있으면 두 가지 데크 형태의 합성보 극한강도는 동일한 방법으로 결정될 수 있다. 그리고 합성보의 강도는 강재보의 지주 설치 여부와 설계법과는 무관하다.

합성보는 양단을 핀접합으로 연결하며, 정(+)모멘트만을 받는다. 합성보의 휨강도는 건축구조기준(KDS)에 기술되어 있다. 이 장에서는 주로 평데크 합성보에 대해 기술한다. 그리고 웨브의 세장비가 $h/t_w \le 3.76\sqrt{E/F_y}$ 인 경우, 공칭휨모멘트(M_n)는 합성보의 소성응력 분포로부터 결정되며, 이때 강도감소계수 $\phi_b = 0.9$ 이다.

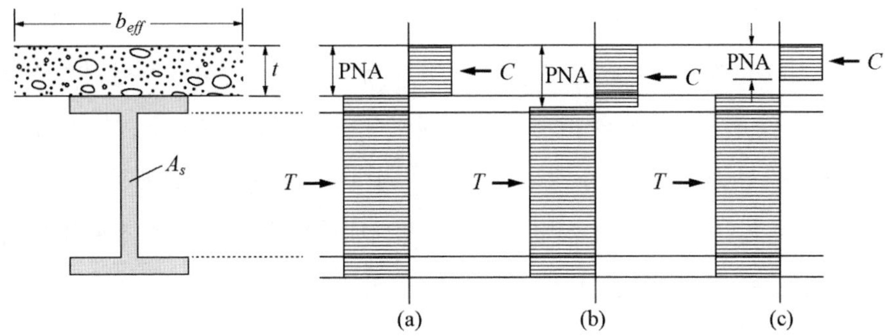

(a) PNA가 플랜지 상부면에 위치 (b) 플랜지 내에 위치 (c) PNA가 콘크리트 내에 위치

그림(6.5.1) 소성응력 분포

그림(6.5.1)에 세 가지 소성응력 분포 형태가 나와 있다. 이 응력 분포의 형태에 상관없이 기본 개념은 평형조건으로서 전체 인장력은 전체 압축력과 같아야 한다($C = T$).

그림(6.5.1a)에서는 소성중립축(PNA)이 강재보의 플랜지 상부면에 있으며, 콘크리트의 압축력은 강재보의 인장력과 정확하게 동일하다. 그림(6.5.1b)의 응력 분포를 보면 소성중립축이 상부플랜지 내에 있다. 이 경우에 콘크리트는 모두 압축력을 받고, 강재의 일부분도 압축력을 받아서 $C = T$의 조건을 만족시킨다. 그림(6.5.1c)에서는 소성중립축이 콘크리트 내에 위치하며, 소성중립축 아래의 콘크리트는 인장력을 받으므로 무시할 수 있다. 이 경우 강재보의 인장력과 평형을 이루는 압축 면적은 콘크리트 전체 단면에 비해 작아진다. 실제 설계에서는 소성중립축이 콘크리트 내에 존재하는 경우가 대부분이다.

세 가지 경우, 단면의 평형조건을 만족하려면 전단연결재가 콘크리트의 압축력을 강재보로 전달할 수 있어야 한다. 그림(6.5.1a)와 (6.5.1b)에서는 콘크리트가 모두 압축력을 받는 경우이고, 그림(6.5.1c)는 콘크리트의 일부분만이 압축력을 받는다.

전단연결재의 역할은 철골부재와 콘크리트 슬래브 사이에 발생하는 미끄러짐을 방지하고 합성거동을 할 수 있도록 두 부재 사이에 발생하는 전단력을 전달하는 데에 있다. 콘크리트와 강재 중의 최대내력을 사용하여 평형을 이루게 하는 경우 완전합성보라 한다. 이 경우 합성보의 최대내력을 발휘하기까지 강재앵커가 파괴되지 않는다. 그러나 전단연결재가 최대내력보다 작은 값을 전달하면 이것을 불완전합성보라 부른다. 이 경우에는 합싱보의 최대내력이 발휘되기 전 강재앵커가 먼저 파괴된다.

이론적으로는 완전합성보로 설계하는 것이 부재의 최대내력을 확보할 수 있어 유리하나, 뒤의 예제 6.7.1에서 확인할 수 있듯이 완전합성보와 불완전합성보의 강도 감소 대비 전단연결재의 강도감소 비율이 현저하게 크다. 따라서 내력 및 처짐에서 설계 시 설정한 기준을 만족한다면 불완전합성보가 더 경제적인 설계가 될 수 있다.

합성보에서 콘크리트의 압축응력은 $0.85f_{ck}$를 사용하고, 강재의 응력은 F_y를 사용한다. 합성보의 강도를 결정할 때 변형적합법(strain compatibility method)을 사용하기도 한다. 특히, 강재의 형상이 특이하거나 웨브가 비콤팩트 단면인 경우에는 이 방법이 반드시 고려되어야 한다.

6.6 완전합성보

완전합성보는 강재보와 콘크리트 슬래브가 전단연결재로 충분히 연결되어 완전합성거동을 하는 것을 말한다. 그림(6.5.1)의 세 가지 응력 분포 중에서 어느 것이 유효한 지 판단하려면 최소 압축력을 계산하여야 한다. 이 값은 합성보의 세 가지 요소인 강재보, 콘크리트 슬래브 그리고 전단연결재에 의해 결정된다.

- 콘크리트가 압축력을 모두 받으면

$$C_c = 0.85 f_{ck} b_{eff} \cdot t \quad (6.6.1)$$

- 강재가 인장력을 모두 받으면

$$T_s = A_s F_y \quad (6.6.2)$$

- 전단연결재의 총 공칭강도(최대전단력)는

$$V_q = \Sigma Q_n \quad (6.6.3)$$

여기서 C_c: 콘크리트 슬래브의 압축력, T_s: 강재보의 인장력,
A_s: 강재보의 단면적, V_q: 전단연결재가 받는 총전단력,
Q_n: 전단연결재의 공칭강도

완전 합성작용(full composition action)을 전제로 하는 경우에 전단연결재의 V_q는 고려하지 않는다. $T_s \le C_c$인 경우 강재는 완전히 응력을 받고, 콘크리트는 일부분만 응력을 받는다(그림 6.5.1c). $C_c \le T_s$인 경우 콘크리트는 완전히 응력을 받고, 강재는 평형조건에 따라 인장과 압축응력을 모두 받는다(그림 6.5.1b). 그리고 응력의 분포를 알게 되면 이에 상응하는 압축과 인장력을 결정할 수 있고, 작용점도 찾을 수 있다.

공칭휨모멘트(M_n)는 어떤 기준점에 대해서도 모멘트를 취하여 산정할 수 있다. 즉, 부재의 휨내력은 힘의 우력으로 표현되기 때문에 어느 점이라도 모멘트의 기준점이 될 수 있다. 그러나 기준점을 일관성 있게 적용하는 것이 보다 용이하므로 소성중립축(PNA)이나 강재보의 상부면을 모멘트의 기준점으로 잡고 있다.

■ 웨브의 판폭두께비와 휨강도의 제한

합성보는 양단이 핀접합으로 구성되며, 정(+)모멘트를 받는다. 이때, 휨강도는

강재단면이나 콘크리트 슬래브 또는 전단연결재의 강도에 의해 좌우된다. 여기에 추가하여 강재단면의 웨브가 세장하거나 대부분의 웨브가 압축력을 받는 경우 웨브의 좌굴 가능성으로 인하여 합성보의 휨강도를 제한하게 된다. 그러나 웨브의 판폭두께비(h/t_w)가 $3.76\sqrt{E/F_y}$보다 크지 않으면 강재단면의 소성강도(plastic strength)를 감소시키지 않는다.

■ 소성중립축(PNA)의 위치

소성중립축의 위치는 다음 세 가지 경우가 있다.

1) 콘크리트 슬래브 내에 있는 경우:

$(C_c = 0.85 f_{ck} b_{eff} \cdot t) > (T_s = A_s F_y)$

2) 상부플랜지 내에 있는 경우:

$(C_c = 0.85 f_{ck} b_{eff} \cdot t) < (T_s = A_s F_y)$

$C_c + C_f > T_s - C_f$

여기서 $C_f = F_y \cdot b_f \cdot t_f$는 상부플랜지의 압축력이다.

3) 웨브 내에 있는 경우:

$(C_c = 0.85 f_{ck} b_{eff} \cdot t) < (T_s = A_s F_y)$

$C_c + C_f < T_s - C_f$

■ 공칭휨모멘트(M_n)의 결정

1) 소성중립축이 콘크리트 슬래브 내에 있는 경우

힘의 평형조건에 의하여 콘크리트의 압축력은 강재의 인장력과 동일하다. 따라서 이 인장력($T_s = A_s F_y$)에 상응하는 콘크리트의 압축력을 다음과 같이 정의한다.

$$C_e = 0.85f_{ck}b_{eff} \cdot a \tag{6.6.4}$$

여기서 a: 콘크리트 응력블록의 춤, C_e: 콘크리트 응력블록의 압축력

$0.85f_{ck}b_{eff} \cdot a = A_sF_y$의 관계로부터 응력블록의 춤($a$)을 구할 수 있다.

$$a = \frac{A_sF_y}{0.85f_{ck}b_{eff}} \tag{6.6.5}$$

따라서 합성보의 공칭휨모멘트(강도: M_n)는 강재보의 플랜지 상부면에 대해 모멘트를 취하여 다음과 같이 구한다.

$$M_n = T_s(d/2) + C_e(t - a/2) \tag{6.6.6}$$

2) 소성중립축이 상부플랜지 내에 있는 경우
(x =플랜지 상부면으로부터 PNA까지 거리)

$C_c = 0.85f_{ck}b_{eff} \cdot t$ (콘크리트의 압축력)

$C_s = A_{sc}F_y = (b_f \cdot x)F_y$ (PNA 상부의 플랜지 압축력)

$T_s = A_sF_y$ (강재보의 인장력)

여기서 A_{sc}는 압축력을 받는 플랜지의 단면적이다.

▸ 평형조건과 소성중립축 위치(x)

$0.85f_{ck}b_{eff} \cdot t + (b_f \cdot x)F_y = A_sF_y - (b_f \cdot x)F_y$의 관계로부터

$$x = \frac{A_s F_y - 0.85 f_{ck} b_{eff} \cdot t}{2 b_f F_y} \tag{6.6.7}$$

▸ 소성중립축으로부터 공칭휨모멘트를 구한다.

$$M_n - C_c(t/2 + x) + 2C_s(x/2) + T_s(d/2 - x) \tag{6.6.8}$$

3) 소성중립축이 웨브 내에 있는 경우
(x =플랜지 상부면으로부터 PNA까지 거리)

$C_c = 0.85 f_{ck} b_{eff} \cdot t$ (콘크리트의 압축력)

$C_f = (b_f \cdot t_f) F_y$ (상부플랜지의 압축력)

$C_w = (x - b_f) t_w F_y$ (PNA 상부 웨브의 압축력)

▸ 평형조건과 소성중립축 위치(x)

$$C_c + C_f + C_w = T_s - (C_f + C_w)$$

$$0.85 f_{ck} b_{eff} \cdot t + (b_f \cdot t_f) F_y + (x - b_f) t_w F_y = A_s F_y - (b_f \cdot t_f) F_y - (x - b_f) t_w F_y$$

$$x = \frac{A_s F_y - 0.85 f_{ck} b_{eff} \cdot t - 2 b_f t_f F_y + 2 b_f t_w F_y}{2 t_w F_y} \tag{6.6.9}$$

▸ 소성중립축으로부터 공칭휨모멘트(M_n)를 구한다.

$$M_n = C_c(t + x) + 2C_f(x - t_f/2) + 2C_w(x - t_f)(1/2) + T_s(d/2 - x) \tag{6.6.10}$$

예제 (6.6.1)

그림(6.6.1a)에 표시된 Beam A는 합성보이고, 단면은 그림(6.6.1b)와 같다. 보의 길이는 9m, 보 중심간 간격은 3m, 슬래브의 두께는 13cm이다. 강재단면은 (A) H-488×300×11×18, (B) H-588×300×12×20이며, 강종은 SHN355($F_y = 355$MPa)이고, 콘크리트 압축강도 $f_{ck} = 23.5$MPa이다. 완전 합성거동을 하는 이 보의 공칭모멘트와 설계모멘트를 (A), (B) 단면에 대해 각각 구하시오.

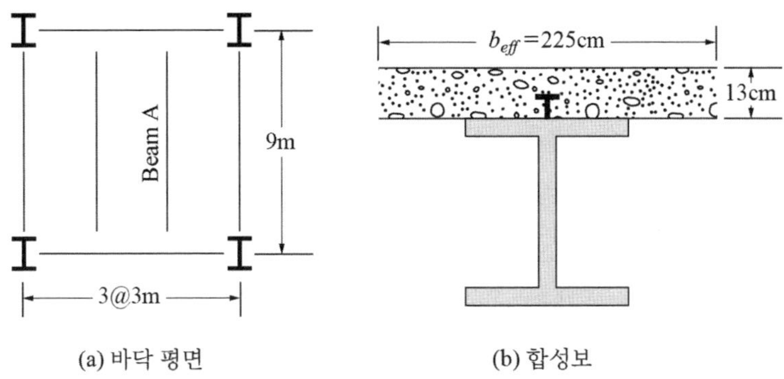

(a) 바닥 평면 (b) 합성보

그림(6.6.1) 합성보와 바닥 평면

풀이

(A) H−488×300×11×18

1) 합성보의 재료 특성:

$A_s = 1.635 \times 10^4 \text{mm}^2 = 0.01635\text{m}^2$,

$F_y = 355\text{MPa}(355{,}000\text{kN/m}^2)$

$f_{ck} = 23.5\text{MPa}(23{,}500\text{kN/m}^2)$, $t = 130\text{mm}$

2) 유효폭

$b_{eff} = L/4 = 9\text{m}/4 = 2.25\text{m}$

$b_{eff} = 3\text{m}$ (보 중심간 거리) 따라서 $b_{eff} = 2.25\text{m}$ 이다.

3) 압축력(C_c)과 인장력(T_s)

$$C_c = 0.85 f_{ck} b_{eff} \cdot t = 0.85(23{,}500\text{kN/m}^2)(2.25\text{m})(0.13\text{m}) = 5{,}843\text{kN}$$

$$T_s = A_s F_y = (1.635 \times 10^{-2}\text{m}^2)(355{,}000\text{kN/m}^2) = 5{,}804\text{kN}$$

Note

이 합성보가 완전 합성거동을 하므로 전단연결재는 C_c와 T_s 중에서 작은 값을 전달한다. 따라서 전단연결재가 전달하여야 할 총전단력은 $V_q =$ 5,804kN이다.

4) 압축응력블록 춤(a)

$C_c > T_s$이므로 소성중립축은 콘크리트 내에 위치한다.

식(6.6.5)로부터 응력블록 춤(a)은 다음과 같다.

$$a = \frac{A_s F_y}{0.85 f_{ck} b_{eff}} = \frac{5{,}804\text{kN}}{0.85(23{,}500\text{kN/m}^2)(2.25\text{m})} = 129.14\text{mm}$$

따라서 콘크리트의 압축력 식(6.6.4)과 강재의 인장력 (식 6.6.2)은 다음과 같다.

$$C_e = 0.85 f_{ck} b_{eff} \cdot a = 0.85(23{,}500\text{kN/m}^2)(2.25\text{m})(0.12914\text{m})$$

$$= 5{,}804\text{kN}$$

$$T_s = A_s F_y = 5{,}804\text{kN}$$

5) 공칭모멘트와 설계모멘트: (플랜지 상부면에서 모멘트를 취한다.)

식(6.6.6)으로부터

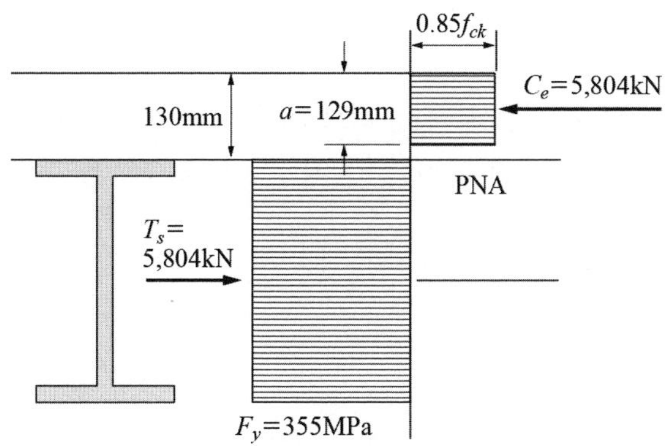

그림(6.6.2) 소성응력 분포(A)

$$M_n = T_s(d/2) + C_c(t - a/2)$$
$$= 5{,}804\text{kN}(0.488\text{m}/2) + 5{,}804\text{kN}(0.13\text{m} - 0.129\text{m}/2)$$
$$= 1{,}796\text{kN}\cdot\text{m}$$
$$\phi M_n = 0.9(1{,}796) = 1{,}617\text{kN}\cdot\text{m}$$

(B) H-588×300×12×20

1) 합성보의 재료 특성

$A_s = 1.9250 \times 10^4\text{mm}^2 = 0.01925\text{m}^2$,

$F_y = 355\text{MPa}(355{,}000\text{kN/m}^2)$ $f_{ck} = 23.5\text{MPa}(23{,}500\text{kN/m}^2)$,

$t = 130\text{mm}$

2) 유효폭(문제 A와 동일함)

$b_{eff} = 2.25\text{m}$

3) 압축력(C_c)과 인장력(T_s)

$$C_c = 0.85 f_{ck} b_{eff} \cdot t = 0.85(23{,}500\text{kN/m}^2)(2.25\text{m})(0.13\text{m})$$
$$= 5{,}843\text{kN}$$

$$T_s = A_s F_y = (0.01925\text{m}^2)(355{,}000\text{kN/m}^2) = 6{,}834\text{kN}$$

Note

이 합성보가 완전 합성거동을 하므로 전단연결재는 C_c와 T_s 중에서 작은 값을 전달한다. 따라서 전단연결재가 전달하여야 할 총전단력은 $V_q =$ 5,843kN이다.

4) 압축응력블록 춤(a)

$C_c < T_s$이므로 소성중립축은 콘크리트 슬래브 아래에 위치한다.

▸ 콘크리트 압축력 + 상부플랜지 압축력

$$C = 0.85 f_{ck} b_{eff} \cdot t + A_f F_y$$
$$= 5{,}843\text{kN} + (0.3\text{m})(0.02\text{m})(355{,}000\text{kN/m}^2)$$
$$= 5{,}843\text{kN} + 2{,}130\text{kN} = 7{,}973\text{kN}$$
$$T = F_y(A_s - A_f) = (355{,}000\text{kN/m}^2)(0.01925\text{m}^2 - 0.006\text{m}^2)$$
$$= 4{,}704\,\text{kN}$$

$C > T$ 이므로 소성중립축은 플랜지 내에 위치한다.

5) 플랜지 상부면으로부터 소성중립축까지 거리(x)

$C_c + F_y A_{sc} = T_s - F_y A_{sc}$의 관계로부터 x를 구한다.

($C_c = 0.85 f_c{'} b_{eff} \cdot t,\ T_s = A_s F_y,\ A_{sc} = b_f \cdot x$)

여기서 A_{sc}는 압축력을 받는 (상부)플랜지의 단면적이다.

식(6.6.7)로부터

$$x = \frac{A_s F_y - 0.85 f_{ck} b_{eff} \cdot t}{2 b_f F_y} = \frac{6{,}834 - 5{,}843}{2(0.3\text{m})(355{,}000\text{kN/m}^2)}$$
$$= 0.00465\text{m} = 4.65\text{mm}$$

따라서 PNA는 (상부)플랜지 상부 면으로부터 4.65 mm 아래에 위치한다. 이 부분($A_{sc} = b_f \cdot x$)이 받는 압축력($C_s = A_{sc} F_y$)은 다음과 같다.

$C_s = A_{sc}F_y = (b_f \cdot x)F_y = (0.3\text{m})(0.00465\text{m})(355{,}000\text{kN/m}^2)$
$= 495.2\text{kN}$

▸ 전체 압축력(C)
$C = C_c + C_s = 0.85 f_{ck} b_{eff} \cdot t + F_y A_{sc} = 5{,}843 + 495.2 = 6338.2\text{kN}$

▸ 전체 인장력(T)
$T = T_s - C_s = 6{,}834 - 495 = 6{,}339\text{kN}$

6) 공칭모멘트와 설계모멘트

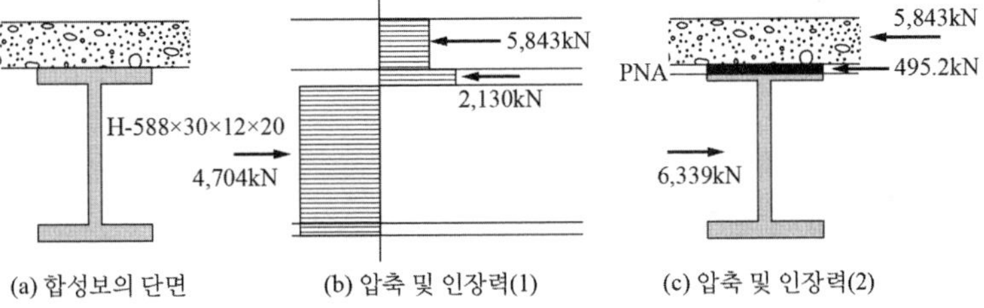

그림(6.6.3) 합성보의 단면과 압축 및 인장력 분포

Note

1) 그림(6.6.3b)에서 콘크리트 슬래브의 압축력(C_c)은 5,843kN 이며, 상부플랜지가 받는 압축력은
$A_s F_y = (0.3 \times 0.02\text{m}^2)(355{,}000\text{kN/m}^2) = 2{,}130\text{kN}$ 이다.
2) 웨브와 하부플랜지가 받는 인장력은 4,704kN 이다.
3) 그림(6.6.3c)에서 상부플랜지 중 압축력을 받는 면적은 $A_{sc} = b_f \cdot x$ 이며, 이 부분의 압축력은 $C_s = A_{sc}F_y = b_f \cdot x F_y = 495.2\text{kN}$ 이다.

소성중립축으로부터 공칭모멘트를 구하면,

$M_n = C_c(t/2 + x) + 2C_s(x/2) + T_s(d/2 - x)$
$= 5{,}843\text{kN}(0.13\text{m}/2 + 0.00465\text{m}) + 2(495.2\text{kN})(0.00465\text{m}/2)$
$+ 6{,}834\text{kN}(0.588\text{m}/2 - 0.00465\text{m})$

$$= 406.96 + 2.30 + 1{,}977 = 2{,}386\text{kN}\cdot\text{m}$$

$$\phi M_n = 0.9(2{,}386) = 2{,}147\text{kN}\cdot\text{m}$$

Note

단면 A: H-488×300×11×18 ($A_s = 163.5\,\text{cm}^2$), $\phi M_n = 1{,}616\text{kN}\cdot\text{m}$
단면 B: H-588×300×12×20 ($A_s = 192.5\,\text{cm}^2$), $\phi M_n = 2{,}147\,\text{kN}\cdot\text{m}$

단면 A와 B를 비교하면 단면 B의 단면적이 18% 증가하였으나 설계모멘트강도는 33%가 증가하였다. 이는 단면의 춤이 488(mm)에서 588(mm)로 증가한 것에 주로 기인한다.

6.7 불완전합성보

지금까지 합성보가 완전 합성거동을 하는 경우를 고려하였다. 즉, 콘크리트나 강재가 완전히 응력을 받을 때 평형을 위하여 어떤 힘이 요구되든지 간에 전단연결재는 이 힘을 모두 전달할 수 있는 것으로 가정되었다. 그러나 실제 상황에서는 완전 합성거동보다도 더 작은 합성강도를 요구하는 경우가 많이 있다. 특히, 철골구조의 특성 상 장스팬 구조물에 많이 사용되므로 강도보다는 처짐이 지배적으로 작용하는 경우가 많다.

전단연결재의 수량에 대한 요구사항은 별도로 없으나 많은 자료에서 25%~75%의 부분합성을 제안하고 있으며, 실무에서는 보통 최소 50% 이상의 합성율을 확보하도록 계획한다.

전단연결재는 합성보의 공사비에 주요한 부분을 차지한다. 강재단면과 콘크리트 형상(geometry)이 주어진 경우에 전단연결재 숫자를 최적화하면 더 경제적인 설계가 된다.

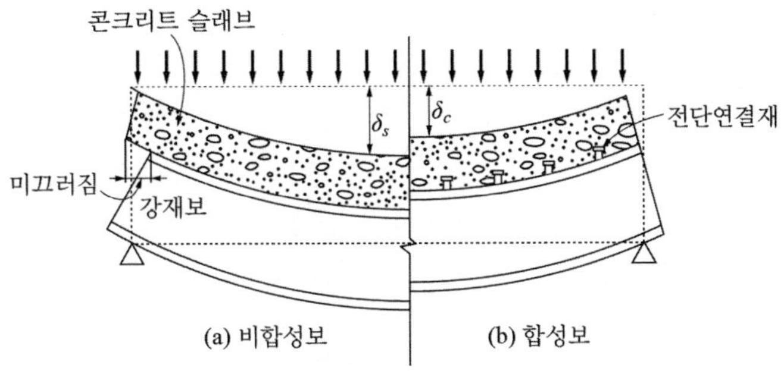

그림(6.7.1) 합성보와 비합성보[2]

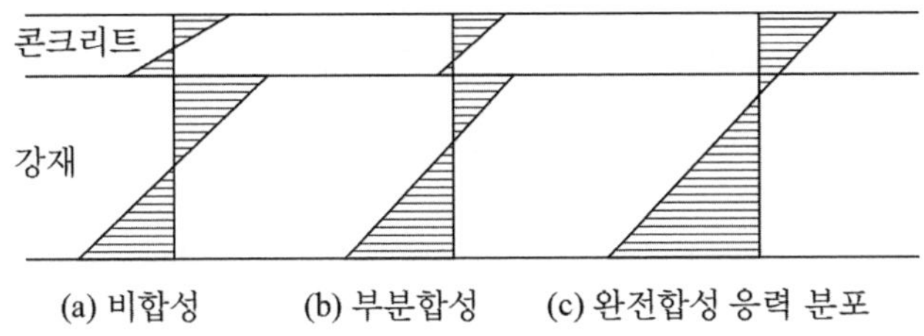

그림(6.7.2) 수준별 탄성 합성작용과 응력 분포

그림(6.7.2)에서 보는 바와 같이 합성보 단면의 응력을 탄성응력 분포로서 검토해 보자. 그림(6.7.2a)는 콘크리트 슬래브가 전단연결재 없이 강재보에 놓여 있다. 이 경우 접촉면에서 미끄러짐이 일어난다. 두 재료가 완전히 연결되면 탄성응력 분포는 그림(6.7.2c)와 같으며, 미끄러짐이 발생하지 않는다. 그러나 두 재료 사이에 약간의 미끄러짐을 허용하면 그림(6.7.2b)와 같은 응력 분포를 보이게 된다. 이것이 탄성범위 내에서 불완전 합성거동을 보여주는 것이다.

2 한국강구조학회 (2011), "강구조설계", 구미서관

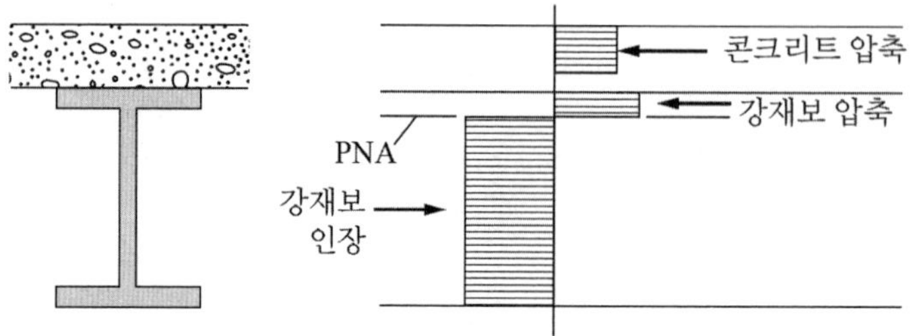

그림(6.7.3) 불완전합성보의 소성응력 분포

불완전합성보의 소성응력 분포는 그림(6.7.3)과 유사하다. 소성중립축(PNA)은 강재보 내에 위치하고, 콘크리트의 압축력 크기는 전단연결재(시어커넥터)를 통해 전달되는 강도($V_q = \Sigma Q_n$)에 의해 결정된다.

$$C_q = V_q = \Sigma Q_n \tag{6.7.1}$$

$$C_e = 0.85 f_{ck} b_{eff} \cdot a \tag{6.6.4}$$

여기서 C_q는 콘크리트의 압축력으로서 전단연결재에 의해 전달되며, 다음과 같이 정의된다[3].

$$C_q = 0.85 f_{ck} \cdot b_{eff} \cdot a \tag{6.7.2}$$

따라서 콘크리트 압축응력블록의 춤(a)은 다음과 같다.

$$a = \frac{\Sigma Q_n}{0.85 f_{ck} \cdot b_{eff}} \tag{6.7.3}$$

3　C_q는 식(6.6.4)의 C_e와 동일하다.

소성중립축 위치와 공칭휨모멘트는 완전 합성거동의 경우와 동일한 방법으로 산정할 수 있다.

$T_s > C_q$일 때, 강재의 일부가 압축력을 받아야 한다.

$C_q + A_{sc}F_y = T_s - A_{sc}F_y$의 평형조건식으로부터

$$A_{sc} = \frac{T_s - C_q}{2F_y} \tag{6.7.4}$$

여기서 A_{sc}는 압축력을 받는 강재(플랜지)의 단면적이다.

소성중립축(PNA)의 위치(플랜지 내)는 다음과 같다.

$$x = \frac{A_{sc}}{b_f} \tag{6.7.5}$$

예제 (6.7.1)

예제(6.6.1)의 (A)와 동일한 조건이다(H-488×300×11×18). 다만, 전단연결재 강도가 $V_q = 4{,}000\text{kN}$인 불완전합성보로 설계할 때 공칭휨모멘트와 설계휨모멘트를 구하시오.

풀이

1) 유효폭과 H형강 단면 특성

예제(6.6.1)과 동일하므로 $b_{eff} = 2.25\text{m}$ 이다.

H-488×300×11×18:

$d = 488\text{mm}$, $b_f = 300\text{mm}$, $Z_x = 3.23 \times 10^6\text{mm}^3$

2) 압축력(C_c)과 인장력(T_s): 예제(6.6.1A)로부터

$C_c = 5{,}843\text{kN}$, $T_s = 5{,}804\text{kN}$

주어진 조건으로부터 $V_q = C_q = 4{,}000\text{kN}$

Note

전단연결재에 의해 전달되는 전단력은 $V_q = 4{,}000\text{kN}$ 이며, 이 전단력을 콘크리트 슬래브가 압축력으로서 받는다(C_q).

3) 압축응력블록의 춤(a): 식(6.7.3)

전단연결재에 의해 전달되는 전단력이 $V_q = C_q = 4{,}000\text{kN}$ 이므로

$$a = \frac{\Sigma Q_n}{0.85 f_{ck} b_{eff}} = \frac{4{,}000}{0.85(23{,}500\text{kN/m}^2)(2.25\text{m})} = 0.09\text{m} = 9\text{cm}$$

4) 강재보의 압축응력 면적: 식(6.7.4)

$$A_{sc} = \frac{T_s - C_q}{2F_y} = \frac{5{,}804 - 4{,}000}{2(355{,}000\text{kN/m}^2)} = 2.54 \times 10^{-3}\text{m}^2 = 25.4\text{cm}^2$$

이 면적은 플랜지 면적($30 \times 1.8 = 54\text{cm}^2$)보다 작으므로 소성중립축은 플랜지 내에 위치한다.

5) 소성중립축 위치: (식 6.7.5)

$$x = \frac{A_{sc}}{b_f} = \frac{25.4}{30} = 0.847\text{cm}$$

6) 상부플랜지의 압축력

$$C_s = (b_f \cdot x)F_y = (30\text{cm} \times 0.847\text{cm})(35.5\text{kN/cm}^2)$$
$$= (25.4\text{cm}^2)(35.5\text{kN}) = 901.7\text{kN}$$

7) 공칭휨모멘트와 설계휨모멘트

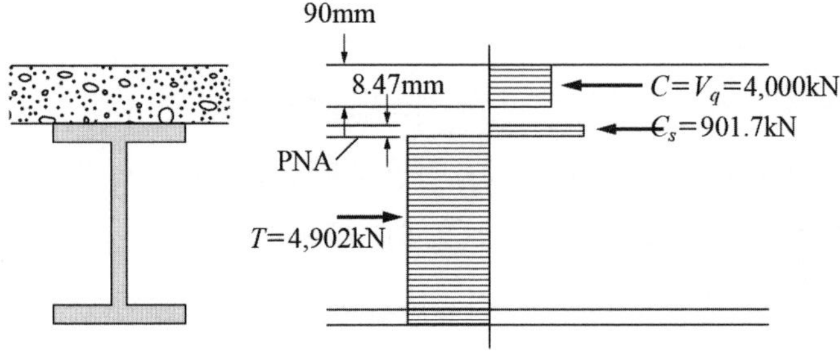

그림(6.7.4) 응력 분포 및 압축력과 인장력

▸ 플랜지 상부면으로부터 모멘트를 취하면

$$M_n = C_q(t-a/2) - C_s(x/2) + [T_s(d/2) - C_s(x/2)]$$
$$= C_q(t-a/2) - 2C_s(x/2) + T_s(d/2)$$
$$= 4{,}000\text{kN}(13-9/2)\text{cm} - 2(901.7\text{kN})(0.847\text{cm}/2)$$
$$+ (5{,}804\text{kN})(48.8/2)\text{cm}$$
$$= (34{,}000 - 764 + 141{,}618)\text{kN}\cdot\text{m}$$
$$= 174{,}854\text{kN}\cdot\text{cm} = 1{,}749\text{kN}\cdot\text{m}$$
$$\phi M_n = 0.9(1{,}749) = 1{,}574\text{kN}\cdot\text{m}$$

Note

1) 공칭휨모멘트는 완전 합성거동시의 1,616kN(예제 6.6.1)에서 1,574kN으로 줄어들었다. 이것은 약 3%의 감소이다. 그러나 전단연결재의 강도는 5,804kN에서 4,000kN으로 약 31%가 감소하였다. 따라서 더 경제적인 설계가 가능하다.
2) 강재보의 소성모멘트($M_p = 1{,}147\text{kN}\cdot\text{m}$)와 비교해 보면 합성보의 휨강도는 현저하게 큰 값이다.
($M_p = Z_x F_y = (3.23\times10^{-3}\text{m}^3)(3.55\times10^5\text{kN/m}^2) = 1{,}147\text{kN}\cdot\text{m}$)

6.8 시어스터드의 강도와 설계

합성보에서 하부 강재보와 상부 콘크리트 슬래브가 하나의 부재로 거동하기 위하여 전단연결재가 필요하다. 대표적인 전단연결재로는 시어스터드(shear stud)가 있다. 이는 콘크리트 슬래브와 강재보 사이에 발생하는 수평 전단력에 저항하면서 두 구조재료의 합성작용을 가능하게 한다. 스터드는 합성보에 작용하는 하중에 의한 전단력 다이어그램에 따라 설치하는 것이 아니라, 합성보 단면에 작용하는 압축력과 인장력에 의한 수평력에 대해 설계한다. 여러 실험결과에 의하면 스터드는 극한하중 하에서 전단력을 재분배할 수 있는 연성(ductility)을 충분히 가지고 있음이 증명되고 있다. 따라서 각각의 스터드는 하중을 동일하게 받는다.

시어스터드(또는 스터드)의 공칭강도는 다음과 같다.

$$Q_n = 0.5Aa\sqrt{f_{ck}E_c} \leq R_g R_p A_{sa} F_u \tag{6.8.1}$$

여기서

Q_n : 스터드의 공칭강도 A_{sa} : 스터드의 단면적, F_u : 스터드의 인장강도,

E_c : 콘크리트 탄성계수[4]($0.077 m_c^{1.5} \sqrt[3]{f_{cu}}$ MPa, m_c가 1,450 ~ 2,500kg/m^3 인 경우)

m_c: 콘크리트의 단위질량

f_{cu}[5]: 28일 평균압축강도($= f_{ck} + 8$)

R_g, R_p : 스터드 강도 감소계수(평데크인 경우 각각 1.0, 0.75이다.)

---

4 보통 골재를 사용한 콘크리트($m_c = 2{,}300$kg/m^3)의 경우 E_c는 $8{,}500\sqrt[3]{f_{cu}}$으로 산정할 수 있다.

5 2012년 개정된 콘크리트구조기준(한국콘크리트학회)에서는 $f_{cu} = f_{ck} + \Delta f$(MPa)로 산정한다. 여기서 Δf는 f_{ck}가 40MPa 이하면 4MPa, 60MPa 이상이면 6MPa이며, 그 사이는 직선보간하는 것으로 구한다.

등분포하중을 받는 경우, 최대모멘트를 받는 중앙부의 양쪽에 V_q/Q_n개의 스터드를 설치한다. 그림(6.8.1)과 같이 집중하중을 받는 경우 좌우 양쪽에 V_q/Q_n 개의 스터드를 설치하고 중앙부에는 최소한의 스터드를 설치한다. 스터드는 주로 ϕ19와 ϕ22가 사용되며, 인장강도(F_u)는 400MPa이다.

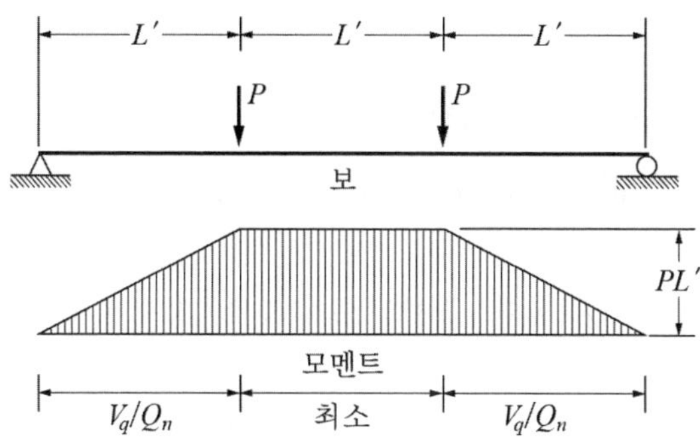

그림(6.8.1) 스터드 배치(집중하중)

■ **제한 사항**

- ▸ 강재앵커의 측면 피복두께 $\geq$ 25mm
- ▸ 스터드 직경 $\leq$ 플랜지 두께(t_f)의 2.5배
- ▸ 스터드 높이 $\geq$ (전단력만 받는 경우) 직경의 5배,
  (인장 또는 전단과 인장의 조합력을 받는 경우) 직경의 8배
- ▸ 스터드 간격 $\geq$ (보 길이 방향) 스터드 직경의 6배, (보 직각 방향) 스터드 직경의 4배
- ▸ 스터드 최대 중심간 간격 $\leq$ 슬래브 두께의 8배 또는 900mm
- ▸ 스터드 전단력방향 연단거리 $\geq$ 20mm

예제 (6.8.1)

예제(6.6.1)로부터 평데크를 사용할 때 소요 시어스터드 개수를 산정하시오. 스터드는 ϕ19를 사용한다.

풀이

이 합성보는 완전 합성거동을 하며, $V_q = 5{,}804\text{kN}$이다. 시어스터드의 공칭강도는 식(6.8.1)로부터 구한다.

$Q_n = 0.5A_{sc}\sqrt{f_{ck}E_c} \le R_gR_pA_{sc}F_u$

여기서

$A_{sc} = \pi(19^2)/4 = 283.5\text{mm}^2$, $f_{ck} = 23{,}500\text{kN/m}^2 = 23.5\text{N/mm}^2$

$E_c = 0.077m_c^{1.5}\sqrt[3]{f_{cu}} = 0.077(2{,}300^{1.5})\sqrt[3]{(23.5+4)} = 25{,}637\text{N/mm}^2$

$Q_n = 0.5A_{sc}\sqrt{f_{ck}E_c} = 0.5(283)\sqrt{23.5\times 25{,}637} = 109{,}831\text{N}$
$= 109.8\text{kN}$

$R_g = 1.0$ (평데크)

$R_p = 0.75$ (평데크)

$F_u = 400\text{N/mm}^2$

$R_gR_pA_{sc}F_u = (1\times 0.75)(283.5)(400) = 85{,}050\text{N} = 85.1\text{kN}$

식(6.8.1)에 따라 시어스터드의 공칭강도는 85.1kN 이다.

▸ 소요개수

$n = V_q/Q_n = 5{,}804/85.1 = 68.2$개

예제6.6.1의 경우 균일한 분포하중이 보에 있어서 보의 중앙에 최대모멘트가 생긴다. 따라서 보의 중심부를 기준으로 좌우에 각각 70개, 총 140개의 스터드를 설치한다.

9m 스팬에 스터드 140개를 등간격으로 2열 배열하면

$s = L/n = 9{,}000/(140/2) = 128.6\text{mm}$ 이다.

따라서 보 전체 길이를 따라 2-ϕ19@120으로 배치한다.

▸ 스터드 간격 검토

길이 방향으로 스터드 직경의 6배 이상이어야 한다. ϕ19이므로

$19 \times 6 = 114\text{mm} < 120\text{mm}$
스터드 배치는 기준을 만족한다.

직교 방향으로 스터드 간격은 스터드 직경의 4배 이상이어야 하므로
$19 \times 4 = 76\text{mm}$
H-488×300×11×18의 플랜지폭(b_f)이 300mm 이므로 2열로 배열할 수 있다.

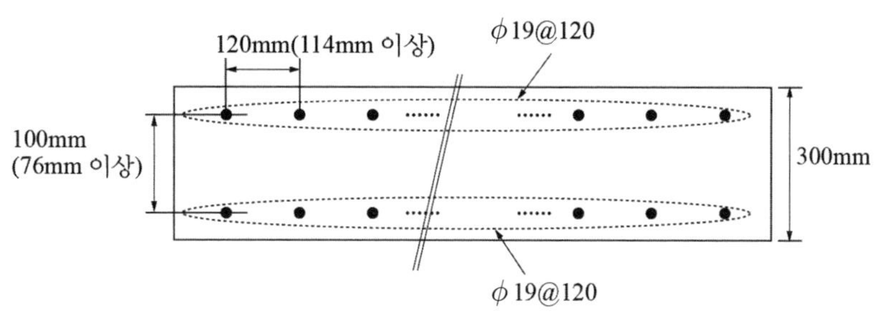

6.9 합성보의 처짐

합성보의 처짐에 대하여 건축구조기준에서는 별도로 그 제한값을 규정하고 있지 않다. 그러나 사용성 확보를 위해 공사 중 강재단면의 처짐과 완공 후 합성보의 처짐에 대하여 검토되어야 한다.

▪ 공사 중 강재단면의 처짐

합성 이전의 공사단계에서는 강재단면이 모든 하중을 저항해야 한다. 따라서 활하중과 마감하중을 제외한 공사 중 등분포로 작용하는 고정하중($w_{D,1}$)에 의한 처짐($\Delta_{D,1}$)은 식(6.9.1)로 산정할 수 있다. 또한, 처짐량은 AISC Steel Design Guide 3에 따라 식(6.9.2)와 같이 $L/360$과 25mm 중 작은 값으로 제한한다.

$$\Delta_{D,1} = \frac{5w_{D,1}L^4}{384E_sI_s} \quad (6.9.1)$$

$$\Delta_{D,\text{limit}} = \min[L/360,\ 25\text{mm}] \quad (6.9.2)$$

합성 이전의 처짐 제한이므로 위 식에서 E_s는 강재의 탄성계수이며, I_s는 강재 단면만의 단면2차모멘트이다.

산정된 처짐값이 제한값보다 큰 경우는 단면의 증가, 지주 설치(shoring) 또는 강재보에 상향으로 미리 치올림(cambering)을 두어 공사 중의 과도한 처짐량을 보정해야 한다. 치올림의 정도는 공사 중 고정하중으로 인한 처짐량의 75~80% 정도가 일반적이다. 치올림 양(Δ_{camber})을 너무 크게 하는 경우 역방향으로 휘는 경우가 발생할 수 있고, 콘크리트 바닥의 두께가 얇아질 수 있다.

■ **완공 후 합성보의 처짐**

처짐을 계산하기 위한 합성보의 휨강성을 정확하게 산정하는 것은 어려운 일이다. 이러한 이유로 건축구조기준 해설(KBC 해0709.3.2. 강재앵커(전단열결재)를 갖는 합성보)에서는 처짐 산정 시 사용하는 단면2차모멘트의 값으로 유효 단면2차모멘트(I_{eff})를 사용하는 방법과 단면2차모멘트의 하한값(I_{LB})을 사용하는 두 가지 방법을 제시하고 있다. 여기에서는 I_{eff}를 적용하여 합성보의 처짐을 산정한다.

▸ 유효 단면2차모멘트

완전합성보인 경우 선형 탄성이론을 통해 산정된 등가의 환산 단면2차모멘트(I_{tr})의 75%를 유효 단면2차모멘트(I_{eff})로 정의하며, 이 값을 처짐의 계산에 사용한다.

$$I_{eff} = 0.75I_{tr} \quad (6.9.3)$$

여기서 I_{tr}은 균열이 없는 완전합성 환산단면의 단면2차모멘트(I_{tr})를 통해 계산된다.

불완전합성보의 경우 I_{eff}는 식(6.9.4)에 의해 근사적으로 산정할 수 있다.

$$I_{eff} = I_s + \sqrt{(\Sigma Q_n / C_f)}(I_{tr} - I_s) \tag{6.9.4}$$

여기서 ΣQ_n은 최대 정모멘트 위치와 모멘트가 0인 위치 사이에서 전단연결재의 공칭강도 합이며, C_f는 완전합성보의 콘크리트 슬래브 압축력($A_s F_y$와 $0.85 f_{ck} A_c$ 중 작은 값)을 나타낸다.

▸ 콘크리트 양생 후 추가적인 고정하중에 의한 처짐

$$\Delta_{D,2} = \frac{5 w_{D,2} L^4}{384 E_s I_e} \tag{6.9.5}$$

여기서 $\Delta_{D,2}$는 콘크리트가 양생된 후 합성단면에 작용하는 마감과 같은 고정하중에 의한 처짐이다.

▸ 콘크리트 양생 후 활하중에 의한 처짐

콘크리트 양생 후 활하중에 의한 처짐은 식(6.9.5)로 계산하며, 일반적으로 $L/360$로 제한된다.

$$\Delta_L = \frac{5 w_L L^4}{384 E_s I_{eff}} < \frac{L}{360} \tag{6.9.6}$$

▸ 고정하중과 활하중에 의한 전체 처짐량

고정하중과 활하중에 의한 전체 처짐량은 식(6.9.7)과 같이 공사 중과 공사 후의 처짐 성분의 전체 합에서 치올림 양(Δ_{camber})을 뺀 값으로 산정된다. 전체 처짐량은 일반적으로 $L/240$로 제한된다.

$$\Delta_{D+L} = (\Delta_{D,1} - \Delta_{camber}) + \Delta_{D,2} + \Delta_L \quad < \quad \frac{L}{240} \tag{6.9.7}$$

예제 (6.9.1)

종합설계 Step 1에서 작은 보 2B1은 10m 스팬을 가지며, 완전합성보로 설계되었다. 강재단면은 H-400×200×8×13(SHN400), 슬래브 두께는 150mm, 슬래브 유효폭은 2.5m이다. 콘크리트 설계기준압축강도(f_{ck})가 30MPa일 때, 이 합성보의 처짐을 검토하시오. 단, 이 보에 작용하는 등분포하중은 다음과 같다.

▸ 공사단계 하중 (콘크리트 양생 전)

- 고정하중: $w_{D,1} = 12.15\,\text{kN/m}$

▸ 사용단계 하중 (콘크리트 양생 후)

- 고정하중: $w_D = 18.0\,\text{kN/m}$
- 활하중: $w_L = 10.5\,\text{kN/m}$

풀이

처짐에 대한 검토 과정을 재정리해 보면 다음과 같다.

▸ 공사중 강재단면의 처짐: 고정하중($w_{D,1}$)

$$\Delta_{D,1} = \frac{5 w_{D,1} L^4}{384 E_s I_s} \le \Delta_{D,\text{lim}}$$

여기서 $\Delta_{D,\text{limit}} = \min[L/360,\ 25\,\text{mm}]$

▸ 완공 후 합성보의 처짐

◦ 콘크리트 양생 후 활하중에 의한 처짐

$$\Delta_L = \frac{5w_L L^4}{384E_s I_{eff}} \quad < \quad \frac{L}{360}$$

여기서 $I_{eff} = 0.75 I_{tr}$ (완전합성보)

$I_{eff} = I_s + \sqrt{(\Sigma Q_n / C_f)}(I_{tr} - I_s)$ (불완전합성보)

◦ 고정하중과 활하중에 의한 전체 처짐량

$$\Delta_{D+L} = (\Delta_{D,1} - \Delta_{camber}) + \Delta_{D,2} + \Delta_L \quad < \quad \frac{L}{240}$$

여기서 $\Delta_{D,2}$는 합성단면에 작용하는 마감과 같은 고정하중에 의한 처짐이다.

(1) 재료 및 강재단면의 특성

◦ 재료의 탄성계수

강재: $E_s = 210{,}000\text{MPa}$

콘크리트:

$E_c = 8{,}500\sqrt[3]{f_{cu}} = 8{,}500\sqrt[3]{f_{ck}+4} = 8{,}500\sqrt[3]{34} \simeq 27{,}500\text{MPa}$

(f_{ck}: 30MPa)

◦ H-400×200×8×13의 단면 특성:

$A_s = 8{,}412\text{mm}^2 \quad I_s = 2.37 \times 10^8 \text{mm}^4$

(2) 공사 중 강재단면의 처짐 검토: (식 6.9.1)

$$\Delta_{D,1} = \frac{5w_{D,1}L^4}{384E_s I_s} = \frac{5(12.15)(10{,}000)^4}{384(210{,}000)(2.37 \times 10^8)} = 31.8\text{mm}$$

$\Delta_{D,\lim} = \min[L/360,\ 25]$

$= \min[10{,}000/360 = 27.8\text{mm},\ 25\text{mm}] = 25\text{mm}$

산정된 처짐값이 제한값보다 크기 때문에 단면을 증가시키거나 강재단면에 상향으로 미리 치올림을 두어야 한다. 여기서는 처짐량의 75% 만큼 치올림을 두어 공사 중의 과도한 처짐량을 보정한다.

$$\Delta_{camber} = 0.75\Delta_{D,1} = 0.75 \times 31.8 = 23.9\text{mm} \rightarrow 25.0\text{mm}$$

(3) 콘크리트 양생 후 합성보의 처짐 검토

▸ 도심 위치 산정

- 탄성계수비

$n = E_s/E_c = 210{,}000/27{,}500 = 7.64$

- 콘크리트 등가단면적: ($b_{eff} = 2{,}500\text{mm}$, $t = 150\text{mm}$)

$A_c/n = (2{,}500 \times 150)/7.61 = 4.91 \times 10^4\text{mm}^2$

- 강재와 콘크리트 단면의 도심 위치: (하부플랜지 밑면으로부터)

$y_s = 400/2 = 200\text{mm}$

$y_c = 400 + 150/2 = 475\text{mm}$

- 합성단면의 도심 위치: (하부 플랜지 밑면으로부터)

$$y_0 = \frac{A_s y_s + (A_c/n) y_c}{A_s + (A_c/n)} = \frac{(8{,}412 \times 200) + (49{,}100 \times 475)}{8{,}412 + 49{,}100}$$

$$= 434.8\text{mm}$$

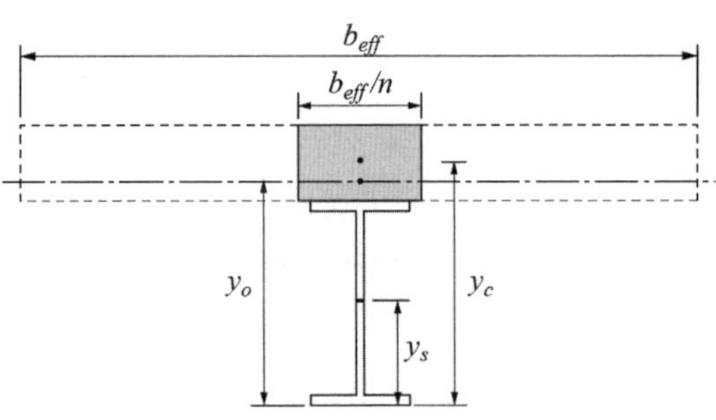

▸ 유효 단면2차모멘트(I_{eff})

먼저 콘크리트 단면의 환산 단면2차모멘트(I_{tr})를 산정한다.

$$\frac{I_c}{n} = \frac{b_{eff} \cdot t^3}{12n} = \frac{2,500 \times 150^3}{12 \times 7.64} = 9.20 \times 10^7\,\text{mm}^4$$

위에서 산정한 요소의 도심 위치 및 단면2차모멘트를 이용하여 합성단면의 환산 단면2차모멘트를 다음과 같이 산정할 수 있다.

$$\begin{aligned} I_{tr} &= I_s + A_s(y_s - y_0)^2 + (I_c/n) + (A_c/n)(y_c - y_0)^2 \\ &= 2.37 \times 10^8 + 8,412(200 - 434.8)^2 + 9.20 \times 10^7 \\ &\quad + 49,100(475 - 434.8)^2 \\ &= 8.72 \times 10^8\,\text{mm}^4 \end{aligned}$$

2B1은 완전합성보이므로 I_{eff}는 다음과 같이 계산된다.

$$I_{eff} = 0.75 I_{tr} = 0.75(8.72 \times 10^8) = 6.54 \times 10^8\,\text{mm}^4$$

▸ 콘크리트 양생 후 추가적인 고정하중에 의한 처짐량

$$w_{D,2} = w_D - w_{D,1} = 18 - 12.15 = 5.85\,\text{kN/m}$$

$$\Delta_{D,2} = \frac{5 w_{D,2} L^4}{384 E_s I_{eff}} = \frac{5(5.85)(10,000)^4}{384(210,000)(6.54 \times 10^8)} = 5.5\,\text{mm}$$

▸ 콘크리트 양생 후 활하중에 의한 처짐량

$$\Delta_L = \frac{5 w_L L^4}{384 E_s I_{eff}} = \frac{5(10.5)(10,000)^4}{384(210,000)(6.54 \times 10^8)} = 9.95\,\text{mm}$$

$$\Delta_{L,\text{limit}} = L/360 = 27.8\,\text{mm}$$

→ 활하중에 의한 처짐 제한을 만족한다.

▸ 고정하중과 활하중에 의한 전체 처짐량

$$\Delta_{D+L} = (\Delta_{D,1} - \Delta_{\text{camber}}) + \Delta_{D,2} + \Delta_L$$

$$= (31.8 - 23.9) + 5.5 + 9.95$$
$$= 23.4\,\text{mm}$$
$$\Delta_{D+L,\lim} = L/240 = 10{,}000/240 = 41.7\,\text{mm}$$

그러므로 고정하중과 활하중에 의한 전체 처짐 제한을 만족한다.

6.10 합성기둥

합성기둥의 개발은 비교적 최근에 일어나고 있다. 이에 대한 설계법은 1986년 AISC LRFD 설계지침에 처음으로 제시되었다. 합성기둥은 그림(6.10.1)에서 보는 바와 같이 매입형(SRC, steel encased in reinforced concrete)과 충전형(CFT, concrete filled in tube)이 있다.

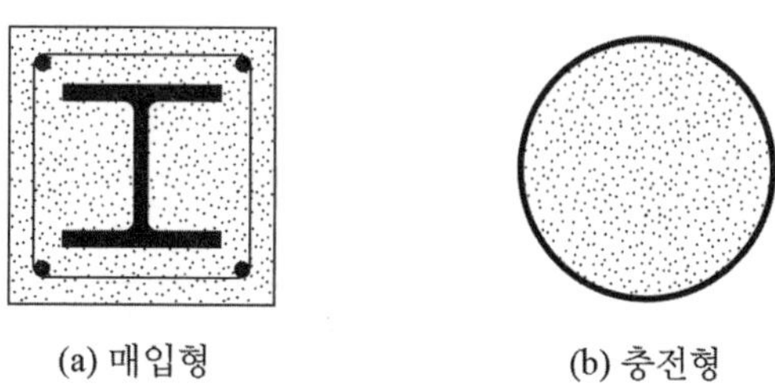

그림(6.10.1) 합성기둥(매입형과 충전형)

Note

ACI(American Concrete Institute) 318 콘크리트 설계지침서에서도 합성기둥 설계를 다루고 있다. AISC LRFD와 ACI 318은 두 기준이 각기 다른 설계 방식을 가지고 있지만 결과가 유사하다. AISC LRFD의 경우는 ACI에 비해 비교적 단순하며, 일반적인 정형기둥에 쉽게 적용할 수 있다. ACI는 합성기둥의 세장비까지 고려하여 계산이 복잡하지만 비정형 합성기둥 설계가 가능하다.

■ 구조제한

1) 강재기둥의 단면적은 최소한 총단면적의 1% 이상으로 한다.
2) 강재코어를 매입한 콘크리트는 연속된 길이방향 철근과 띠철근 또는 나선철근으로 보강되어야 한다.
3) 연속된 길이방향의 최소철근비 ρ_{sr}은 0.004로 한다.

$$\rho_{sr} = \frac{A_{sr}}{A_g} \geq 0.004 \quad (6.10.1)$$

여기서 A_{sr}: 보강철근의 단면적(mm^2), A_g: 합성부재의 총단면적(mm^2)이다.

4) 횡방향 철근 중심간 간격은 직경 D10의 경우 300mm 이하, 직경 D13 이상인 경우 400mm 이하로 한다. 횡방향 철근의 최대 간격은 강재 코어의 항복강도가 450MPa 이하인 경우 부재단면 최소크기의 0.5배, 강재 코어의 항복강도가 450MPa 초과하는 경우 부재단면 최소크기의 0.25배를 초과할 수 없다.
5) 강재단면과 길이방향 철근 사이의 순간격은 철근직경의 1.5배 이상 또는 40mm 중 큰 값 이상으로 하며, 플랜지에 대한 콘크리트 순피복두께는 플랜지폭의 1/6 이상으로 한다.
6) 압축력을 받는 충전형합성부재의 압축강재요소에 대한 판폭두께비 제한(조밀/비조밀의 경우)

   사각형: $b/t \leq 2.26\sqrt{E/F_y}$

   원형: $D/t \leq 0.15E/F_y$

■ 합성기둥의 공칭압축강도

합성기둥의 공칭압축강도는 압축재의 좌굴응력식(3.5.2와 3.5.3)을 변환하고 있다.

▸ 압축재의 좌굴응력

① $KL/r \leq 4.71\sqrt{E/F_y}$ 또는 $F_y/F_e \leq 2.25$ 인 경우

$$F_{cr} = \left(0.658^{F_y/F_e}\right)F_y \quad (3.5.2)$$

② $KL/r > 4.71\sqrt{E/F_y}$ 또는 $F_y/F_e > 2.25$ 인 경우

$$F_{cr} = 0.877F_e \quad (3.5.3)$$

이 식에서 F_y(항복응력)는 P_{no}(공칭압축강도)로, F_e(오일러 응력)는 P_e(오일러 압축강도)로, F_{cr}(좌굴응력)은 P_n(합성기둥의 공칭압축강도)으로 각각 대체한다.

▸ 합성기둥의 공칭압축강도(매입형): (강도감소계수 $\phi_c = 0.75$)

① $\dfrac{P_{no}}{P_e} \leq 2.25$인 경우

$$P_n = P_{no}[0.658^{(P_{no}/P_e)}] \quad (6.10.2)$$

② $\dfrac{P_{no}}{P_e} > 2.25$인 경우

$$P_n = 0.877P_e \quad (6.10.3)$$

여기서

$$P_{no} = F_yA_s + F_{yr}A_{sr} + 0.85f_{ck}A_C \text{ (공칭압축강도)} \quad (6.10.4)$$

$$P_e = \pi^2(EI_{eff})/(KL)^2 \text{ (오일러 압축강도)} \quad (6.10.5)$$

A_s: 강재 단면적(mm^2), A_c: 콘크리트 단면적(mm^2),

A_{sr}: 연속된 길이방향 철근의 단면적(mm^2)

F_{yr}: 철근의 설계기준항복강도 (MPa)

EI_{eff}: 합성단면의 유효강성($N \cdot mm^2$), K: 부재의 유효좌굴길이계수

L: 부재의 횡지지길이(mm)

합성단면의 유효강성은 다음과 같다.

$$EI_{eff} = E_sI_s + 0.5E_{sr}I_{sr} + C_1E_cI_c \quad (6.10.6)$$

여기서

I_s: 강재단면의 단면2차모멘트(mm^4)

I_{sr}: 철근의 단면2차모멘트(mm^4)

$$C_1 = 0.1 + 2\left(\frac{A_s}{A_c + A_s}\right) \le 0.3 \qquad (6.10.7)$$

▸ 합성기둥의 공칭압축강도(충전형, 조밀단면):

$P_{no} = P_p$

P_p와 EI_{eff}는 다음 식으로 산정한다.

$$P_p = F_y A_s + F_{yr} A_{sr} + C_2 f_{ck} A_c \qquad (6.10.8)$$

$$EI_{eff} = E_s I_s + E_{sr} I_{sr} + C_3 E_c I_c \qquad (6.10.9)$$

여기서

$$C_2 = 0.85(\text{사각형단면}),\ C_2 = 0.85\left(1 + 1.56\frac{f_y t}{D_c f_{ck}}\right)(\text{원형 단면}) \qquad (6.10.10)$$

$D_c = D - 2t$, t = 강관의 두께

$$C_3 = 0.6 + 2\left(\frac{A_s}{A_c + A_s}\right) \le 0.9 \qquad (6.10.11)$$

예제 (6.10.1)

다음 매입형 합성기둥의 공칭강도와 설계강도를 구하시오.

강재기둥: H − 340 × 250 × 9 × 14 (SHN355), 기둥 크기: 45 × 55(cm),

$KL = 4.5$m,

보강철근: 4 − HD25 (SD400),

콘크리트: $f_{ck} = 34\text{N/mm}^2$, $E_c = 29{,}500\text{N/mm}^2$,

띠철근: HD10 @200(SD400)

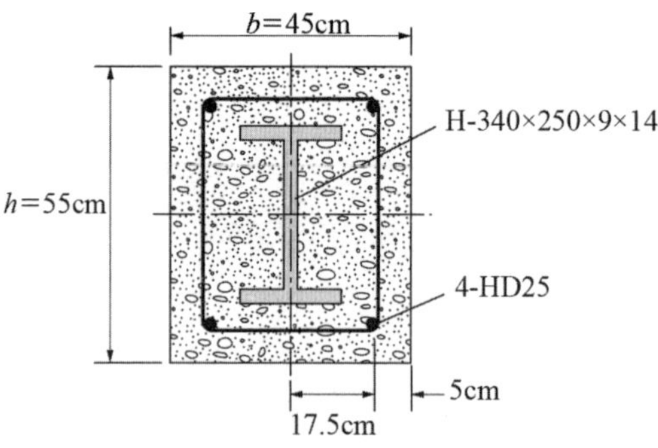

그림(6.10.2) 합성기둥(예제)

풀이

공칭압축강도(매입형)를 산정하기 위한 과정은 다음과 같다.

① P_e와 P_{no}를 산정한다.

② $P_{no} = F_y A_s + F_{yr} A_{sr} + 0.85 f_{ck} A_C$ (공칭압축강도)

③ $P_e = \pi^2 (EI_{eff}) / (KL)^2$ (오일러 압축강도)

$EI_{eff} = E_s I_s + 0.5 E_{sr} I_{sr} + C_1 E_c I_c$ (합성단면의 유효강성)

④ $C_1 = 0.1 + 2\left(\dfrac{A_s}{A_c + A_s}\right) \le 0.3$

(1) 단면 특성:

H $-$ 340 $\times$ 250 $\times$ 9 $\times$ 14 (SHN355): $A_s = 10{,}150\text{mm}^2$,

$I_{sy} = 3{,}650 \times 10^4 \text{mm}^4$

길이방향 보강철근(4 $-$ HD25)

: $A_{sr} = 2{,}027\text{mm}^2$(HD25, $A = 506.7\text{mm}^2$)

콘크리트:

$$A_c = A_g - A_s - A_{sr} = 450 \times 550 - 10,150 - 2,027 = 235,323\text{mm}^2$$

(2) 구조제한 검토

① 강재기둥의 단면적

$$\rho_s = \frac{A_s}{A_g} = \frac{10,150(10^{-2})}{45 \times 55} = 0.041 > 0.01 \quad (\text{OK})$$

② 길이방향 보강철근 : 총단면적의 0.4% 이상

$$\rho_{sr} = \frac{A_{sr}}{A_g} = \frac{2,027(10^{-2})}{45 \times 55} = 0.0082 \geq 0.004 \quad (\text{OK})$$

③ 횡방향 보강철근

배치간격 : 450/2 = 225mm 이하, 철근 직경 D10인 경우 300mm 이하

→ HD10@200 적용 (OK)

(3) P_{no}(공칭압축강도)와 P_e(오일러 압축강도) 결정

식(6.10.4)로부터

$$P_{no} = F_y A_s + F_{yr} A_{sr} + 0.85 f_{ck} A_C$$
$$= 355 \times 10,150 + 400 \times 2,027 + 0.85 \times 34 \times 235,323$$
$$= 11,214,885\text{N} = 11,215\text{kN}$$

◦ $P_e = \pi^2(EI_{eff})/(KL)^2$을 산정하기 위하여 먼저 EI_{eff}를 구한다.

$$EI_{eff} = E_s I_s + 0.5 E_{sr} I_{sr} + C_1 E_c I_c \quad (6.10.6)$$

$I_s = 3.65 \times 10^7 \text{mm}^4$ $(\text{H} - 340 \times 250 \times 9 \times 14)$

길이방향 보강철근(8 − HD25):

$A_{sr} = 2,027\text{mm}^2 (\text{HD}25,\ A = 506.7\,\text{mm}^2)$

$I_{sr} = Ad^2 = 4 \times 506.7 \times 175^2 = 62,070,750\text{mm}^4$:

$(d = 450/2 - 50 = 175\text{mm})$

(길이방향 보강철근 4개

: $I_{sr} = 4 \times \pi r^4/64 = (4)(\pi \cdot 25.4^4/64) = 81,727\text{mm}^4$;

0.13% 정도이므로 무시함)

$$C_1 = 0.1 + 2\left(\frac{A_s}{A_c + A_s}\right) = 0.1 + 2\left(\frac{10,150}{235,323 + 10,150}\right) = 0.183 \leq 0.3$$

$$I_c = I_{cg} - I_s - I_{sr} = 450 \times 550^3/12 - 3,650 \times 10^4 - 62,070,750$$

$$= 6.14 \times 10^9 \text{mm}^4$$

(I_{cg} : 콘크리트, I_s : 강재기둥, I_{sr} : 보강철근)

식(6.10.9)로부터

$$EI_{eff} = E_s I_s + E_{sr} I_{sr} + C_3 E_c I_c$$

$$= 210,000 \times 3.65 \times 10^7 + 0.5 \times 210,000 \times 62,070,750$$

$$+ 0.183 \times 29,500 \times 6.14 \times 10^9$$

$$= 4.733 \times 10^{13} \text{N} \cdot \text{mm}^2 = 4.7 \times 10^4 \text{kN} \cdot \text{m}^2$$

$$P_e = \pi^2 (EI_{eff})/(KL)^2 = \pi^2 (4.7 \times 10^4)/(1.0 \times 4.5)^2 = 2.29 \times 10^4 \text{kN}$$

▸ 합성기둥(매입형)의 공칭압축강도는 다음과 같이 결정한다.

① $\frac{P_{no}}{P_e} \leq 2.25$인 경우

$$P_n = P_{no}[0.658^{(P_{no}/P_e)}] \quad (6.10.2)$$

② $\frac{P_{no}}{P_e} > 2.25$인 경우

$$P_n = 0.877 P_e \quad (6.10.3)$$

◦ $\frac{P_{no}}{P_e} = \frac{11,215}{22,900} = 0.49 \leq 2.25$ 이므로 식(6.10.2)을 사용한다.

공칭강도

: $P_n = P_{no}[0.658^{(P_{no}/P_e)}] = 11,215[0.658^{(0.49)}] = 9,135\text{kN}$

설계강도: $\phi_c P_n = 0.75 \times 9,135\text{kN} = 6,851\text{kN}$

연·습·문·제

(1) 주어진 합성보 단면에 대해 완전합성보를 가정하여 설계휨강도 $\phi_b M_n$을 산정하시오. $F_y = 355\text{MPa}$이고, $f_{ck} = 21\text{MPa}$이다.

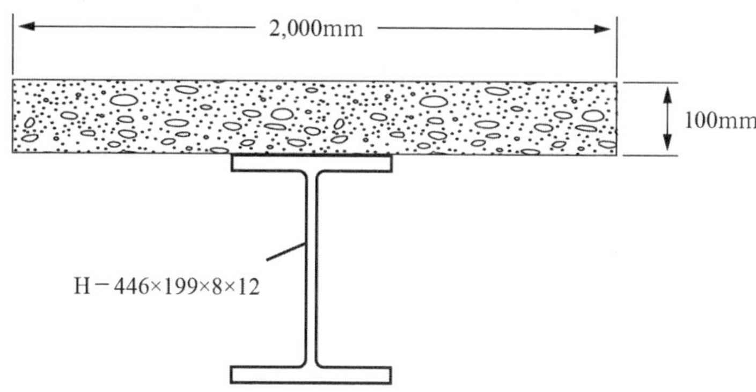

(2) 바닥시스템의 경간은 9m이고, 보는 3m 간격으로 배치되어 있다. 콘크리트 슬래브의 두께가 90mm이고, f_{ck}는 27MPa일 때, 완전합성보로 설계할 경우 압연 H형강 단면(SHN355)을 선택하시오. 자중 이외의 추가적인 고정하중은 1kN/m^2이고, 활하중은 5kN/m^2이다. 단, 시공 중 강재보는 완전히 횡지지된 것으로 가정하고, 시공하중은 1kN/m^2으로 고려한다.

(3) 위 예제와 동일한 조건의 합성보를 50%의 합성률을 가진 불완전합성보로 설계하시오. 또한, 두 경우에 대한 장단점을 구조적·경제적인 관점에서 고찰하시오.

(4) 위의 (2)번 문제의 보에서 발생하는 공사 중과 완공 후의 처짐을 계산하고, 검토하시오.

(5) 직경 500mm, 두께 12mm의 원형강관이 사용된 충전형 합성기둥의 설계압축강도를 구하시오. $F_y = 355\text{MPa}$이고, $f_{ck} = 27\text{MPa}$이다. 기둥의 유효좌굴길이는 5m이다.

(6) 다음과 같은 조건의 4.5m 길이 매입형 합성기둥이 고정하중 2,000kN, 활하중 5,000kN을 받는 경우 안전성을 검토하시오. 단, 강종은 SHN355, 사용된 보강철근은 12-HD25(SD400), 콘크리트의 압축강도는 27MPa이다.

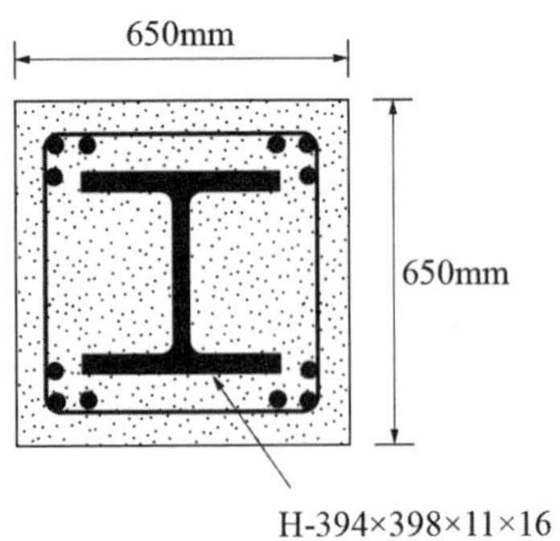

(7) 아래의 구조평면도에서 콘크리트 슬래브의 두께는 150mm이고, 활하중은 4.5kPa이다. 주어진 그림에 표현된 작은 보에 대해 가장 경제적인 H형강 단면을 80% 합성보로 선정하시오. 이 보의 압축플랜지는 콘크리트 슬래브에 의해 연속적으로 횡지지 되어 있다. 보의 자중은 고려하지 않으며, 강종은 SHN355이다. 단, 처짐은 고려하지 않는다. 설계 결과에 대하여 일반보와 합성보의 경제성을 비교하시오(4장 연습문제 11번 참조).

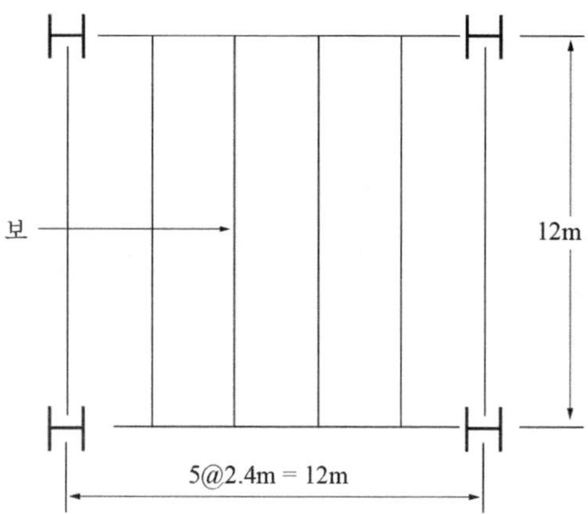

(8) 위의 문제 (7)에서 합성보의 두 가지 단계(양생 전, 양생 후)에 대한 처짐을 각각 계산하고, 일반보와 합성보의 경제성을 비교하시오.

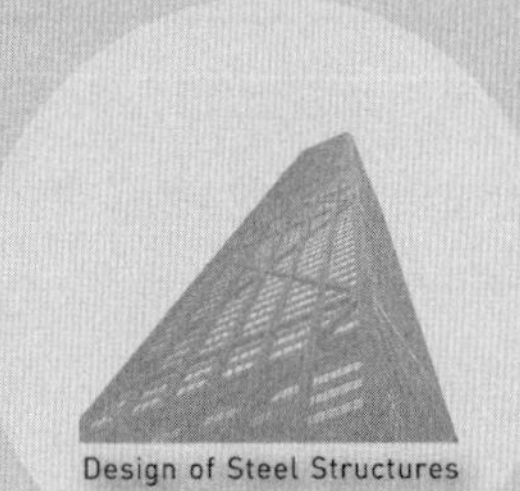
Design of Steel Structures

07

인장재

/

7.1 일반사항

인장재는 축방향으로 인장력을 받는 구조부재이다. 트러스 구조의 현재나 고층건물의 가새(braces)로 사용되며, 단면 형태는 압연형강, 플레이트, 케이블 와이어, 봉강 등이 사용된다. 접합부는 핀, 볼트, 용접, 아이바(eyebars) 등으로 연결된다. 인장재 설계는 항복(yielding)과 파단(rupture)의 두 가지 한계상태를 고려한다.

항복한계상태는 과도한 신장(elongation)으로 인하여 전단면적(gross area)에 발생하는 파괴로서 구조물을 불안전하게 만들 수 있다. 파단한계상태는 순단면적(net area)에 발생하는 파괴를 의미한다. 인장재의 단면 감소는 볼트구멍 등에 의한 것으로서 접합부에 존재하며, 급작스러운 파괴로 이어질 수 있다.

인장재는 제작, 운반, 설치 중에 발생하는 문제들과 사용 중의 진동을 고려하여 가급적 다음과 같이 세장비를 제한하도록 한다[1].

$$L/r \leq 300$$

$$L = \text{부재의 길이},\ r = \sqrt{I/A}$$

그러나 이 제한치는 순수 인장을 받는 부재인 강봉, 매달린 부재 등에는 적용하지 않는다.

---

1 AISC(American Institute of Steel Construction)

7.2 인장강도

인장강도는 두 가지의 한계상태 중에서 작은 값을 취한다.

- 총단면적의 항복: $P_n = F_y A_g$
- 유효순단면적의 파단: $P_n = F_u A_e$

여기서 A_g: 인장재의 총단면적, A_e: 유효순단면적이다.

■ 설계인장강도

- 총단면적의 항복: $\phi_t P_n = 0.9 F_y A_g$ (7.2.1)
- 유효순단면적의 파단: $\phi_t P_n = 0.75 F_u A_e$ (7.2.2)

■ 순단면적(A_n)

인장력(P)을 받고 있는 두 플레이트에서 순단면적은 아래와 같다(그림 7.2.1).

$$A_n = t(w - 2d_h)$$

여기서 t : 플레이트 두께, w : 플레이트 폭, d_h: 구멍의 직경이다.

Note

구멍의 직경은 볼트 직경보다 2~3mm 크다.

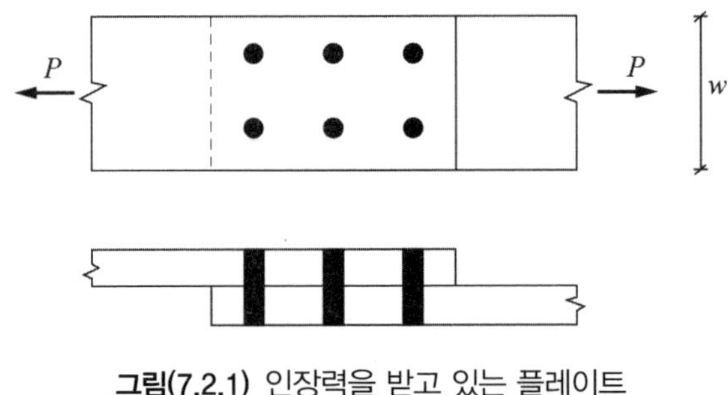

그림(7.2.1) 인장력을 받고 있는 플레이트

그림(7.2.2)와 같이 볼트가 엇배열된 경우의 순단면적을 검토해 보자. 이 경우 순단면적은 예상되는 파괴선(failure line)을 모두 검토하여 가장 작은 값을 택한다.

- 파괴선 1-1: $A_n = t(w - 2d_h)$
- 파괴선 2-2: $A_n = t(w - 3d_h + s^2/4g)$
- 파괴선 3-3: $A_n = t(w - 4d_h + 3s^2/4g)$

여기서 s : 볼트구멍간의 응력방향 중심 간격, g : 응력 직각방향 중심 간격(gage)이다.

볼트가 엇배열된 경우에는 대각선 길이마다 $s^2/4g$을 더해 준다. 이는 파괴가 일어나는 단면적의 길이가 늘어난 것을 반영하는 것이다.

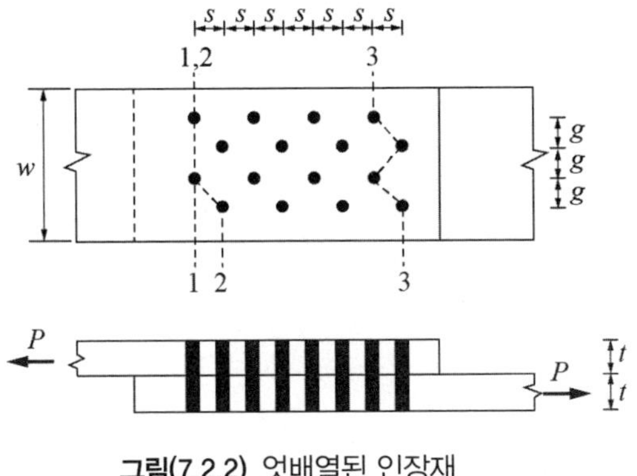

그림(7.2.2) 엇배열된 인장재

7.3 유효순단면적

그림(7.3.1)과 같이 두 ㄱ형강이 플레이트에 접합되어 있다. 이 경우 접합의 중심이 인장재의 중심과 일치하지 않아 한 변(leg)은 응력을 완전히 받지 못한다. 이러한 현상을 전단지연(shear lag)이라 한다. 따라서 유효순단면적(A_e)은 아래와 같이 정의한다.

$$A_e = A_n U \qquad (7.3.1)$$

여기서 U는 전단지연계수이다.

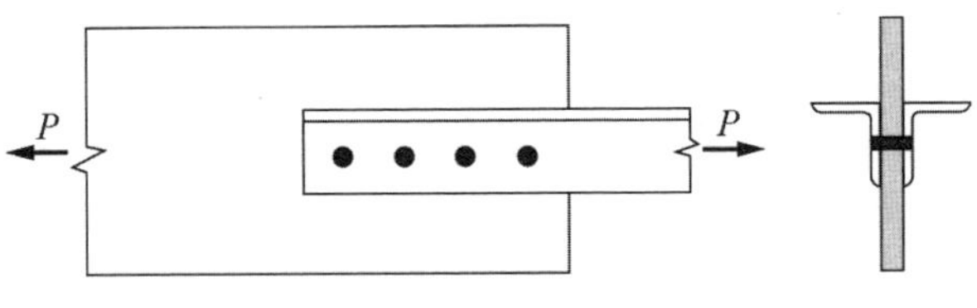

그림(7.3.1) ㄱ형강의 인장재

U 값은 두 가지 방법으로 얻을 수 있다.

1) $U = 1 - \bar{x}/L$ (7.3.2)

여기서 $\bar{x}$는 연결부의 면에서 형강의 도심까지의 거리이고, L은 하중방향 연결부의 길이이다[2].

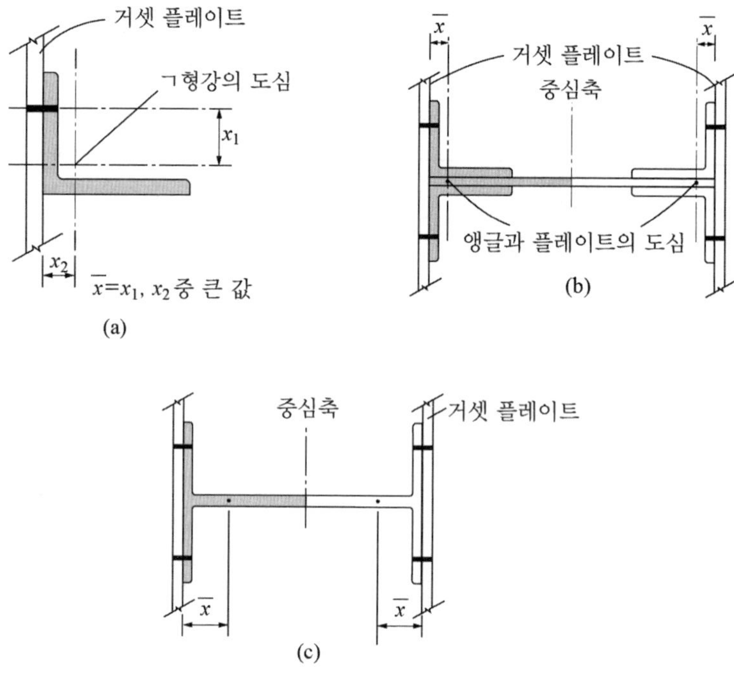

그림(7.3.2) $\bar{x}$의 사례

2 Munse, W.H. and Chesson, Jr., E.(1963), "Riveted and Bolted Joints: Net Section Design", Journal of the Structural Division, ASCE, Vol. 89, No. ST1, February, pp.49~106.

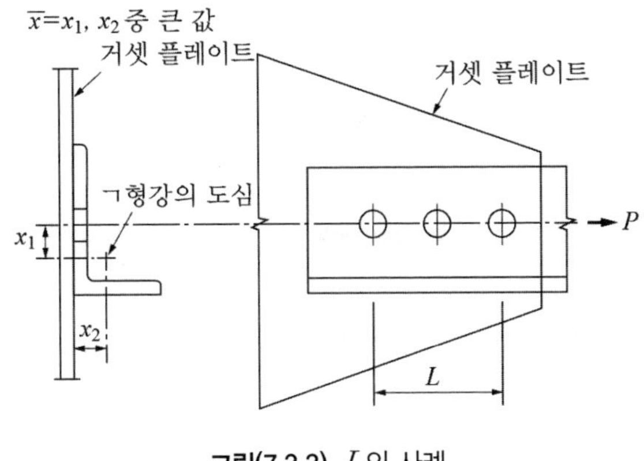

그림(7.3.3) L의 사례

2) H형강, T형강, ㄱ형강

- H형강, T형강

① 플랜지에 하중방향으로 연결재가 매 열당 3개 이상인 배치:

$b_f/d \geq 2/3$이면 $U=0.9$

$b_f/d < 2/3$이면 $U=0.85$

② 웨브에 하중방향으로 연결재가 매 열당 4개 이상인 배치:

$U=0.7$

- ㄱ형강

① 하중방향으로 연결재가 매 열당 4개 이상인 배치: $U=0.8$

② 하중방향으로 연결재가 매 열당 2개 또는 3개 배치: $U=0.6$

■ **용접부의 전단지연계수**

그림(7.3.4)에서 용접부의 전단지연계수는 다음과 같이 설정한다.

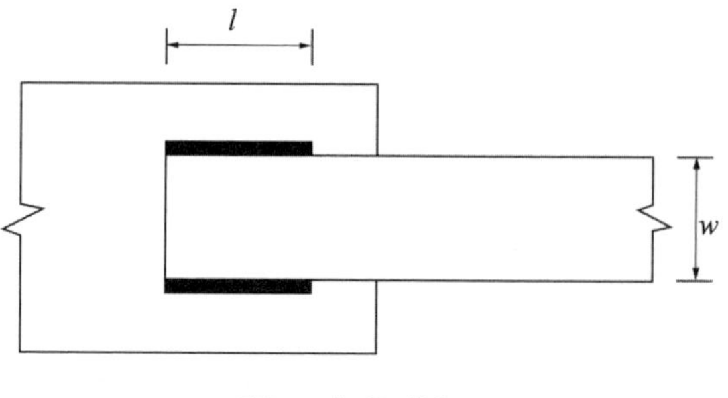

그림(7.3.4) 용접부

- $l \geq 2w$: $U = 1.0$
- $1.5w \leq l < 2w$: $U = 0.87$
- $w \leq l < 1.5w$: $U = 0.75$

여기서 l : 용접길이, w : 플레이트의 폭이다.

따라서

$$A_e = A_n U \tag{7.3.3}$$

7.4 블록전단파괴

그림(7.4.1)은 a-b 라인에서 전단력에 의한 파괴와 b-c 라인에서 인장력에 의한 파괴 양상을 보여주고 있다. 이러한 형태의 파괴를 블록전단파괴(block shear failure)라고 한다.

설계블록전단파괴강도(ϕR_n)는 다음과 같이 산정한다.

$F_u A_{nt} \geq 0.6 F_u A_{nv}$인 경우

$$\phi R_n = \phi[0.6F_y A_{gv} + F_u A_{nt}] \qquad (7.4.1)$$

$F_u A_{nt} < 0.6F_u A_{nv}$ 인 경우

$$\phi R_n = \phi[F_y A_{gt} + 0.6F_u A_{nv}] \qquad (7.4.2)$$

여기서

$\phi = 0.75$, A_{nt} : 인장저항 순단면적, A_{nv} : 전단저항 순단면적,

A_{gt} : 인장저항 총단면적, A_{gv} : 전단저항 전단면적

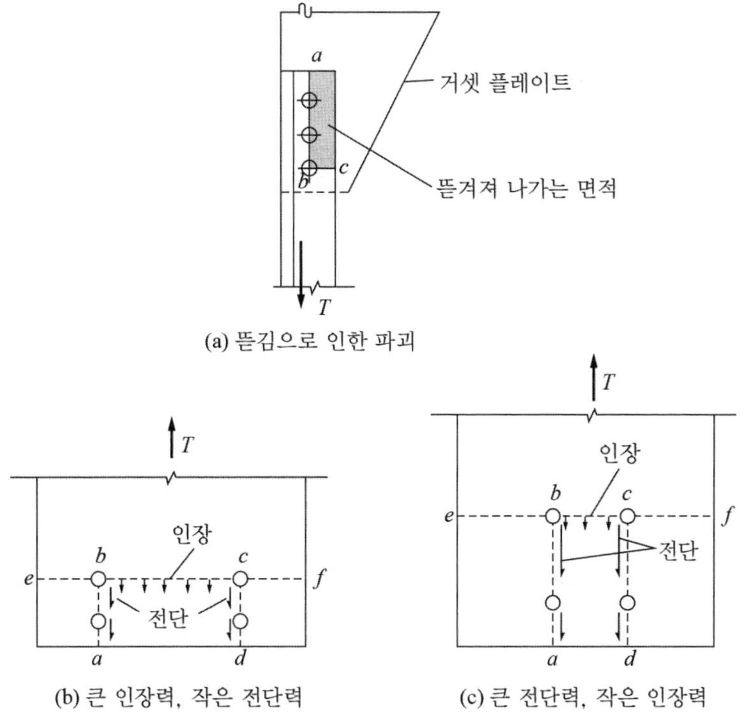

그림(7.4.1) 블록전단파괴의 여러 형태

예제 (7.4.1)

L-90×90×7의 인장재가 3개의 고력볼트로 접합되어 있다. 형강은 SM355, 고력볼트는 M20(F10T)이 사용되고 있다. 설계인장강도를 구하시오.

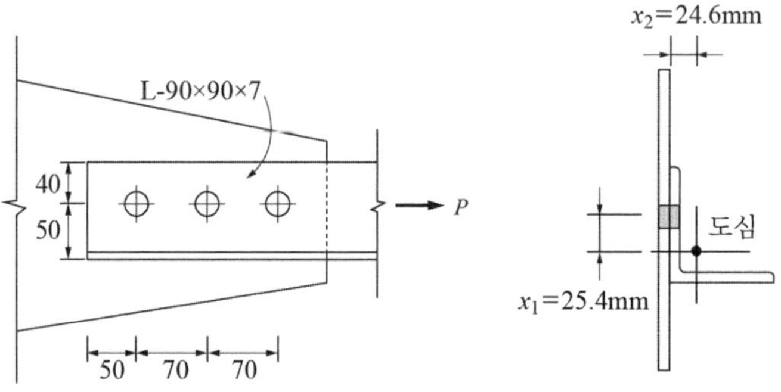

그림(7.4.2)

풀이

(1) 단면 및 재료 특성: L-90×90×7

$A_g = 1{,}222\text{mm}^2$, $F_y = 355\text{N/mm}^2$, $F_u = 490\text{N/mm}^2$,

(2) 순단면적 산정

볼트구멍의 직경 $d = 20 + 2 = 22\text{mm}$

$A_n = A_g - d \times t = 1{,}222 - 22 \times 7 = 1{,}068\text{mm}^2$

(3) 유효순단면적 산정

인장재의 한 변만이 접합되어 있으므로 전단지연의 영향을 고려한다.

$A_e = A_n U$

$U = 1 - \overline{x}/L = 1 - 25.4/140 = 0.82$

도심 거리 두 값 중에서 큰 값을 사용한다.

$(x_1 = 25.4\text{mm}, x_2 = 24.6\text{mm})$

$\therefore A_e = 1{,}068 \times 0.82 = 876\,\text{mm}^2$

(4) 블록전단파괴 검토

◦ 전단을 받는 면적

$A_{gv} = (50+2\times70)\times7 = 1{,}330\,\text{mm}^2$

$A_{nv} = (50+2\times70-22\times2.5)\times7 = 945\,\text{mm}^2$ (구멍 2.5개)

▸ 인장을 받는 면적

$A_{gt} = 40\times7 = 280\,\text{mm}^2$

$A_{nt} = (40-22\times0.5)\times7 = 203\,\text{mm}^2$ (구멍 0.5개)

(5) 설계블록전단파괴강도(ϕR_n) 산정

$F_uA_{nt} = 490\text{N/mm}^2\times203\text{mm}^2 = 99.5\text{kN}$

$0.6F_uA_{nv} = 0.6\times490\text{N/mm}^2\times945\text{mm}^2 = 277.8\text{kN}$

$F_u A_{nt} < 0.6F_u A_{nv}$ 이므로, 식(7.4.2)에 의해

$\phi R_n = \phi[F_y A_{gt} + 0.6F_u A_{nv}] = 0.75(355\times280+0.6\times490\times945)$

$= 282.9\text{kN}$

$\therefore\ \phi R_n = 282.9\text{kN}$

(6) 인장재의 설계강도

1) 총단면의 항복

$\phi_tP_n = \phi_tF_yA_g = 0.9\times355\times1{,}222\times10^{-3} = 390.4kN$

2) 순단면의 파단

$\phi_tP_n = \phi_tF_uA_e = 0.75\times490\times876\times10^{-3} = 321.9\text{kN}$

3) 블록전단파괴

$\phi R_n = 282.9\text{kN}$

$\therefore$ 설계인장강도 $\phi R_n = 282.9kN$ (가장 작은 값 선택)

연 · 습 · 문 · 제

(1) 다음 그림과 같은 ㄱ형강의 순단면적 A_n을 산정하시오. 단, 볼트구멍의 직경은 24mm이다.

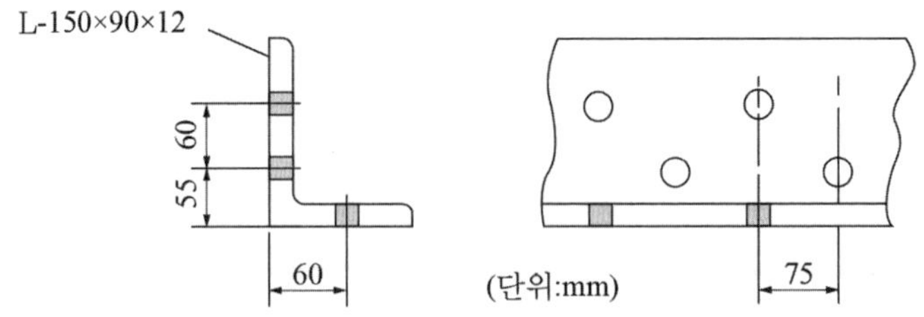

(2) 다음 그림과 같이 플레이트 1은 플레이트 2에 용접으로 연결되어 축방향 인장력을 저항한다. 두 플레이트 두께는 모두 25mm이며, 강종은 SM355일 때 설계인장강도를 산정하시오. 단, 용접부는 충분한 강도로 설계된 것으로 가정한다.

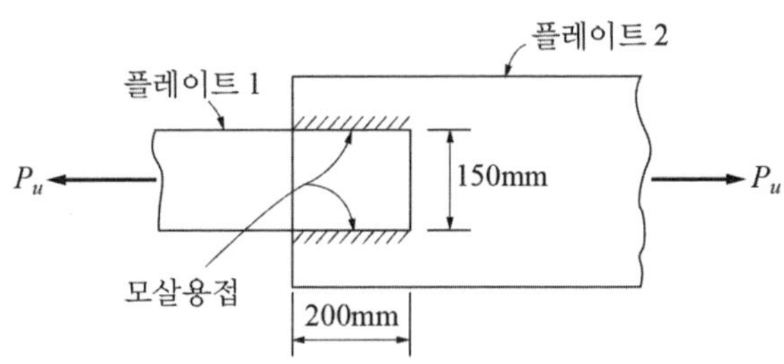

(3) 다음 인장재 L-130×130×12의 설계인장강도를 구하시오. 단, 강종은 SM355이며, 고력볼트는 M22(F10T)이다.

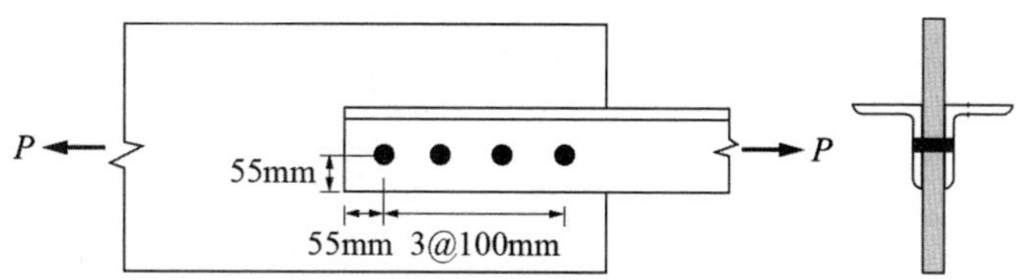

(4) 전단지연(shear lag)의 개념을 설명하고, 인장재 설계과정에서 전단지연 현상을 고려하는 방법에 대하여 설명하시오.

(5) 인장재의 경우 원형강관(파이프)과 각형강관(튜브) 대신 ㄱ형강(앵글)과 ㄷ형강(채널)이 주로 많이 사용된다. 그 이유를 설명하시오.

(6) 가새골조와 모멘트골조의 보 또는 인장재 연결에 사용되는 볼트 접합에 대하여 설명하시오.

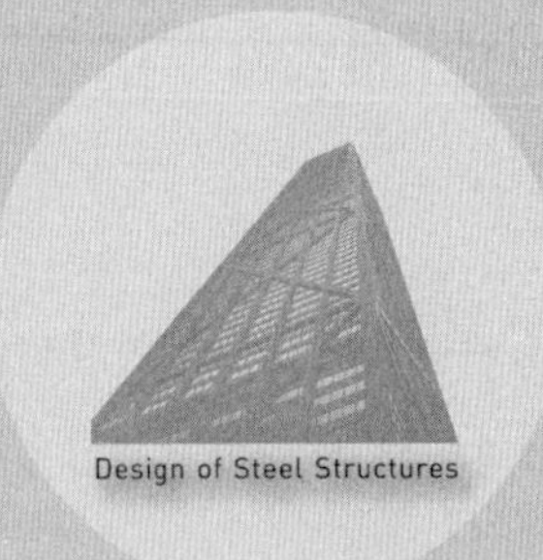
Design of Steel Structures

08

접합부 설계

/

8.1 일반사항

■ 접합부의 기본 거동

강구조는 개별 부재나 요소들의 연결을 통해 현장에서 조립되는 구조이기 때문에 부재의 접합부는 매우 중요한 부분이다. 개별 부재들은 용접 또는 볼트를 통해 서로 연결된다. 부적절한 접합부는 취약부를 형성하여 파괴의 원인이 될 수 있다. 따라서 부재의 특성과 연결 방법에 대해서 충분히 이해하여 하중이 전달되는 경로를 파악할 수 있어야 한다.

■ 접합부의 분류

모든 보-기둥 접합부는 힘과 변형의 관계를 나타낸다. 보-기둥 접합부에 대한 일반적인 모멘트-회전 관계는 그림(8.1.1)의 3가지로 표현할 수 있다. 강한 접합부라면 큰 모멘트가 작용해도 변형이 거의 발생하지 않는다. 반면, 변형에 유연한 접합부라면 수직하중 및 횡하중을 저항하는 동안 회전이 발생하면서 큰 모멘트를 유발시키지 않을 것이다.

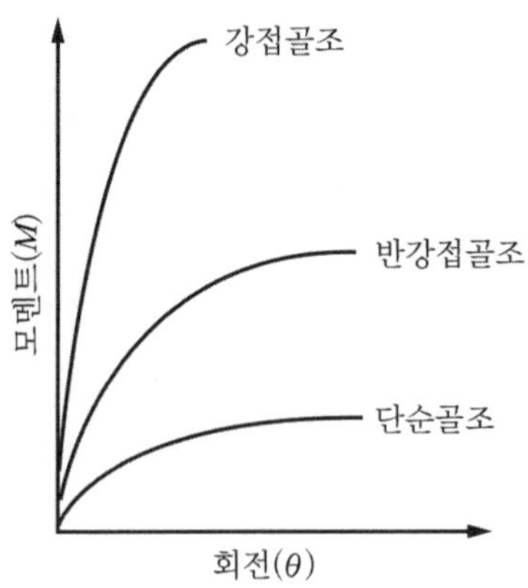

그림(8.1.1) 접합부에 따른 모멘트-회전각 관계

접합부는 크게 강접합(rigid), 단순접합(simple) 그리고 반강접합(semi-rigid)으로 구분할 수 있다. 그러나 한계상태설계법에서는 강접합과 단순접합 두 가지로 구분하여 설계하고 있다. 강접합은 이론적으로 완전 구속상태이므로 회전이 전혀 일어나지 않아야 하나 실제로는 어느 정도 회전이 발생한다. 한편, 단순접합의 경우는 이론적으로 회전이 자유롭게 일어날 수 있어야 하지만 실제로는 약간의 구속력이 존재한다.

그림(8.1.2)에서 단부의 구속조건을 살펴보면 (a)에서는 단부가 고정이고 회전은 일어나지 않는다($\theta = 0$). 반면에 (b)에서는 단부가 핀지지 되어 있고 회전이 일어난다.

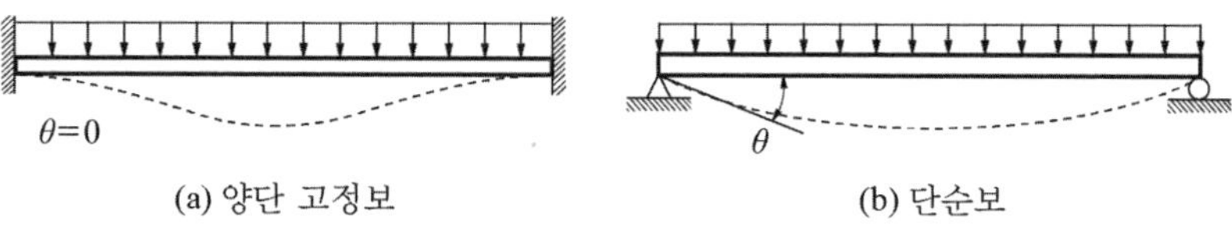

(a) 양단 고정보 (b) 단순보

그림(8.1.2) 보의 구속조건

(1) 강접합(Rigid Connection)

강접합의 기본 가정은 보와 기둥이 하중을 받는 동안 초기에 이루는 각도를 유지한다는 것이다. 즉, 보 단부에서 회전을 허용하지 않고 보에서 발생하는 모멘트의 대부분을 기둥 또는 이음부에 전달하는 접합부이다. 그림(8.1.3)은 보-기둥의 강접합 유형을 보여준다. 모멘트를 충분히 저항하기 위해서는 기둥의 웨브에 스티프너(stiffener)를 보강하여 보의 플랜지에서 발생하는 축력을 기둥으로 잘 전달할 수 있도록 해 주어야 한다. 강접합(모멘트접합)에 대한 내용은 8.5절에서 소개한다.

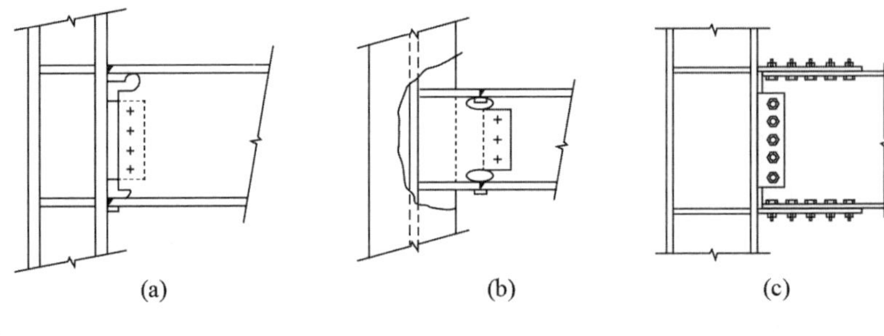

그림(8.1.3) 강접합부 유형

그림(8.1.3a)는 보가 기둥의 강축과 접합되는 형태로 웨브 이음판은 공장에서 기둥에 용접되고, 현장에서 볼트로 보의 웨브와 연결된다. 보의 플랜지 역시 현장에서 용접된다. 그림(b)는 그림(a)와 유사한 형태이지만 보는 기둥의 약축으로 연결된다. 이 상세에서는 연성 확보를 위해 보의 플랜지가 플레이트를 통해 기둥 플랜지 내부로 확장된다. 기둥과 연결되는 플레이트의 두께는 일반적으로 보 플랜지 두께 이상이 되도록 한다. 그림(c)는 보의 플랜지와 웨브 이음판 모두 볼트로 연결된 형태로 그림(a)와 함께 가장 많이 적용되는 강접합 상세이다.

(2) 반강접 및 단순접합

접합부가 완전히 강접합되지 않는 경우에 대해서는 반강접합 또는 단순접합으로 분류할 수 있다. 여기에서 반강접과 단순접합의 조합도 가능하다. 그러나 일반적으로 구조해석을 진행할 때에 접합부가 완전히 강접합되지 않는 경우는 단순화하여 회전에 자유로운 단순접합으로 가정하는 경우가 일반적이다. 그림(8.1.4)는 반강접과 단순접합의 유형을 보여준다. 단순접합(전단접합)에 대한 내용은 8.4절에서 소개한다.

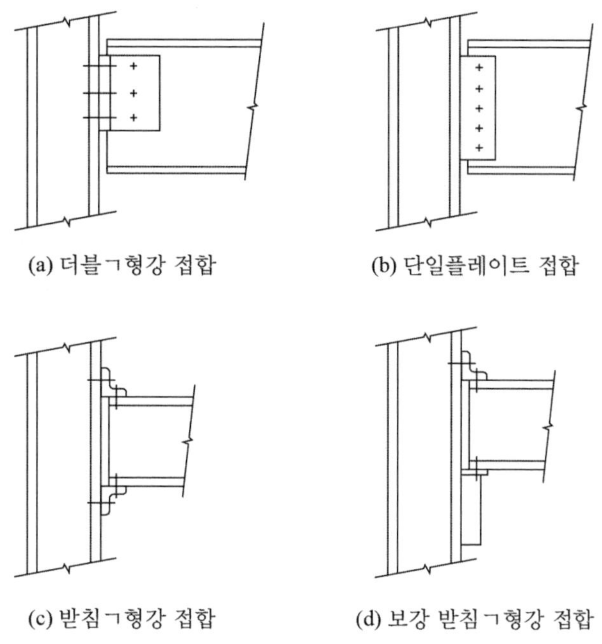

(a) 더블ㄱ형강 접합 (b) 단일플레이트 접합

(c) 받침ㄱ형강 접합 (d) 보강 받침ㄱ형강 접합

그림(8.1.4) 반강접 및 단순접합의 유형

그림(8.1.4a)는 한 쌍의 더블ㄱ형강(더블앵글) 접합이다. 그림(b)는 단일플레이트 접합을 보여준다. 이 두 접합은 보의 웨브만이 기둥과 연결되는 형태로서 주로 단순접합으로 분류된다. 한편 그림(c)는 받침ㄱ형강(시트앵글) 접합, 그림(d)는 보강 받침ㄱ형강(보강 시트앵글) 접합으로서 볼트 및 용접 모두 적용이 가능하다. 이 상세들은 그림(a) 및 (b)에 비해 다소 큰 회전 저항성능을 가지고 있기 때문에 반강접합으로 분류할 수 있다.

8.2 볼트 접합(Bolted Connections)

강구조 공사에서 사용되는 접합 방법으로는 볼트 접합과 용접 접합이 있다. 볼트 접합은 리벳이나 용접에 비해 숙련공이 많이 필요하지 않으며, 현장에서 매우 빠르게 설치할 수 있다. 이로 인해 볼트를 이용한 접합 방법은 다른 접합에 비해 경제적인 장점을 가지고 있다. 이 절에서는 볼트 접합, 특히 고력볼트 접합에 대한 내용을 다룬다.

초기 강구조물은 리벳 접합으로 많이 시공되었다. 리벳 작업에는 4명의 숙련공이 필요하고, 소음이 많고 가열하는 과정의 어려움 등의 이유로 오늘날 거의 사용하지 않고 있다. 그러나 현존하는 많은 강구조물이 리벳으로 접합되어 있어 강도 평가에 대한 이해가 필요하다.

■ **볼트의 형태**

강구조 부재를 연결하는 볼트의 형태는 다양하게 있지만 크게는 재료의 강도에 따라 일반볼트와 고력볼트로 구분된다. 그림(8.2.1)은 볼트 접합부를 보여준다.

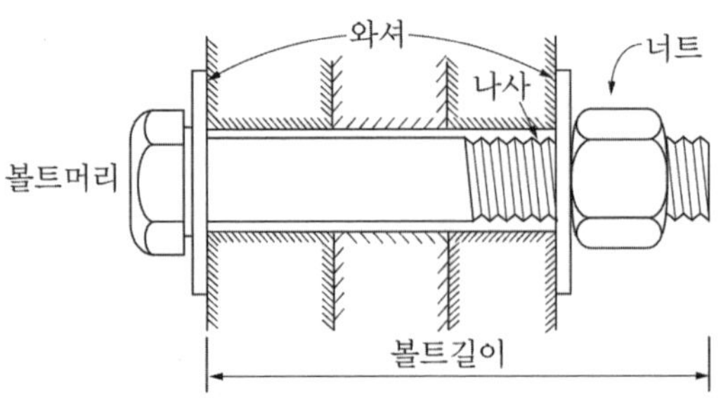

그림(8.2.1) 볼트 접합부

일반볼트는 구조용 강재와 동일한 강도를 가지는 연강(mild steel)으로 만들어진다. 일반볼트에 의한 볼트 접합은 하중이 비교적 작은 중도리, 경량 바닥보, 소규모 가새 등의 단순접합부를 구성하는데 주로 사용된다. 건축구조기준에서는 일반볼트를 영구적인 구조물에 사용하는 것을 제한하고, 가체결용으로만 허용하고 있다. 일반볼트는 특히 반복하중이나 진동 및 피로가 우려되는 접합부에는 사용하지 않도록 규정한다.

고력볼트는 일반볼트와 형상은 동일하지만 퀜칭(quenching) 및 템퍼링(tempering) 등과 같은 열처리를 통해 구조용 강재에 비해 상당히 높은 강도를 가진다. 국내에서는 최소 인장강도가 800~1,300MPa인 고력볼트를 주로 사용한다. 일반적으로 고력볼트 접합은 마찰접합을 의미한다. 그림(8.2.2)는 고력볼트에 의한 마찰접합을 나타낸다. 접합부의 마찰력(F)은 볼트의 장력(T)을 통해 제공되며, 이를 위해 인장강도의 약 70% 이상으로 볼트를 강하게 체결하게 된다.

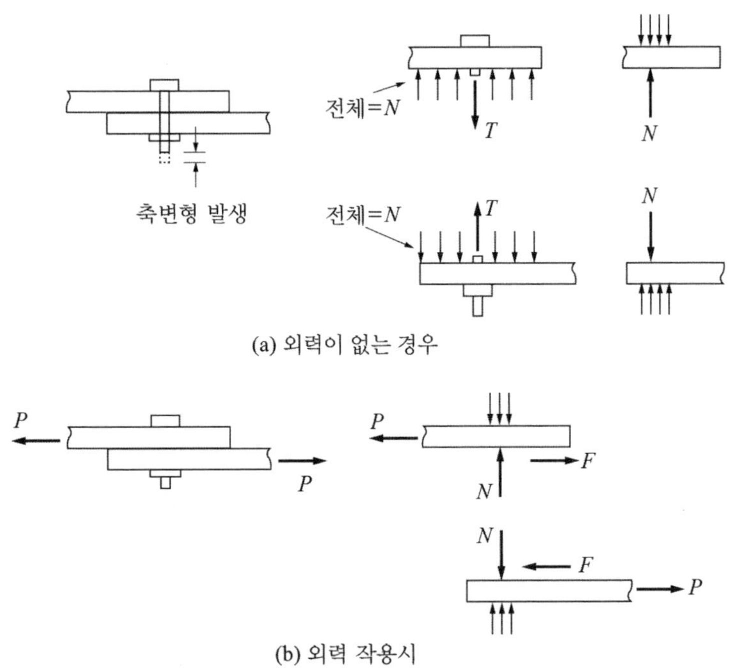

그림(8.2.2) 고력볼트에 의한 마찰접합

고력볼트에 의한 마찰접합부의 강도는 볼트 체결력에 직접적으로 비례하기 때문에 볼트의 긴장력(tightening force)이 의도대로 도입 되었는가는 매우 중요한 요소가 된다. 고력볼트에 목표로 하는 표준볼트장력을 도입하기 위해 사용하는 방법으로는 너트회전법, 토크관리법, 직접인장측정법 및 토크쉬어볼트의 사용 등이 있다.

■ 볼트의 접합 방법

볼트 접합에서 사용되는 몇 가지의 용어를 정리하면 다음과 같다.

- 피치(pitch): 부재축과 평행한 방향에 대한 볼트의 중심간 거리
- 게이지(gage): 부재축과 직각방향에 대한 게이지선의 중심간 거리
- 연단거리: 볼트의 중심과 인접해 있는 부재의 연단까지의 거리

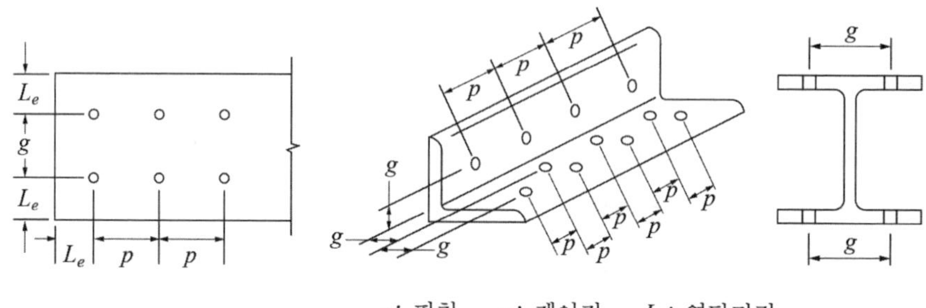

그림(8.2.3) 볼트의 피치, 게이지, 연단거리

(1) 볼트 접합부의 파괴 형태

볼트는 주로 전단에 저항하는 형태로 적용하며, 이때 볼트의 몸통부를 통해 서로 다른 판으로 전단력이 전달된다. 그림(8.2.4)는 전단력을 전달하는 볼트 접합부에서 발생할 수 있는 파괴 형태를 보여주고 있다. 그림(a)와 (b)는 각각 1면전단과 2면전단에서 볼트의 전단파괴를 나타낸다. 한편, 그림(c)와 (d)는 각각 연단부파괴와 지압파괴를 보여주며, 이들은 볼트가 아닌 모재(母材)에서 발생하는 파괴의 형태이다. 볼트 접합부의 안전한 설계를 위해서는 이러한 파괴의 가능성을 잘 이해해야 한다.

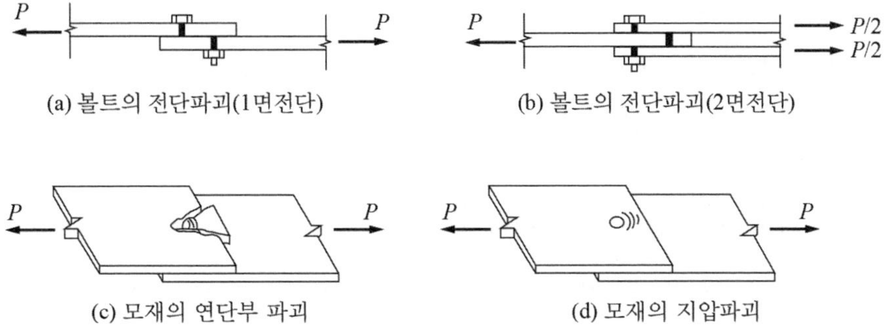

(a) 볼트의 전단파괴(1면전단) (b) 볼트의 전단파괴(2면전단)

(c) 모재의 연단부 파괴 (d) 모재의 지압파괴

그림(8.2.4) 볼트 접합부의 파괴 형태

그림(8.2.4a)에서 연결재(fastener)에 작용하는 하중은 약간의 편심이 있으나 무시할 수 있으며, 평균 전단응력(f_v)은 다음과 같다.

$$f_v = \frac{P}{A_b} \tag{8.2.1}$$

여기서 P : 작용하중, A_b: 연결재(볼트)의 단면적이다.

그림(8.2.4d)를 다시 검토해 보면 아래 그림과 같다. 지압을 받는 면적은 $A = d \cdot t$이다.

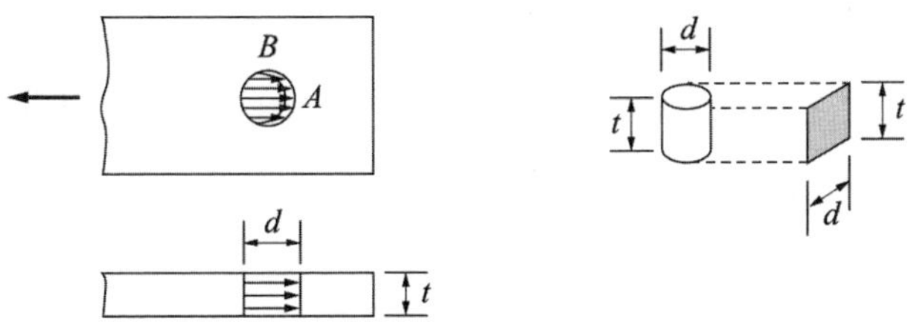

그림(8.2.5) 모재의 지압 응력

(2) 볼트의 간격과 연단거리

볼트의 간격은 용이한 설치와 모재의 지압파괴를 방지하기 위해 충분한 간격을 두고 배치하여야 한다. 건축구조기준에서는 볼트의 구멍 중심간 거리를 공칭직경(d)의 2.5배 이상이 되도록 규정하고 있다. 기존 연구 결과에 의하면 최대 $3d$까지는 지압강도가 구멍 중심간 간격과 직접적으로 비례하며, 간격이 $3d$를 초과하면 지압강도의 증가는 없는 것으로 나타났다.

볼트가 연단에 너무 가깝게 배치되는 경우, 피접합재에 균열 또는 파단이 발생할 수 있다. 일반적으로 최소 연단거리는 볼트 직경의 1.5 내지 2배 정도가 되도록 한다. 기준에서는 연단부의 가공 방법을 고려하여 표(8.2.1)과 같이 연단거리를 규정한다.

표(8.2.1) 볼트의 최소 연단거리(mm)

볼트의 공칭직경	연단부의 가공 방법	
	전단절단, 수동가스절단	압연형강, 자동가스절단, 기계가공마감
16	28	22
20	34	26
22	38	28
24	42	30
27	48	34

* 30이상볼트 기준에서 삭제되었음

(3) 볼트구멍의 크기

볼트구멍의 크기는 볼트 강도에 영향을 주기 때문에 이에 대한 요구조건이 정의되어야 한다. 건축구조기준에서는 고력볼트에 대해 4가지 형태의 볼트구멍(표준구멍, 대형구멍, 단슬롯구멍, 장슬롯구멍)을 허용하고 있다. 표(8.2.2)는 이들에 대한 볼트구멍의 크기를 나타낸다. 표준구멍은 볼트의 직경보다 2~3mm 정도 크다. 단슬롯구멍인 경우 하중과 직각방향의 구멍 크기는 표준 크기와 동일하지만, 하중방향으로는 조금 큰 직경을 가진다. 대형구멍과 장슬롯구멍은 실제 접합에서 공차(公差)가 크게 요구되는 경우에 적용한다.

표(8.2.2) 고력볼트의 구멍 크기(mm)

고력볼트의 직경	표준구멍의 직경	대형구멍의 직경	단슬롯구멍	장슬롯구멍
M16	18	20	18 × 22	18 × 40
M20	22	24	22 × 26	22 × 50
M22	24	28	24 × 30	24 × 55
M24	27	30	27 × 32	27 × 60
M27	30	35	30 × 37	30 × 67

* 30이상볼트 기준에서 삭제되었음

■ 한계상태

(1) 볼트의 인장강도 및 전단강도(Tension and Shear Strength of Bolts)

밀착 조임된(snug-tightened) 볼트의 인장파단 및 전단파단의 한계상태에 대한 설계강도(ϕR_n)는 다음의 식으로 산정된다.

$$\phi R_n = \phi F_n A_b \tag{8.2.2}$$

여기서 F_n 은 공칭인장강도(F_{nt}) 또는 공칭전단강도(F_{nv}), A_b는 볼트의 공칭단면적이다. 볼트의 인장 및 전단파단의 한계상태에 대한 강도감소계수 ϕ는 0.75를 사용한다.

Note

식(8.2.2)는 마찰접합이 아닌 경우의 볼트 인장파괴나 전단파괴에 대한 강도를 나타내는 것으로 일반볼트나 고력볼트 모두에 사용할 수 있다.

나사부로 인해 볼트 몸통부의 유효단면적은 공칭단면적보다 작다. 이러한 나사부의 유효면적비를 고려하여 F_{nt} 는 인장강도 F_u 의 75%로 고려한다. 또한, 지압접합에 대한 F_{nv} 는 나사부가 전단면에 포함되지 않는 경우 $0.5F_u$, 나사부가 전단면에 포함될 경우는 유효 저항면적의 손실을 고려하여 $0.4F_u$가 적용된다. 표(8.2.3)은 고력볼트와 일반볼트에 대한 공칭강도를 나타내는데 일반볼트(4.6)에 대한 F_{nv}는 나사부가 전단면에 포함되는 경우로 가정하여 산정된 값이다.

표(8.2.3) 볼트의 인장강도 및 전단강도(MPa)

강도 \ 강종		고력볼트			일반볼트
		F8T	F10T	F13T	4.6
공칭인장강도, F_{nt}		600	750	975	300
지압접합의 공칭전단강도, F_{nv}	나사부가 전단면에 포함된 경우	320	400	520	160
	나사부가 전단면에 포함되지 않을 경우	400	500	650	

Note

1) 마찰볼트의 재질 표시인 F8T, F10T, F13T에서 숫자는 인장강도를 의미한다. 즉, F10T인 경우에는 인장강도가 10tf/cm^2 (1,000MPa)이다.
2) F_{nt} (공칭인장강도)는 인장강도 F_u 의 75%로 고려하므로 F10T의 경우, $0.75 \times 1{,}000\text{MPa} = 750\text{MPa}$이다.
3) 나사부의 전단면 위치

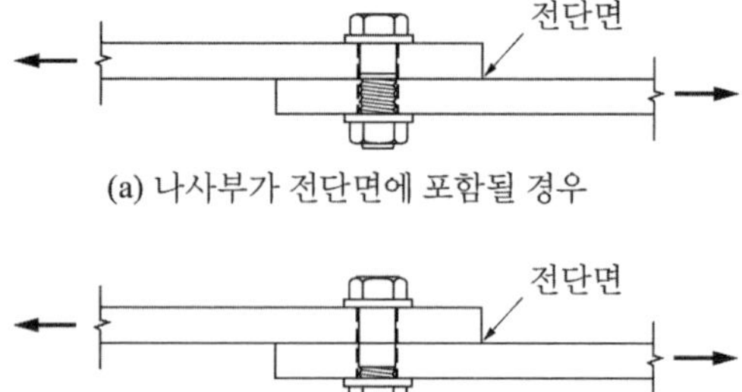

(a) 나사부가 전단면에 포함될 경우

(b) 나사부가 전단면에 포함되지 않을 경우

그림(8.2.6) 나사부와 전단면

(2) 볼트구멍의 지압강도(Bearing Strength at Bolt Holes)

그림(8.2.7a)에서 보는 바와 같이 연결부재(피접합재)의 단부에서 전단파괴가 일어날 수 있다. 이 전단파괴면을 이상화하면 그림(8.2.7b)와 같다. 따라서

$$R_n/2 = 0.6F_uL_ct$$

여기서 $0.6F_u$: 연결부재의 전단파괴응력, L_c : 볼트구멍 간의 순거리, t : 연결부재의 두께이다.

그러므로 전체 강도는

$$R_n = 2(0.6L_ctF_u) = 1.2L_ctF_u \le 2.4d \cdot tF_u$$

여기서 d : 볼트 공칭직경, F_u : 연결부재의 극한 인장강도이다.

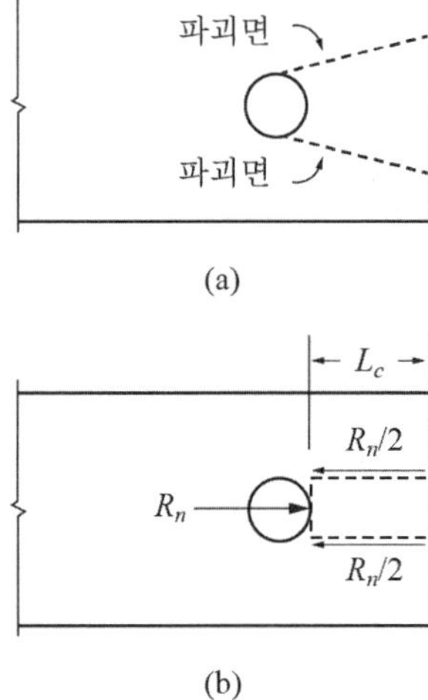

그림(8.2.7) 모재의 지압파괴

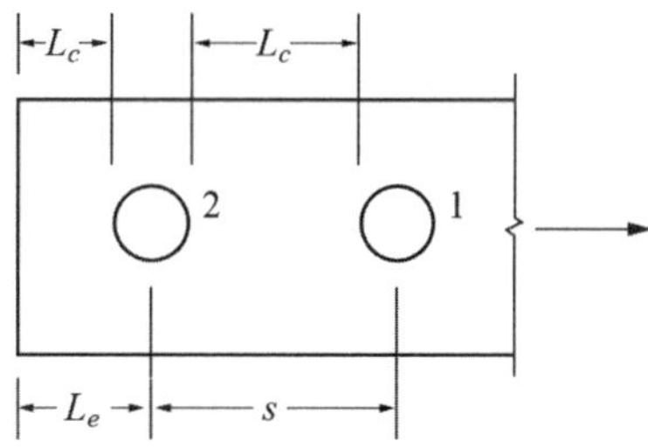

그림(8.2.8) 볼트구멍간의 순거리

볼트구멍의 지압강도에 대한 강도감소계수 ϕ는 0.75를 사용하며, 설계강도는 다음과 같다.

$$\phi R_n = 0.75 R_n \tag{8.2.3}$$

공칭강도 R_n은 지압력의 작용 방향과 구멍의 형태에 따라 다음과 같이 산정된다.

a) 표준구멍, 대형구멍, 단슬롯구멍의 모든 방향에 대한 지압력 또는 장슬롯구멍이 지압력 방향에 평행한 경우

- 사용하중 상태에서 볼트구멍의 변형이 설계에 고려된 경우

$$R_n = 1.2 L_c t F_u \;\; (\le \; 2.4 dt F_u) \tag{8.2.4}$$

- 사용하중 상태에서 볼트구멍의 변형이 설계에 고려되지 않을 경우

$$R_n = 1.5 L_c t F_u \, (\le \; 3.0 dt F_u) \tag{8.2.5}$$

b) 장슬롯구멍의 방향에 수직 방향으로 지압력을 받는 경우

$$R_n = 1.0 L_c t F_u \;\; (\le \; 2.0 dt F_u) \tag{8.2.6}$$

여기서 L_c는 하중방향 순간격(mm), 즉 구멍의 끝과 피접합재의 끝 또는 인접 구멍의 끝까지의 거리, t는 피접합재의 두께를 나타낸다.

접합부에 대한 지압강도는 개별 볼트 지압강도의 합으로 산정하며, 볼트구멍에 대한 지압강도는 지압접합과 마찰접합 모두에 대하여 검토되어야 한다.

예제 (8.2.1)

다음 그림과 같이 지압접합으로 구성된 접합부의 설계강도를 산정하시오. 이음 플레이트의 강종은 SM355이고, 고력볼트는 표준구멍을 갖는 M20 (F10T)이다. 사용하중 상태에서 볼트구멍의 변형이 설계에 고려된 경우로 검토한다. 단, 이음 플레이트는 충분히 안전하게 설계되었고, 나사부는 전단면에 포함되지 않은 경우로 가정한다.

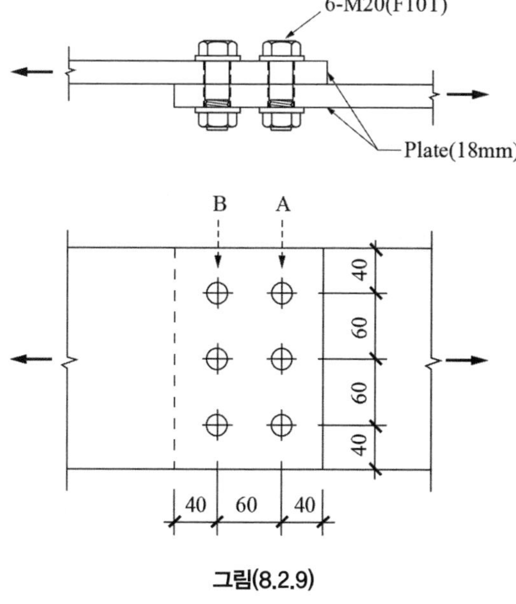

그림(8.2.9)

풀이

(1) 볼트의 설계전단강도

표(8.2.3)으로부터, $F_{nv} = 500\,\text{MPa}$ (나사부가 전단면에 포함되지 않을 경우)

$$\phi R_n = \phi(n_b F_{nv} A_b)$$
$$= 0.75 \times \{6 \times 500 \times \pi(10)^2\} \times 10^{-3} = 706.9\,\text{kN}$$

(2) 볼트구멍의 설계지압강도

▸ A열 볼트구멍

$$L_c = 40 - 22/2 = 29\,\text{mm}$$
$$\phi R_n = \phi 1.2 L_c t F_u$$
$$= 0.75 \times 1.2 \times 29 \times 18 \times 490 \times 10^{-3} = 230.2\,\text{kN}$$
$$\phi R_n \le \phi 2.4 d \cdot t F_u = 0.75 \times 2.4 \times 20 \times 18 \times 490 \times 10^{-3} = 317.5\,\text{kN}$$

따라서 A열 볼트구멍의 설계지압강도는 230.2kN이다.

▸ B열 볼트구멍

$$L_c = 60 - 22 = 38\,\text{mm}$$
$$\phi R_n = \phi 1.2 L_c t F_u$$
$$= 0.75 \times 1.2 \times 38 \times 18 \times 490 \times 10^{-3} = 301.6\,\text{kN}$$
$$\phi R_n \le \phi 2.4 dt Fu$$
$$= 0.75 \times 2.4 \times 20 \times 18 \times 490 \times 10^{-3} = 317.5\,\text{kN}$$

따라서 B열 볼트구멍의 설계지압강도는 301.6kN 이다.

▸ 볼트구멍의 설계지압강도

$$\phi R_n = 3 \times 230.2 + 3 \times 301.6 = 1{,}595.4\,\text{kN}$$

이 문제의 조건에서 이음 플레이트는 안전하게 설계되었다고 제시되어 있으므로 접합부의 설계강도는 볼트의 설계전단강도와 볼트구멍의 설계지압강도 중 작은 값인 706.9kN로 결정된다.

(3) 고력볼트의 미끄럼강도

마찰접합은 사용성 한계상태의 미끄럼 방지를 위해 사용되거나 지압접합에 의한 한계상태에 대하여도 검토해야 한다.

미끄럼 한계상태에 대한 강도감소계수 ϕ는 표준구멍 또는 하중방향에 수직인 단슬롯 구멍에 대하여 1.0을 적용하며, 대형구멍 또는 하중방향에 평행한 단슬롯 구멍에 대하여 0.85, 장슬롯 구멍에 대하여 0.70을 적용한다. 마찰접합된 고력볼트의 공칭미끄럼강도 R_n은 다음과 같이 산정된다.

$$R_n = \mu h_f T_0 N_s \tag{8.2.7}$$

여기서 μ는 미끄럼계수를 나타내는데, 강구조 공사에서 표면은 블라스트(blast) 후 페인트하지 않은 경우를 표준상태로 하며, 이때 μ는 0.5를 사용한다. h_f는 필러계수로서, 필러를 사용하지 않는 경우와 필러 내 하중의 분산을 위하여 볼트를 추가한 경우 또는 필러 내 하중의 분산을 위해 볼트를 추가하지 않은 경우로서 접합되는 재료사이에 한 개의 필러가 있는 경우에는 1.0, 필러 내 하중의 분산을 위해 볼트를 추가하지 않은 경우로서 접합되는 재료 사이에 2개 이상의 필러가 있는 경우에는 0.85를 사용한다. T_0는 설계볼트장력, N_s는 전단면의 수를 나타낸다.

T_0는 볼트 인장강도의 0.7배에 볼트의 유효단면적을 곱한 값으로 규정되며, 볼트의 유효단면적은 앞서 언급된 것처럼 나사부에 의한 단면적 손실을 고려하여 공칭단면적의 0.75배로 고려한다.

$$T_0 = 0.75A_b \times 0.7F_u \tag{8.2.8}$$

설계 시 미끄럼강도는 T_0를 이용하여 산정하지만 볼트 조임 후 장력의 풀림을 고려하여 시공 시에는 T_0 에 최소한 10%를 할증한 표준볼트장력($1.1\,T_0$)으로 볼트를 체결하여야 한다. 그림(8.2.10)은 고력볼트의 마찰접합에 의한 철골 접합부의 모습을 보여주며, 표(8.2.4)에는 고력볼트의 등급과 직경별 설계볼트장력과 표준볼트장력이 제시된다.

그림(8.2.10) 마찰접합에 의한 철골 접합부

표(8.2.4) 고력볼트의 설계볼트장력 및 표준볼트장력

볼트의 등급	볼트의 호칭	공칭단면적 (mm^2)	설계볼트장력 (kN)	표준볼트장력 (kN)
F8T	M16	201	84	93
	M20	314	132	146
	M22	380	160	176
	M24	452	190	209
F10T	M16	201	106	117
	M20	314	165	182
	M22	380	200	220
	M24	452	237	261
F13T	M16	201	137	151
	M20	314	214	236
	M22	380	259	285
	M24	452	308	339

예제 (8.2.2)

F10T M20 볼트에 대해 설계볼트장력과 표준볼트장력을 산정하시오.

풀이

(1) 볼트의 공칭단면적

$A_b = \pi d^2/4 = \pi(20)^2/4 = 314.2\,\mathrm{mm}^2$

(2) 설계볼트장력 및 표준볼트장력

F10T 볼트의 인장강도(F_u)는 1,000MPa이므로 설계볼트장력(T_0)은 식(8.2.8)로부터 다음과 같이 산정된다.

$$T_0 = 0.75A_b \times 0.7F_u = (0.75 \times 314.2) \times (0.7 \times 1000) \times 10^{-3}$$
$$= 165.0\,\mathrm{kN}$$

또한, 표준볼트장력은 다음과 같이 $1.1\,T_0$ 이상이 되도록 규정된다.

$$1.1\,T_0 = 1.1 \times 165.0 = 181.5\,\mathrm{kN}$$

Note

표(8.2.4)를 참고하기 바란다.

8.3 용접 접합(Welded Connections)

■ 용접 방법

용접은 두 강재 사이의 접합부에 추가적인 금속(용접봉)을 녹여서 접합하는 방법이다. 용접은 강재의 화학 성분, 재료의 두께 등에 따라 결정된다. 구조용 강재를 용접하는 방법에는 피복아크용접(SMAW), 서브머지드아크용접(SAW), 가스금속아크용접(GMAW), 가스실드아크용접(FCAW) 등이 있다.

(1) 피복아크용접(Shielded Metal Arc Welding, SMAW)

피복아크용접은 가장 오래된 용접 방법으로서 용접봉과 용접해야 하는 모재 표면 사이에 직류 전압으로 강렬한 빛의 아크를 발생시켜 용접봉과 모재를 용융하여 접합하는 방법이다(그림 8.3.1a). 즉, 용접봉과 모재에 아크 열을 가하면서 용접봉을 녹여 피접합 모재 사이에 용융금속(molten base metal)으로 채우게 된다. 이때, 용접봉에 입혀진 피복재는 용접 중에 증발하면서 가스 및 슬래그(slag)를 발생시켜 용융금속을 대기로부터 차폐하며 급냉을 막아 준다. 슬래그는 불순물이므로 제거하여야 한다. SMAW는 아크용접법 중에서 가장 기본적인 용접법이고, 주로 수동으로 작업하며, 현장에서 많이 쓰이고 있다.

(2) 서브머지드아크용접(Submerged Arc Welding, SAW)

공장 용접의 경우에는 자동 또는 반자동 방식이 사용되는데 서브머지드아크용접(SAW)은 용접 진행을 자동화한 금속 아크용접법이다(그림 8.3.1b). 이 방식에서는 용접봉의 단부와 아크는 용융되고 가스 모양의 피막을 형성하는 미세한 입상(粒狀)의 플럭스(flux) 속에 비피복 전극 와이어를 집어넣고, 모재와의 사이에 생기는 아크 열로 용접한다. 큰 전류를 사용함으로써 능률이 커지며 용접금속의 품질이 좋아지는 방법이다. 또한, 서브머지드아크용접은 수동용접에 비해 품질, 연성, 내식성이 우수하고, 용접속도가 빠른 장점이 있다.

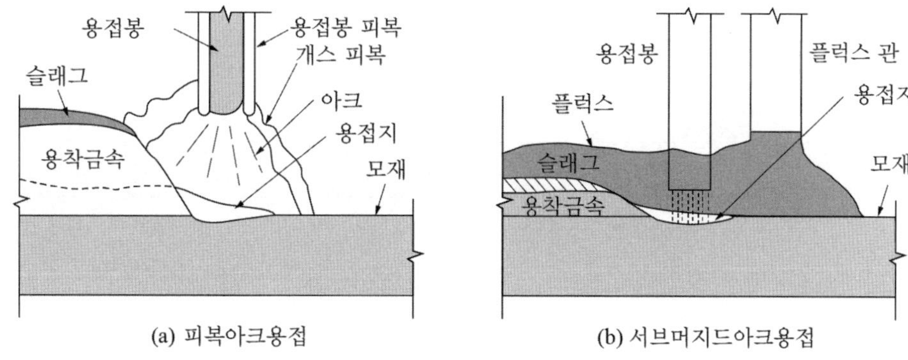

(a) 피복아크용접 (b) 서브머지드아크용접

그림(8.3.1) 피복아크용접과 서브머지드아크용접

(3) 가스금속아크용접(Gas Metal Arc Welding, GMAW)

외부에서 용융금속을 대기 영향으로부터 보호하기 위하여 보호 기체를 공급하면서 연속으로 공급되는 충전재(filler metal)를 사용하는 아크용접이다.

(4) 가스실드아크용접(Gas Corded Arc Welding, FCAW)

이산화탄소 또는 이산화탄소와 아르곤의 혼합가스 등으로 아크 및 용착금속을 대기로부터 차폐하면서 하는 아크용접이다.

■ 용접의 형태

기본적인 용접 형태는 모살용접(fillet weld), 맞댐용접(groove weld), 플러그용접(plug weld), 슬롯용접(slot weld)이 있다. 이 절에서는 모살용접과 맞댐용접에 대해서만 다루고 있다.

(1) 모살용접

그림(8.3.2a)는 모살용접을 보여준다. 용접크기 w는 용접금속과 모재 사이의 길이이다. 유효목두께 s는 용접부에서 가장 짧은 길이이다. 일반적으로 모살용접은 모재 표면에서 45도로 이루어지므로 유효목두께 s는 $0.7w$가 된다.

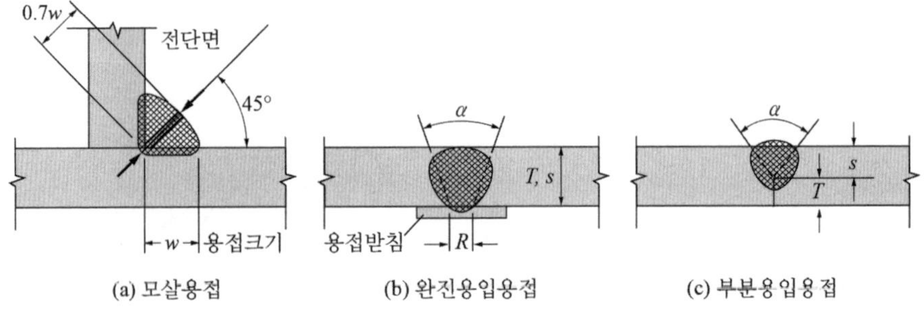

그림(8.3.2) 모살용접과 맞댐용접

(2) 맞댐용접

맞댐용접은 그림(8.3.2b)의 완전용입용접과 그림(8.3.2c)의 부분용입용접으로 구분된다. R은 루트 간격, α는 개선(開先) 각도(groove angle), s는 유효목두께이다. 맞댐용접은 일반적으로 인장 접합부에 사용된다.

■ 용접 접합 설계

(1) 모살용접

모살용접에서 용접부는 전단, 압축 또는 인장에 대해 어느 방향으로도 하중이 작용할 수 있지만 전단에 대해 가장 취약하다. 따라서 용접부의 강도는 전단파괴를 전제로 하여 계산한다. 전단파괴가 일어나는 유효면적은 유효용접길이(l_e)에 목두께(s)를 곱한 값으로 한다. 유효용접길이는 그림(8.3.3)과 같이 모살용접의 총 길이에서 모살크기 w를 양단에서 공제한 값으로 하며, 목두께는 $s = 0.7w$이다. 용접부의 강도는 용접봉의 강도와 유효전단면적에 따라 결정된다. 따라서 용접부의 공칭전단강도가 설계강도가 된다.

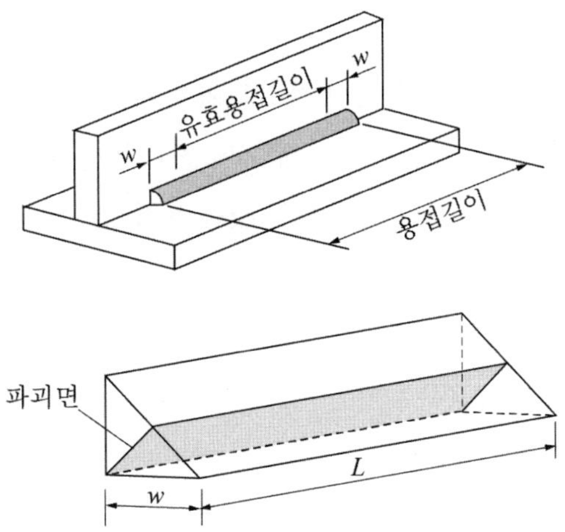

그림(8.3.3) 유효용접길이와 전단파괴면

모살용접의 크기는 얇은 모재의 두께 이하로 하고(표 8.3.1), 최대 크기는 표(8.3.2)를 따른다.

표(8.3.1) 모살용접 최소 크기(mm)

얇은 쪽 판두께(t)	최소 크기
$t \le 6$	3
$6 < t \le 13$	5
$13 < t \le 19$	6

(기준 상 19초과부재에 대한 최소크기 삭제됨)

표(8.3.2) 모살용접 최대 크기(mm)

판두께(t)	최대 크기
$t < 6$	$w = t$
$t \ge 6$	$w = t - 2$

(2) 맞댐용접

맞댐용접의 유효면적은 용접의 유효길이에 유효목두께를 곱한 값으로 한다. 완전용입용접에서의 유효목두께는 접합판 중 얇은 쪽의 판두께로 한다. 또한, 맞댐용접에서는 모재 강도보다 큰 강도를 갖는 용접금속이 사용되므로 모재의 강도로 접합부의 강도를 산정할 수 있다.

완전용입용접의 유효목두께는 모재 중 얇은 쪽의 판두께 이하로 한다. 부분용입용접의 유효목두께는 $2\sqrt{t}$ 이상으로 하되, t는 모재 중 두꺼운 판의 두께이다.

■ **설계강도**

용접부의 설계강도(ϕR_n)는 모재의 인장파단, 전단파단 한계상태에 의한 강도와, 용접재의 파단한계상태 강도 중 작은 값으로 아래와 같이 산정한다.

(1) 모재 강도

$$\phi R_n = \phi F_{nBM} A_{BM} \tag{8.3.1a}$$

(2) 용접재 강도

$$\phi R_n = \phi F_{nw} A_{we} \tag{8.3.1b}$$

여기서 F_{nBM}:모재의 공칭강도, A_{nBM}: 모재의 단면적, F_{nw}: 용접의 공칭강도, A_{we}: 용접 유효면적이다. ϕ(강도감소계수), F_{nBM}, F_{nw}는 표 8.3.3에 따른다.

모살용접인 경우에 A_{we}는 다음과 같다.

$$A_{we} = l_e \cdot s = (l - 2w)(0.7w)$$

표(8.3.3) 용접조인트의 강도표

하중 유형 및 방향	적용재료	ϕ	공칭강도 (F_{nBM}, F_{nw}) (MPa)	유효면적 (A_{BM}, A_{we}) (mm2)	용접재 소요강도[1)2)]
완전용입그루브용접					
용접선에 직교인장	용접조인트 강도는 모재에 의해 제한된다.				매칭용접재가 사용되어야 한다. 뒷댐재가 남아 있는 T조인트와 모서리조인트는 노치인성 용접재를 사용한다(섭씨 4도에서 27J 이상의 CVN 인성값 이상).
용접선에 직교압축	용접조인트 강도는 모재에 의해 제한된다.				매칭용접재 또는 이 보다 한단계 낮은 강도의 용접재가 사용될 수 있다.
용접선에 평행한 인장, 압축	용접에 평행하게 접합된 요소들에 작용하는 인장 또는 압축은 그 요소들을 접합하는 용접부 설계에 고려할 필요가 없다.				매칭용접재 또는 이 보다 한단계 낮은 강도의 용접재가 사용될 수 있다.
전단	용접조인트 강도는 모재에 의해 제한된다.				매칭용접재를 사용해야 한다.[3)]
부분용입그루브용접 (플레어V그루브용접, 플레어베벨그루브용접 포함)					
용접선에 직교인장	모재	ϕ= 0.75	F_u	4.7.4 참조	매칭용접재 또는 이보다 한 단계 낮은 강도의 용접재가 사용될 수 있다.
	용접재	ϕ= 0.80	$0.60F_w$	4.7.2.1(1) 참조	
4.7.1.5에 따라 설계된 기둥주각부와 기둥이음부의 압축	해당 용접부 설계에서 압축응력은 고려하지 않아도 된다.				
기둥을 제외한 부재의 지압접합부의 압축	모재	ϕ= 0.90	F_y	4.7.4 참조	
	용접재	ϕ= 0.80	$0.60F_w$	4.7.2.1(1) 참조	
지압응력을 전달할 수 있도록 마감되지 않은 접합부의 압축	모재	ϕ= 0.90	F_y	4.7.4 참조	
	용접재	ϕ= 0.80	$0.90F_w$	4.7.2.1(1) 참조	
용접선에 평행한 인장, 압축	용접에 평행하게 접합된 요소들에 작용하는 인장 또는 압축은 그 요소들을 접합하는 용접부 설계에 고려할 필요가 없다.				
전단	모재	4.7.4에 따른다.			
	용접재	ϕ= 0.75	$0.60F_w$	4.7.2.1(1) 참조	
필릿용접 (구멍, 슬롯, 빗방향 T조인트 필릿 포함)					
전단	모재	4.7.4에 따른다.			매칭용접재 또는 이보다 한 단계 낮은 강도의 용접재가 사용될 수 있다.
	용접재	ϕ= 0.75	$0.60F_w$	4.7.2.3(1) 참조	
용접선에 평행한 인장, 압축	용접에 평행하게 접합된 요소들에 작용하는 인장 또는 압축은 그 요소들을 접합하는 용접부 설계에 고려할 필요가 없다.				

■ **용접기호**

용접을 도면에 표기할 때에는 그림(8.3.4)와 같이 용접기호를 사용한다. 기호 및 사이즈는 용접하는 쪽이 화살이 있는 쪽(근접면)인 경우는 그림(8.3.4)와 같이 기선의 아래쪽에 기재한다. 그러나 화살의 반대쪽(다른면)인 경우에는 기선의 위쪽에 기재한다. 양면인 경우는 기선의 위와 아래에 모두 기재한다. 구체적인 용접기호는 표(8.3.4)와 같다.

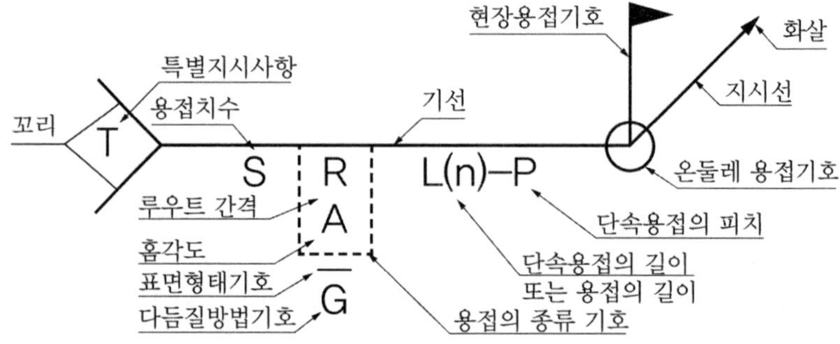

그림(8.3.4) 용접기호 표기 방법(KS B 0052)

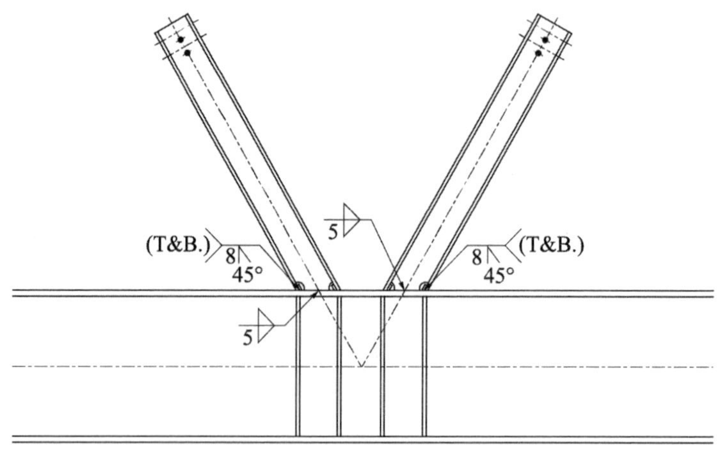

그림(8.3.5) 구조도면 용접 기호 표기

표(8.3.4) 용접 기본 기호(KS B 0052)

용접의 종류	기호	적용 예		비고
I형			화살의 반대측에서 용접	1. 홈을 가공하는 부재에 용접기호의 기선을 위치토록 한다. 2. 홈의 기호가 기선위에 있는 경우 부재의 반대쪽에, 기선밑에 있는 경우 지시선쪽에 가공한다.
			화살쪽에서 용접	
			양측에서 용접	
V형			화살의 반대측에서 용접	
			화살쪽에서 용접	
X형			양측에서 용접	
U형			화살의 반대측에서 용접	
			화살쪽에서 용접	
H형			양측에서 용접	
L형			화살의 반대측에서 용접	
			화살쪽에서 용접	
K형			양측에서 용접	p : 피치 l : 용접길이
J형			화살의 반대측에서 용접	
			화살쪽에서 용접	
양면J형			양측에서 용접	
필릿 판면 용접			화살의 반대측에서 용접	
			화살쪽에서 용접	
필릿 병렬 용접			양측에서 용접	
필릿 지그재그 용접			양측에서 용접	
			양측에서 용접	
플러그 용접 슬롯 용접			화살의 반대측에서 용접	
			화살쪽에서 용접	

예제 (8.3.1)

다음 접합부의 설계강도를 구하시오. 접합부의 모살크기는 6mm이고, 사용 강재는 SM355($F_y = 355\text{N/mm}^2$) 이며, 용접봉의 강도는 $F_w = 490\text{N/mm}^2$ 이다.

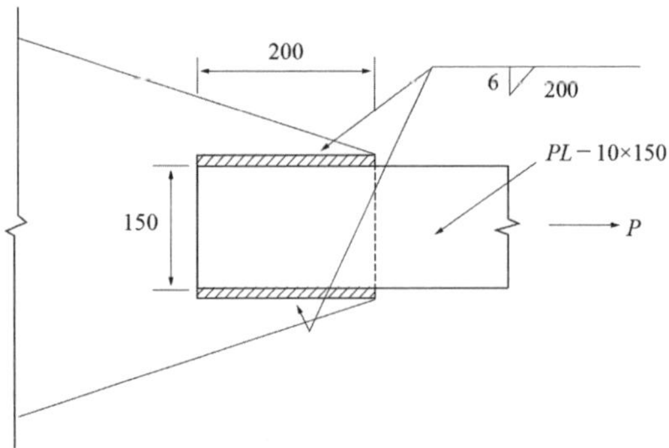

그림(8.3.6)

풀이

(1) 접합재의 인장항복 한계상태에 대한 설계인장강도

$\phi R_n = \phi F_y A_g = (0.9)(355\text{N/mm}^2) \times (150 \times 10) \times 10^{-3} = 321\text{kN}$

(2) 접합재의 인장파단 한계상태에 대한 설계인장강도

$\phi R_n = \phi F_u A_e = (0.75)(490\text{N/mm}^2) \times (150 \times 10 \times 0.75) \times 10^{-3} = 413\text{kN}$

(3) 용접재의 강도

$A_{we} = l_e \cdot s = 2(l - 2w)(0.7w)$

$= 2(200 - 2 \times 6)(0.7 \times 6) = 1{,}579\text{mm}^2$

$\phi R_n = \phi F_{nw} A_{we}$

$= (0.75)(0.6 \times 490\text{N/mm}^2) \times 1{,}579 \times 10^{-3} = 348\text{kN}$

(4) 용접부 설계강도는 가장 작은 값인

$\phi R_n = 321\text{kN}$

8.4 전단접합부 설계

■ 일반사항

전단접합은 단부에서 자유로운 회전이 발생하는 접합부로 해석모델에서는 힌지로 가정된다. 따라서 지지하는 부재에는 휨모멘트 없이 전단력만이 전달되는 특성을 가진다. 그러나 실제 구조물에서는 완전한 회전이 허용되도록 접합을 구성하는 것은 어렵다. 따라서 전단접합부라 하더라도 미소한 휨저항은 가능하지만 모멘트접합에 비해 회전강성은 매우 작다고 할 수 있다.

그림(8.4.1)은 전단접합의 몇 가지 형태를 보여주고 있다. 전단접합부는 플레이트, ㄱ형강, T형강 등에 의해 지지부재와 연결되는데, 국내에서는 플레이트를 이용한 접합이 가장 일반적으로 적용된다. 전단접합은 모멘트접합에 비해 접합방법이 간단하고, 설치가 용이한 특성을 가지고 있다.

전단접합부는 먼저 연결되는 보에서 전달되는 계수하중을 파괴 없이 저항할 수 있도록 설계되어야 한다. 그리고 연결되는 보 단부가 자유롭게 휘어질 수 있도록 회전에 대해 충분히 유연하게 구성되어야 한다. 그렇지 않은 경우 보로부터 의도하지 않은 휨모멘트가 접합부를 통해 전달될 수 있다. 이 경우 접합부는 파괴되지 않더라도 지지부재는 이러한 휨모멘트에 저항하도록 설계되지 않았기 때문에 안전성을 확보하지 못할 수 있다.

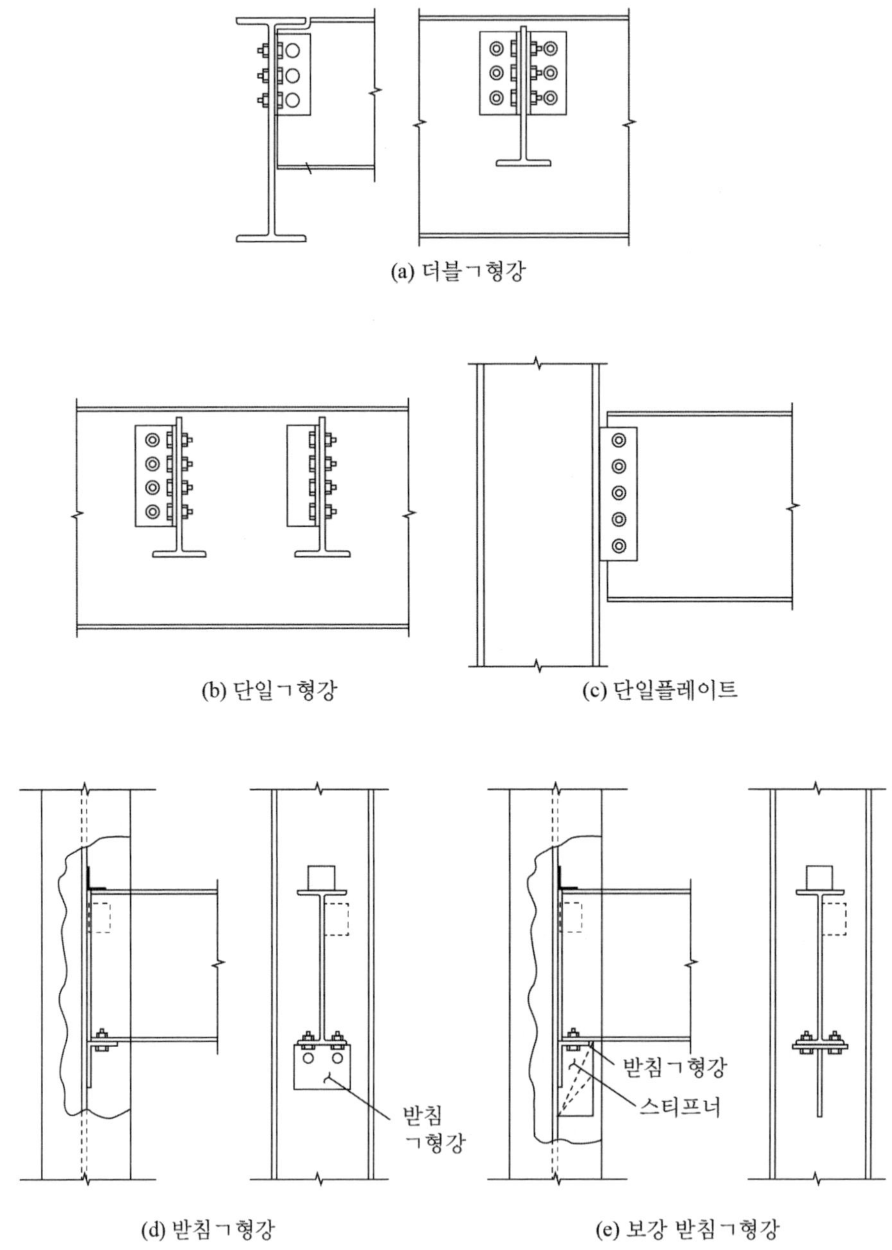

그림(8.4.1) 전단접합부의 형태

■ **기둥과 보의 전단접합**

그림(8.4.2)는 단일플레이트로 연결된 기둥과 보의 전단접합부를 보여주고 있다. 이 접합부에서는 볼트와 용접이 병용되며, 플레이트는 기둥에 용접되고 보와는 고력볼트를 통해 접합된다. 연결 플레이트는 일반적으로 공장에서 사전에 기둥에 용접되고, 현장에서는 볼트를 통해 보의 웨브와 연결한다.

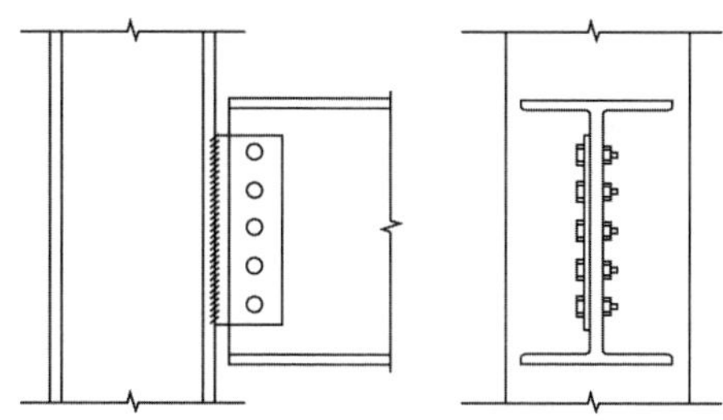

그림(8.4.2) 기둥과 보의 전단접합부

전단력에 저항하는 전단접합부의 설계에서는 볼트의 전단강도, 이음판의 전단파괴 및 블록전단파단에 대한 한계상태가 검토되어야 한다. 전단접합은 대부분 고력볼트의 마찰접합으로 구성되는데, 이때 볼트의 전단강도에 대한 한계상태는 고력볼트의 미끄럼강도로 대체된다.

(1) 고력볼트의 미끄럼강도

계수전단력(V_u)이 작용하는 전단접합부에서 미끄럼 한계상태에 대하여 소요되는 고력볼트의 개수(n)는 다음 식으로 산정한다.

$$n = \frac{V_u}{\phi R_n} \qquad (8.4.1)$$

여기서 V_u는 소요전단강도, R_n 은 고력볼트의 공칭미끄럼강도($R_n = \mu h_f T_0 N_s$)이다.

(2) 이음판의 전단강도

이음판의 설계전단강도(ϕR_n)는 전단항복과 전단파단에 대한 한계상태에 따라 다음 중 작은 값으로 산정하며, 이 값은 이음판에 작용하는 계수전단력(V_u)보다 커야 안전하다.

- 전단항복

$$\phi = 1.0$$

$$\phi R_n = \phi(0.6F_y)A_g \quad (8.4.2)$$

- 전단파단

$$\phi = 0.75$$

$$\phi R_n = \phi(0.6F_u)A_{nv} \quad (8.4.3)$$

여기서 A_g: 이음판의 총단면적, A_{nv}: 유효전단단면적이다.

(3) 이음판의 블록전단강도

블록전단파단의 한계상태에 대한 설계강도는 전단저항과 인장저항의 합으로 산정되며, '인장재'에서 제시된 식을 적용하여 설계블록전단강도를 산정할 수 있다.

플레이트가 기둥과 용접으로 접합되는 경우에는 플레이트의 용접부가 함께 검토되어야 한다. 또한, 보의 전단력이 편심으로 작용하는 경우는 설계 시 편심의 영향을 함께 고려해야 한다.

H형강 기둥에서는 플랜지와 웨브에 대하여 집중하중이 작용하는 경우에는 하중의 작용상태에 따라 플랜지 국부휨, 웨브 국부항복, 웨브 크리플링, 웨브 횡좌굴 및 웨브 압축좌굴에 대해서도 검토되어야 한다. 여기에서 이 내용은 포함하지 않으며, 관련된 상세 내용은 건축구조기준의 강구조 편에서 확인할 수 있다.

(4) 이음판의 설계

이음판의 설계는 다음 절차를 따른다.

1) 설계전단강도가 작용하는 계수전단력(V_u)보다 커야 한다.

$$\phi R_n \le V_u$$

여기서 ϕR_n은 식(8.4.2)와 (8.4.3) 중에서 작은 값이다.

2) 전단응력과 편심에 의한 휨응력에 대한 조합응력(f_u)을 폰 미세스식으로 검토한다.

$$f_u = \sqrt{f_b^2 + 3f_v^2} \le \phi F_y$$

여기서 $\phi = 0.9$, f_v: 전단력에 의한 전단응력, f_b: 편심모멘트에 의한 휨응력이다.

이음판의 용접부도 설계되어야 한다. 모살용접부는 전단응력으로 힘을 저항하므로 조합응력(f_u)을 제곱합 제곱근으로 검토한다.

▸ 전단력에 의한 전단응력(f_v)

$$f_v = V_u / A_w$$

여기서 유효용접면적 $A_w = s \cdot l_e$이다.

▸ 편심모멘트에 의한 휨응력(f_b)

$$f_b = M_e / S$$

여기서 M_e: 편심모멘트, $S = s \cdot l_e^2 / 6$이다.

▸ 조합응력(f_u)

$$f_u = \sqrt{f_b^2 + f_v^2} \le \phi F_w = \phi(0.6F_y)$$

여기서 $\phi = 0.9$, F_w: 용접모재의 공칭강도, f_v: 전단력에 의한 전단응력, f_b: 편심모멘트에 의한 휨응력이다.

■ 큰 보와 작은 보의 전단접합

큰 보와 작은 보의 접합은 그림(8.4.3)과 같이 일반적으로 모멘트가 전달되지 않는 전단접합으로 구성된다. 그러나 작은 보를 연속보로 설계하거나 수평가새와 연결되어 작은 보가 큰 축력에 저항해야 하는 경우는 모멘트접합이 되기도 한다. 이 경우 작은 보의 상하부 플랜지는 서로 연속이 되어야 하기 때문에 접합이 다소 복잡해진다.

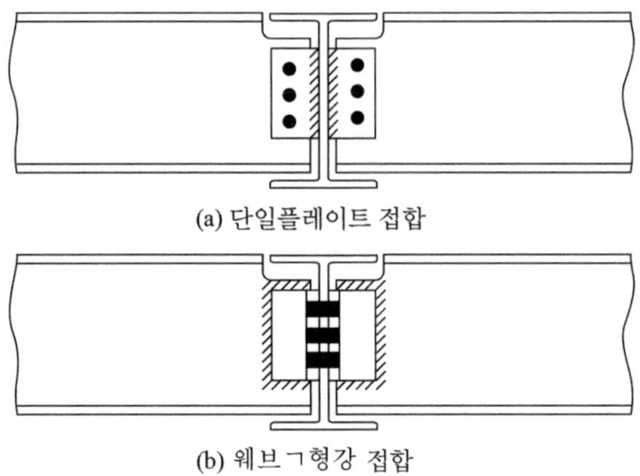

(a) 단일플레이트 접합

(b) 웨브ㄱ형강 접합

그림(8.4.3) 큰 보와 작은 보의 전단접합

큰 보와 작은 보를 전단접합으로 연결하면 작은 보는 단순보로 설계할 수 있다. 또한, 큰 보에는 비틀림모멘트 발생에 대한 우려가 없고, 작은 보로부터 전단력만 전달된다. 접합설계 절차는 기둥과 보의 전단접합에서와 동일하다.

예제 (8.4.1)

H-400×200×8×13 (SS275) 보가 H-300×300×10×15 (SM355) 기둥의 강축방향으로 연결되는 전단접합부가 180kN의 계수전단력을 저항한다. 고력볼트의 마찰접합으로 이 전단접합부를 설계하시오. 단, 고력볼트는 표준구멍의 M20(F10T)를 사용한다.

풀이

(1) 고력볼트의 소요개수

▸ M20(F10T) 1개의 설계미끄럼강도(표준구멍): 식(8.2.7)

$\phi R_n = \phi \mu h_f T_0 N_s$

여기서

μ: 미끄럼계수(표면 블라스트(blast) 후 페인트하지 않은 경우, 0.5)

h_f: 필러계수, 1.0 적용

T_0는 설계볼트장력, N_s는 전단면의 수이다.

설계볼트장력(T_0)은 식(8.2.8)로부터 산정한다. F10T 볼트의 인장강도(F_u)는 1,000MPa이며, M20이므로

$A_b = 3.142 \times (10)^2 = 314.2\text{mm}^2$이다.

$T_0 = 0.75 A_b \times 0.7 F_u = (0.75 \times 314.2) \times (0.7 \times 1000) \times 10^{-3}$

$= 165.0\,\text{kN}$

$\phi R_n = \phi \mu h_f T_0 N_s$

$= 1.0 \times 0.5 \times 1.0 \times 165 \times 1 = 82.5\,\text{kN}$

▸ 고력볼트의 소요개수: 식(8.4.1)

$n = V_u / \phi R_n = 180/82.5 = 2.18 \;\therefore$ 3개 소요

(2) 이음판 설계

이음판은 보와 동일한 SS275를 사용한다. 두께는 일반적으로 연결되는 보 웨브의 두께 이상으로 하며, 10mm로 가정한다. 연단거리를 40mm, 볼트의 간격을 90mm로 하면 3개 볼트 배치 시 이음판의 길이는 260mm가 된다. 그러나 용접에 의한 이음판의 이격거리(10~20mm)를 고려하여 폭을 95mm로 가정하여 검토한다(PL $95 \times 260 \times 10$). 이음판을 포함한 접합부의 형상은 다음 그림과 같다.

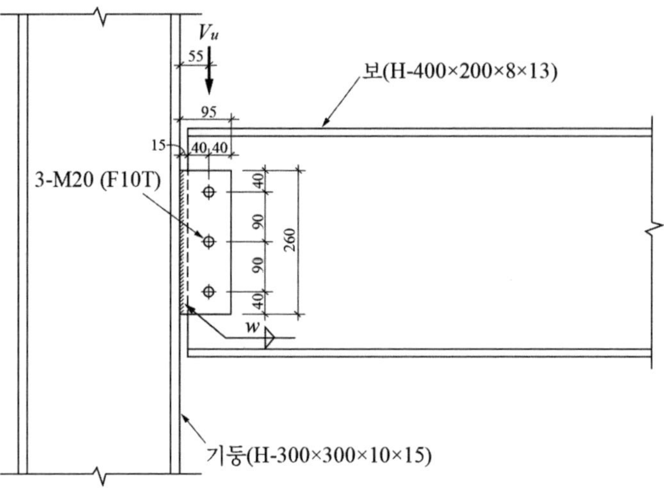

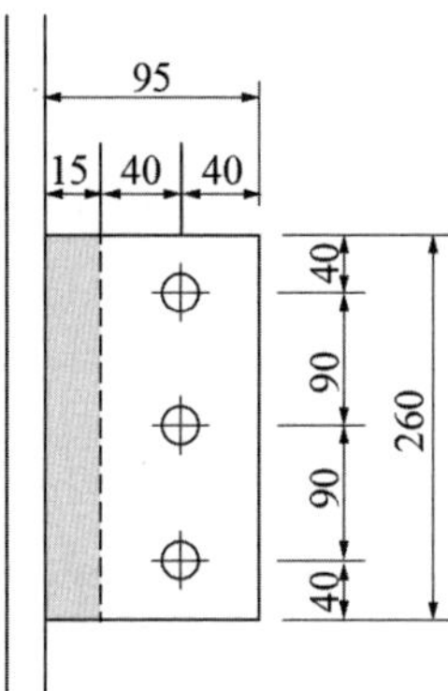

그림(8.4.4) 보–기둥의 접합부

◦ 전단항복

$$\phi R_n = \phi(0.6F_y)A_g$$
$$= 1.0 \times (0.6 \times 275) \times (260 \times 10) \times 10^{-3}$$
$$= 420.9\,\text{kN} \;\geq\; V_u = 180\text{kN} \;\;(\text{OK})$$

◦ 전단파단

$$\phi R_n = \phi(0.6F_u)A_{nv}$$
$$= 0.75 \times (0.6 \times 400) \times \{(260 - 3 \times 22) \times 10\} \times 10^{-3}$$
$$= 349.2\,\text{kN} \;\geq\; V_u(\text{OK})$$

▸ 편심에 의한 조합응력 검토

볼트열은 기둥 플랜지로부터 55mm 떨어진 곳에 위치하기 때문에 전단응력과 편심모멘트에 의한 휨응력이 동시에 작용하므로 이 영향을 검토해야 한다.

▸ 전단력에 의한 전단응력(f_v) (이음판 길이 260mm, 두께 10mm)

$f_v = V_u/A_g = (180\times 10^3)/(260\times 10) = 69.2\text{MPa}$

▸ 편심모멘트에 의한 휨응력(f_b)

$M_e = V_u\cdot e = 180\times 55\times 10^{-3} = 9.9\text{kN·m}$

(작용하중점으로부터 이음판의 편심거리 55mm)

$S = th^2/6 = 10\times 260^2/6 = 112{,}700\text{mm}^3$

$f_b = M_e/S = (9.9\times 10^6)/112{,}700 = 87.8\text{MPa}$

▸ 조합응력 검토 (폰 미세스 응력 적용)

$f_u = \sqrt{f_b^2 + 3f_v^2} = \sqrt{87.8^2 + 3\times 69.2^2} = 148.6\text{MPa}$

$\phi F_y = 0.9\times 275 = 247.5\text{MPa} \ge f_u$ (OK)

(3) 이음판의 용접부 설계

이음판은 기둥 플랜지에 모살용접으로 연결하며, 이음판의 두께가 10mm이므로 용접크기(w)를 7mm로 선택하고, 양면 모살용접으로 용접부를 검토한다.

▸ 유효길이

$l_e = 260 - 2\times 7 = 246\text{mm}$

▸ 유효면적

$A_w = 2(s\cdot l_e) = 2\{(0.7\times 7)\times 246\} = 2{,}411\text{mm}^2$

▸ 전단력에 의한 전단응력(f_v)

$$f_v = V_u/A_w = (180 \times 10^3)/2{,}411 = 74.7\text{MPa}$$

▸ 편심모멘트에 의한 휨응력(f_b)

$$S = 2 \times s \cdot l_e^2/6 = 2 \times (0.7 \times 7) \times 246^2/6 = 98{,}840\text{mm}^3$$

$$M_e = V_u \cdot e = 180 \times 55 \times 10^{-3} = 9.9\text{kN} \cdot \text{m}$$

(작용하중점으로부터 용접부까지 편심거리 55mm)

$$f_b = M_e/S = (9.9 \times 10^6)/98{,}840 = 100.2\text{MPa}$$

▸ 조합응력 검토

$$f_u = \sqrt{f_b^2 + f_v^2} = \sqrt{100.2^2 + 74.7^2} = 125.0\text{MPa}$$

$$\phi F_w = \phi(0.6F_y) = 0.9 \times 0.6 \times 275 = 148.5\text{MPa} \geq f_u \quad (\text{OK})$$

8.5 모멘트접합부 설계

▪ 일반사항

모멘트접합은 충분한 회전강성을 가지는 접합부로 단부에서 회전이 발생하지 않는다. 따라서 지지하는 부재에 전단력과 휨모멘트가 모두 전달되는 특성을 가진다. 또한, 회전 저항력을 확보할 수 있도록 기둥에는 보통 스티프너가 필요하다. 그림(8.5.1)은 모멘트접합의 대표적인 유형이다. (a)는 보의 플랜지를 기둥에 바로 용접한 상세, (b)는 플레이트를 덧대서 용접한 상세, (c)는 플레이트를 덧대고 볼트로 접합한 상세, (d)는 T형강을 이용하여 볼트로 접합한 상세, (e)는 엔드플레이트를 사용하여 접합한 상세이다. 일반적으로 (a)와 같은 형태가 사용된다.

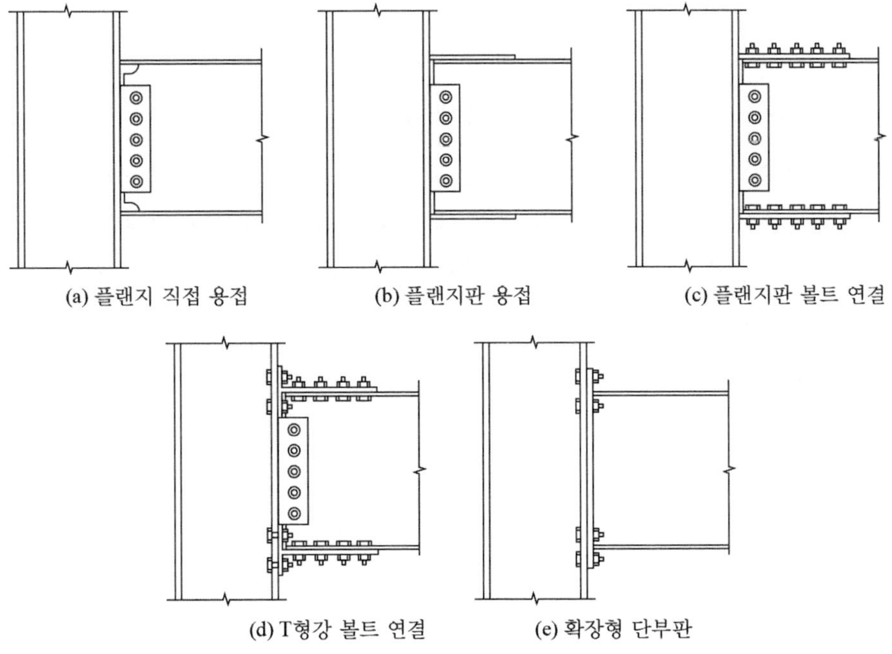

그림(8.5.1) 모멘트접합의 유형

■ 기둥과 보의 강접합

기둥과 보의 강접합부를 설계할 경우 H형강 보에서의 전단력은 보의 웨브가 저항하므로 웨브 접합부는 보의 전단력이 지지부재(기둥)로 전달될 수 있도록 설계한다. 보에서의 휨모멘트는 대부분 보의 플랜지가 저항하므로 플랜지 접합부는 보의 휨모멘트가 지지부재로 전달될 수 있도록 설계한다. 실제로 보의 플랜지가 보의 휨모멘트 전체를 저항하지는 않지만 접합부를 설계할 때에는 보의 플랜지가 휨모멘트 전체를 저항하도록 설계한다. 플랜지에 의해서 휨모멘트가 지지부재로 전달되므로 웨브 접합부에서의 편심에 대한 영향은 고려할 필요가 없다.

그림(8.5.1a)와 같이 보의 플랜지를 기둥에 직접 용접한 접합부는 추가로 요구되는 판재가 없는 가장 단순한 접합부이다. 이 경우 플랜지는 현장에서 기둥에 완전용입으로 용접된다. 웨브 접합의 경우 플레이트가 기둥에 용접되고, 고력볼트를 통해 접합되는 방법이 일반적이다.

기둥과 보의 강접합부 설계에서 웨브 접합부는 보의 전단력 V_u 에 대하여 기둥과 보의 전단접합 설계 방법을 따라서 설계한다. 플랜지 접합부는 보의 단부모멘트에 의해서 발생하는 플랜지의 축력에 대해서 설계한다. 플랜지에 발생하는 축력은 보의 단부모멘트를 상하부 플랜지 중심 간의 거리로 나누어서 구할 수 있다. 보의 플랜지를 기둥에 직접 용접한 접합부의 경우 보에서의 단부모멘트(M_u)는 그림(8.5.2)와 같이 보 플랜지의 축력(P_{uf})으로 분해될 수 있다.

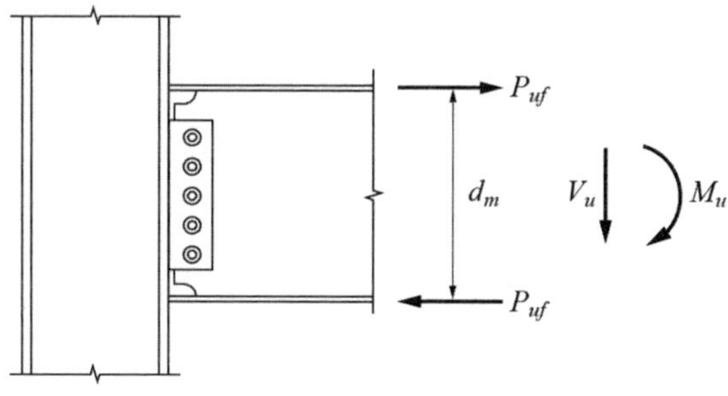

그림(8.5.2) 강접합부 설계

모멘트(M_u)로부터 보의 플랜지에 작용하는 힘(P_{uf})은 다음과 같이 계산할 수 있다.

$$P_{uf} = \frac{M_u}{d_m} \tag{8.5.1}$$

여기서 P_{uf}: 보 플랜지에 분해된 힘, M_u: 보 단부 소요휨강도, $d_m = d - t_f$: 플랜지 힘 사이의 작용 길이이다.

그림(8.5.1b, c)와 같이 플레이트가 덧대어진 경우에는 d_m 대신 d를 사용하여 P_{uf}를 구할 수 있다.

보 플랜지의 축력은 인장항복강도보다 작아야 안전하다.

$$P_{uf} \leq \phi P_{yf} = \phi_b A_f F_y \tag{8.5.2}$$

예제 (8.5.1)

예제(8.4.1)과 동일하게 H-400×200×8×13(SS275) 보가 H-300×300×10×15(SM355) 기둥의 강축방향으로 연결되고 있다. 180kN의 계수전단력과 200 kN·m의 계수모멘트가 작용하는 접합부를 모멘트접합으로 설계하시오. 다만, 보 플랜지는 맞댐용접으로, 보 웨브는 고력볼트로 접합하며 고력볼트는 표준구멍의 M20(F10T)를 사용한다.

풀이

(1) 보 플랜지 용접 설계

▸ 소요휨강도에 의한 보 플랜지의 인장력

$$P_{uf} = \frac{M_u}{d - t_f} = \frac{200 \times 10^3}{400 - 13} = 517\text{kN}$$

▸ 보 플랜지의 인장항복강도: 식(8.5.2)

$$\phi_b P_{yf} = \phi_b A_f F_{by} = 0.9(200 \times 13)(275 \times 10^{-3}) = 643.5\text{kN}$$

$P_{uf} < \phi_b P_{yf}$ 이므로 소요휨강도는 보 플랜지가 지지할 수 있고 맞댐용접을 한다.

(2) 보 웨브 고력볼트 및 이음판 설계

보 웨브 설계 시 보에 작용하는 계수전단력은 모두 보 웨브에서 지지하는 것으로 설계한다. 보 웨브의 고력볼트와 이음판 설계는 예제(8.4.1)과 동일하므로 생략한다.

연 · 습 · 문 · 제

(1) 그림과 같은 용접 H형강 보에 1,000kN의 계수전단력이 작용한다. 강재보는 SS275일 때, 모살용접의 크기를 산정하시오.

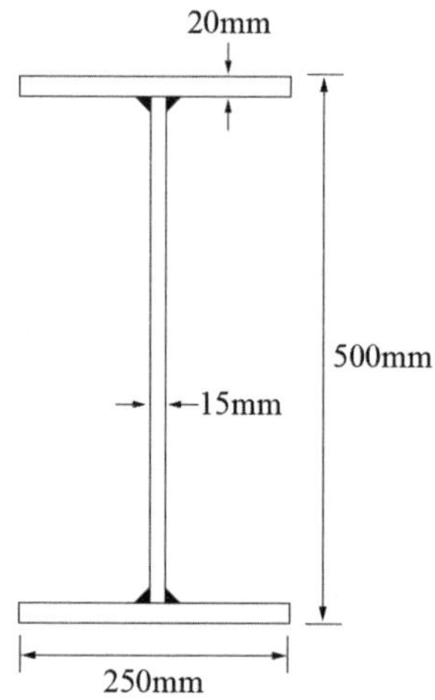

(2) 기둥(H-300×300×10×15)의 강축방향으로 연결되는 강재보의 전단접합부를 설계하고자 한다. 작용하는 계수전단력은 240kN이다. 연결되는 강재보의 단면이 H-400×200×8×13과 H-294×290×8×12인 두 경우에 대해서 고력볼트의 마찰접합으로 전단접합부를 설계하고 차이점을 기술하시오. 단, 이음판의 강종은 SS275로 하고, 표준구멍의 M20(F10T)를 사용하며, 편심에 의한 영향은 고려하지 않는다.

(3) 그림과 같이 인장력(고정하중 100kN, 활하중 150kN)을 받는 두 개의 플레이트를 모살용접하려고 한다. 플레이트의 강종이 SM355인 경우, 용접크기와 용접길이를 구하시오.

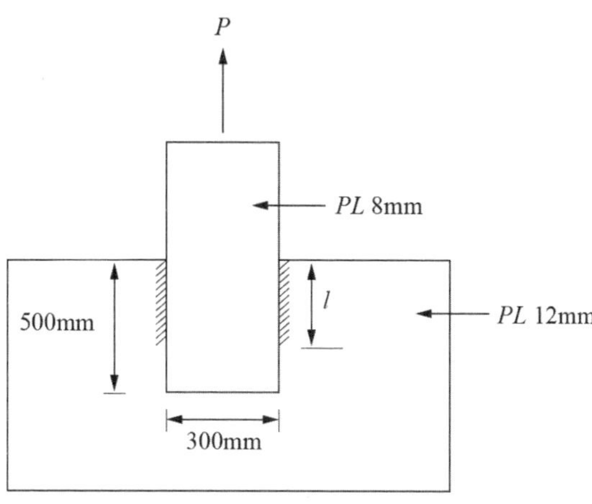

(4) 기둥(H-300×300×10×15)의 강축방향으로 연결되는 강재보의 전단접합부를 설계하고자 한다. 작용하는 계수전단력은 240kN, 계수모멘트는 350kN·m이다. 연결되는 강재보의 단면이 H-400×200×8×13인 경우에 대해서 보 웨브는 고력볼트의 마찰접합으로 설계하고, 보 플랜지는 맞댐용접으로 설계하시오. 단, 이음판의 강종은 SS275로 하고, 표준구멍의 M20(F10T)를 사용하며, 편심에 의한 영향은 고려하지 않는다.

(5) 아래의 접합부가 저항할 수 있는 최대하중 P를 구하시오.

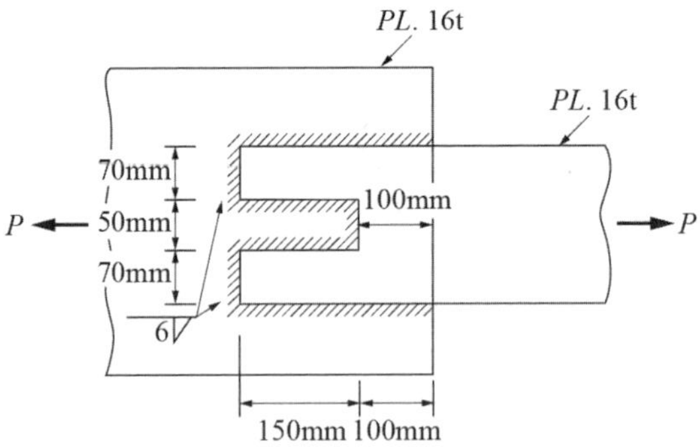

(6) 아래 그림에서 모살용접부가 저항할 수 있는 단위 길이당 최대하중을 산정하시오.

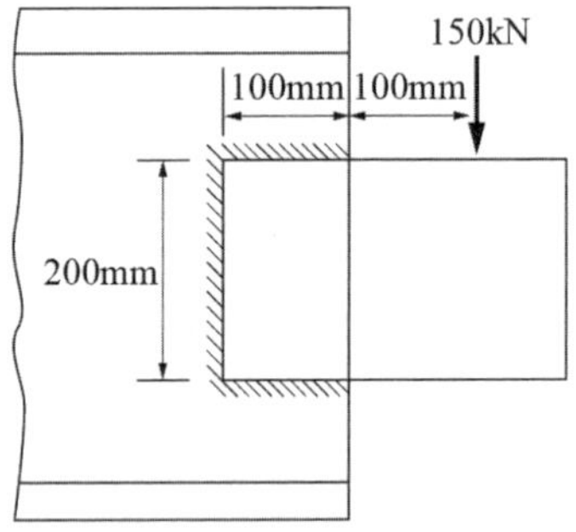

(7) 아래 그림과 같이 H-500×200×10×16 보가 두께 8mm의 ㄱ형강에 접합되어 있는 경우 접합부에서의 최대 지점 반력을 구하시오. SM355강재와 표준구멍의 M20(F10T) 볼트가 사용되었다.

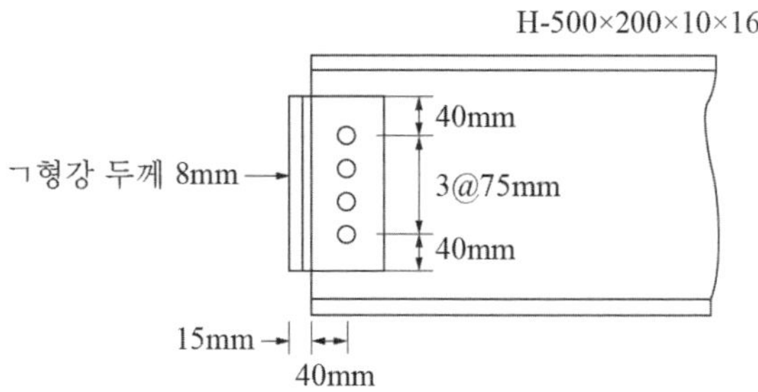

(8) 접합 공사 후 설계 변경에 의해 볼트 접합부에 보강이 필요하여 용접을 하려고 한다. 이 경우 용접의 설계하중은 아래의 ①~③의 방법 중 어떤 방법으로 결정되어야 하는지 적절한 방법을 고르고 설명하시오.

① 최종 설계하중에서 볼트 접합의 한계를 제외한 나머지
② 최종 설계하중 100%
③ 최종 설계하중에서 현재 볼트 접합이 지탱하고 있는 하중을 제외한 나머지

(9) 용접과 볼트 접합의 사용성과 경제성을 비교하시오.

PART 2

/

종합설계

Design of Steel Structures

종합설계 개요

/

S1. Step 1

S2. Step 2

S3. Step 3

이 예제에서는 2경간, 지상 3층의 강구조 건물을 3단계로 나누어 설계해 본다. 대상건물은 서울에 위치한 사무소 용도의 건물이며, 접합부 및 고려하는 설계하중에 따라 아래와 같은 단계로 구분된다.

- **Step 1 [중력하중]**

기둥과 모든 보가 전단접합으로 연결된 모델

- **Step 2 [중력하중]**

Y방향으로 기둥과 보를 강접합한 모델

- **Step 3 [중력하중 + 지진하중]**

Y방향으로 기둥과 보를 강접합하고, X방향으로는 가새를 추가한 모델

Step 1에서 대상으로 한 구조물은 기둥과 큰 보가 단순접합으로 구성된 것으로서 가장 단순한 형태의 구조물이라고 할 수 있다. 이 조건에서는 X, Y 두 방향으로 수평하중에 대한 저항성능은 확보되지 않았기 때문에 중력하중에 대해서만 설계를 수행한다. 하중 산정, 바닥시스템의 선정 등 건물의 설계에 있어 가장 기본적인 내용을 숙지하고, 바닥층 보와 기둥(column)을 설계하는 과정을 익힌다.

Step 2에서는 Step 1의 모델에서 Y방향으로만 기둥과 큰 보의 접합을 강접합으로 변경하였다. 이로써 Y방향으로의 수평저항 성능은 확보되었지만 X방향으로는 저항성능이 확보되어 있지 않다. 따라서 Step 1과 마찬가지로 중력하중에 대한 설계만을 수행한다. Step2는 부정정구조물로서 구조역학을 이용한 수계산과 전산구조해석을 이용하여 부재력을 산정하고, 두 결과를 비교해 본다. 또한, 큰 보(girder)와 기둥(beam-column) 설계를 통해 접합조건이 달라졌을 때 부재 단면에 어떤 변화가 생기는지 살펴본다.

Step 3에서는 이제 보다 현실적인 설계로 접어든다. Step 2의 모델에서 X방향으로 인장력에 저항할 수 있는 가새를 추가적으로 배치하여 수평력에 대한 저항성능(X방향: 철골중심가새골조, Y방향: 철골모멘트골조)을 확보하였다. 따라서 Step 1, 2와 달리 중력하중과 수평하중을 함께 고려한다. 이러한 조건에서 가새(tension member)와 기둥(beam-column)을 설계하고, 수평력 고려에 따른 부재단면의 변화를 살펴본다. 또한, 지진하중에 대한 층간변위 제한에 대한 개념을 소개하며, 검토를 통해 골조의 안정성을 검토한다.

S1. Step 1 [중력하중]

기둥과 보가 전단접합으로 연결된 모델

1) X방향: 핀접합

2) Y방향: 핀접합

S1.1 해석모델의 일반사항

1.1 건물의 개요

1.2 평면 형상 및 층고

1.3 작은 보의 배치 및 슬래브 시스템

1.4 부재 명칭 및 경계조건

1.5 설계하중 및 하중조합

S1.2 한계상태설계법에 따른 부재 설계

2.1 작은 보(2~3B1) 설계 [Composite Beam]

2.2 큰 보(2~3G1) 설계 [Composite Beam]

2.3 기둥(1C1) 설계 [Column]

2.4 기둥(1C3) 설계 [Column]

S1.3 리뷰

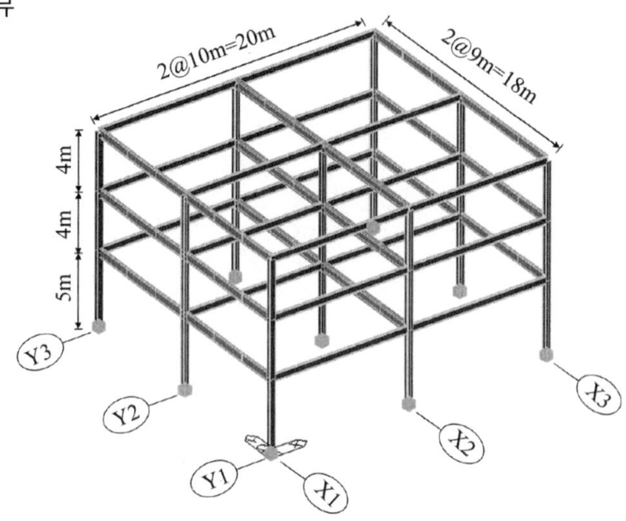

그림(1) 대상건물의 3차원 형상

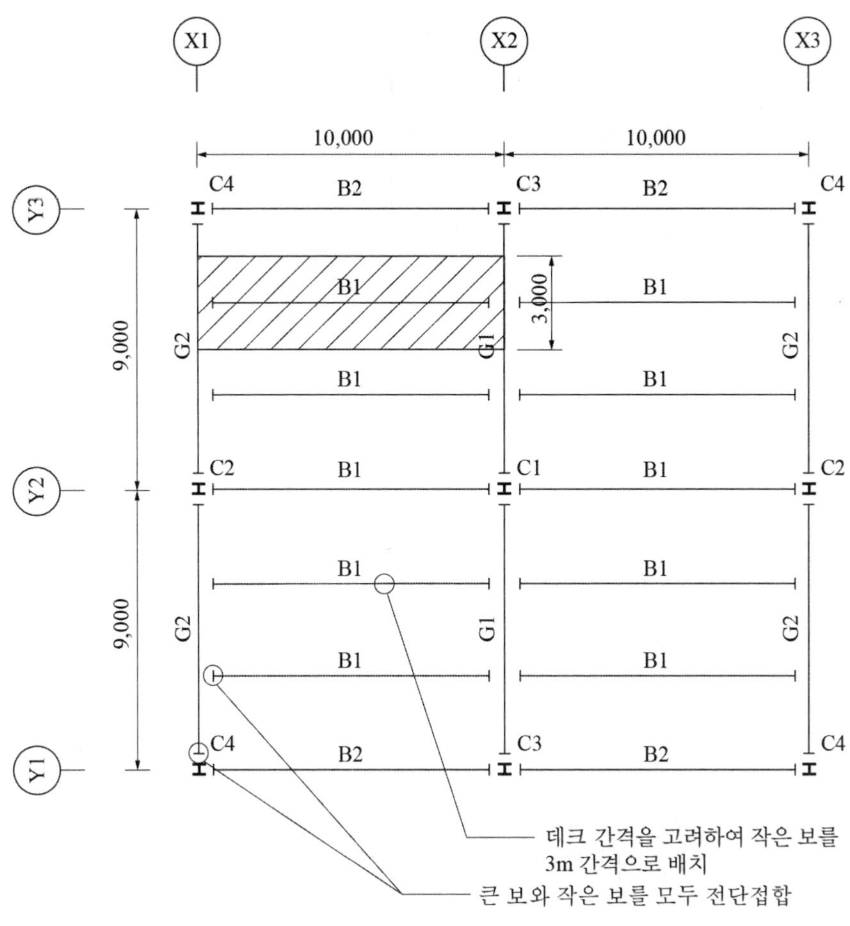

그림(2) 평면 형상 및 부재의 명칭

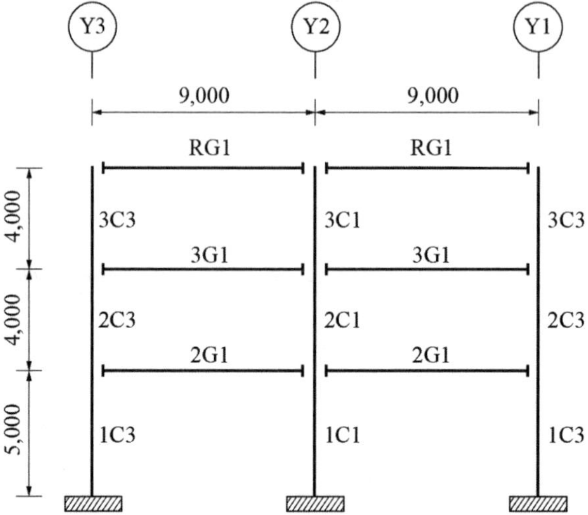

그림(3) X2열 골조 입면도

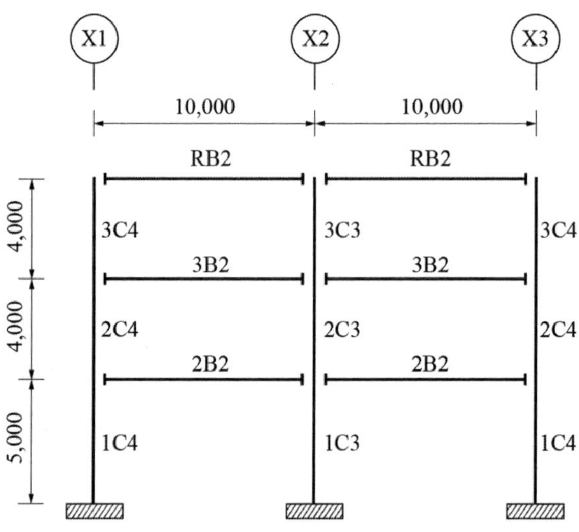

그림(4) Y1열 골조 입면도

S2. Step 2 [중력하중]

Y방향으로 기둥과 보를 강접합한 모델

1) X방향: 핀접합

2) Y방향: 강접합

S2.1 해석모델의 일반사항

1.1 건물의 개요

1.2 부재 명칭 및 경계조건

1.3 설계하중 및 하중조합

S2.2 구조해석 및 한계상태설계법에 따른 부재 설계

2.1 단면 가정

2.2 구조해석

2.3 큰 보(2G1) 설계 [Beam]

2.4 기둥(1C3) 설계 [Beam-Column]

S2.3 리뷰

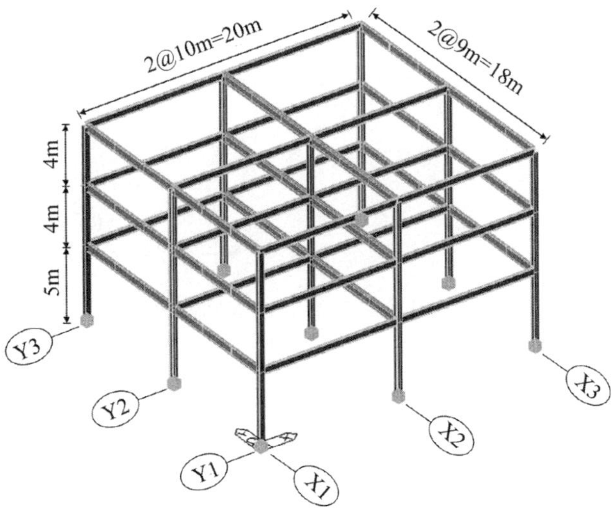

그림(5) 대상건물의 3차원 형상

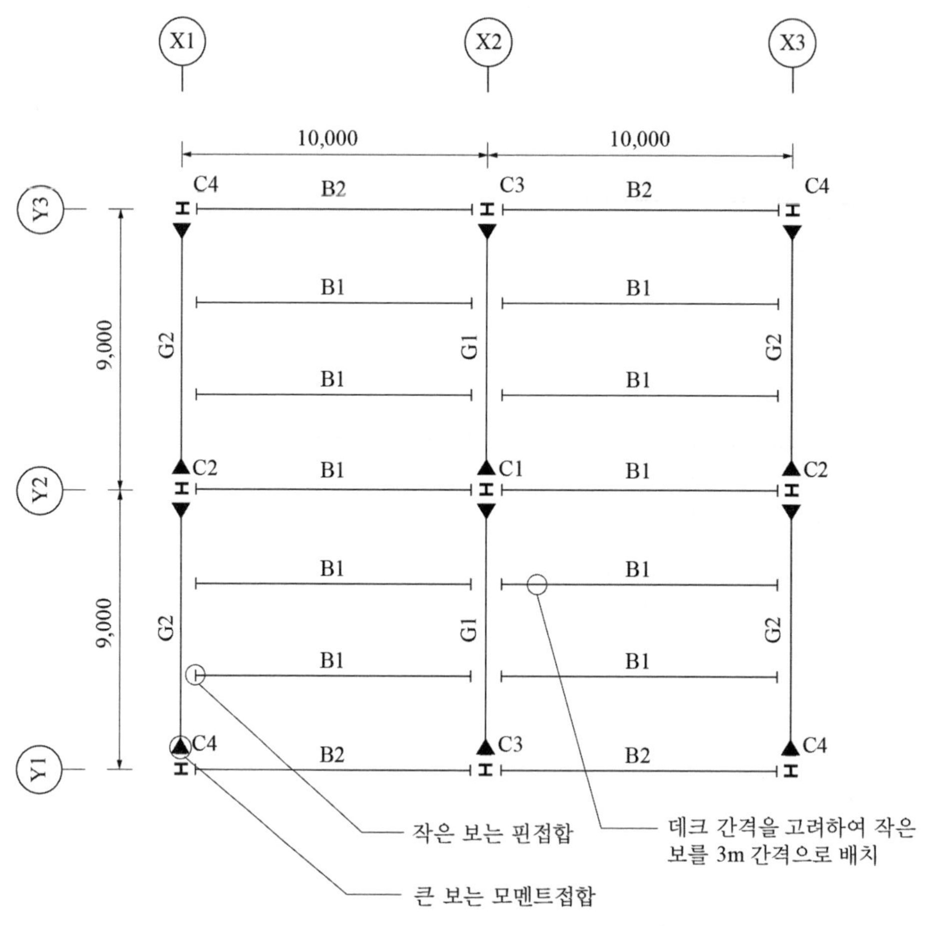

그림(6) 평면 형상 및 부재의 명칭

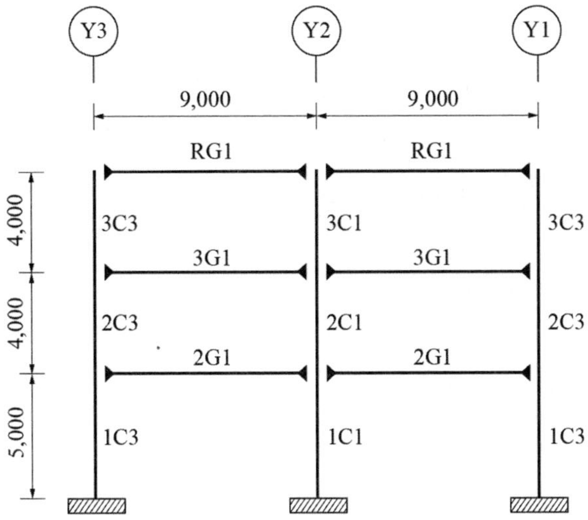

그림(7) X2열 골조 입면도

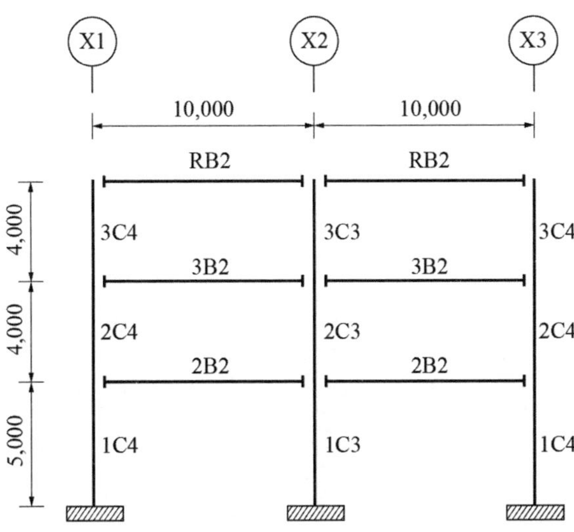

그림(8) Y1열 골조 입면도

S3. Step 3 [중력하중 + 지진하중]

Y방향으로 기둥과 보를 강접합하고, X방향으로는 가새를 추가한 모델

1) X방향: 핀접합 및 입면가새 추가 [중심가새골조]

2) Y방향: 강접합 [모멘트저항골조]

S3.1 해석모델의 일반사항

1.1 건물의 개요

1.2 부재 명칭 및 경계조건

1.3 설계하중 및 하중조합

S3.2 한계상태설계법에 따른 부재 설계 및 안정성 검토

2.1 구조해석

2.2 가새(1VBR) 설계 [Tension Member]

2.3 기둥(1C1) 설계 [Beam-Column]

2.4 기둥(1C3) 설계 [Beam-Column]

2.5 안정성 검토

S3.3 리뷰

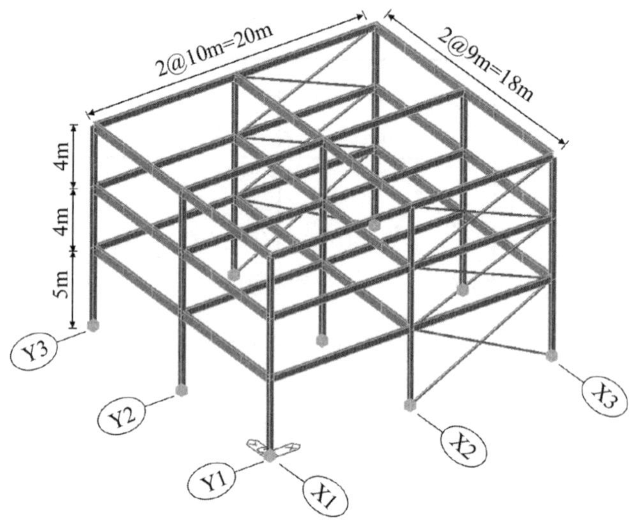

그림(9) 대상건물의 3차원 형상

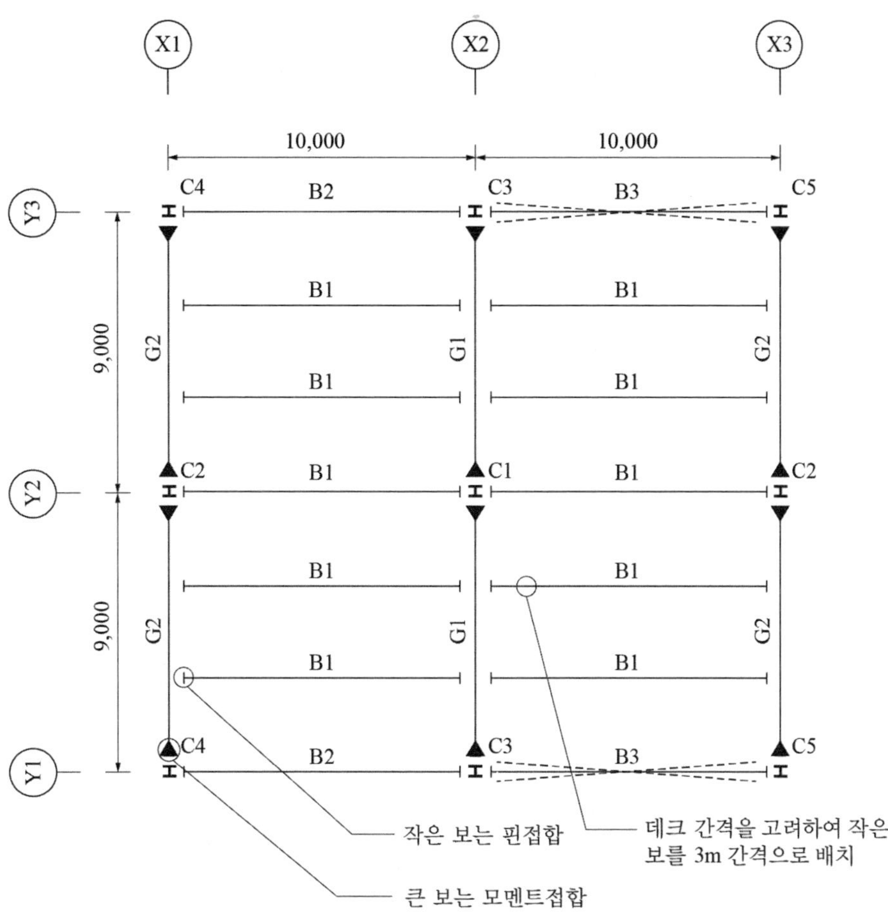

그림(10) 평면 형상 및 부재의 명칭

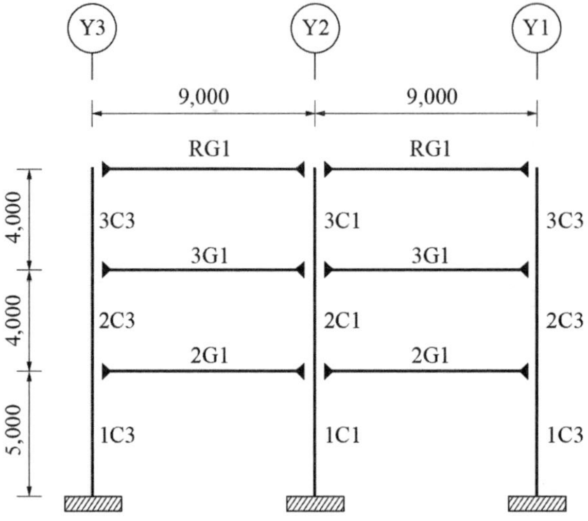

그림(11) X2열 골조 입면도

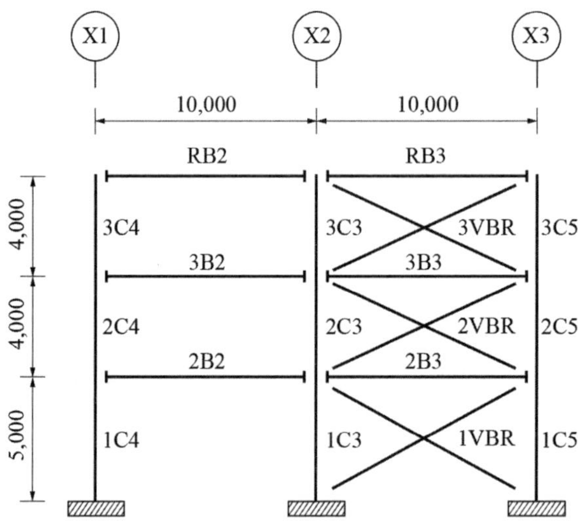

그림(12) Y1열 골조 입면도

S1

종합설계 Step 1

/

S1.1 · 해석모델의 일반사항

S1.2 · 한계상태설계법에 따른 부재 설계

S1.3 · 리뷰

S1.1 해석모델의 일반사항

1.1 건물의 개요

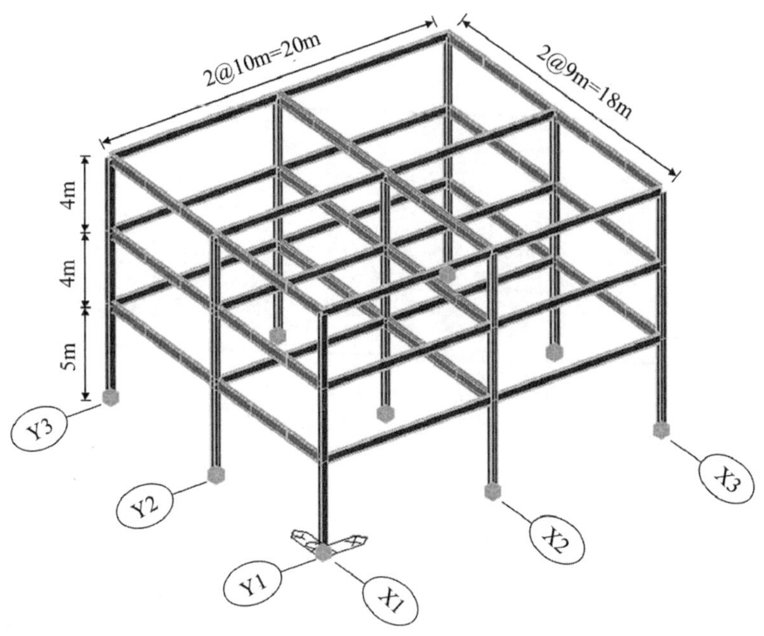

그림(1.1) 대상건물의 3차원 형상

이 예제에서는 그림(1.1)과 같이 2경간, 지상 3층의 강구조 건물을 설계하고자 한다. 이 건물은 서울에 위치한 사무소 용도의 건물이며, 보와 기둥이 모든 하중을 저항하는 시스템으로 구성되어 있다. 이 예제는 강구조설계의 첫 번째 단계로서 바람이나 지진 등의 수평하중을 고려하지 않고, 중력하중에 대해서만 설계하기로 한다.

1.2 평면 형상 및 층고

지상 1층의 층고는 5m이며, 2층과 3층은 4m이다. 평면 형상은 전층이 동일하며, X방향으로는 10m 간격으로 2개의 기둥 경간, Y방향으로는 9m 간격으로 2개의 기둥 경간으로 구성되어 전체 평면은 20m×18m의 크기이다. 천장고 확보를 위해 부재 설계 시 보의 춤은 600mm 이하로 한다.

1.3 작은 보의 배치 및 슬래브 시스템

강구조 건물에서는 바닥슬래브 시스템으로서 주로 데크슬래브를 사용하며, 데크슬래브의 지점간 거리(보 사이의 거리)는 슬래브 두께를 고려하여 일반적으로 3m 내외로 정해진다. 이 예제에서는 Y방향의 기둥 간격(9m)이 X방향(10m)보다 작으므로 큰 보(girder)를 Y방향으로 배치하여 600mm 이하의 보 설계에 유리하게 하고, 작은 보를 X방향으로 배치하는 것이 슬래브 경간을 줄일 수 있어 경제적이다. 따라서 그림(1.2)와 같이 Y방향 기둥열 사이에 작은 보(B1)를 2개씩 배치하여 슬래브 지점이 3m 간격이 되도록 하였다.

데크슬래브는 하부면의 굴곡 여부에 따라 골데크와 평데크로 나뉘는데 이 예제에서는 평데크를 사용하기로 한다. 이 경우에도 데크는 단변방향의 강재보와 스터드를 통해 연결되므로 장/단변비와 관계없이 일방향슬래브로 고려한다. 따라서 작은 보(B1)의 하중 분담면적은 그림(1.2)와 같이 10m×3m가 된다.

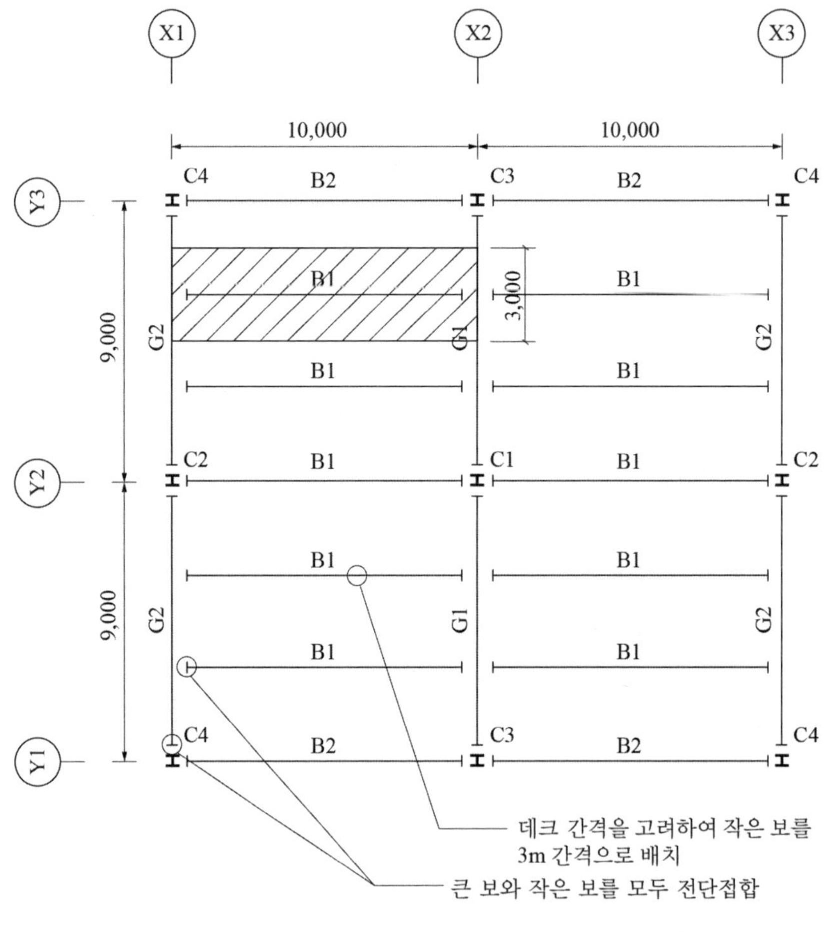

그림(1.2) 평면 형상 및 부재의 명칭

1.4 부재 명칭 및 경계조건

이 예제에 사용되는 부재는 기둥(column), 큰 보(girder), 작은 보(beam)로 구성되어 있으며, 그림(1.2)는 전체 평면의 형상을 보여주고 있다. 보의 경우 바닥 슬래브를 지지하는 부재는 작은 보, 그리고 작은 보를 지지하는 부재는 큰 보로 구분한다. 작은 보는 내부 보인 경우는 B1, 외부(Y1 및 Y3열)인 경우는 B2로 구분하고, 큰 보는 내부열(X2열)인 경우 G1로, 외측면(X1, X3열)인 경우 G2로 명칭을 부여한다. 기둥의 경우 내부기둥은 C1, 외부기둥은 C2(Y2열)와 C3(X2열), 그리고 모서리 기둥은 C4로 구분한다. 부재의 이름은 전 층에서 동일하며, 층에 따른 구분은 부재 명칭의 앞에 붙은 숫자로 구분하기로 한다. 예를 들어, 1층의 내부기둥은 1C1, 2층의 외부 큰 보는 2G2, 지붕층의 내부 작은 보는 RB1이 된다. X2열과 Y1열의 골조 입면도는 각각 그림(1.3) 및 (1.4)와 같다.

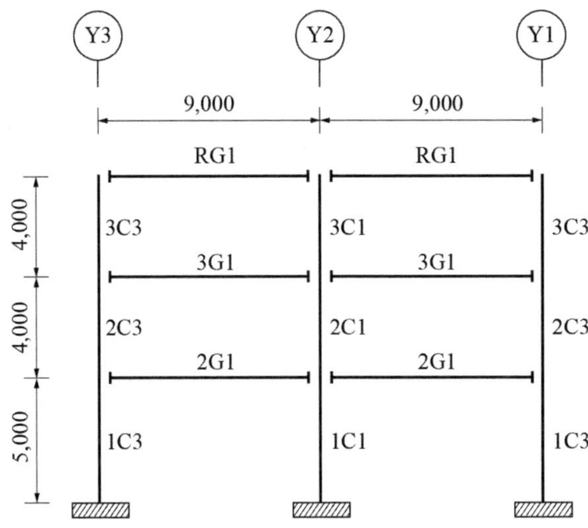

그림(1.3) X2열 골조 입면도

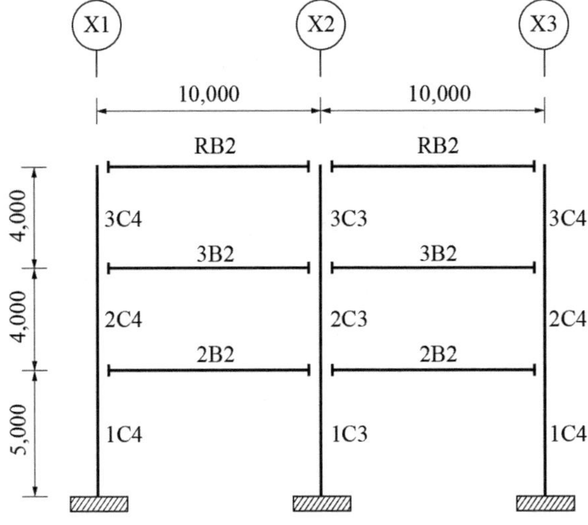

그림(1.4) Y1열 골조 입면도

부재의 경계조건으로서 작은 보(B1, B2)와 큰 보(G1, G2)가 모두 핀접합(전단접합, 단순접합)[1]되어 있다. 또한, 1층에서 기둥의 지점 경계조건은 모두 고정단으로 되어 있으며, 이로써 기둥과 보가 힌지로 연결된 골조가 안정성을 확보할 수 있다. 부재와 지점의 경계조건은 그림(1.2), (1.3) 및 (1.4)에서 확인할 수 있다.

1.5 설계하중 및 하중조합

부재의 단면이 바뀌면서 구조물의 자중이 바뀌지만 강구조 건물에서는 RC 건물에 비해 고정하중에서 자중이 차지하는 비율이 훨씬 낮다. 여기서는 슬래브를 제외한 철골부재의 자중을 0.25kN/m^2(0.25kPa)로 고려하기로 한다. 고정하중(D)은 각 층에 대하여 동일한데, 콘크리트 슬래브의 두께는 150mm이며, 데크 플레이트의 자중은 0.2kN/m^2로 가정한다. 자중 이외의 기타 마감은 1.95kN/m^2이 작용한다. 또한, 외측 면에는 커튼월과 같은 외벽 마감이 존재하는데, 여기서는 외벽하중(wall load)으로 1.0kN/m^2를 고려한다.

2층, 3층은 사무실 용도로 활하중(L)이 2.5kN/m^2로 규정되지만 칸막이벽 하중을 고려하여 1kN/m^2를 추가해야 한다. 지붕층의 활하중(L_r)은 1.0kN/m^2(점유 및 사용하지 않는 지붕)이다. 이 건물이 위치한 서울지역의 기본 지상적설하중(S_g)은 0.5kN/m^2로 지형 및 조건을 고려하더라도 지붕 활하중보다 작으므로 적설하중(S)은 고려하지 않는다.

이 예제에서는 보의 경우 순수 휨재(beam)이며, 기둥은 보와 핀접합으로 연결되고, 하부 지점에서도 중력하중 하에서 모멘트가 발생하지 않으므로 순수 압축재(column)가 된다. 중력하중을 받는 모든 부재는 '$1.4D$'와 '$1.2D + 1.6(L+L_r)$' 중 큰 하중조합을 적용하여 설계한다. 실제 KDS 건축구조기준에서는 일반층의 활하중(L)과 지붕층의 활하중(L_r) 계수를 세분화하여 적용하게 되어 있다. 그러

---

1 핀접합, 단순접합, 전단접합은 동일한 접합 방법이다.

나 이 예제의 건물은 지붕하중이 설계에 큰 영향을 미치지 않기 때문에 L과 L_r을 모두 일반 활하중으로 취급한다.

1.5.1 2층, 3층 바닥하중 산정

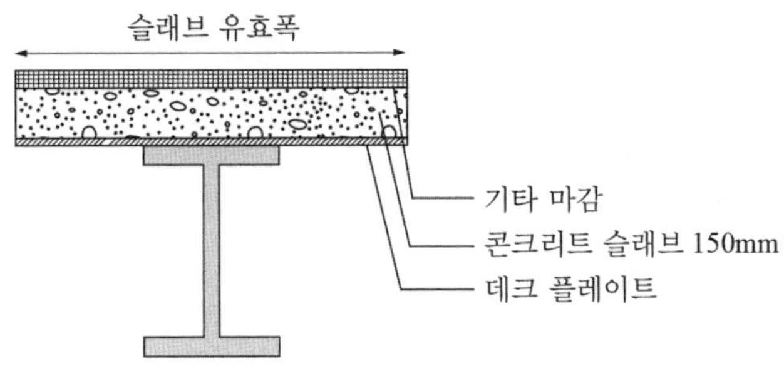

그림(1.5) 고정하중의 구성

표(1.1) 바닥하중 산정 (2층, 3층)

고정하중	철골부재 자중	0.25 kN/m^2
	콘크리트 슬래브 150mm (24kN/m^3 × 0.15m)	3.6 kN/m^2
	데크 플레이트	0.2 kN/m^2
	기타 마감	1.95 kN/m^2
	합계	6.0 kN/m^2
활하중	일반 사무실 (칸막이벽 하중 포함)	3.5 kN/m^2

※ 참고: 건축구조기준 및 해설 KDS 41 10 15 〈표 3.2-1〉 기본등분포활하중

■ 하중조합

LCB 1: $1.4D = 1.4 \times 6.0 = 8.4$ kN/m^2

LCB 2: $1.2D + 1.6L = 1.2 \times 6.0 + 1.6 \times 3.5 = 12.8$ kN/m^2

∴ LCB 2의 경우가 더 크므로 바닥하중은 12.8kN/m^{2}로 한다.

1.5.2 지붕층 하중 산정

표(1.2) 바닥하중 산정 (지붕층)

고정하중	철골부재 자중	0.25 kN/m^2
	콘크리트 슬래브 150mm (24kN/m^3 × 0.15m)	3.6 kN/m^2
	데크 플레이트	0.2 kN/m^2
	기타 마감	1.95 kN/m^2
	합계	6.0 kN/m^2
활하중	점유 및 사용하지 않는 지붕	1.0 kN/m^2

■ **하중조합**

LCB 1: $1.4D = 1.4 \times 6.0 = 8.4$ kN/m^2

LCB 2: $1.2D + 1.6L = 1.2 \times 6.0 + 1.6 \times 1.0 = 8.8$ kN/m^2

∴ LCB 2의 경우가 더 크므로 지붕층 바닥하중은 8.8kN/m^{2}로 한다.

S1.2 한계상태설계법에 따른 부재 설계

부재를 설계하기 위해서는 먼저 각 부재에 작용하는 부재력을 산정해야 한다. 이 예제에서는 큰 보와 작은 보가 모두 핀접합으로 되어 있고, 하중이 대칭적으로 작용하기 때문에 수계산으로 간단하게 부재력을 구할 수 있다. 모든 강재는 SHN275를 사용하며, 보와 기둥 모두 H형강 단면을 사용한다. 콘크리트 슬래브의 설계기준강도는 30MPa이다.

- 보 2B1, 2G1 설계 (합성보)
- 기둥 1C1, 1C3 설계 (압축재)

2.1 작은 보 설계: 3~2B1 (합성보)

대상건물에서 작은 보는 B1과 B2가 있는데, 내부 보인 B1이 더 큰 하중분담폭(3m)을 갖는다. 또한, 지붕층보다 2~3층의 바닥하중이 더 크므로 여기서는 작은 보 중 하중이 가장 크게 작용하는 3~2B1(이후 2B1로 표현, 그림 1.2)을 설계하기로 한다. 작은 보와 큰 보의 연결은 핀접합이므로 단순보로 거동한다. 노출형 합성보는 콘크리트 경화 전후에 따라 저항단면이 달라지기 때문에 설계시 공사 중(강재만이 저항)과 콘크리트 양생 후(합성단면이 저항)를 구분하여 검토해야 한다. 공사 중에는 시공하중이 활하중으로 작용하며, 1.5kN/m^{2}를 고려하기로 한다.

[설계과정]

(1) 강재보의 선택

소요단면계수(Z_{req})에 근거하여 가장 경제적인 강재단면을 선택한다.

① $Z_{req} \geq M_{u,1}/\phi_b F_y$ [예비단면 선택]

② $M_{u,1} = w_{u,1}L^2/8$ [단순보의 소요휨모멘트]

③ $w_{u,1} = 1.2DL + 1.6LL$ [공사단계 계수하중]

•공사단계 계수하중으로 예비 강재단면을 선택한다.

(2) 사용단계의 부재력 산정

① $M_u = w_u L^2/8$ [합성보의 소요휨모멘트]

② $w_u = 1.2DL + 1.6LL$ [콘크리트 양생 후 계수하중]

③ $V_u = w_u L/2$ [합성보의 소요전단력]

(3) 합성보의 설계휨모멘트 산정

① 슬래브 유효폭 산정

② 설계휨모멘트($\phi_b M_n$) 산정: PNA가 슬래브 내에 위치하는 경우(식 6.6.6)

$$\phi_b M_n = \phi_b T_s (d/2) + C_e (t - a/2) = \phi_b (0.5d + t - a/2)$$

- $C_e = 0.85 f_{ck} b_{eff} \cdot a$ (6.6.4)
- $T_s = A_s F_y$ (6.6.2)

  $C_e = T_s$로부터 응력블록의 춤(a)을 구한다.
- $\phi_b M_n \geq M_u$이면, 합성보가 사용단계의 소요모멘트에 대해 적합하다.

(4) 설계전단력($\phi_v V_n$) 검토

$\phi_v V_n = \phi_v (0.6 F_y A_w C_v) > V_u$이면 만족

여기서 $h/t_w < 2.24\sqrt{E/F_y}$이면

ϕ_v(강도감소계수)$= 1.0$, C_v(전단좌굴감소계수)$= 1.0$이다.

(5) 시어스터드 설계

(6) 처짐 및 치올림 검토

2.1.1 재료 특성

모든 강재의 재질은 SHN275이므로 강재보는 F_y(항복강도)가 275MPa이며, E_s(탄성계수)[2]는 210,000MPa이다. 콘크리트의 설계기준강도(f_{ck})는 30MPa이므로 KDS2019에 따라 콘크리트의 탄성계수(E_c)는 다음과 같이 계산된다.

---

2 E, E_s는 강재의 탄성계수이다.

$$E_c = 8{,}500\sqrt[3]{f_{cu}} = 8{,}500\sqrt[3]{f_{ck}+4} = 8{,}500\sqrt[3]{34} \simeq 27{,}500\,\mathrm{MPa}$$

2.1.2 하중 산정

S1.1에서 산정한 바닥하중은 완공 후의 최종하중을 나타내는 것으로 합성보 2B1을 설계하기 위해서는 공사 중의 하중을 별도로 구분할 필요가 있다. 공사 중에는 표(1.1)에서 마감을 제외한 철골부재 자중, 콘크리트 슬래브 및 데크 플레이트가 고정하중으로 작용하며, 활하중은 시공하중인 1.5kN/m^{2}를 고려한다. 2B1의 하중분담폭은 3m이므로 시공단계를 구분하여 작용하는 등분포하중을 산정하면 다음과 같다(표 1.1 참조).

(1) 공사단계 하중: 강재보 지지

- 고정하중: $w_{D,1} = (0.25 + 3.6 + 0.2)(3.0) = 12.15\,\mathrm{kN/m}$
- 활하중(시공하중): $w_{L,1} = (1.5)(3.0) = 4.5\,\mathrm{kN/m}$
- 계수하중: $w_{u,1} = 1.2(12.15) + 1.6(4.5) = 21.78\,\mathrm{kN/m}$

(2) 사용단계 하중 (콘크리트 양생 후): 합성보 지지

- 고정하중: $w_D = (6.0)(3.0) = 18.0\,\mathrm{kN/m}$
- 활하중: $w_L = (3.5)(3.0) = 10.5\,\mathrm{kN/m}$
- 계수하중: $w_u = 1.2(18.0) + 1.6(10.5) = 38.4\,\mathrm{kN/m}$

Note

표(1.1)에서 ① 철골부재 자중, 슬래브, 데크 플레이트는 공사단계 고정하중으로 고려하며, ② 기타 마감하중을 포함한 전체 고정하중은 사용단계에서 고려한다.

(3) 사용단계의 부재력 산정

- $M_u = \dfrac{w_u L^2}{8} = \dfrac{38.4 \times 10^2}{8} = 480.0\,\mathrm{kN\cdot m}$

• $V_u = \frac{w_u L}{2} = \frac{38.4 \times 10}{2} = 192.0\ \text{kN·m}$

Note

합성보가 소요모멘트(M_u)와 소요전단강도(V_u)를 지지하여야 한다.

2.1.3 강재보의 선택

콘크리트가 강도를 발현하기 전인 공사단계에서는 강재단면이 모든 하중을 저항해야 하므로 휨내력을 고려하여 강재단면을 먼저 선택한다. 강재보의 휨내력은 압축측 플랜지의 비지지길이에 따라 달라지게 되지만 이 예제의 합성보는 단순보이므로 상부에서만 압축이 작용하고, 이 상부플랜지는 데크에 의해 횡좌굴이 방지된다고 가정한다.

•공사 중 강재보의 휨내력 검토

$$M_{u,1} = \frac{w_{u,1} L^2}{8} = \frac{21.78 \times 10^2}{8} = 272.3\ \text{kN·m}$$

$$Z_{req} \geq \frac{M_{u,1}}{\phi_b F_y} = \frac{272.3 \times 10^6}{0.9 \times 275} = 1.10 \times 10^6 \text{mm}^3$$

위의 소요단면계수(Z_{req})를 만족하는 강재단면으로서 H-400×200×8×13을 선택한다.

•H-400×200×8×13의 단면 특성[3]:

$A_s = 8{,}412\,\text{mm}^2$ $Z_s = 1.33 \times 10^6 \text{mm}^3$ $I_s = 2.37 \times 10^8 \text{mm}^4$ $r = 16\,\text{mm}$

3 아래 첨자 s는 강재단면의 특성을 의미한다.

2.1.4 슬래브 유효폭 산정

콘크리트 슬래브의 유효폭(b_e)[4]은 좌우 각 방향에 대한 유효폭의 합으로 구하며, 각 방향에 대한 유효폭은 보 경간(L)의 1/8과 인접보 중심간의 거리(s)의 1/2 중 작은 값으로 정한다.

$$b_{e,1} = 2(L/8) = 2(10{,}000/8) = 2{,}500\ \mathrm{mm}$$

$$b_{e,2} = 2(s/2) = 2(3{,}000/2) = 3{,}000\ \mathrm{mm}$$

따라서 2B1의 슬래브 유효폭은 2,500mm가 된다.

2.1.5 정모멘트에 대한 설계휨강도

(1) 웨브의 판폭두께비 검토

$$h/t_w = (400-2(13+16))/8 = 342/8 = 42.8$$

$$3.76\sqrt{E/F_y} = 3.76\sqrt{210{,}000/275} = 103.9$$

웨브의 판폭두께비(h/t_w)가 $3.76\sqrt{E/F_y}$ 보다 작으므로 M_n은 합성단면의 소성응력 분포로부터 산정한다.

(2) 슬래브의 유효압축력 및 소성중립축의 위치

•콘크리트 압축력: 식(6.6.1)

$$C_e = 0.85 f_{ck} b_e \cdot t = 0.85(30\mathrm{MPa})(2{,}500\mathrm{mm})(150\mathrm{mm})$$

$$= 0.85(30)(375{,}000)\times 10^{-3} = 9{,}563\,\mathrm{kN}$$

---

4 $b_e = b_{eff}$ (유효폭)

•강재단면의 인장력: 식(6.6.2)

$$T_s = F_y A_s = (275\text{MPa})(8{,}412\text{mm}^2) \times 10^{-3} = 2{,}313\text{ kN}$$

$\therefore C_e > T_s$이므로 소성중립축(PNA)은 콘크리트 슬래브 내에 있다.

완전합성보로 설계시 작용하는 수평전단력(V_q)은 위에서 산정된 값 중 작은 값이므로 2,313kN이다.

•콘크리트 응력블록 춤(a): 식(6.6.5)

$$a = \frac{F_y A_s}{0.85 f_{ck} b_e} = \frac{275(8{,}412)}{0.85(30)(2{,}500)} = 36.3\text{mm}$$

$\therefore$ 소성중립축(PNA)은 콘크리트 슬래브 상부면으로부터 36.3mm 지점에 있다.

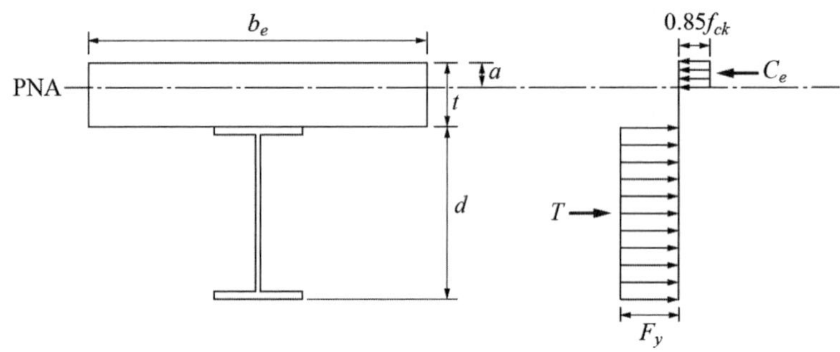

그림(1.6) 중립축이 슬래브 내에 있는 경우 압축력과 인장력

(3) 설계휨강도 검토

압축력과 인장력의 작용점 거리는 $0.5d + (t - a/2)$로 산정되며, 휨강도에 대한 $\phi_b = 0.9$를 적용하면 설계휨강도는 다음과 같다(식 6.6.6 참조).

$$\phi_b M_n = \phi_b\left(0.5d + t - \frac{a}{2}\right)T = 0.9\left(0.5(400) + 150 - \frac{36.3}{2}\right)(2{,}313)/10^3$$
$$= 690.8\text{ kN·m}$$

이 값은 소요휨강도($M_u = 480\,\mathrm{kN{\cdot}m}$)보다 크므로 만족한다.

2.1.6 강재단면의 설계전단강도

합성보의 설계전단강도는 강재단면 웨브의 전단력으로 산정하며, 웨브의 판폭두께비에 따라 전단좌굴감소계수(C_v)가 결정된다.

$$h/t_w = 42.8 \quad < \quad 2.24\sqrt{E/F_y} = 2.24\sqrt{210{,}000/275} = 61.9$$

강재단면은 압연 H형강이며, $h/t_w < 2.24\sqrt{E/F_y}$ 이므로 강도감소계수(ϕ_v)와 전단좌굴감소계수(C_v)는 모두 1.0이 되고, 설계전단강도는 다음과 같다.

$$\phi_v V_n = \phi_v(0.6F_yA_wC_v) = (1.0)(0.6)(275)(400\times8)(1.0)/10^3$$
$$= 528\mathrm{kN}$$

이 값은 소요전단강도($V_u = 192\,\mathrm{kN}$)보다 크므로 만족한다.

2.1.7 시어스터드의 설계

(1) 수평전단력 산정

•콘크리트 압괴:

$$C = 0.85f_{ck}A_c = 0.85(30\mathrm{N/mm^2})(2{,}500\mathrm{mm})(150\mathrm{mm})$$
$$= 0.85(30\mathrm{N})(375{,}000\mathrm{mm^2}) = 9{,}563\,\mathrm{kN}$$

•강재단면의 인장항복:

$$T = F_yA_s = (275\mathrm{N/mm^2})(8{,}412\mathrm{mm^2}) = 2{,}313\,\mathrm{kN}$$

완전합성보로 설계시 작용하는 수평전단력(V_q)은 위에서 산정된 값 중 작은 값이므로 2,313kN이다.

(2) 시어스터드의 강도 산정

여기서는 직경 19mm, 높이 120mm이며 $F_u = 400\,\mathrm{MPa}$인 시어스터드를 사용하기로 한다.

•시어스터드 특성

$$d_{sc} = 19\mathrm{mm} \quad < \quad 2.5t_f = 2.5\times 13 = 32.5\,\mathrm{mm} \qquad \mathrm{OK}$$

$$h_{sc} = 120\mathrm{mm} \quad > \quad 4d_{sc} = 4\times 19 = 76\,\mathrm{mm} \qquad \mathrm{OK}$$

$$A_{sc} = \pi(19^2)/4 = 283.5\,\mathrm{mm}^2$$

•시어스터드의 강도

$$Q_n = 0.5A_{sc}\sqrt{f_{ck}E_c} \le R_g R_p A_{sc} F_u \tag{6.8.1}$$

시어스터드 1개의 강도는 위의 식에 의해 산정되는데, 이 예제에서는 평데크를 사용하였다. 이 경우 데크 플레이트는 골이 없으며 순수하게 거푸집의 역할을 하기 때문에 데크 플레이트가 없는 경우에 대한 R_g와 R_p 값을 적용한다.

$$Q_{n,1} = 0.5A_{sc}\sqrt{f_{ck}E_c} = 0.5(283.5)\sqrt{(30)(27,500)}/1,000 = 128.8\,\mathrm{kN}$$

$$Q_{n,2} = R_g R_p A_{sc} F_u = (1.0)(0.75)(283.5)(400)/1,000 = 85.05\,\mathrm{kN}$$

따라서 ϕ19 시어스터드 1개의 공칭강도(Q_n)는 85.05kN이다.

(3) 시어스터드의 배치

완전합성보로 설계할 경우 최대모멘트 위치(경간 중앙)에서 단부까지 필요한 스터드의 개수는 다음과 같다.

$$n = \frac{V_q}{Q_n} = \frac{2,313}{85.05} = 27.2 \quad \rightarrow \quad 28\text{개}$$

합성보 전체 구간에 대해서는 위 산정값의 2배가 되므로 총 56개의 시어스터드가 필요하다. 1열로 스터드를 배치하는 경우 $10,000/56 = 178\text{mm}$ 이므로 시공성을 고려하여 150mm의 간격으로 배치한다. 보의 길이방향에 대한 간격(s)은 $6d_{sc} = 114\,\text{mm}$ 보다 크고, 900mm 및 슬래브 두께의 8배인 1,200mm보다 작으므로 적절하다.

2.1.8 공사 중 휨내력 및 처짐 검토

강재단면은 공사단계에서의 하중을 저항할 수 있도록 선택되었기 때문에 재검토를 수행하지 않아도 된다. 따라서 여기서는 선택된 강재단면을 반영하여 공사 중의 처짐을 산정한 후 치올림(camber) 여부를 결정하도록 한다. 공사 중 고정하중에 의한 합성 이전의 처짐은 AISC Steel Design Guide 3에 따라 $L/360$과 25mm 중 작은 값으로 제한한다.

$$\Delta_{D,1} = \frac{5w_{D,1}L^4}{384E_sI_s} = \frac{5(12.15)(10,000)^4}{384(210,000)(2.37\times10^8)} = 31.8\,\text{mm}$$

$$\Delta_{D,\text{limit}} = \min[L/360,\ 25] = 25\,\text{mm}$$

산정된 처짐값이 제한값보다 크기 때문에 단면을 증가시키거나 강재단면에 상향으로 미리 치올림을 두어야 한다. 여기서는 치올림을 두어 공사 중의 과도한 처짐량을 보정하기로 한다.

$$\Delta_{\text{camber}} = 0.75\Delta_{D,1} = 0.75\times31.8 = 23.9\text{mm} \quad \rightarrow \quad 25.0\,\text{mm}$$

치올림의 정도는 공사 중 고정하중으로 인한 처짐량의 75~80% 정도가 일반적이다. 치올림 양을 너무 크게 하는 경우 역방향으로 휘는 경우가 발생할 수 있다.

2.1.9 합성보의 처짐 검토 (KBC 해0709.3.1 일반사항 참조)

처짐을 계산하기 위한 합성보의 정확한 휨강성을 산정하는 것은 어려운 일이다. 이러한 이유로 기준에서는 처짐 산정 시 단면2차모멘트의 값으로서 유효 단면2차모멘트(I_{eff})를 사용하는 방법과 단면2차모멘트의 하한값(I_{lb})을 사용하는 두 가지 방법을 제시하고 있다. 첫 번째 방법은 선형 탄성이론을 통해 산정된 등가 단면2차모멘트(I_{equiv})의 75%를 I_{eff}로 정의하는 것이며, 이 예제에서는 이 방법을 적용하여 합성보의 처짐을 산정한다.

(1) 도심 위치 산정

• 탄성계수비

$$n = E_s/E_c = 210{,}000/27{,}500 = 7.64$$

• 콘크리트 등가단면적

$$A_c/n = (2{,}500 \times 150)/7.64 = 4.91 \times 10^4\,\text{mm}^2$$

• 강재와 콘크리트 단면의 도심 위치

$$y_s = 400/2 = 200\,\text{mm}$$

$$y_c = 400 + 150/2 = 475\,\text{mm}$$

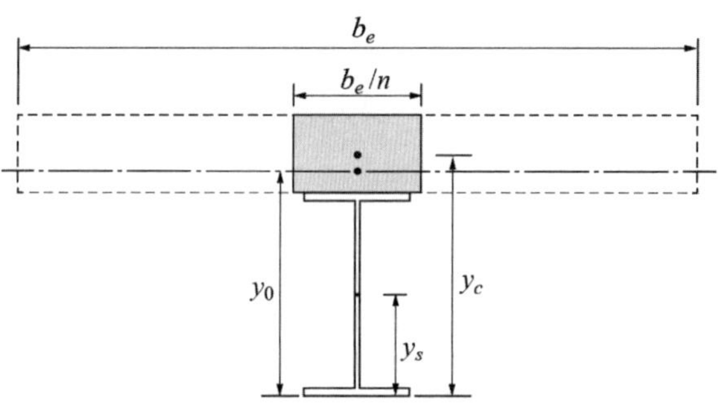

그림(1.7) 요소의 도심 위치

•합성단면의 도심 위치

$$y_0 = \frac{A_s y_s + (A_c/n) y_c}{A_s + (A_c/n)} = \frac{(8,412 \times 200) + (49,100 \times 475)}{8,412 + 49,100} = 434.8\,\mathrm{mm}$$

(2) 유효 단면2차모멘트(I_{eff})

먼저 콘크리트 단면의 환산 단면2차모멘트(I_{tr})를 산정한다.

$$\frac{I_c}{n} = \frac{b_e t_c^3}{12n} = \frac{2,500 \times 150^3}{12 \times 7.64} = 9.20 \times 10^7\,\mathrm{mm}^4$$

위에서 산정한 요소의 도심 위치 및 단면2차모멘트를 이용하여 합성단면의 환산 단면2차모멘트를 다음과 같이 산정할 수 있다.

$$\begin{aligned} I_{tr} &= I_s + A_s (y_s - y_0)^2 + (I_c/n) + (A_c/n)(y_c - y_0)^2 \\ &= 2.37 \times 10^8 + 8,412(200 - 434.8)^2 + 9.20 \times 10^7 + 49,100(475 - 434.8)^2 \\ &= 8.72 \times 10^8\,\mathrm{mm}^4 \end{aligned}$$

합성률 100%인 완전합성보이므로 등가 단면2차모멘트(I_{equiv})는 I_{tr}과 같다. 따라서 처짐량 산정에 이용되는 유효 단면2차모멘트(I_{eff})는 다음과 같다.

$$I_{eff} = 0.75 I_{equiv} = 0.75(8.72 \times 10^8) = 6.54 \times 10^8\,\mathrm{mm}^4$$

(3) 콘크리트 양생 후 추가적인 고정하중에 의한 처짐량

S1.1에서 산정한 고정하중에서 기타 마감하중($1.95\mathrm{kN/m^2}$)만이 콘크리트가 양생된 이후에 재하된다. 공사단계에서 콘크리트가 양생되기 전 강재단면만이 휨에 저항할 때 나머지 고정하중이 유발하는 처짐량은 앞에서 산정하여 과도한 처짐량을 방지하고자 상향 치올림을 두었다.

$$w_{D,2} = (1.95)(3.0) = 5.85\,\mathrm{kN/m}$$

$$\Delta_{D,2} = \frac{5w_{D,2}L^4}{384E_sI_e} = \frac{5(5.85)(10,000)^4}{384(210,000)(6.54\times10^8)} = 5.5\,\mathrm{mm}$$

(4) 콘크리트 양생 후 활하중에 의한 처짐량

$$w_L = (3.5)(3.0) = 10.5\,\mathrm{kN/m}$$

$$\Delta_L = \frac{5w_LL^4}{384E_sI_e} = \frac{5(10.5)(10,000)^4}{384(210,000)(6.54\times10^8)}$$

$$= 10.0\,\mathrm{mm} \quad < \quad \frac{L}{360}(= 27.8\mathrm{mm})$$

활하중에 의한 처짐 제한은 일반적으로 $L/360(= 27.8\,\mathrm{mm})$이며, 제한값을 만족한다.

(5) 고정하중과 활하중에 의한 전체 처짐량

$$\Delta_{D+L} = (\Delta_{D,1} - \Delta_{\mathrm{camber}}) + \Delta_{D,2} + \Delta_L = (31.8 - 25.0) + 5.5 + 10.0$$

$$= 22.3\,\mathrm{mm} \quad < \quad \frac{L}{240}(= 41.7\mathrm{mm})$$

고정하중과 활하중에 의한 전체 처짐 제한은 일반적으로 $L/240(= 41.7\,\mathrm{mm})$이며, 제한값을 만족한다.

2.2 큰 보 설계: 3~2G1 (합성보)

대상건물에서 큰 보는 G1과 G2가 있으며, 내부에 위치한 G1이 더 큰 바닥하중을 받는다. 외부에 위치한 G2의 바닥하중은 G1의 절반을 받지만, 테두리에 위치하기 때문에 설계시 외벽하중을 함께 고려해야 하며, 활하중에 대한 처짐 검토 시에도 더 엄격한 기준(10mm)이 적용됨을 유의해야 한다. 여기서는 큰 보 중 하중이 가장 크게 작용하는 3~2G1(이후 2G1로 표현, 그림 1.2)을 설계하기로 한다. 작은 보와 마찬가지로 이 예제에서 큰 보는 기둥에 핀접합으로 연결되고, 단순보로 거동하기 때문에 노출형 합성보로 설계한다. 따라서 앞의 작은 보와 유사한 설계 절차를 따른다.

2.2.1 재료 특성

동일한 강재(SHN275)이므로 재료의 특성은 2.1에서 산정된 결과와 같다.

$$F_y = 275\,\text{MPa}, \quad E_s = 210{,}000\,\text{MPa}, \quad E_c \simeq 27{,}500\,\text{MPa}$$

2.2.2 하중 산정

그림(1.2)와 같이 G1의 3등분 위치인 3m 간격으로 작은 보 B1이 배치되었다. 슬래브에서 B1로 전달된 바닥하중은 양쪽 큰 보로 전달되며, 이 크기는 B1 단부의 전단력 크기와 같고 집중하중으로 작용한다. G1은 내부 큰 보로서 좌측과 우측에 같은 경간의 B1이 배치되므로 결국 한 점에 작용하는 집중하중(P)은 B1 단부 전단력의 2배가 된다. 또한, 기둥과 핀접합되므로 그림(1.8)과 같이 양단이 단순 지지된 경우와 같다.

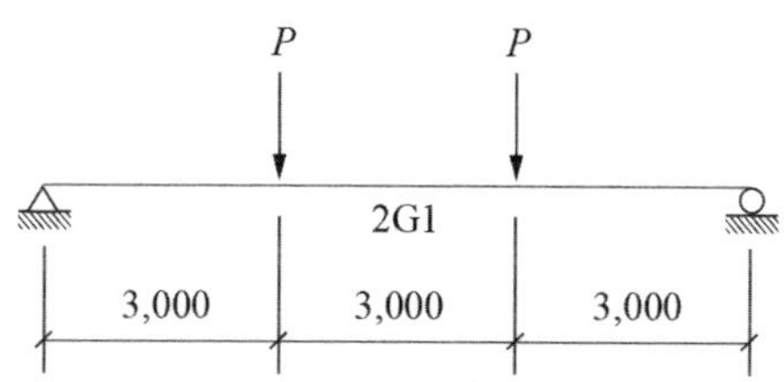

그림(1.8) 2G1에 작용하는 하중 상태

위와 같이 3등분 집중하중을 받는 단순보에서 중앙부 모멘트는 $PL/3$이므로 9m의 경간을 대입하면 최대모멘트는 $3P$가 되고, 최대전단력은 P와 같다. B1의 하중분담폭은 3m이고, 경간은 10m이므로 공사단계별로 하중 및 부재력을 산정하면 다음과 같다(2.1.2 하중산정 참조).

(1) 공사단계 하중: 강재보 지지

- 고정하중: $P_{D,1} = w_{D,1} \times 10 = 12.15 \times 10 = 121.5\,\text{kN}$

- 활하중(시공하중): $P_{L,1} = w_{L,1} \times 10 = 4.5 \times 10 = 45\,\text{kN}$
- 계수하중: $P_{u,1} = 1.2(121.5) + 1.6(45.0) = 217.8\,\text{kN}$
- $M_{u,1} = 3P_{u,1} = 3(217.8) = 653.4\,\text{kN·m}$
- $V_{u,1} = P_{u,1} = 217.8\,\text{kN}$

(2) 사용단계 하중 (콘크리트 양생 후): 합성보 지지

- 고정하중: $P_D = w_D \times 10 = 18.0 \times 10 = 180\,\text{kN}$
- 활하중: $P_L = w_L \times 10 = 10.5 \times 10 = 105\,\text{kN}$
- 계수하중: $P_u = 1.2(180) + 1.6(105) = 384\,\text{kN}$
- $M_u = 3P_u = 3(384) = 1{,}152\,\text{kN·m}$
- $V_u = P_u = 384\,\text{kN}$

2.2.3 강재보의 선택

B1에서와 마찬가지로 압축이 작용하는 상부플랜지는 데크에 의해 횡좌굴이 지지된다고 가정하여 전단면 항복상태로 휨강도를 만족하는 강재단면을 선택한다.

- 공사 중 강재보의 휨내력 검토: (공사단계, $M_{u,1}$=653.4kN·m)

$$Z_{req} \geq \frac{M_{u,1}}{\phi_b F_y} = \frac{653.4 \times 10^6}{0.9 \times 275} = 2.64 \times 10^6 \text{mm}^3$$

위의 소요단면계수(Z_{req})를 만족하는 강재단면으로 H-606×201×12×20을 선택한다. 이 단면은 천장고 확보를 위한 춤(depth) 제한도 만족시키고 있다.

- H-606×201×12×20의 단면 특성

$A_s = 15{,}250\,\text{mm}^2$ $Z_x = 3.43 \times 10^6 \text{mm}^3$ $I_x = 9.04 \times 10^8 \text{mm}^4$ $r = 22\,\text{mm}$

2.2.4 슬래브 유효폭 산정

큰 보의 경우도 유효폭은 보 경간과 인접보 중심간 간격에 의해 결정되지만 큰 보 사이의 간격이 크므로 보통 자체 경간에 의해 결정된다.

$$b_{e,1} = 2(L/8) = 2(9{,}000/8) = 2{,}250\text{ mm}$$
$$b_{e,2} = 2(s/2) = 2(10{,}000/2) = 10{,}000\text{ mm}$$

따라서 2G1의 슬래브 유효폭은 2,250mm가 된다.

2.2.5 정모멘트에 대한 설계휨강도

(1) 웨브의 판폭두께비 검토

$$h/t_w = (606 - 2(20+22))/12 = 522/12 = 43.5$$
$$3.76\sqrt{E/F_y} = 3.76\sqrt{210{,}000/275} = 103.9$$

웨브의 판폭두께비(h/t_w)가 $3.76\sqrt{E/F_y}$보다 작으므로 M_n은 합성단면의 소성응력 분포로부터 산정한다. 즉, 강재단면의 소성강도를 감소시키지 않는다.

(2) 슬래브의 유효압축력 및 소성중립축의 위치

•콘크리트 압축력: 식(6.6.1)

$$C_e = 0.85 f_{ck} b_e \cdot t = 0.85(30\text{MPa})(2{,}250\text{mm})(150\text{mm})$$
$$= 0.85(30)(337{,}500) \times 10^{-3} = 8{,}606\text{ kN}$$

•강재단면의 인장력: 식(6.6.2)

$$T_s = F_y A_s = (275\text{MPa})(15{,}250\text{mm}^2) \times 10^{-3} = 4{,}193\text{ kN}$$

$\therefore C_e > T_s$이므로 소성중립축(PNA)은 콘크리트 슬래브 내에 있다.

완전합성보로 설계시 작용하는 수평전단력(V_q)은 위에서 산정된 값 중 작은 값이므로 4,193kN이다.

•콘크리트 응력블록 춤(a): 식(6.6.5)

$$a = \frac{F_y A_s}{0.85 f_{ck} b_e} = \frac{275(15,250)}{0.85(30)(2,250)} = 73.1\,\mathrm{mm}$$

∴ 소성중립축(PNA)은 콘크리트 슬래브 상부면으로부터 73.1mm 지점에 있다.

(3) 설계휨강도 검토

$$\phi_b M_n = \phi_b\left(0.5d + t - \frac{a}{2}\right)T = 0.9\left(0.5(606) + 150 - \frac{73.1}{2}\right)(4,193)/10^3$$
$$= 1,572\,\mathrm{kN{\cdot}m}$$

이 값은 소요휨강도($M_u = 1,152\,\mathrm{kN{\cdot}m}$)보다 크므로 만족한다.

2.2.6 강재단면의 설계전단강도

•웨브의 판폭두께비:

$$h/t_w = 43.5 \quad < \quad 2.24\sqrt{E/F_y} = 2.24\sqrt{210,000/275} = 61.9$$

강재단면은 압연 H형강이며, $h/t_w < 2.24\sqrt{E/F_y}$ 이므로 강도감소계수(ϕ_v)와 전단좌굴감소계수(C_v)는 모두 1.0이 되며, 설계전단강도는 다음과 같다.

$$\phi_v V_n = \phi_v(0.6 F_y A_w C_v) = (1.0)(0.6)(275)(606 \times 12)(1.0)/10^3$$
$$= 1,200\mathrm{kN}$$

이 값은 소요전단강도($V_u = 384\,\mathrm{kN}$)보다 크므로 만족한다.

2.2.7 시어스터드의 설계

(1) 수평전단력 산정

• 콘크리트 압괴:

$$C = 0.85 f_{ck} A_c = 0.85(30)(2{,}250)(150)/1{,}000 = 8{,}606\,\text{kN}$$

• 강재단면의 인장항복:

$$T = F_y A_s = 275(15{,}250)/1{,}000 = 4{,}193\,\text{kN}$$

완전합성보로 설계시 작용하는 수평전단력(V_q)은 위에서 산정된 값 중 작은 값이므로 4,193kN이다.

(2) 시어스터드의 강도 산정

작은 보 검토에서와 동일한 직경 19mm, 높이 120mm, $F_u = 400\,\text{MPa}$인 시어스터드를 사용하기로 한다. 앞에서 $\phi 19$ 시어스터드 1개의 공칭강도(Q_n)는 85.05kN로 이미 산정되었다.

(3) 시어스터드의 배치

완전합성보로 설계할 경우 최대모멘트 위치에서 모멘트가 0이 되는 단부 위치까지 필요한 스터드의 개수는 다음과 같다.

$$n = \frac{V_q}{Q_n} = \frac{4{,}193}{85.05} = 49.3 \quad \rightarrow \quad 50\text{개}$$

G1은 작은 보에 의해 집중하중이 작용하기 때문에 B1에서처럼 위의 소요개수를 경간 절반에 걸쳐 등간격으로 배치하는 것은 적절하지 않다. 3등분 집중하중을 받는 단순보의 모멘트 분포는 그림(1.9)와 같다.

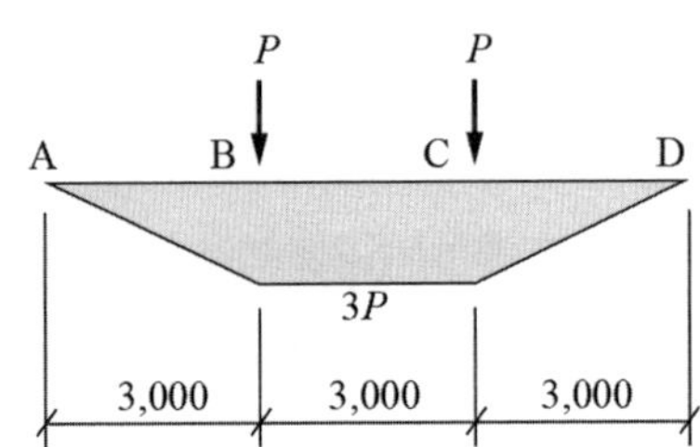

그림(1.9) 단순보의 모멘트 분포 (3등분 집중하중)

시어스터드는 콘크리트와 강재단면 사이의 수평전단력을 저항하기 위한 것이며, 수평전단력은 휨모멘트의 차이에 의해 발생한다. 따라서 그림(1.9)와 같이 휨모멘트가 변화하는 AB 및 CD 구간(단부에서 3m 구간)에서 수평전단력의 이동이 발생하며, 이론적으로 B와 C 점 사이에서는 모멘트 변화가 없기 때문에 수평전단력은 발생하지 않는다. 따라서 위에서 산정한 소요 스터드 개수 50개를 단부에서 3m 이내의 구간에 집중 분포시켜야 한다.

3m 내에 스터드를 2열로 배치하면 간격은 $3{,}000/(50/2) = 120\text{mm}$이 되며, 이 간격으로 배치한다. 보의 길이방향에 대한 간격(s)은 $6d_{sc} = 114\text{mm}$보다 크고, 900mm 및 슬래브 두께의 8배인 1,200mm보다 작으므로 적절하다. 큰 보의 경우 작은 보에서 전달되는 집중하중의 영향으로 전단력이 커서 보통 스터드를 2열씩 배치하며, 이 때 보 길이의 직각방향으로는 $4d_{sc}$(=76mm) 이상으로 배치해야 한다.

2.2.8 공사 중 휨내력 및 처짐 검토

강재단면은 공사단계에서의 하중을 저항할 수 있도록 선택되었으므로 여기서는 선택된 강재단면을 반영하여 공사 중의 처짐만을 검토한다. 3등분 집중하중을 받는 단순보의 경간 중앙에서 최대처짐을 산정하면 다음과 같다(2.2.2 하중산정 참조).

$$\Delta_{D,1} = \frac{23P_{D,1}L^3}{648E_sI_s} = \frac{23(121.5\times10^3)(9,000)^3}{648(210,000)(9.04\times10^8)} = 16.6\,\text{mm}$$

$$\Delta_{D,\text{limit}} = \min[L/360,\ 25] = 25\,\text{mm}$$

산정된 처짐값은 제한값보다 작기 때문에 단면 변경이나 치올림이 필요 없다. 일반적으로 경간에 비해 보의 춤(depth)이 큰 경우는 처짐보다는 휨강도에 의해 설계가 지배되는 경우가 대부분이다.

2.2.9 합성보의 처짐 검토

작은 보와 마찬가지로 유효 단면2차모멘트(I_{eff})를 사용하여 합성보의 처짐을 산정한다.

(1) 도심 위치 산정

• 탄성계수비

$$n = E_s/E_c = 210,000/27,500 = 7.64$$

• 콘크리트 등가단면적

$$A_c/n = (2,250\times150)/7.64 = 4.42\times10^4\,\text{mm}^2$$

• 강재와 콘크리트 단면의 도심 위치

$$y_s = 606/2 = 303\,\text{mm}$$

$$y_c = 606 + 150/2 = 681\,\text{mm}$$

• 합성단면의 도심 위치

$$y_0 = \frac{A_sy_s + (A_c/n)y_c}{A_s + (A_c/n)} = \frac{(15,250\times303) + (44,200\times681)}{15,250 + 44,200}$$

$$= 584.0\,\text{mm}$$

(2) 유효 단면2차모멘트(I_{eff})

먼저 콘크리트 단면의 환산 단면2차모멘트(I_{tr})를 산정한다.

$$\frac{I_c}{n} = \frac{b_e t^3}{12n} = \frac{2,250 \times 150^3}{12 \times 7.64} = 8.28 \times 10^7 \text{mm}^4$$

위에서 산정한 요소의 도심 위치 및 단면2차모멘트를 이용하여 합성단면의 환산 단면2차모멘트(I_{tr})를 다음과 같이 산정할 수 있다.

$$\begin{aligned} I_{tr} &= I_s + A_s(y_s - y_0)^2 + (I_c/n) + (A_c/n)(y_c - y_0)^2 \\ &= 9.04 \times 10^8 + 15,250(303 - 584.0)^2 + 8.28 \times 10^7 + 44,200(681 - 584.0)^2 \\ &= 2.61 \times 10^9 \text{mm}^4 \end{aligned}$$

합성률 100%인 완전합성보이므로 등가 단면2차모멘트(I_{equiv})는 I_{tr}과 같다. 따라서 처짐량 산정에 이용되는 유효 단면2차모멘트(I_{eff})는 다음과 같다.

$$I_{eff} = 0.75 I_{equiv} = 0.75(2.61 \times 10^9) = 1.96 \times 10^9 \text{mm}^4$$

(3) 콘크리트 양생 후 추가적인 고정하중에 의한 처짐량: 마감하중

$w_{D,2} = (1.95) \times (3.0) = 5.85\text{kN/m}$

$P_{D,2} = w_{D,2} \times 10 = 5.85 \times 10 = 58.5\text{kN}$

$$\Delta_{D,2} = \frac{23 P_{D,2} L^3}{648 E_s I_e} = \frac{23(58.5 \times 10^3)(9,000)^3}{648(210,000)(1.96 \times 10^9)} = 3.7\text{mm}$$

(4) 콘크리트 양생 후 활하중에 의한 처짐량: 사용단계 활하중

$P_L = 105\text{kN}$

$$\Delta_L = \frac{23P_L L^3}{648E_s I_e} = \frac{23(105\times10^3)(9{,}000)^3}{648(210{,}000)(1.96\times10^9)}$$

$$= 6.6\,\text{mm} \quad < \quad \frac{L}{360}\,(= 25.0\,\text{mm})$$

(5) 고정하중과 활하중에 의한 전체 처짐량

$$\Delta_{D+L} = \Delta_{D,1} + \Delta_{D,2} + \Delta_L = 16.6 + 3.7 + 6.6$$

$$= 26.9\,\text{mm} \quad < \quad \frac{L}{240}\,(= 37.5\,\text{mm})$$

2.3 기둥 설계: 1C1 (압축재)

기둥부재는 압축력을 받기 때문에 보통 항복이 아닌 좌굴에 의해 한계상태가 결정된다. 즉, 항복강도(F_y)에 비해 낮은 응력에서 임계응력(F_{cr})이 정해진다. 또한, 모멘트가 함께 작용하는 경우 기둥부재가 저항할 수 있는 축력은 모멘트가 없는 순수 압축재에 비해 작아지며, 기둥 단면 산정 시 이러한 효과를 미리 반영해야 한다. Step 1에서는 기둥과 보가 단순접합이므로 모멘트는 발생하지 않으며, 모든 기둥을 순수 압축재(column)로 설계할 수 있다. 여기서는 축력을 가장 많이 받는 내부기둥 1C1을 설계하고, 비교를 위해 다음 절에서 외부기둥인 1C3을 설계하기로 한다. 모든 기둥의 유효좌굴길이계수(K)는 1.0으로 한다.

2.3.1 하중 산정

기둥의 하중을 산정하기 위해서는 먼저 바닥하중 분담면적을 계산해야 한다. 대칭하중을 받는 보가 양단 핀접합으로 기둥에 연결된 경우는 보가 부담하는 하중의 절반이 정확하게 기둥으로 전달되므로 기둥 사이 거리를 2등분한 면적 내의 바닥하중을 기둥이 부담하게 된다.

이러한 방법으로 각 기둥이 분담하는 면적의 구획이 그림(1.10)에 제시되어 있다. C1의 경우 층당 분담면적은 X방향 10m와 Y방향 9m를 곱하여 90m^{2}가 되고,

기둥 축력은 상부에서 하부로 누적된다. 따라서 1C1에 작용하는 축하중은 1.5.1과 1.5.2에서 산정한 2~3층의 바닥하중(12.8kN/m^2)과 지붕층의 바닥하중(8.8kN/m^2)을 이용하면 다음과 같이 계산된다.

$$P_u = 2 \times (12.8\text{kN/m}^2 \times 90\text{m}^2) + (8.8\text{kN/m}^2 \times 90\text{m}^2) = 3{,}096\ \text{kN}$$

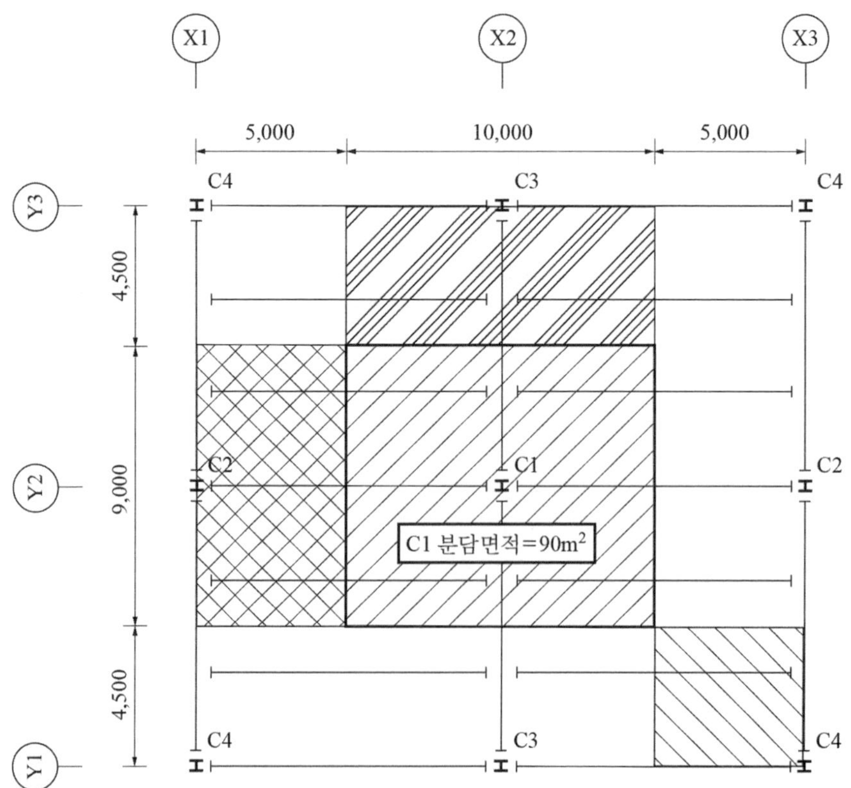

그림(1.10) C1 기둥의 바닥하중 분담면적

실제 기준에 따르면 각 층에서 동시에 활하중이 최대로 발생하는 확률이 작기 때문에 영향면적과 용도에 따라 활하중을 저감할 수 있지만, 이 건물은 3층 규모로 작기 때문에 활하중의 저감은 반영하지 않기로 한다.

2.3.2 기둥 단면의 가정

앞에서 언급한 바와 같이 압축재는 항복이 아닌 좌굴에 의해 한계상태가 결정된다. 이 절에서는 전단면의 항복상태로 한계상태를 규정하되, 좌굴에 의한 내력저감효과를 고려하기 위해 작용하는 계수축하중(P_u)을 15% 상향시켜 1차 기둥 단면을 선택하기로 한다. 이러한 단면 산정 절차를 도식화하면 그림(1.11)과 같다. 다만, 여기에서 설정한 15%는 임의의 값이며, 기둥 단면의 크기와 층고에 따른 세장비에 따라 좌굴내력의 저감 영향은 달라질 수 있다.

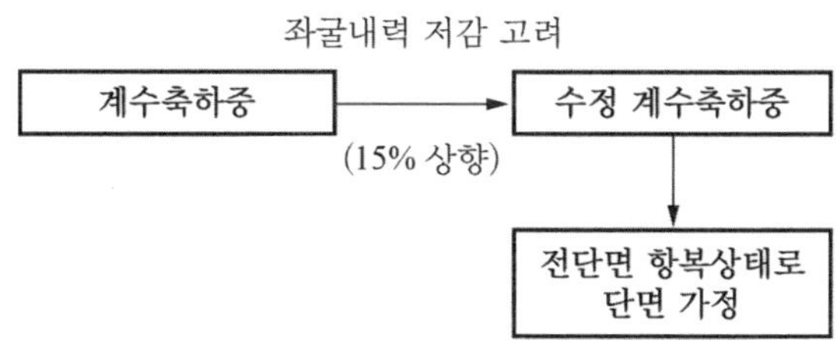

그림(1.11) 기둥 단면 산정 절차

1C1의 계수축하중은 3,096kN인데, 좌굴에 의한 내력저감을 반영하기 위해 15%의 축하중을 증가시킨 수정 계수축하중은 3,560kN이 된다. 사용 강재는 문제의 조건에 따라 SHN275($F_y = 275\text{MPa}$)이므로 작용하중에 대해 전단면 항복상태를 기준으로 필요로 하는 단면적을 계산하면 다음과 같다.

$$\phi A F_y \geq P_{u,eff}$$

$$A_{req} \geq \frac{P_{u,eff}}{\phi F_y} = \frac{3,560(1,000)}{0.9(275)} = 14,384\text{ mm}^2$$

위에서 계산된 단면적보다 큰 단면을 선택하되, 기둥 단면이므로 플랜지폭과 춤(depth)이 비슷한 정방형 단면으로 제한한다. 이 기준에 따라 1C1의 1차 단면으로 H-350×350×12×19 ($A_s = 17{,}390\,\mathrm{mm}^2$)을 선택하여 검토한다.

- H-350×350×12×19의 단면 특성:

  $A_s = 17{,}390\,\mathrm{mm}^2 \quad r = 20\,\mathrm{mm} \quad r_x = 152\,\mathrm{mm} \quad r_y = 88.4\,\mathrm{mm}$

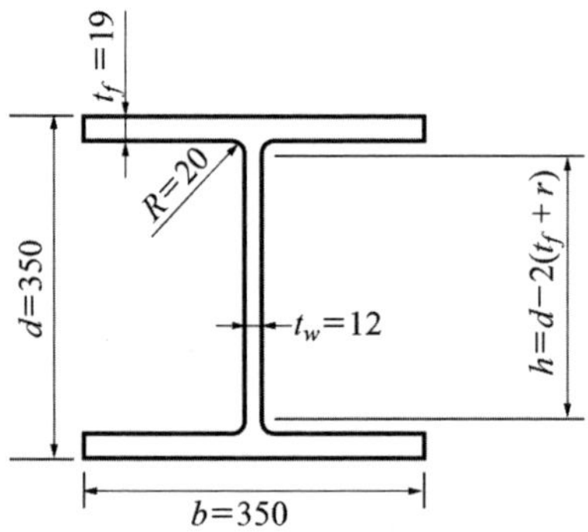

그림(1.12) H–350×350×12×19 단면

2.3.3 판폭두께비 검토

압축재의 판폭두께비(λ)에 대한 제한값은 콤팩트, 비콤팩트, 세장판요소 등으로 분류된다. 이 중에서 세장판요소 단면이 아니면 강도(좌굴응력)를 감소시키지 않는다. 일반적으로 압연 H형강은 세장판요소 단면으로 분류되지 않는다.

2.3.4 설계압축강도 산정 (KBC 0705 압축재 참조)

문제의 조건에 따라 비지지길이가 층고인 5m로 동일하고, 유효좌굴길이계수(K)가 1.0이므로 좌굴은 약축방향에 대하여 발생한다.

- 탄성좌굴응력(F_e) 산정: 식(3.3.6)

$$K_yL_y/r_y = 1.0(5,000)/88.4 = 56.6$$

$$F_e = \frac{\pi^2 E}{(K_yL_y/r_y)^2} = \frac{\pi^2(210,000)}{56.6^2} = 647\,\text{MPa}$$

- 휨좌굴응력(F_{cr}) 산정: 식(3.5.2)

$$F_y/F_e = 275/647 = 0.43 \le 2.25$$

$$F_{cr} = \left[0.658^{F_y/F_e}\right]F_y = \left[0.658^{0.43}\right]275 = 230\,\text{MPa}$$

- 설계압축강도 산정: 식(3.5.1)

$$\phi_c P_n = \phi_c F_{cr} A_s = 0.9(230)(17,390)/1,000$$

$$= 3,600\,\text{kN} \quad > \quad P_u = 3,096\text{kN}$$

선택된 단면에 대해 $P_u/\phi_c P_n = 3,096/3,600 = 0.86$으로 적절하게 설계되었다. 예를 들어, 이 단면보다 한 단계 작은 정방형 단면인 H-344×348×10×16의 경우 $P_u/\phi_c P_n = 1.02$가 된다. 따라서 H-350×350×12×19 단면이 최적임을 확인할 수 있다.

2.4 기둥 설계: 1C3 (압축재)

2.3에서는 축력이 최대인 내부기둥을 설계하였고, 여기에서는 X2열의 외부기둥인 1C3에 대하여 설계를 수행하고자 한다. 1C1과 마찬가지로 기둥에서 모멘트가 발생하지 않으므로 순수 압축재로 설계할 수 있다. 다만, 내부기둥과 달리 축하중 산정 시 바닥하중과 함께 외벽하중을 고려해야 한다.

2.4.1 하중 산정

C3의 층당 분담면적은 X방향 10m와 Y방향 4.5m를 곱하여 45m^2가 되므로 바닥하중에 의해 1C3에 작용하는 축하중은 2~3층의 바닥하중($12.8\,\text{kN/m}^2$)과 지

붕층의 바닥하중($8.8\,\mathrm{kN/m^2}$)을 이용하면 다음과 같이 계산된다.

$$P_{u,f} = 2\times(12.8\mathrm{kN/m^2}\times 45\mathrm{m^2}) + (8.8\mathrm{kN/m^2}\times 45\mathrm{m^2}) = 1{,}548\ \mathrm{kN}$$

여기서 $P_{u,f}$는 바닥(floor)하중에 의한 기둥의 축하중

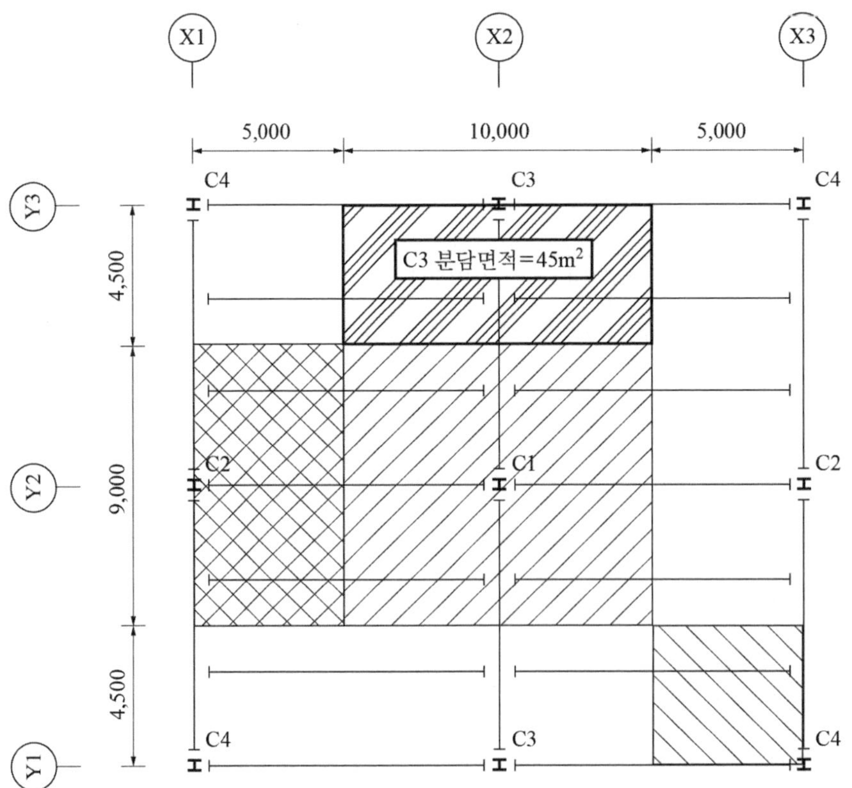

그림(1.13) C3 기둥의 바닥하중 분담면적

또한, C3은 외부기둥이므로 외벽 마감하중($w_w = 1\,\mathrm{kN/m^2}$)을 저항해야 하는데, 외벽하중도 기둥 사이 거리를 2등분한 면적 내의 하중을 기둥이 부담한다. 외벽하중에 대해 C3이 분담하는 면적의 구획이 그림(1.14)에 제시되어 있으며, 1C3의 경우 상부로부터의 모든 외벽하중을 받게 되므로 전체 분담면적은 폭 10m와 높이 13m를 곱하여 $130\mathrm{m^2}$가 된다. 외벽하중은 상하부 층의 테두리보가 층고의

절반씩을 부담한다고 가정하는 것이 일반적이며, 이 경우 1C3의 외벽하중 분담 높이는 10.5m이다. 그러나 여기서는 1층 외벽하중 전체가 2B1에 의해 지지되는 것으로 가정하였다. 따라서 외벽 마감하중에 의해 1C3에 작용하는 축하중은 다음과 같이 계산된다.

$$P_{u,w} = 1.2 \times (1.0\text{kN/m}^2) \times (10\text{m}) \times (13\text{m}) = 156\text{ kN}$$

여기서 $P_{u,w}$는 외벽(wall)하중에 의한 기둥의 축하중

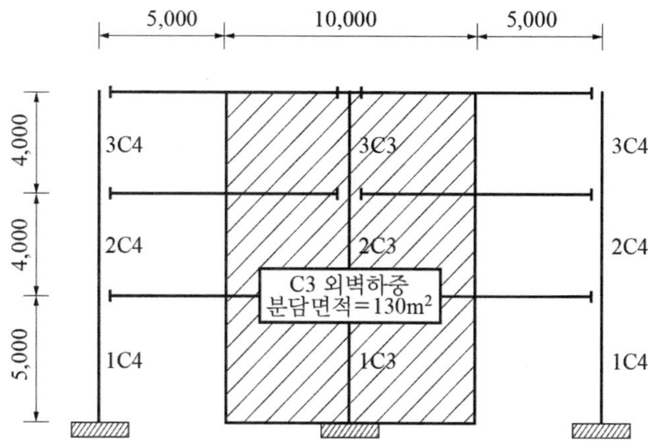

그림(1.14) C3 기둥의 외벽 마감하중 분담면적

1C3에 작용하는 계수축하중은 앞에서 산정한 바닥하중과 외벽 마감하중을 더하여 구할 수 있다.

$$P_u = P_{u,f} + P_{u,w} = 1{,}548 + 156 = 1{,}704\text{kN}$$

2.4.2 기둥 단면의 가정

1C1과 마찬가지의 방법으로 1차적인 기둥 단면을 가정하기로 한다. 1C1의 계수축하중은 1,704kN이므로 좌굴에 의한 내력저감을 반영하기 위해 축하중을

15% 증가시키면 1,960kN이 된다.

$$A_{req} \geq \frac{P_{u,eff}}{\phi F_y} = \frac{1,960(1,000)}{0.9(275)} = 7,919\,\text{mm}^2$$

위에서 계산된 단면적보다 큰 정방형 단면인 H-250×250×9×14 ($A_s = 9,218\,\text{mm}^2$)를 1C3의 1차 단면으로 선택하여 검토한다.

- H-250×250×9×14의 단면 특성:

  $A_s = 9,218\,\text{mm}^2 \quad r = 16\,\text{mm} \quad r_x = 108\,\text{mm} \quad r_y = 62.9\,\text{mm}$

2.4.3 판폭두께비 검토

H-250×250×9×14는 압축에 대하여 비콤팩트 단면으로 강도를 감소시키지 않는다.

2.4.4 설계압축강도 산정

두 축에 대하여 비지지길이와 유효좌굴길이계수(K)가 동일하므로 좌굴은 약축방향으로 발생한다.

- 탄성좌굴응력(F_e) 산정: 식(3.3.6)

$$K_y L_y / r_y = 1.0(5,000)/62.9 = 79.5$$

$$F_e = \frac{\pi^2 E}{(K_y L_y / r_y)^2} = \frac{\pi^2(210,000)}{79.5^2} = 328\,\text{MPa}$$

- 휨좌굴응력(F_{cr}) 산정: 식(3.5.2)

$$F_y / F_e = 275/328 = 0.84 \leq 2.25$$

$$F_{cr} = \left[0.658^{F_y/F_e}\right] F_y = \left[0.658^{0.84}\right] 275 = 193.5\,\text{MPa}$$

• 설계압축강도 산정: 식(3.5.1)

$$\phi_c P_n = \phi_c F_{cr} A_g = 0.9(193.5)(9{,}218)/1{,}000$$
$$= 1{,}605\,\text{kN} \quad < \quad P_u = 1{,}704\text{kN}$$

선택된 단면의 설계압축강도가 계수축하중보다 작으므로 만족하지 못한다. 단면 크기를 증가시켜 H-294×302×12×12에 대하여 같은 과정으로 검토하도록 한다.

2.4.5 2차 단면의 검토 (H-294×302×12×12)

(1) 단면 특성

$A_s = 10{,}770\,\text{mm}^2$ $r = 18\,\text{mm}$ $r_x = 125\,\text{mm}$ $r_y = 71.6\,\text{mm}$

(2) 설계압축강도 산정

앞의 경우(H-250×250×9×14)와 동일한 방법으로 검토하면

$$\phi_c P_n = \phi_c F_{cr} A_g = 0.9(209.5)(10{,}770)/1{,}000$$
$$= 2{,}031\,\text{kN} \quad > \quad P_u = 1{,}704\text{kN}$$

이며, $P_u/\phi_c P_n = 1{,}704/2{,}031 = 0.84$이므로 선택된 단면(H-294×302×12×12)은 적절하다.

S1.3 리뷰

Step 1에서는 2경간 3층 규모의 예제 건물을 통하여 데크슬래브가 설치된 작은 보를 배치하고 부재의 명칭(ID)을 부여하는 방법을 살펴보았다. 또한, 주어진 조건에 따라 설계하중을 직접 산정하고, 중력하중 조합에 따라 수평 구조부재인 합성보와 수직 구조부재인 기둥을 설계해 보았다.

기둥 설계시에는 좌굴을 고려하여 계수축하중(P_u)을 상향시켜 1차적인 기둥 단면을 가정하는 실용적인 방법을 제시하였다. 이 방법에 의해 1C1은 최초로 가정한 단면이 최적단면이 되었으나 1C3은 같은 비율(15%)로 축하중을 증가시킨 단면의 설계강도가 소요강도보다 작은 결과를 얻었다. 1C3의 축하중은 1C1에 비해 작으므로 최종적인 단면크기와 이로 인한 세장비(KL/r)가 작아질 수 있는데, 이 경우 좌굴현상에 의한 내력저감 비율(인장강도 대비)이 커진 영향이다. 따라서 예상되는 기둥의 세장비에 따라 초기 축하중의 상향 비율을 조정하여 가정단면을 설정하면 반복 검토의 횟수를 줄일 수 있으나 실무적인 경험이 요구된다고 할 수 있다.

초기 가정 단면 선택에 어려움이 있는 경우, 대안으로 오일러 좌굴공식을 이용하여 소요 단면2차모멘트를 산정하는 방법을 적용할 수 있다. 그러나 일반적으로 기둥부재로 사용되는 압축재가 장주(탄성좌굴)인 경우는 흔하지 않기 때문에 이 방법으로 선택된 단면이 소요강도를 확보하지 못하여 다수의 반복 검토가 필요할 수 있다.

한편, 외부기둥인 1C3 설계시 1차로 선택된 단면 H-250×250×9×14 ($A_s = 9{,}218\,\mathrm{mm}^2$)와 최종 단면인 H-294×302×12×12 ($A_s = 10{,}770\,\mathrm{mm}^2$)의 단면적 차이는 14.4%였는데, $P_u/\phi_c P_n$는 각각 1.06과 0.84로 단면적에 비해 큰 차이를 보였다. 이는 압축재의 강도는 좌굴현상으로 인해 단면적에 단순 비례하

지 않고 세장비에 영향을 받기 때문이다. 두 단면의 약축에 대한 단면2차반경(r_y)은 각각 62.9mm와 71.6mm로 다소 차이를 보이고 있으며, 이로 인해 H-294×302×12×12의 압축강도가 커질 수 있었다. 압축재의 설계시 건축계획적으로 허용되는 범위에서 강축과 약축의 세장비를 비슷한 수준으로 계획하고, 같은 단면적이라도 폭(width)과 춤(depth)을 크게 하여 단면2차모멘트와 단면2차반경을 키우는 것이 압축강도 확보에 유리하다.

Step 1에서 대상으로 한 모델은 기둥과 큰 보가 단순접합으로 구성된 것으로서 가장 단순한 형태로 구성된 구조물이라고 볼 수 있다. 작은 보와 큰 보는 단부가 모두 핀으로 구성되어 중력하중에 대해서 부모멘트가 발생하지 않기 때문에 합성보로 설계할 수 있었고, 기둥에는 보에서 전달되는 모멘트가 없기 때문에 내부와 외부 모든 위치에서 압축력만 받는 기둥(column)으로 설계할 수 있었다.

이제 Step 2에서는 Step 1에서 다루었던 모델에서 기둥과 큰 보의 접합조건을 강접합으로 변경한 후 부재 설계를 수행한다. 이 과정을 통해 부재 접합조건이 달라졌을 때 기둥과 큰 보 단면에 어떤 변화가 생기는지 살펴보기로 한다.

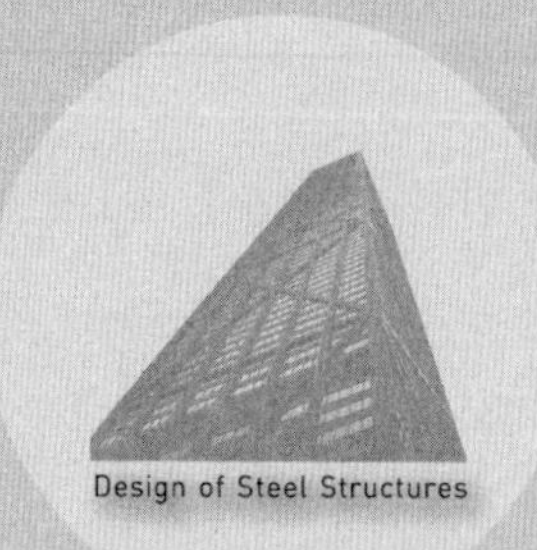
Design of Steel Structures

S2

종합설계

Step 2

/

S2.1 해석모델의 일반사항

1.1 건물의 개요

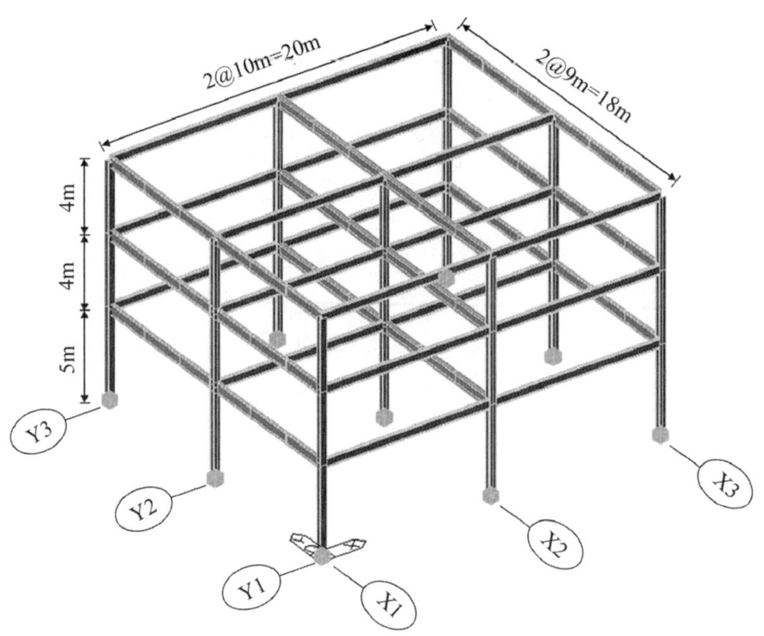

그림(2.1) 대상건물의 3차원 형상

이 예제의 대상건물은 Step 1에서와 형상 및 하중조건이 동일하다. 즉, 그림(2.1)과 같이 2경간, 지상 3층의 강구조 건물이며, 지상 1층은 5m, 2~3층은 4m의 층고를 가진다. X와 Y방향으로는 각각 10m와 9m 간격의 2개 기둥 경간으로 구성되어 전체 평면의 크기는 20m×18m이다. 여기에서도 마찬가지로 천장고 확보를 위해 부재 설계 시 보의 춤은 600mm 이하로 하며, 중력하중만을 고려한다. 단, Step 1 모델에서는 모든 보가 핀접합으로 연결되었지만 이 예제에서는 큰 보와 기둥을 강접합으로 변경한 후 X2열 위치에 있는 대표적 부재를 설계한다.

1.2 부재 명칭 및 경계조건

슬래브 시스템과 작은 보의 배치 및 조건은 Step 1에서와 동일하다. 즉, 일방향 슬래브인 평데크를 사용하며, 작은 보(B1)는 Y방향 기둥 열 사이에 2개씩 배치한다. 모든 부재의 명칭도 Step 1에서와 동일하며, 평면 형상은 그림(2.2)와 같다.

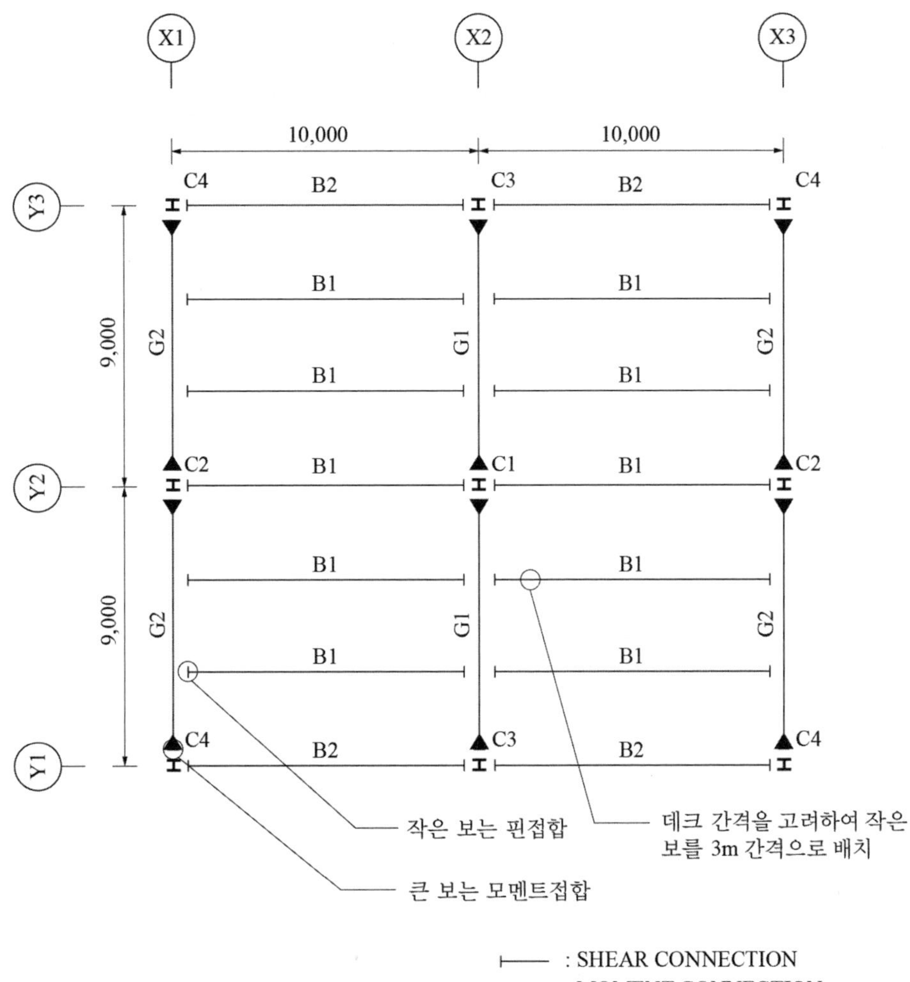

그림(2.2) 평면 형상 및 부재의 명칭

작은 보(B1, B2)의 경계조건은 핀접합(단순접합, 전단접합)으로 동일하지만 큰 보(G1, G2)와 기둥의 접합은 기존의 핀접합에서 강접합(모멘트접합) 조건으로 변경되었다. 1층 하부의 기둥 지점 경계조건은 모두 고정단으로 동일한 조건이다.

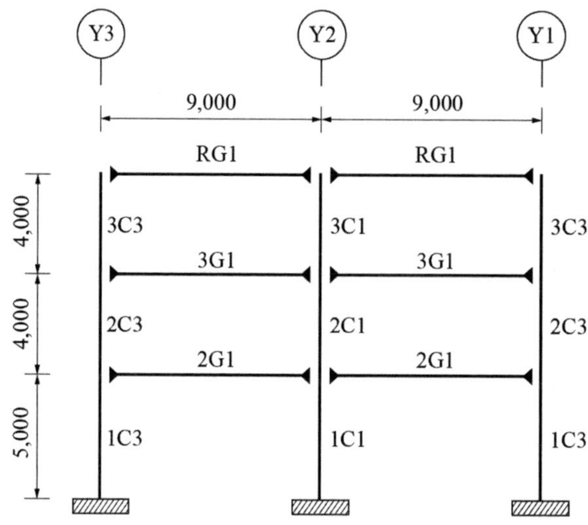

그림(2.3) X2열 골조 입면도

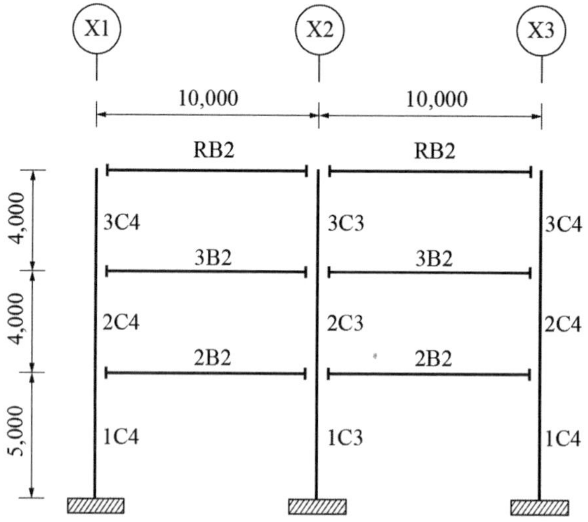

그림(2.4) Y1열 골조 입면도

부재와 지점의 경계조건은 그림(2.2)의 평면 형상과 그림(2.3) 및 (2.4)의 골조 입면도에 표현되어 있는데, 그림(2.2)와 (2.3)에서 Y방향으로 기둥을 연결하는 큰 보(G1, G2)의 경계조건이 변경된 것을 확인할 수 있다. 그림(2.4)의 Y1열 골조 입면도는 Step 1에서와 동일하다.

1.3 설계하중 및 하중조합

Step 1과 마찬가지로 부재 설계 시 중력하중만을 고려하기 때문에 하중조건은 동일하며, 적용된 하중을 요약하면 다음과 같다.

표(2.1) 바닥하중 산정 (2층, 3층)

고정하중	철골부재 자중	0.25 kN/m^2
	콘크리트 슬래브 150mm (24kN/m^3 × 0.15m)	3.6 kN/m^2
	데크 플레이트	0.2 kN/m^2
	기타 마감	1.95 kN/m^2
	합계	6.0 kN/m^2
활하중	일반 사무실 (칸막이벽 하중 포함)	3.5 kN/m^2

■ **하중조합**

LCB 1: $1.4D = 1.4 \times 6.0 = 8.4$ kN/m^2

LCB 2: $1.2D + 1.6L = 1.2 \times 6.0 + 1.6 \times 3.5 = 12.8$ kN/m^2

표(2.2) 바닥하중 산정 (지붕층)

고정하중	철골부재 자중	0.25 kN/m^2
	콘크리트 슬래브 150mm (24kN/m^3 × 0.15m)	3.6 kN/m^2
	데크 플레이트	0.2 kN/m^2
	기타 마감	1.95 kN/m^2
	합계	6.0 kN/m^2
활하중	점유 및 사용하지 않는 지붕	1.0 kN/m^2

■ **하중조합**

LCB 1: $1.4D = 1.4 \times 6.0 = 8.4\ \text{kN/m}^2$

LCB 2: $1.2D + 1.6L = 1.2 \times 6.0 + 1.6 \times 1.0 = 8.8\ \text{kN/m}^2$

또한, 바닥하중 이외에 외부 및 모서리 기둥과 테두리보 설계시에는 커튼월 등의 외벽하중으로 1.0kN/m^2을 고려해야 한다.

S2.2 구조해석 및 한계상태설계법에 따른 부재 설계

이 장에서는 X2열에 위치한 부재를 설계한다. 부재의 강도설계를 위해서는 먼저 각 부재에 작용하는 부재력을 산정해야 한다. 부재 단부가 핀으로 연결된 경우는 부재 강성(stiffness)과 관계없이 부재력을 구할 수 있지만 강접합으로 연결된 부재는 상대적인 강성에 따라 부재력 분포가 바뀌게 된다. 따라서 이 장에서는 먼저 부재의 1차적인 단면을 가정한 후 이를 바탕으로 구조해석을 수행한다. 또한, 산정된 부재력을 이용하여 큰 보(2G1)와 외부기둥(1C3)을 설계해 본다.

- 보 2G1 설계 (휨재)
- 기둥 C3 설계 (보-기둥)

2.1 단면 가정

한계상태설계법에 따른 상세한 설계 과정은 뒤에서 수행하기 때문에 이 절에서는 약산 과정을 통해 대략적인 부재의 크기만을 정하기로 한다. 모든 강재는 Step 1에서와 동일하게 SHN275를 적용한 H형강을 사용한다. 기둥에 연결된 보는 X방향으로 핀접합, Y방향으로 강접합 되어 있기 때문에 기둥 모멘트는 Y방향으로만 작용하게 된다. 따라서 그림(2.2)의 평면 형상에서 기둥이 휨모멘트에 효과적인 저항을 위한 형태로 배치되었음을 확인할 수 있다.

2.1.1 큰 보 단면 가정 (G1)

각 층의 바닥하중은 4개의 B1을 통해 G1로 전달되며, 좌우측 B1에서 전달되는 하중이 합산되어 G1에는 2점 집중하중으로 작용한다. G1에 작용하는 집중하중은 연결된 B1의 개별 반력을 통해 산정해야 하지만 B1이 단순보이므로 그림(2.5)와 같은 분포면적을 이용해도 동일한 결과를 얻을 수 있다. 즉, G1의 좌우측 B1에 의해 전달되는 각 집중하중은 30m^2의 분포면적을 갖는다.

중력하중이 작용하는 보에서 모멘트는 단부의 조건(고정도)에 따라 정모멘트와 부모멘트로 분배된다. 양단이 단순 지지된 경우는 모든 하중을 정모멘트로 저항하게 되며, 단부의 회전이 구속된 경우 중앙부의 정모멘트와 단부의 부모멘트로 나누어 저항하게 된다.

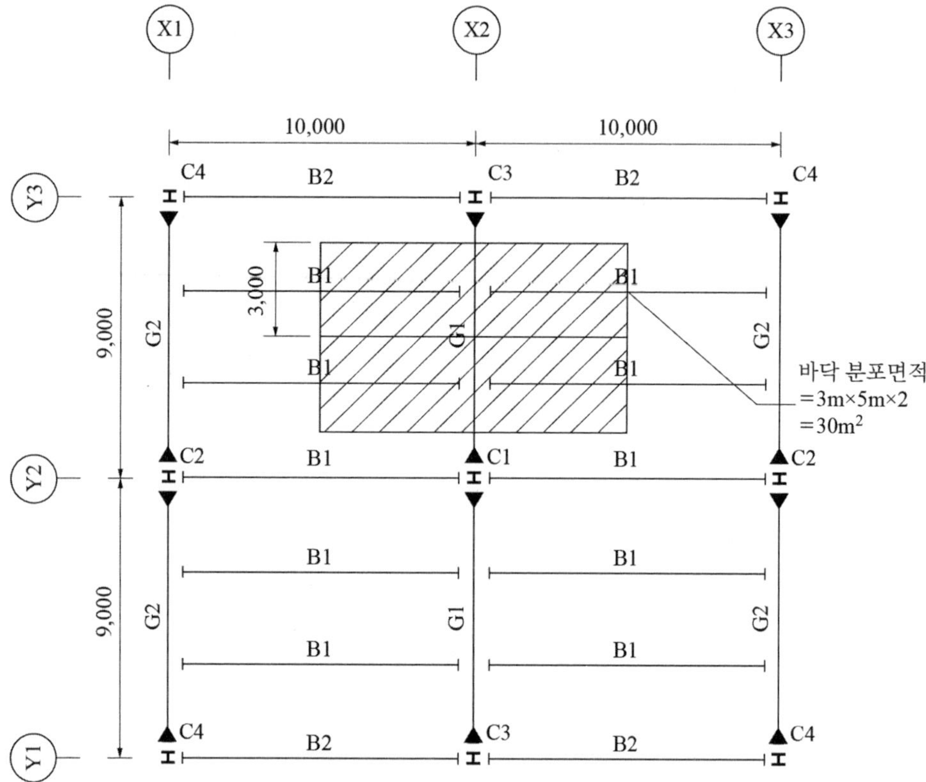

그림(2.5) G1에 작용하는 바닥하중 분포면적

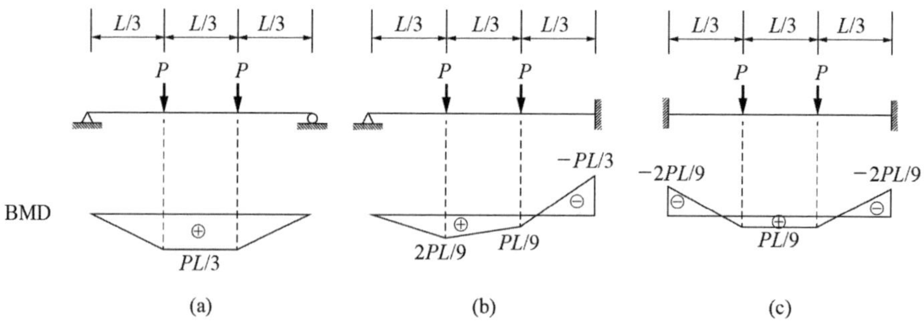

그림(2.6) 3등분 집중하중을 받는 보의 모멘트 분포

그림(2.6)은 지점조건이 다른 세 가지 경우에 대하여 3등분 집중하중을 받을 때의 휨모멘트 분포를 나타내고 있다. (a)는 단순보, (b)는 1단 힌지, 1단 고정인 보, 그리고 (c)는 양단 고정보이다. 단순보의 경우는 경간 전체에 걸쳐 정모멘트가 발생하며, 최대 크기는 $PL/3$이다. 반면, 양단 고정보에서는 최대 정모멘트가 $PL/9$로 단순보에 비해 작아졌고, 단부의 회전구속에 의해 최대 부모멘트가 $-2PL/9$로 발생한다. 그러나 경간에 걸쳐 저항하는 전체 모멘트(정모멘트-부모멘트)는 $PL/9-(-2PL/9)=PL/3$이 되어 단순보의 경우와 같음을 확인할 수 있다. 즉, 단부의 구속정도를 알 수 있으면 경간내의 총모멘트(단순보인 경우의 정모멘트)를 양단의 부모멘트와 중앙부의 정모멘트로 분배할 수 있다.

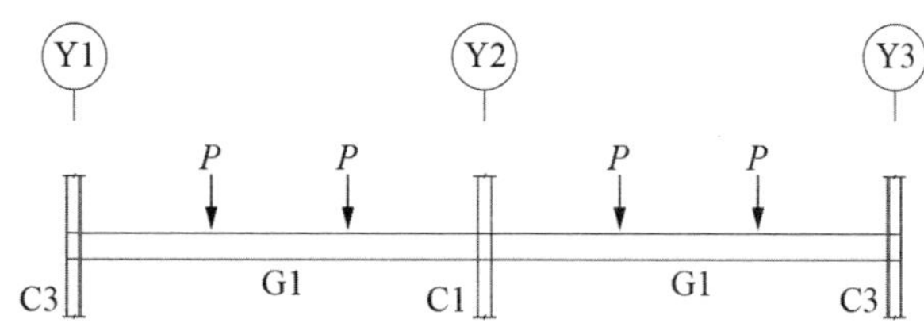

그림(2.7) G1과 기둥의 연결

그림(2.7)과 같이 G1의 외측 단부는 C3, 내측 단부는 C1과 강접합으로 연결된다. G1의 내단부(Y2열 측)는 하중 및 배치에 의한 대칭축으로 중력하중 하에서는 회전각이 발생하지 않으므로 고정단으로 볼 수 있다. 그러나 외단부(Y1 및 Y3열 측)는 C3에 의해 큰 보의 회전이 구속되긴 하나 기둥 강성이 유한하기 때문에 완전한 고정상태는 아니다. 따라서 일정량의 회전각이 발생하기 때문에 내단부에 비해 부모멘트가 작게 발생함을 예상할 수 있다. 즉, G1은 그림(2.6)의 (b)와 (c) 사이의 경계조건에 해당한다고 볼 수 있다. 이러한 내용을 바탕으로 G1에 작용하는 모멘트의 개략적인 형상을 그려보면 그림(2.8)과 같다.

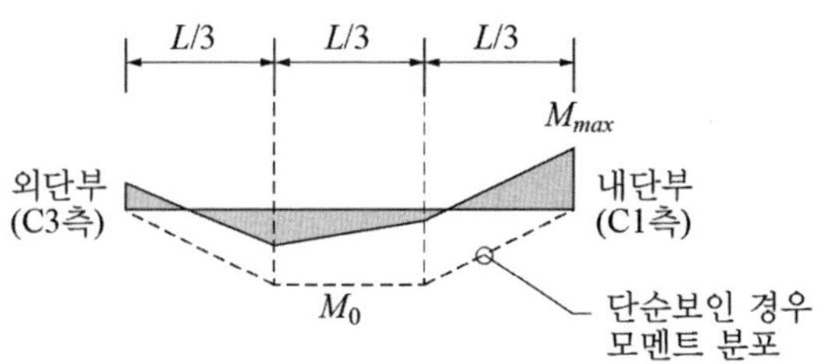

그림(2.8) G1의 개략적인 모멘트 분포 형상

따라서 내단부의 위치에서 최대모멘트가 발생하며, 그 크기는 큰 보와 기둥의 상대적인 강성에 따라 변화하지만 $-PL/3$과 $-2PL/9$ 사이에 존재한다. 여기서는 단순보인 경우 정모멘트 크기($PL/3$)의 75%가 내단부에서 부모멘트로 작용할 것을 가정하고, 가정 단면을 산정하기로 한다.

2G1에 작용하는 집중하중은 앞의 1.3에서 산정한 2~3층 바닥하중($12.8\,\mathrm{kN/m^2}$)에 좌우 2개 2B1의 분포면적($30\mathrm{m^2}$)을 곱하여 산정할 수 있다.

$$P_u = 30\,\mathrm{m^2} \times 12.8\,\mathrm{kN/m^2} = 384\,\mathrm{kN}$$

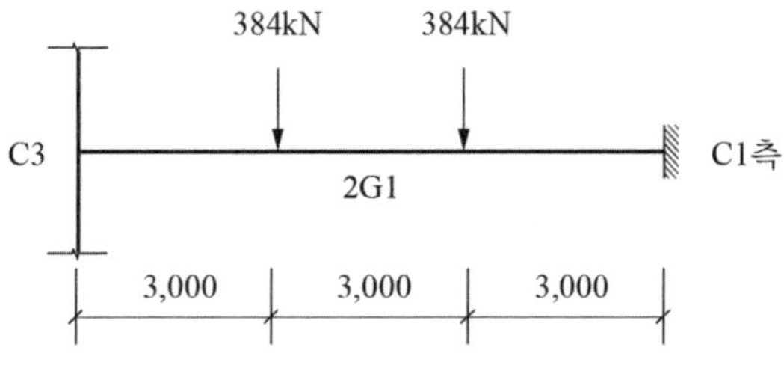

그림(2.9) 2G1의 작용하중 및 경계조건

2G1의 3등분점에는 위의 집중하중 P_u가 작용한다. 앞에서 가정한 바와 같이 최대모멘트($M_{\max}$)인 내측 단부의 부모멘트는 단순보인 경우 정모멘트의 75%로 산정한 후 휨항복 조건에 의해 요구되는 보의 단면을 선정한다. 참고로 링크보(link beam)와 같이 길이가 매우 짧은 부재를 제외한 일반적인 중력하중 상태에

서의 바닥보(floor beam)는 전단에 의해 설계가 지배되는 경우는 거의 없기 때문에 여기에서는 별도로 검토하지 않는다.

또한, 강접합으로 연결된 보는 기둥 근처에서 부모멘트로 인해 상부플랜지에 인장이 발생하므로 콘크리트 슬래브를 이용한 합성작용을 기대할 수 없다. 따라서 G1과 같이 단부가 강접합 된 보는 다음과 같이 강재보의 저항성능만을 고려하여 설계해야 한다.

$$M_{u,\max} = 0.75(PL/3) = 0.75 \times (384\,\mathrm{kN} \times 9\,\mathrm{m})/3 = 864\,\mathrm{kN{\cdot}m}$$

$$\phi F_y Z_{req} \geq M_{u,\max}$$

$$Z_{req} \geq \frac{M_{u,\max}}{\phi F_y} = \frac{864\,\mathrm{kN{\cdot}m}}{0.9 \times 275\,\mathrm{MPa}} = 3.49 \times 10^6\,\mathrm{mm}^3$$

이를 만족하는 H-588×300×12×20($Z = 4.49 \times 10^6\,\mathrm{mm}^3$)을 2G1의 1차 단면으로 선택한다. 3G1은 2G1과 하중조건이 동일하므로 같은 단면을 적용한다.

한편, RG1에 작용하는 집중하중은 지붕층 바닥하중($8.8\,\mathrm{kN/m^2}$)을 반영하여 같은 방식으로 단면을 산정할 수 있다.

$$P_u = 30\,\mathrm{m}^2 \times 8.8\,\mathrm{kN/m}^2 = 264\,\mathrm{kN}$$

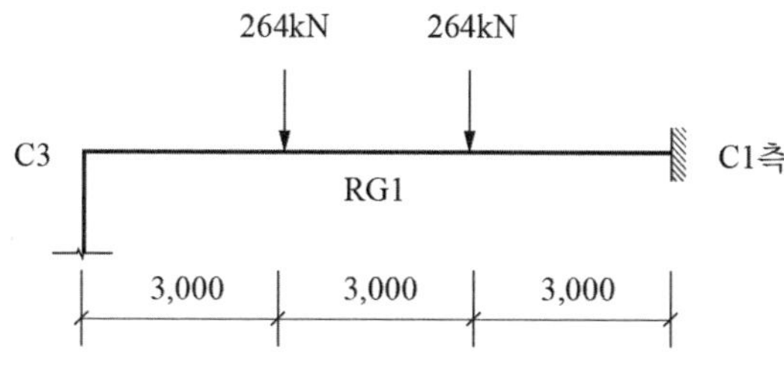

그림(2.10) RG1의 작용하중 및 경계조건

$$M_{u,\max} = 0.75(PL/3) = 0.75 \times (264\,\text{kN} \times 9\,\text{m})/3 = 594\,\text{kN·m}$$

$$\phi F_y Z_{req} \geq M_{u,\max}$$

$$Z_{req} \geq \frac{M_{u,\max}}{\phi F_y} = \frac{594\,\text{kN·m}}{0.9 \times 275\,\text{MPa}} = 2.40 \times 10^6\,\text{mm}^3$$

따라서 RG1의 단면으로 H-600×200×11×17($Z = 2.98 \times 10^6\,\text{mm}^3$)을 선택한다.

2.1.2 기둥 단면 가정 (C1, C3)

X2열 평면골조의 구조해석 수행을 위해 단면 가정이 필요한 기둥은 C1과 C3이다. 해석 대상건물은 Y2열에 대하여 대칭이며, 중력하중만을 고려하기 때문에 C1 기둥에는 모멘트가 작용하지 않는다. 따라서 C1은 Step 1에서와 조건이 동일하기 때문에 이미 설계된 H-350×350×12×19를 전층에 적용한다.

이 예제에서는 모든 기둥과 보가 핀접합된 Step 1에서와 달리 Y방향 큰 보는 기둥과 강접합되므로 C3에는 축력과 더불어 1축 휨모멘트가 함께 작용한다. 이와 같이 축력과 모멘트가 함께 작용하는 경우 기둥부재가 저항할 수 있는 축력은 모멘트가 없는 순수 압축재에 비해 작아지게 되므로 기둥 단면의 가정단계에서는 이러한 효과를 미리 반영할 필요가 있다.

Step 1에서는 좌굴에 의한 내력 저감효과를 고려하기 위해 계수축하중(P_u)을 15% 상향시켜 순수 압축력만 작용하는 기둥의 1차적인 단면을 가정하였다. 이 예제에서는 좌굴영향과 함께 휨모멘트 효과를 반영하기 위해 추가적으로 계수축하중을 50% 상향시켜 유효 계수축하중($P_{u,eff}$)을 산정한 후 요구되는 단면적을 만족시키는 C3 단면을 선택하기로 한다. 이러한 단면 산정 절차를 도식화하면 그림(2.11)과 같다. 다만, 여기에서 설정한 50%는 임의의 값이며, 작용하는 축력과 휨모멘트 및 기둥 단면의 크기에 따라 달라질 수 있다.

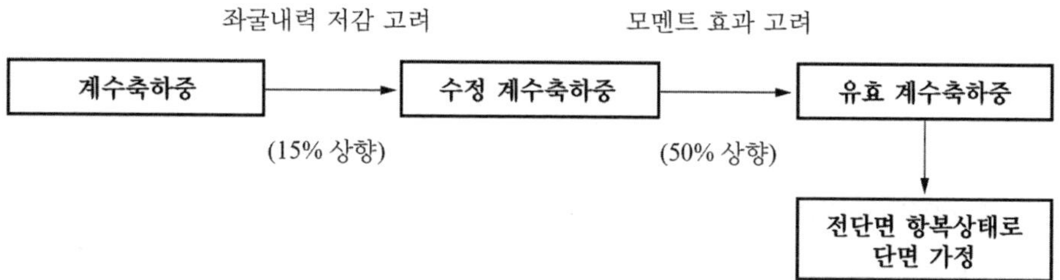

그림(2.11) 축력과 휨모멘트가 작용하는 기둥의 가정 단면 산정 절차

C3은 외부기둥으로 바닥하중과 외벽하중을 함께 지지하며, 1C3에 발생하는 계수축하중은 Step 1에서 다음과 같이 이미 산정되었다.

$$P_u = P_{u,f} + P_{u,w} = 1,548 + 156 = 1,704\,\mathrm{kN}$$

여기서 $P_{u,f}$는 바닥(floor)하중에 의한 기둥의 축하중

$P_{u,w}$는 외벽(wall)하중에 의한 기둥의 축하중

먼저 좌굴영향을 고려하기 위해 축하중을 15% 증가시키면 수정 계수축하중은 1,960kN이 되며, 여기서 모멘트 효과를 반영하기 위해 다시 50%의 하중을 상향시키면 2,940kN의 유효 계수축하중이 구해진다. 이 증가된 하중에 대하여 전단면의 항복상태로 요구되는 단면적을 다음과 같이 구할 수 있다.

$$A_{req} \geq \frac{P_{u,eff}}{\phi F_y} = \frac{2,940(1,000)}{0.9(275)} = 11,879\mathrm{mm}^2$$

<u>위에서 계산된 단면적보다 큰 정방형 단면인 H-344×348×10×16 ($A_s = 14,600\,\mathrm{mm}^2$)을 1C3의 1차 단면으로 선택한다.</u> 참고로 건축적으로 제한이 없으면 단면적이 큰 차이가 나지 않는 경우, 휨모멘트 저항에 유리하도록 단면계수(Z)가 큰 단면을 선정한다. 2층과 3층에서는 기둥의 축하중이 1층에서보다 작아지지만 휨모멘트의 효과가 커질 수 있기 때문에 가정된 단면을 전층에 동일하게 적용하기로 한다.

• H-344×348×10×16의 단면 특성:

$$A_s = 14,600\,\mathrm{mm}^2 \quad r = 20\,\mathrm{mm} \quad r_x = 151\,\mathrm{mm} \quad r_y = 87.8\,\mathrm{mm}$$

2.1.3 가정 단면 요약

이번 절에서 선정된 X2열의 큰 보와 기둥부재를 정리하면 다음 표(2.3)과 같다. 다음 절에서는 이 단면을 이용하여 구조해석을 수행한다.

표(2.3) 가정 단면 요약 (큰 보 및 기둥)

보	단면	기둥	단면
RG1	H-600×200×11×17	3~1C1	H-350×350×12×19
3~2G1	H-588×300×12×20	3~1C3	H-344×348×10×16

2.2 구조해석

2.2.1 구조역학을 이용한 수계산

이 예제의 모델은 Y방향으로 기둥과 큰 보가 강접합되어 있기 때문에 중력하중 조합에 대한 부재력 산정을 위해서는 부정정골조 해석법을 사용해야 한다. 여기에서는 모멘트분배법(moment-distribution method)을 이용하여 X2열의 골조해석을 수행한다. 또한, 중력하중 작용 시 골조는 대칭적으로 변형하며, 횡이동(sidesway)은 발생하지 않는 것으로 가정한다.

모멘트분배법은 연속보, 골조 등에 생기는 휨모멘트를 근사적으로 구하는 방법으로 반복 횟수를 많이 할수록 정해(正解)에 가까운 값을 얻게 되며, 각 부재 단부의 휨모멘트 값을 직접 구할 수 있는 방법이다. 모멘트분배법을 통해 부재력을 산정하는 절차는 다음과 같다.

(1) 고정단모멘트(fixed end moment, FEM) 산정

(2) 부재강성(k_{NF}) 산정

(3) 분배계수(distribution factor, DF) 산정

(4) 모멘트 분배를 통한 단부모멘트 산정

(5) 자유물체도를 통한 BMD, SFD 작성

부정정골조에서 모멘트의 분배는 연결된 부재의 휨강성에 영향을 받기 때문에 골조를 구성하는 부재의 단면성능을 먼저 정리할 필요가 있다. 표(2.4)에서는 X2열을 구성하는 부재에 대한 단면2차모멘트를 나타내었다.

표(2.4) 부재 단면2차모멘트 (X2열)

부재 ID	단면	단면2차모멘트 (mm^4)	
		I_x (강축방향)	I_y (약축방향)
RG1	H-600×200×11×17	7.76×10^8	0.228×10^8
3~2G1	H-588×300×12×20	11.8×10^8	0.902×10^8
3~1C1	H-350×350×12×19	4.03×10^8	1.36×10^8
3~1C3	H-344×348×10×16	3.33×10^8	1.12×10^8

(1) 고정단모멘트(M_{FEM}) 산정

고정단모멘트는 보가 양단 고정일 때 부재 단부에 발생하는 모멘트이다. 그림(2.12)와 같이 3등분점에 2점 집중하중을 받는 보의 고정단모멘트는 $2PL/9$가 되며, 이는 그림(2.6c)에서도 확인할 수 있다.

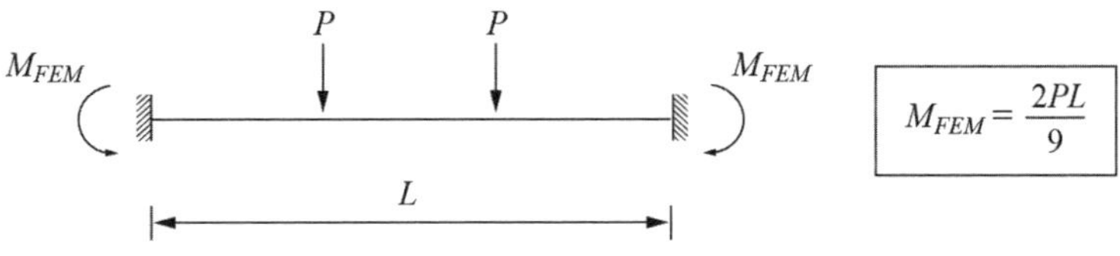

그림(2.12) 3등분 집중하중을 받는 보의 고정단모멘트

3~2G1과 RG1에 작용하는 집중하중 P는 앞의 가정 단면 산정 시 각각 384kN과 264kN으로 이미 계산되었으며, 경간은 9m이므로 M_{FEM} 은 다음과 같다.

• 3~2G1:

$$M_{FEM} = \frac{2PL}{9} = \frac{2 \times 384\text{kN} \times 9\text{m}}{9} = 768\,\text{kN·m}$$

• RG1:

$$M_{FEM} = \frac{2PL}{9} = \frac{2 \times 264\text{kN} \times 9\text{m}}{9} = 528\,\text{kN·m}$$

(2) 부재강성(k_{NF}) 산정

X2열 골조는 그림(2.13)과 같이 하중이 대칭으로 작용하고, 구조형상 및 경계조건도 대칭이므로 좌우에 위치한 G1의 내단부(C1측) 모멘트는 동일하다. 따라서 내부기둥인 C1에서는 회전이 발생하지 않으므로 모멘트분배법 적용 시 대칭을 이루는 절반만 모델링하면 되고, 분리된 큰 보의 단부 경계조건은 고정단으로 치환할 수 있다. 또한, 이 예제에서는 활하중의 불균형 분포를 고려하지 않고, 전체 바닥면에 균등하게 작용하는 것으로 가정하였다.

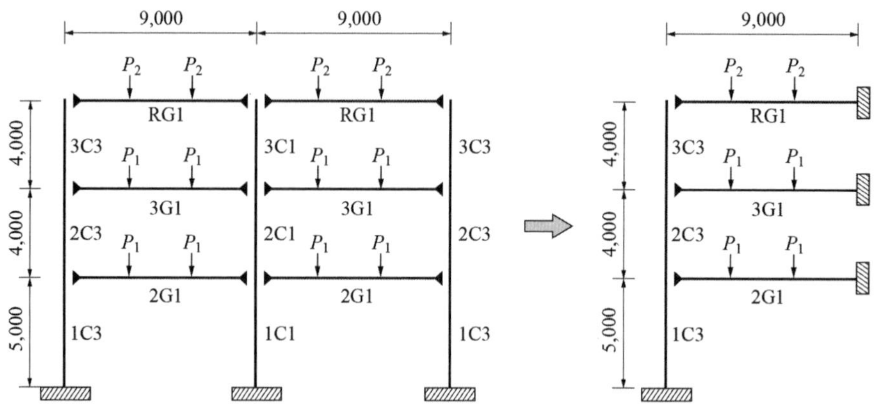

그림(2.13) X2열 골조의 간략화 모델링

기둥은 큰 보와 강축방향으로 연결되어 있으므로 강성 산정에 사용할 기둥의 단면2차모멘트는 I_x가 된다. 예를 들어, C3 기둥이 연결된 절점에 대해서는 강축에 대한 단면2차모멘트인 $3.33 \times 10^8 \text{mm}^4$를 사용하면 된다. 이 예제에서는 간략화된 X2열 골조에 대해 그림(2.14)와 같이 절점번호를 부여하였다.

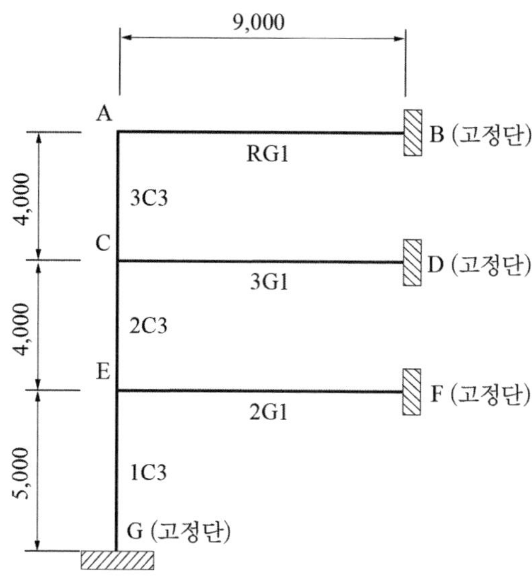

그림(2.14) 해석 절점과 부재

모멘트분배법에서는 반대편 단부가 강접합된 부재의 강성(k_{NF})은 $4EI/L$로 산정된다. 예를 들어, 부재 AB에서 A점은 강절점, B점은 고정단이므로 k_{AB}와 k_{BA}는 다음과 같이 계산된다.

•부재 AB: $k_{AB} = k_{BA} = \dfrac{4EI}{L} = \dfrac{4 \times (7.76 \times 10^8 \text{mm}^4)}{9{,}000\text{mm}} E_s = 3.45 \times 10^5 E_s$

실제 단위는 위의 값에 mm^3를 곱해야 하나 편의상 생략하였으며, 강재의 탄성계수(E_s)는 추후 소거되기 때문에 값을 입력하지 않았다. 이와 같은 방법으로 모든 부재의 강성을 계산하면 표(2.5)와 같다.

표(2.5) 부재강성 산정

대상 강성	부재단면	I(mm^4)	L(mm)	k_{NF} ($\times E_s$)
k_{AB}, k_{BA}	H-600×200×11×17	7.76×10^8	9,000	3.45×10^5
k_{AC}, k_{CA}	H-344×348×10×16	3.33×10^8	4,000	3.33×10^5
k_{CD}, k_{DC}	H-588×300×12×20	11.8×10^8	9,000	5.24×10^5
k_{CE}, k_{EC}	H-344×348×10×16	3.33×10^8	4,000	3.33×10^5
k_{EF}, k_{FE}	H-588×300×12×20	11.8×10^8	9,000	5.24×10^5
k_{EG}	H-344×348×10×16	3.33×10^8	5,000	2.66×10^5

(3) 분배계수(DF) 산정

한 절점에 모멘트가 작용하면 해당절점에 연결되어 있는 각 부재의 상대 강성비에 따라 모멘트가 각 부재로 분배된다. 분배계수는 이와 같은 모멘트의 분배율을 결정하는 값으로 부재의 강성을 해당절점에 연결되는 모든 부재강성의 합으로 나누어 계산된다. 예를 들어, 절점 E와 연결되는 부재는 EC, EF, EG가 있으므로 부재 EF의 분배계수는 다음과 같이 계산할 수 있다.

$$\bullet\ DF_{EF} = \frac{k_{EF}}{k_{EC}+k_{EF}+k_{EG}} = \frac{5.24\times10^5 E_s}{(3.33+5.24+2.66)\times10^5 E_s} = 0.467$$

이러한 방법으로 절점 A, C 및 E와 연결된 모든 부재의 분배계수를 산정하여 표(2.6)에 나타내었다. 한편 절점 B, D, F 및 G는 모두 고정단이므로 타단으로부터 절반 크기의 모멘트를 전달받지만 전달하지는 않는다.

표(2.6) 분배계수 산정

절점	연결부재	강성 ($\times E_s$)	강성합 ($\times E_s$)	분배계수
A	부재 AB	3.45×10^5	6.78×10^5	0.509
	부재 AC	3.33×10^5		0.491
C	부재 CA	3.33×10^5	11.19×10^5	0.280
	부재 CD	5.24×10^5		0.441
	부재 CE	3.33×10^5		0.280
E	부재 EC	3.33×10^5	11.24×10^5	0.296
	부재 EF	5.24×10^5		0.467
	부재 EG	2.66×10^5		0.237

(4) 모멘트 분배를 통한 단부모멘트 산정

모멘트분배법은 절점의 모멘트에서 분배계수를 통해 분할하고, 이를 타단으로 전달하는 과정을 반복함으로써 부재의 단부모멘트를 구하는 방법이다. 앞에서 산정한 고정단모멘트, 부재강성, 분배계수를 바탕으로 X2열 골조의 모멘트 분배 과정이 그림(2.15)에 나타나 있다.

모멘트 분배 과정을 절점 E를 기준으로 간략하게 설명하면 다음과 같다.

① 절점 E에는 EG, EC, EF의 3개 부재가 연결되며, 강성에 따른 각각의 분배계수인 0.237, 0.296, 0.467을 기입한다.

② EF 부재의 단부에서 −768.0kN·m의 고정단모멘트가 작용한다. 절점 E의 모멘트 총합이 0이 되기 위해서는 768.0kN·m의 모멘트가 필요하며, 이를 각 부재의 분배계수에 따라 나누면 부재 EG, EC, EF에는 각각 182.0kN · m, 227.6kN · m, 358.4kN · m의 모멘트가 발생한다.

③ 분배된 모멘트를 각 부재의 타단으로 절반씩 전달한다. 즉, 부재 EG의 절점 G, 부재 EC의 절점 C 및 부재 EF의 절점 F로 각각 91.0kN · m, 113.8kN · m, 179.2kN · m의 모멘트를 전달한다.

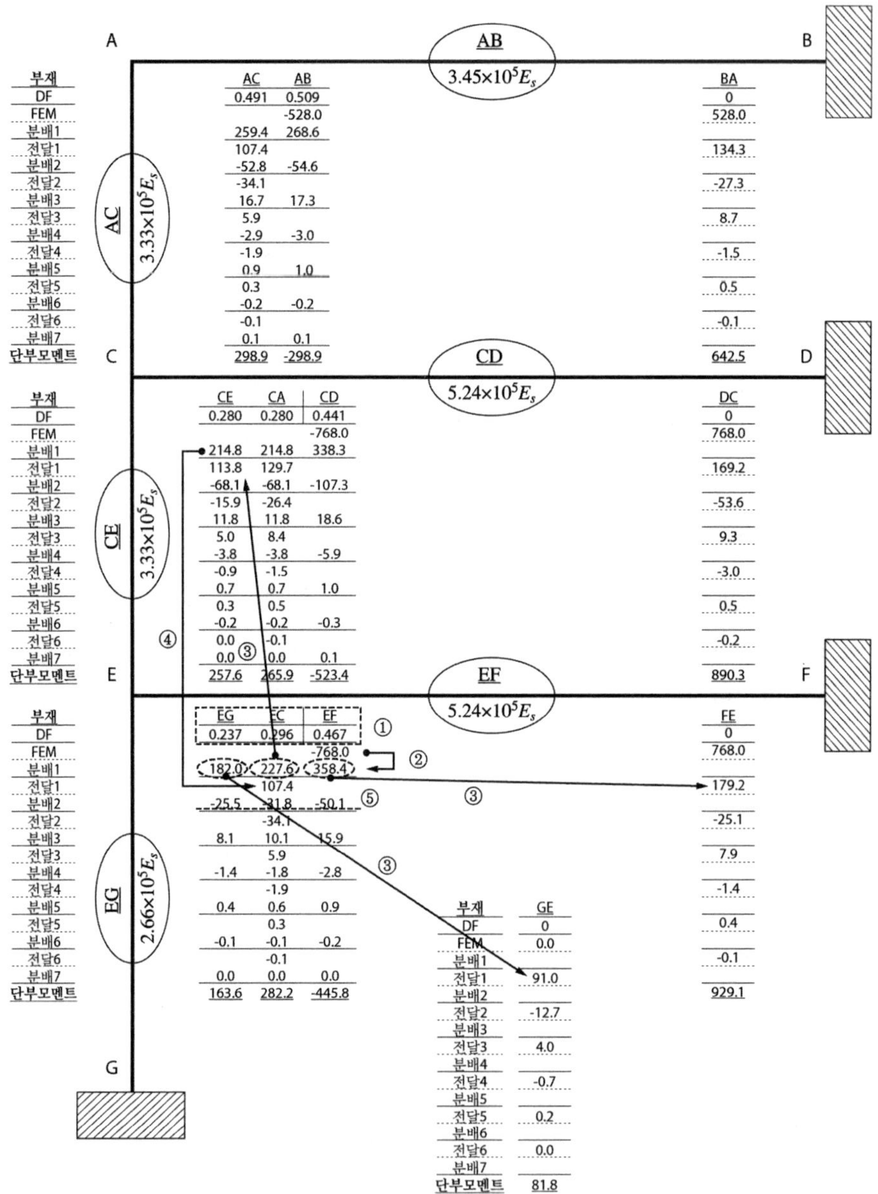

그림(2.15) X2열 골조의 모멘트 분배 과정

④ 절점 C에서 부재 CE에 작용하는 모멘트(214.8kN·m)의 절반인 107.4kN·m를 타단인 절점 C로 전달한다.

⑤ 절점 E의 모멘트 총합이 0이 되기 위해서는 전달된 모멘트 합과 크기가 같고 방향이 반대인 -107.4N·m의 모멘트가 필요하며, 이를 다시 분배계수로 나누면 부재 EG, EC, EF에는 각각 -25.5kN·m, -31.8kN·m, -50.1kN·m의 모멘트가 발생한다.

각 부재로 분배되는 모멘트가 0에 가까워질 때까지 이 과정을 반복하면 모멘트분배법이 완료되고, 각 부재의 모멘트 값을 모두 더하면 최종적인 단부모멘트가 산정된다.

(5) 자유물체도를 통한 AFD, BMD, SFD 작성

각 층의 집중하중과 앞에서 모멘트분배법을 이용하여 산정된 부재의 단부모멘트를 조합하여 각 부재의 자유물체도를 작성하면 그림(2.16)과 같다. 각 부재의 자유물체도를 통하여 미지의 단부 부재력을 산정할 수 있다. 예를 들어, 그림(2.16a)의 부재 AB에서 평형방정식을 이용하면 다음과 같이 절점 A와 B에서의 전단력이 구해진다.

$$\Sigma M_A = 0: \ 298.9 - 642.5 - 264 \times 3 - 264 \times 6 + 9\, V_B = 0$$

$$\rightarrow \ V_B = 302.2\,\text{kN}$$

$$\Sigma F_y = 0: \ V_A - 264 \times 2 + 302.2 = 0$$

$$\rightarrow \ V_A = 225.8\,\text{kN}$$

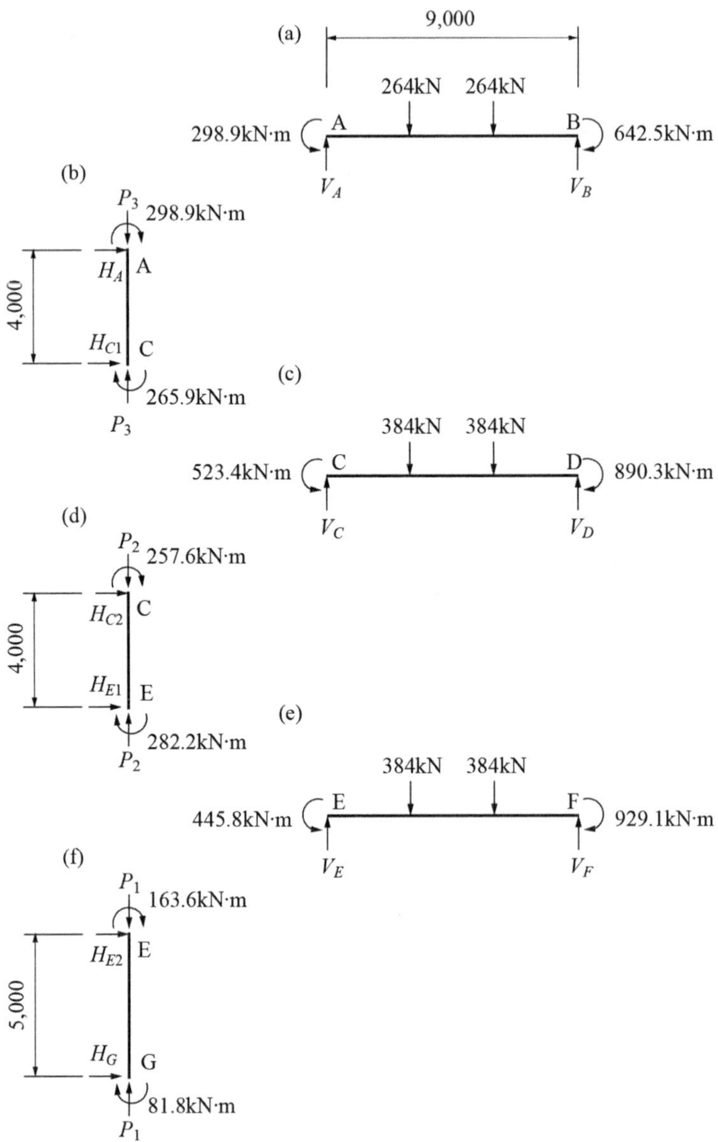

그림(2.16) 부재의 자유물체도

이와 같은 방식으로 다른 부재의 단부 전단력도 산정할 수 있다. 한편, 각 기둥 부재에는 상부와 하부에 반대방향으로 같은 크기의 축력이 작용하는데, 이를 산정하기 위해서는 X방향 테두리보에 의해 전달되는 바닥하중과 외벽하중 및 인접 보에서 전달되는 전단력을 함께 고려해야 한다.

먼저, 테두리보에 의해 기둥에 전달되는 바닥하중은 내부 보 위치의 절반이므로 지붕층과 2~3층에서 각각 132kN과 192kN이 된다. 또한, 각 층의 외벽하중을 해당층의 기둥이 모두 저항하는 것으로 가정하면 1층과 2~3층의 기둥이 분담해야 할 외벽의 면적은 각각 $30m^2$과 $40m^2$이다. 외벽하중은 $1.0kN/m^2$이므로 그림(2.16b)에서 3층 기둥에 작용하는 축력(P_3)은 부재 AB에서 전달되는 전단력(V_A)을 함께 고려하면 다음과 같이 산정된다.

$$P_3 = 132 + 1 \times 30 + 225.8 = 387.8\,\text{kN}$$

2층과 3층 기둥은 같은 방식으로 구한 하중과 상부에서 전달되는 기둥 축력을 합산하여 구할 수 있으며, 기둥의 축력과 단부의 전단력 및 모멘트를 산정하여 표(2.7)에 정리하였다.

표(2.7) 기둥 축력, 모멘트 및 단부 전단력 산정

부재	축력	휨모멘트	전단력
AB (RG1)	-	$M_{A,AB}$ = 298.9kN·m (↶)	V_A = 225.8kN (↑)
		$M_{B,AB}$ = 642.5kN·m (↷)	V_B = 302.2kN (↑)
CD (3G1)	-	$M_{C,CD}$ = 523.4kN·m (↶)	V_C = 343.2kN (↑)
		$M_{D,CD}$ = 890.3kN·m (↷)	V_D = 424.8kN (↑)
EF (2G1)	-	$M_{E,EF}$ = 445.8kN·m (↶)	V_E = 330.3kN (↑)
		$M_{F,EF}$ = 929.1kN·m (↷)	V_F = 437.7kN (↑)
AC (3C3)	P_3 = 387.8kN (압축)	$M_{A,AC}$ = 298.9kN·m (↷)	H_A = -141.2kN (←)
		$M_{C,AC}$ = 265.9kN·m (↷)	H_{C1} = 141.2kN (→)
CE (2C3)	P_2 = 953.0kN (압축)	$M_{C,CE}$ = 257.6kN·m (↷)	H_{C2} = -135.0kN (←)
		$M_{E,CE}$ = 282.2kN·m (↷)	H_{E1} = 135.0kN (→)
EG (1C3)	P_1 = 1515.3kN (압축)	$M_{E,EG}$ = 163.6kN·m (↷)	H_{E2} = -49.1kN (←)
		$M_{G,EG}$ = 81.8kN·m (↷)	H_G = 49.1kN (→)

앞에서 산정된 단부 부재력을 바탕으로 X2열 골조 전체의 축력도(AFD), 모멘트도(BMD), 전단력도(SFD)를 그림(2.17)과 같이 작성할 수 있다.

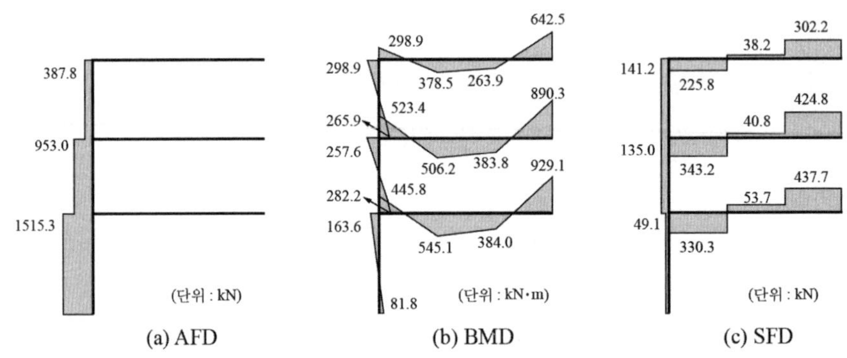

그림(2.17) X2열 골조의 부재력도

이상 구조역학을 이용한 수계산을 통해 X2열 골조의 구조해석을 수행하였고, 설계 대상부재인 2G1과 1C3의 부재력을 정리하면 표(2.8)과 같다.

표(2.8) 2G1과 1C3의 부재력 (수계산)

부재	축력	휨모멘트	전단력
2G1	-	929.1kN·m	437.7kN
1C3	1,515.3kN (압축)	163.6kN·m	49.1kN

2.2.2 전산구조해석

국내에서 보편적으로 사용하고 있는 Midas GEN(Ver. 795)을 이용하여 전산구조해석을 수행한다. 해석 수행절차는 Step 3의 '2.1 구조해석' 내용을 참조한다.

전산구조해석에 입력할 단면을 정리하면 표(2.9)와 같다.

표(2.9) 전산구조해석에 입력할 부재단면

보	단면	기둥	단면
RG1, RG2	H-600×200×11×17	3~1C1, 3~1C2	H-350×350×12×19
3~2G1, 3~2G2	H-588×300×12×20	3~1C3, 3~1C4	H-344×348×10×16
R~2B1, R~2B2	H-400×200×8×13		

2.2.3 구조해석 결과의 비교

수계산과 전산구조해석에 의한 2G1과 1C3의 설계부재력을 정리하면 표(2.10)과 같다. 다만, 설계부재력은 부재의 같은 위치에서 발생하는 가장 불리한 경우의 부재력을 나타낸다.

표(2.10) 2G1과 1C3의 설계부재력 ($1.2D + 1.6L$)

부재	수계산 결과			전산구조해석 결과		
	축력	휨모멘트	전단력	축력	휨모멘트	전단력
2G1	-	929.1kN·m	437.7kN	-	901.0kN·m	434.0kN
1C3	1,515.3kN (압축)	163.6kN·m	49.1kN	1,583kN (압축)	171.8kN·m	50.0kN

Note

축력: P_u, 휨모멘트: M_{ux}, 전단력: V_u

2.3 큰 보 설계: 2G1 (휨재)

큰 보는 기둥과 강접합되기 때문에 중력하중 하에서 단부에는 부모멘트가, 중앙부에는 정모멘트가 작용한다. 경간이 큰 장스팬 보가 아닌 경우 일반적으로 부모멘트가 정모멘트보다 더 크게 된다. Step 1에서 작은 보는 단순보로 거동하기 때문에 상부의 콘크리트 압축작용을 고려하여 노출형 합성보로 설계하였지만 2G1은 부모멘트 위치에서 설계부재력이 결정되므로 강재보(steel beam)로 설계한다. 또한, 2G1은 3등분점에 위치한 B1에 의해 횡지지 되는 것으로 가정한다.

2.3.1 기본 정보

2.2절에서는 수계산 및 해석프로그램을 이용한 두 가지 방법으로 2G1의 휨모멘트와 전단력을 산정하였으나 이 예제에서는 전산구조해석에 의한 부재력을 사용하여 설계한다.

(1) 재료 특성

- 강재의 재질: SHN275
- 재료 성능: $F_y = 275\,\mathrm{MPa}$, $E_s = 210{,}000\,\mathrm{MPa}$

(2) 설계부재력: 표(2.10) 참조

- $M_u = 901.0\,\mathrm{kN{\cdot}m}$, $V_u = 434.0\,\mathrm{kN}$

2.3.2 강재보의 선택

압연 H형강의 경우, 특히 춤이 보의 폭에 비해 큰 단면은 휨에 대한 플랜지와 웨브는 대부분 콤팩트 단면으로 구분된다. 여기에서는 먼저 소성항복 조건에 대해 단면을 가정하고, 단면에 따라 추가적인 한계상태(횡좌굴, 플랜지 국부좌굴, 웨브 국부좌굴)에 대해 검토한다.

•강재보의 소성항복 검토

$$Z_{req'd} \geq \frac{M_{u,1}}{\phi_b F_y} = \frac{901.0 \times 10^6}{0.9 \times 275} = 3.64 \times 10^6 \mathrm{mm}^3$$

위의 소요단면계수($Z_{req'd}$)를 만족하는 강재단면으로 H-588×300×12×20을 선택한다.

2.3.3 설계휨강도 산정

(1) 단면 특성(H-588×300×12×20)

$A_s = 19{,}250\text{mm}^2 \quad I_x = 1.18 \times 10^9\text{mm}^4 \quad I_y = 9.02 \times 10^7\text{mm}^4$

$r = 28\text{mm} \ r_y = 68.5\text{mm} \ S_x = 4.02 \times 10^6\text{mm}^3 \ Z_x = 4.49 \times 10^6\text{mm}^3$

(2) 판폭두께비 검토

• 플랜지 판폭두께비

$\lambda_f = b/2t_f = (348/2)/16 = 10.9$

$\lambda_{p,f} = 0.38\sqrt{E/F_y} = 0.38\sqrt{210{,}000/275} = 10.5$

$\lambda_{r,f} = 1.0\sqrt{E/F_y} = \sqrt{210{,}000/275} = 27.6$

$\lambda_{p,f} < \lambda \leqq \lambda_{r,f}$이므로 플랜지는 비콤팩트이다.

• 웨브 판폭두께비

$\lambda_w = h/t_w = (344 - 2(16+20))/10 = 27.2$

$\lambda_{p,w} = 3.76\sqrt{E/F_y} = 3.76\sqrt{210{,}000/275} = 103.9$

$\lambda_w = 27.2 < \lambda_{pw} = 103.9$이므로 웨브는 콤팩트이다.

• 비콤팩트 단면의 공칭휨강도

공칭휨강도를 구하기 위해서 M_r을 구하면

$M_r = 0.7F_yS_x = 0.7 \times 275 \times (1.94 \times 10^6) \times 10^{-6} = 373.5\text{kN}\cdot\text{m}$

공칭휨강도는 식(4.3.7)로부터

$$M_n = M_p - (M_p - M_r)\frac{(\lambda_f - \lambda_{pf})}{(\lambda_{rf} - \lambda_{pf})}$$

$$= 583.0 - (583.0 - 373.5) \times \frac{(10.9 - 10.5)}{(27.6 - 10.5)} = 578.1\,\mathrm{kN \cdot m}$$

(3) 횡좌굴[1] 강도 산정

보가 중력 방향으로 휨을 받으면 초기에는 하중의 면내방향으로만 처짐이 발생하지만 일정 크기의 휨모멘트에 도달하면 갑자기 보는 처짐과 동시에 비틀림이 발생한다. 이는 압축측 플랜지의 좌굴에 의한 현상으로 횡좌굴(lateral-torsional buckling)이라고 한다. 강축방향으로 휨을 받는 개방형(H형강, ㄱ형강 등) 콤팩트 부재의 설계에서는 횡좌굴에 의해 휨강도가 결정되는 경우가 매우 빈번하다.

2G1은 콘크리트 슬래브에 의해 상부플랜지가 구속되기 때문에 정모멘트가 작용하는 구간에서는 보가 연속적으로 횡지지 되어 있다. 그러나 양단부는 기둥과 강접합되어 있어 부모멘트가 발생하고, 이 구간에서는 압축에 저항하는 하부플랜지는 구속되지 못한다. 이러한 상황으로 인해 문제에서 2G1이 B1에 의해 3m 간격으로 횡지지 되고, 이 구간 전체에서 부모멘트가 작용하는 것으로 단순화했다는 것을 이해할 수 있다.

- 한계 비지지길이 산정:

$$L_b = 3{,}000\,\mathrm{mm}$$

$$L_p = 1.76\, r_y \sqrt{E/F_y} = 1.76 \times 68.5 \times \sqrt{210{,}000/275} = 3{,}332\,\mathrm{mm}$$

여기서 L_p는 항복한계상태에 대한 한계 비지지길이인데, $L_b < L_p$ 이므로 보의 소성항복 이전에 횡좌굴은 발생하지 않는다.

1 횡좌굴은 횡-비틀림좌굴과 동일한 의미이다.

(4) 설계휨강도 산정

설계 대상부재인 2G1은 콤팩트 단면이기 때문에 플랜지 및 웨브의 국부좌굴이 발생하지 않는다. 또한, 보의 압축플랜지가 충분히 좁은 간격으로 횡지지 되어 있기 때문에 횡좌굴이 아닌 소성항복 조건으로 한계상태가 결정된다. 따라서 초기에 가정된 H-588×300×12×20 설계휨강도는 다음과 같이 산정된다.

$$M_n = M_p = F_y Z_x = 275(4.49 \times 10^6) \times 10^{-6} = 1,235\,\text{kN·m}$$

$$\phi M_n = 0.9 \times 1,235 = 1,111\,\text{kN·m} > M_u = 901.0\,\text{kN·m}$$

∴ 선택된 단면 H-588×300×12×20은 적합하다.

2.3.4 설계전단강도 산정

스티프너가 없는 보의 설계전단강도는 웨브의 판폭두께비에 따라 설계식이 결정된다.

$$h/t_w = (588 - 2(20+28))/12 = 492/12 = 41.0$$

$$2.24\sqrt{E/F_y} = 2.24\sqrt{210,000/275} = 61.9$$

2G1(H-588×300×12×20)은 압연 H형강이고, $h/t_w \le 2.24\sqrt{E/F_y}$ 이므로 $\phi_v = 1.0$, $C_v = 1.0$ 을 사용하여 설계전단강도를 산정할 수 있다.

$$\begin{aligned} \phi_v V_n &= \phi_v 0.6 F_y A_w C_v \\ &= 1.0 \times 0.6 \times \frac{275 \times (588 \times 12)}{10^3} \times 1.0 = 1,164\,\text{kN} \end{aligned}$$

$$\phi_v V_n > V_u = 434.0\,\text{kN}$$

2.3.5 처짐 검토

전산구조해석을 통한 결과로부터 각 단계별 처짐을 검토한다. 2G1의 경우 양단부의 고정도가 달라 최대처짐이 정확히 경간의 중앙에서 발생하지는 않는다. 그러나 최대처짐 값은 경간 중앙에서의 처짐과 큰 차이가 나지 않으므로 편의상 이 값을 기준으로 검토한다.

(1) 활하중에 대한 처짐

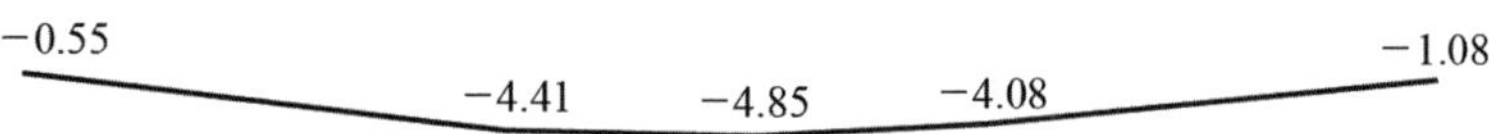

그림(2.18) 2G1의 활하중(L)에 의한 처짐 (단위: mm)

그림(2.18)은 2G1의 활하중(L)에 의한 처짐 형상을 나타낸다. 경간 중앙에서의 절대 처짐량은 4.85mm이지만 처짐 제한의 기준은 단부 처짐값이 반영된 상대처짐이다. 여기에서는 좌측과 우측 단부의 평균 처짐값에 대한 상대처짐을 다음과 같이 비교할 수 있다.

$$\Delta_L = 4.85 - \frac{0.55 + 1.08}{2} = 4.04\,\mathrm{mm} \quad < \quad \frac{L}{360}\,(= 25.0\mathrm{mm})$$

활하중에 의한 처짐 제한은 일반적으로 $L/360\,(= 25.0\,\mathrm{mm})$이며, 2G1은 제한값을 만족한다.

(2) 고정하중과 활하중에 의한 전체 처짐량

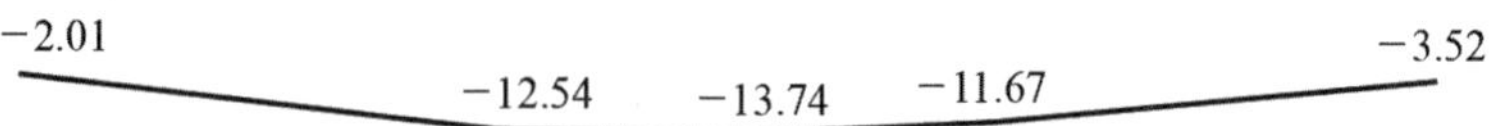

그림(2.19) 2G1의 고정하중과 활하중($D + L$)에 의한 처짐 (단위: mm)

2G1의 고정하중(D)과 활하중(L)에 의한 처짐 형상이 그림(2.19)에 나타나 있다. 마찬가지의 방법으로 상대처짐량을 평가하면 다음과 같다.

$$\Delta_{D+L} = 13.74 - \frac{2.01+3.52}{2} = 11.0\text{mm} \quad < \quad \frac{L}{240}(=37.5\text{mm})$$

고정하중과 활하중에 의한 전체 처짐 제한은 일반적으로 $L/240(=37.5\text{mm})$이며, 이 제한값을 만족한다.

2.4 기둥 설계: 1C3 (보-기둥)

1C3은 외부기둥으로 Y방향 큰 보와 강접합으로 연결되고, X방향으로는 보와 핀접합 되기 때문에 축력과 함께 1방향 휨 및 전단을 함께 저항해야 한다. 따라서 축력과 휨이 동시에 작용하는 보-기둥(beam-column)으로 설계해야 한다. 기둥의 유효좌굴길이계수 K는 강접합으로 연결된 부재의 강성을 고려하면 유효좌굴길이계수 산정의 계산 도표(K값 도표)를 통해 보다 상세하게 구할 수 있지만 이 예제의 기둥 설계에서는 단순화를 위해 $K=1$을 적용하기로 한다.

2.4.1 기본 정보

2.2절에서 수계산과 해석프로그램을 이용한 두 가지 방법으로 부재력을 산정하였으나 2G1 설계시와 마찬가지로 전산구조해석에 의한 부재력을 사용하여 1C3을 설계한다.

(1) 재료 특성

- 강재의 재질: SHN275
- 재료 성능: $F_y = 275\text{MPa}$, $E_s = 210{,}000\text{MPa}$

(2) 설계부재력: 표(2.10) 참조

- $P_u = -1{,}583\text{kN}$, $M_u = 171.8\text{kN·m}$, $V_u = 50.0\text{kN}$

2.4.2 기둥 단면의 선택

2.1.2에서는 구조해석을 수행하기 위해 부재단면을 가정하였으며, 1C3의 경우 좌굴영향과 휨모멘트 효과가 반영된 단면이 가정되었다. 이때, 가정된 H-344×348×10×16을 1차적 단면으로 선택하여 검토를 수행한다.

축력과 휨모멘트를 동시에 저항하는 보-기둥 부재는 설계압축강도($P_c = \phi_c P_n$)와 설계휨강도($M_c = \phi_b M_n$)를 개별적으로 산정한 후 조합력에 대한 내력 상관식을 통해 최종적인 부재의 안전성을 검토하게 된다.

- H-344×348×10×16의 단면 특성:

$$A_s = 14{,}600\,\text{mm}^2 \quad I_x = 3.33\times 10^8\text{mm}^4 \quad I_y = 1.12\times 10^8\text{mm}^4$$

$$r = 20\,\text{mm} \quad r_x = 151\,\text{mm} \quad r_y = 87.8\text{mm}$$

$$S_x = 1.94\times 10^6\,\text{mm}^3 \quad Z_x = 2.12\times 10^6\,\text{mm}^3$$

2.4.3 설계압축강도 산정

문제의 조건에 따라 비지지길이가 층고인 5m로 동일하고, 유효좌굴길이계수(K)가 1.0이므로 좌굴은 약축방향으로 발생한다.

- 세장비 검토:

$$K_y L_y / r_y = 1.0(5{,}000)/87.8 = 56.9$$

$$4.71\sqrt{E/F_y} = 4.71\sqrt{210{,}000/275} = 130.2$$

$$K_y L_y / r_y < 4.71\sqrt{E/F_y} \rightarrow \text{비탄성좌굴 지배}$$

- 탄성좌굴응력(F_e) 산정: 식(3.3.6)

$$F_e = \frac{\pi^2 E}{(K_y L_y / r_y)^2} = \frac{\pi^2 (210{,}000)}{56.9^2} = 640.2\,\text{MPa}$$

• 휨좌굴응력(F_{cr}) 산정: 식(3.5.2)

$$F_{cr} = \left[0.658^{F_y/F_e}\right]F_y = \left[0.658^{275/640.2}\right]275 = 229.7\text{MPa}$$

• 설계압축강도 산정: 식(3.5.1)

$$P_c = \phi_c P_n = \phi_c F_{cr} A_s = 0.9(229.7)(14{,}600)/1{,}000$$
$$= 3{,}018\,\text{kN} > P_u(1{,}583\text{kN})$$

2.4.4 설계휨강도 산정

2축 대칭인 H형강의 설계휨강도는 소성항복, 플랜지 및 웨브의 국부좌굴, 횡좌굴강도를 비교하여 최소값으로 한계상태가 결정된다.

(1) 소성항복강도 산정

$$M_p = F_y Z_x = 275\times(2.12\times10^6)\times10^{-6} = 583.0\,\text{kN·m}$$

(2) 판폭두께비 검토

• 플랜지 판폭두께비

$$\lambda_f = b/2t_f = (348/2)/16 = 10.9$$
$$\lambda_{p,f} = 0.38\sqrt{E/F_y} = 0.38\sqrt{210{,}000/275} = 10.5$$
$$\lambda_{r,f} = 1.0\sqrt{E/F_y} = \sqrt{210{,}000/275} = 27.6$$

$\lambda_{p,f} < \lambda \leqq \lambda_{r,f}$이므로 플랜지는 비콤팩트이다.

• 웨브 판폭두께비

$$\lambda_w = h/t_w = (344-2(16+20))/10 = 27.2$$
$$\lambda_{p,w} = 3.76\sqrt{E/F_y} = 3.76\sqrt{210{,}000/275} = 103.9$$

$\lambda_w = 27.2 < \lambda_{pw} = 103.9$이므로 웨브는 콤팩트이다.

• 비콤팩트 단면의 공칭휨강도

공칭휨강도를 구하기 위해서 M_r을 구하면

$$M_r = 0.7F_yS_x = 0.7\times 275\times(1.94\times 10^6)\times 10^{-6} = 373.5\text{kN}\cdot\text{m}$$

공칭휨강도는 식(4.3.7)로부터

$$M_n = M_p-(M_p-M_r)\frac{(\lambda_f-\lambda_{pf})}{(\lambda_{rf}-\lambda_{pf})}$$

$$= 583.0-(583.0-373.5)\times\frac{(10.9-10.5)}{(27.6-10.5)} = 578.1\,\text{kN}\cdot\text{m}$$

Note

콤팩트 단면과 비콤팩트 단면의 공칭모멘트(요약)

□ 콤팩트 단면($\lambda < \lambda_p$)

① $L_b \le L_p$ 이면, $M_n = M_p$

② $L_p < L_b \le L_r$ 이면

$$M_n = C_b[M_p-(M_p-0.7F_yS_x)(\frac{L_b-L_p}{L_r-L_p})] \le M_p$$

③ $L_b > L_r$ 이면 (탄성 LTB가 발생한다)

$$M_n = F_{cr}S_x \le M_p$$

(3) 횡좌굴강도 산정

$$L_b = 5\,\text{m}$$

$$L_p = 4.27\text{m}\ \text{(식 4.4.1로부터)}$$

여기서 L_p는 소성한계 비지지길이이며, $L_b > L_p$ 이므로 보의 소성항복 이전에 횡좌굴이 발생하게 된다. 따라서 탄성한계 비지지길이(L_r)와 L_b를 비교하여 횡좌굴 영역을 검토해야 한다.

$L_r = 14.58\text{m}$ 이다.(식 4.4.5로부터)

따라서 $L_p < L_b \leqq L_r$ 이므로 이 부재는 소성항복 이전에 비탄성 횡좌굴이 발생한다. 식(4.4.4)에 따라 횡좌굴강도를 다음과 같이 산정할 수 있다.

$$M_n = C_b\left[M_p - (M_p - 0.7F_yS_x)\left(\frac{L_b - L_p}{L_r - L_p}\right)\right] \leqq M_p$$

$$= 1.0\left[583.0 - \left(583.0 - \frac{0.7(275)(1.81\times10^6)}{10^6}\right)\left(\frac{5-4.27}{14.58-4.27}\right)\right]$$

$$= 566.4\,\text{kN·m} \quad < \quad M_p = 583.0\,\text{kN·m}$$

횡좌굴강도의 산정에서 횡좌굴 보정계수 C_b 의 값으로 1.0을 적용하였다. 이는 등분포하중을 받는 단순보에서의 값으로 가장 불리한 경우이지만 단순한 계산을 하기 위해 사용한 것이다. 따라서 실제 경간내의 모멘트 분포를 반영하면 (식 4.4.7)보다 경제적으로 설계할 수 있다.

(4) 설계휨강도 산정

앞에서의 과정을 통해 1C3의 휨강도는 횡좌굴의 한계상태에 의해 결정된다. 이를 통해 설계휨강도를 다음과 같이 산정할 수 있다.

$$M_{cx} = \phi_b M_{nx} = 0.9\times566.4 = 509.8\,\text{kN·m}$$

2.4.5 조합력에 대한 내력 상관식 검토

축력과 휨을 동시에 받는 보-기둥 부재는 설계축강도에 대한 작용축력의 비(P_r/P_c)에 따라 조합력 검토식이 달라진다. 이 경계는 $P_r/P_c = 0.2$ 인데, 일반적으로 기둥으로 사용되는 부재는 축력비가 0.2 이상이며, 보 부재는 축력비가 0.2 미만의 구간에 포함된다. 1C3 부재의 축력비는 $P_r/P_c = 1{,}583/3{,}018 = 0.52$ 로 0.2보다 크므로 식(5.2.2)에 따라 조합력을 검토한다.

$$\frac{P_r}{P_c} + \frac{8}{9}\left(\frac{M_{rx}}{M_{cx}} + \frac{M_{ry}}{M_{cy}}\right) = \frac{1{,}583}{3{,}018} + \frac{8}{9}\left(\frac{171.8}{509.8}\right) = 0.82 \leq 1.0$$

따라서 H-344×348×10×16 단면은 작용하는 압축력과 휨모멘트에 적합한 강도를 확보하고 있다.

2.4.6 설계전단강도 산정

스티프너가 없는 보의 설계전단강도는 웨브의 판폭두께비에 따라 설계식이 결정된다.

$$h/t_w = (344 - 2(16+20))/10 = 27.2$$

$$2.24\sqrt{E/F_y} = 2.24\sqrt{210{,}000/275} = 61.9$$

1C3(H-344×348×10×16)은 압연 H형강이고, $h/t_w \leq 2.24\sqrt{E/F_y}$ 이므로 $\phi_v = 1.0$, $C_v = 1.0$ 을 사용하여 설계전단강도를 산정할 수 있다.

$$\phi_v V_n = \phi_v 0.6 F_y A_w C_v$$

$$= 1.0 \times 0.6 \times \frac{275 \times (344 \times 10)}{10^3} \times (1.0) = 567.6\,\text{kN}$$

$$\phi_v V_n \geq V_u = 50.0\,\text{kN}$$ (표 2.10 참조)

S2.3 리뷰

Step 2에서는 Step 1에서 다루었던 모델과 형상 및 하중조건이 동일한 건물을 대상으로 하였다. 그러나 모든 보가 핀접합으로 연결된 Step 1과는 달리 큰 보와 기둥의 접합이 강접합으로 변경되었다. 부재 단부가 핀으로 연결될 때와 달리 강접합으로 구성된 골조는 연결된 부재의 상대적인 강성에 따라 부재력의 분포가 바뀌게 된다. 따라서 부재 설계를 수행하기 위한 부재력을 구하기 위해 먼저 구조역학 지식을 바탕으로 1차적인 단면을 가정하는 방법이 제시되었다.

또한, 가정된 단면을 바탕으로 수계산, 즉 모멘트분배법을 이용한 방법과 전산구조해석을 이용하여 부재력을 산정해 보았다. 두 방법에 의한 결과의 차이는 크게 발생하지 않았고, 이로써 저층 규모의 건물에 대해서는 수계산을 통해 비교적 정확한 중력하중 해석이 가능함을 확인할 수 있었다.

산정된 부재력을 바탕으로 X2열 위치에 있는 대표적 부재인 2G1(큰 보)과 1C3(외부기둥)의 부재 설계를 수행하였으며, Step 1에서의 단면과 비교한 결과를 표(2.11)에 나타내었다.

표(2.11) Step 1과 Step 2의 단면 비교

부재 ID	단계	단면	단위 중량 (kgf/m)	부재 유형	압축력 (kN)	휨모멘트 (kN·m)
2G1	Step 1	H-606×201×12×20	120	합성보	-	1,152
	Step 2	H-588×300×12×20	151	보	-	901.0
	증감비	-	+25.8%	-	-	-21.8%
1C3	Step 1	H-294×302×12×12	84.5	기둥	1,704	-
	Step 2	H-344×348×10×16	115	보-기둥	1,583	171.8
	증감비	-	+36.1%	-	-7.1%	-

먼저, 2G1의 경우 Step 2에서는 양단이 기둥과 강접합으로 연결되었기 때문에 단순보였던 Step 1에 비해 휨모멘트가 21.8% 감소되었다. 그러나 최종 설계된 강재보 단면의 중량은 오히려 25.8% 증가하였다. 2G1이 단순보였던 Step 1에서는 전체 구간에 대하여 정모멘트가 작용하기 때문에 상부의 콘크리트에 의한 합성작용을 기대할 수 있어서 합성보로 설계되었다.

한편, Step 2에서는 단부의 부모멘트 작용 구간에서는 합성작용을 기대할 수 없기 때문에 순수 강재보로 설계되었다. 따라서 Step 2에서는 단부가 강접합되어 설계휨모멘트가 감소했음에도 불구하고 단면이 커지는 결과가 발생한 것이다. 만약, Step 1에서 상부의 콘크리트 슬래브가 존재하지 않고 동일한 하중이 작용했다면 Step 2에서의 단면보다 크게 증가했을 것이다. 이로써 콘크리트 슬래브가 존재하는 단순보를 합성보로 설계했을 때의 효용을 확인하였다.

1C1의 경우 Step 1에서는 강축과 약축방향으로 보가 핀접합되어 휨모멘트가 발생하지 않았다. 그러나 1C1이 큰 보와 강접합된 Step 2에서는 연결된 부재의 강성으로 인해 Step 1에 비해 작용하는 압축력은 오히려 감소하였지만(7.1%) 강축방향으로 휨모멘트가 발생하고 있다. 두 단계에서의 1C3 단면을 비교하면 Step 2에서 중량이 36.1%나 증가하였다. 압축력이 감소되었음에도 불구하고, 추가적인 휨모멘트를 저항하기 위해 요구되는 단면이 커진 결과이다.

접합을 구성함에 있어 회전에 대한 강성과 저항이 큰 강접합은 핀접합에 비해 공사가 어렵고, 비용도 증가한다. 이를 감안한다면 Step 1의 설계 결과가 Step 2에 비해 오히려 최적화된 것이 아닌가로 오해할 수도 있다. 그러나 우리는 Step 1과 Step 2에서 오직 중력하중만을 고려하여 간단한 설계과정을 거친 것이다. 두 경우 모두 1층 하부의 기둥 지점이 고정단으로 되어 있어 안정구조물이긴 하지만 Y방향으로의 수평방향 강성은 큰 차이를 보인다.

Step 1에서는 보들이 핀으로 연결되었기 때문에 골조작용을 전혀 기대할 수 없고, 수평력이 작용하는 조건에서는 모든 기둥이 캔틸레버의 형태로 저항해야 한다. 실제로 이러한 시스템은 극도로 비경제적이기 때문에 거의 불가능한 구조시스템이라고 볼 수 있다. 한편 Y방향으로 기둥과 보가 강접합으로 구성되어 있는 Step 2 모델은 수평하중 작용 시 골조작용으로 인해 비교적 큰 저항성능을 기대할 수 있다. 우리가 다루는 모델은 3층으로 저층 구조물에 해당하며, 이때는 모멘트골조로도 충분한 수평저항 성능을 발휘할 수 있다. 다만, 모멘트골조시스템도 층수가 높은 고층에서는 비효율적이기 때문에 가새나 아웃리거 등 별도의 수평력 저항시스템이 도입되어야 한다.

이상과 같이 실제의 건물을 설계할 때는 중력하중은 물론 수평방향으로 작용하는 풍하중, 지진하중, 토압 및 수압 등도 함께 고려해야 한다. 한편, 고려하는 하중의 범위가 커질수록 부재의 부담은 커지게 된다. Step 2까지는 중력하중에 대한 설계만을 다루었다. 만약, 수평하중이 작용하는 조건이라면 Y방향으로는 앞에서 언급된 바와 같이 골조시스템으로 어느 정도 저항할 수 있을 것이다. 그러나 X방향의 하중에 대해서는 저항성능을 거의 기대할 수 없다.

Step 3에서는 이제 현실적인 설계로 접어들고자 한다. 따라서 중력하중과 더불어 수평하중을 함께 고려하고, 이에 대한 저항성능을 갖기 위해 X방향의 입면에 가새를 설치하게 된다. 이러한 조건에서는 지금까지의 결과와 또 어떻게 다른지를 살펴보기로 한다.

Design of Steel Structures

S3

종합설계

Step 3

/

S3.1 해석모델의 일반사항

1.1 건물의 개요

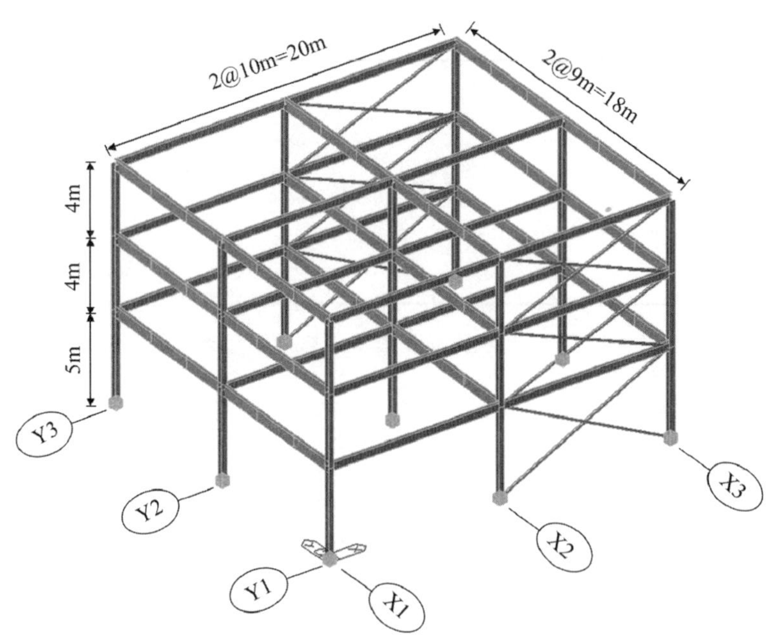

그림(3.1) 대상건물의 3차원 형상

이 예제에서는 그림(3.1)과 같이 서울에 위치한 2경간, 지상 3층의 강구조 건물을 설계하고자 한다. Step 1에서는 모든 보가 핀접합으로 구성되었고, Step 2에서는 Y방향으로 배치된 큰 보만이 강접합으로 연결되었다. 또한, Step 1과 2에서는 설계하중으로 중력하중만을 고려하였다. 그러나 건물은 중력하중과 더불어 바람이나 지진과 같은 수평하중을 저항해야 한다. 따라서 Step 3의 해석모델은 그림(3.1)과 같이 X방향의 수평력은 Y1과 Y3열에 배치된 입면브레이스(중심가새골조)가, Y방향의 수평력은 보-기둥 골조작용으로 저항(모멘트골조)하도록 계획하였다. 평면 크기, 기둥 배치 및 층고 등의 사항은 모두 Step 1 및 2에서와 동일하다.

1.2 부재 명칭 및 경계조건

슬래브 시스템과 작은 보의 배치 및 조건은 Step 1 및 2에서와 동일하다. 즉, 일방향슬래브인 평데크를 사용하며, 작은 보(B1)는 Y방향 기둥 열 사이에 2개씩 배치한다. 그러나 수평력 발생 시 입면가새(vertical brace)에 발생하는 축력은 인접 기둥과 보에도 축력을 유발하기 때문에 X2와 X3열 사이에 위치하는 작은 보는 B3으로, X3열의 모서리 기둥은 C5로 변경하였다.

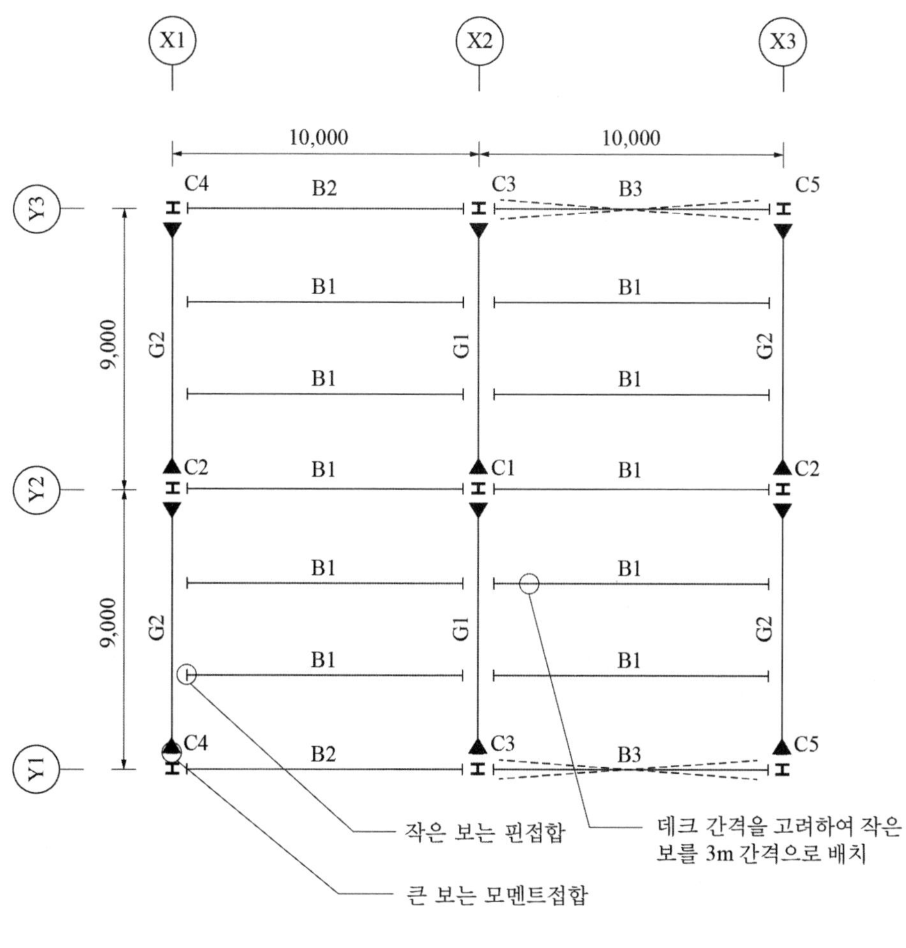

그림(3.2) 평면 형상 및 부재의 명칭

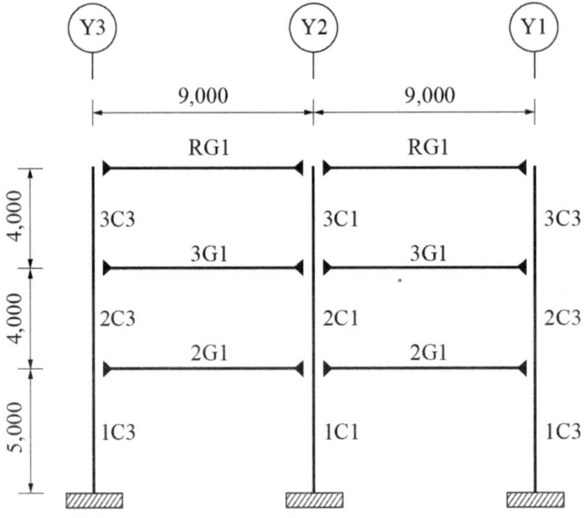

그림(3.3) X2열 골조 입면도

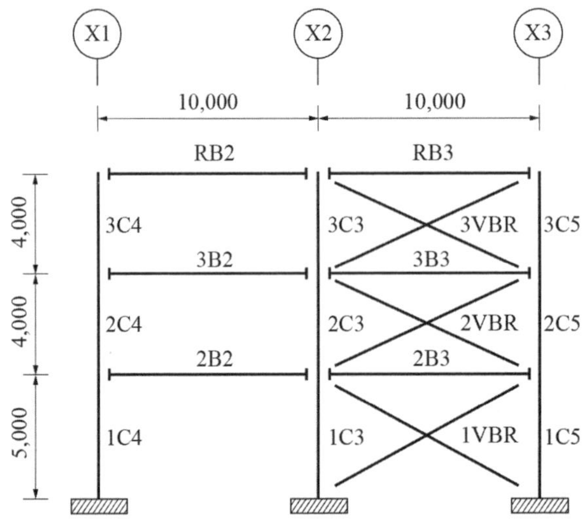

그림(3.4) Y1열 골조 입면도

부재와 지점의 경계조건은 그림(3.2~3.4)의 평면 형상과 골조 입면도에서 확인할 수 있는데, 작은 보(B1, B2, B3)는 모두 핀접합으로 구성되고, Y방향의 큰 보(G1, G2)는 기둥에 강접합되어 있다. 또한, 1층 하부의 기둥 지점 경계조건은 모두 고정단이다. 기둥과 보의 경계조건 및 지점조건은 Step 2와 동일하다.

한편, 그림(3.4)의 Y1열 골조 입면도에서는 앞에서 제시된 조건에 따라 X방향 외측열(Y1 및 Y3열)에 수평력 저항을 위한 입면가새가 X2열과 X3열 사이에 배치되어 있으며, 이 부재는 VBR로 명명하기로 한다. 가새(VBR)는 양단이 절점에 핀접합 되어 있으며, 인장력만 받을 수 있는 부재로 설계하기로 한다. 이것은 압축을 받을 수 있는 부재(트러스 요소)로 설계하는 경우 비지지길이가 길어져 단면크기가 증가하기 때문이며, 이러한 이유로 실무에서도 소규모 건물의 수직가새는 종종 인장전담부재로 설계된다.

1.3 설계하중 및 하중조합

이번 단계에서는 Step 1 및 2에서와 달리 중력하중과 수평하중을 함께 고려하여 부재를 설계한다.

1.3.1 중력하중

고정하중과 활하중에 의한 바닥하중은 표(3.1)과 (3.2)에 제시되어 있으며, 이 값은 Step 1과 2에서와 동일하다.

표(3.1) 바닥하중 산정 (2층, 3층)

고정하중	철골부재 자중	0.25 kN/m^2
	콘크리트 슬래브 150mm (24kN/m^3 × 0.15m)	3.6 kN/m^2
	데크 플레이트	0.2 kN/m^2
	기타 마감	1.95 kN/m^2
	합계	6.0 kN/m^2
활하중	일반 사무실 (칸막이벽 하중 포함)	3.5 kN/m^2

표(3.2) 바닥하중 산정 (지붕층)

고정하중	철골부재 자중	0.25 kN/m^2
	콘크리트 슬래브 150mm (24kN/m^3 × 0.15m)	3.6 kN/m^2
	데크 플레이트	0.2 kN/m^2
	기타 마감	1.95 kN/m^2
	합계	6.0 kN/m^2
활하중	점유 및 사용하지 않는 지붕	1.0 kN/m^2

또한, 바닥하중 이외에 외부 및 모서리 기둥과 테두리보 설계시에는 커튼월 등의 외벽하중으로 1.0kN/m^2를 함께 고려한다.

1.3.2 수평하중

구조물 설계시 고려하는 수평하중으로는 풍하중과 지진하중이 있지만 대상건물과 같이 저층건물은 지진하중에 의해 설계되기 때문에 이 예제에서는 수평하중으로 지진하중만을 고려한다. 또한, 국내기준을 따르면 대상건물의 고유주기나 지반 조건 등을 반영하여 실제 지진하중을 산정하게 되지만 단순화를 위해 이 예제에서는 지진하중을 건물 유효중량의 10%로 가정한다.

건물의 유효중량은 지진 발생 시에 관성력을 유발시킬 수 있는 하중으로 고정하중과 일부 활하중이 포함되며, 다설 지역에서는 일부의 적설하중이 포함되기도 한다. 대상건물은 서울에 위치한 일반 사무실 건물이므로 활하중과 적설하중은 유효중량에 포함하지 않아도 된다. 그러나 표(3.1)에서 칸막이벽이 고정하중이 아닌 활하중에 포함되어 있기 때문에 2층과 3층의 유효중량 산정 시에는 칸막이벽 하중(1.0kN/m^2)이 반영되어야 한다. 이러한 내용을 바탕으로 각 층에 작용하는 지진력을 산정하면 다음과 같다.

- 지붕층의 층지진하중: 지붕층 고정하중 + 3층 외벽하중

$$0.1\times[6.0\times(20\times18) + 1.0\times(2\times20+2\times18)\times4.0] = 246.4\ \text{kN}$$

- 3층의 층지진하중: 3층 고정하중 + 3층 칸막이벽 하중 + 2층 외벽하중

$$0.1\times[(6.0+1.0)\times(20\times18)+1.0\times(2\times20+2\times18)\times4.0] = 282.4\ \text{kN}$$

- 2층의 층지진하중: 2층 고정하중 + 2층 칸막이벽 하중 + 1층 외벽하중

$$0.1\times[(6.0+1.0)\times(20\times18)+1.0\times(2\times20+2\times18)\times5.0] = 290.0\ \text{kN}$$

위의 층지진하중 산정 과정에서 각 층의 외벽하중은 Step 1과 2에서 기둥하중 산정 시와 마찬가지로 상부층의 보에서 모두 지지되는 것으로 가정하였다.

1.3.3 하중조합

적설하중(S)은 지붕층 활하중(L_r)보다 작고(Step 1의 설계하중 참조), 풍하중은 지진하중보다 작아 고려하지 않기 때문에 예제 건물에 작용하는 설계하중의 종류는 고정하중(D), 활하중(L), 지진하중(E)의 3가지이다. 이러한 하중조건 하에서 건축구조기준 설계하중 (KDS 41 10 15)2019에 따른 하중조합은 다음과 같다.

(1) $1.4D$

(2) $1.2D + 1.6L$

(3) $1.2D + 1.0E + 1.0L$

(4) $0.9D + 1.0E$

Note

실제 기준에서는 일반층 활하중(L)과 지붕층 활하중(L_r) 계수를 세분화하여 적용하게 되어 있다. 그러나 이 예제의 건물은 지붕하중이 설계에 큰 영향을 미치지 않기 때문에 L_r을 일반 활하중으로 취급하여 하중조합을 설정하였다.

(1)과 (2)는 중력하중만 작용할 때의 조합이고, (3)과 (4)는 중력과 지진하중이 동시에 작용할 때의 조합이다. 수평력 작용 시 과도한 중력하중은 과소평가된 부재력을 유발시킬 수도 있다. 풍하중이 작용하는 측(windward)의 기둥에 발생하는 인장력을 중력이 실제보다 더 크게 상쇄시키는 경우가 그 예이다. 따라서 수평력과 조합할 때 상한과 하한의 중력하중을 동시에 고려해야 하며, (3)번과 (4)번이 각각 중력하중의 상한과 하한에 해당한다고 이해할 수 있다.

또한, 지진하중은 어느 축으로 작용할지 예고되지 않으므로 가장 취약한 방향(주축)으로 작용시켜야 한다. 예제 건물은 축에 평행하게 배치된 정형 건물이므로 지진하중은 X축과 Y축의 2방향(각각 E_x, E_y)으로 작용시킨다. 세분화된 지진하중을 반영한 최종적인 하중조합은 다음과 같다.

LCB 1: $1.4D$

LCB 2: $1.2D + 1.6L$

LCB 3: $1.2D + 1.0E_x + 1.0L$

LCB 4: $1.2D + 1.0E_y + 1.0L$

LCB 5: $0.9D + 1.0E_x$

LCB 6: $0.9D + 1.0E_y$

S3.2 한계상태설계법에 따른 부재 설계 및 안정성 검토

부재 설계를 위해서는 먼저 부재력을 산정해야 한다. 그러나 부재가 강접합된 경우는 상대적인 부재강성에 따라 부재력이 바뀌게 되는데 구조해석을 위한 1차적인 단면은 Step 1과 2에서 선택된 단면을 이용하여 입력한다. 대상건물은 Y축 방향으로 부정정구조물이며, 고려하는 하중조합이 많기 때문에 해석프로그램을 이용하여 전산구조해석을 수행한다. 또한, 산정된 부재력을 이용하여 1층의 가새(1VBR)와 축력 및 휨이 동시에 작용하는 기둥부재(1C1, 1C3)를 설계해 본다.

- 가새 1VBR 설계 (인장재)
- 기둥 1C1, 1C3 설계 (보-기둥)

2.1 구조해석

2.1.1 단면 가정

이 장에서는 전체 3차원 골조해석을 수행하므로 모든 부재의 1차 단면이 결정되어야 한다. 기둥 및 보는 Step 2에서 입력된 단면을 그대로 사용하며, 추가되는 가새부재(VBR)는 인장력에만 저항하므로 ㄱ형강(angle) L-100×100×13 단면을 1차 단면으로 입력한다. 전산구조해석에 입력할 단면을 정리하면 표(3.3)과 같다.

표(3.3) 전산구조해석에 입력할 부재단면

보	단면	기둥	단면
RG1, RG2	H-600×200×11×17	3~1C1, 3~1C2	H-350×350×12×19
3~2G1, 3~2G2	H-588×300×12×20	3~1C3, 3~1C4	H-344×348×10×16
R~2B1	H-400×200×8×13	3~1C5	H-350×350×12×19
R~2B2, R~2B3	H-400×200×8×13	3~VBR	L-100×100×13

2.1.2 전산구조해석

국내에서 보편적으로 사용하고 있는 Midas GEN을 이용하여 전산구조해석을 수행한다. 해석 수행절차는 크게 다음의 단계로 구분된다.

(1) 재료 물성 및 단면 특성 생성
(2) 절점 및 부재 입력
(3) 지점 및 부재 경계조건 입력
(4) 하중 입력 및 하중조합 생성
(5) 구조해석 수행 및 결과 확인

이 예제에서는 상세한 모델링 과정은 언급하지 않기로 하며, 그림(3.5)는 경계조건까지 입력된 해석모델을 보여준다. 모든 강재는 SHN275이며, 그림에서와 같이 모든 1층 기둥 하부 지점은 고정단으로 입력되어 있다. B1, B2 및 B3은 양단부가 핀접합으로 구성되었으며, 나머지 보 및 기둥부재는 강접합으로 연결된다. 또한, 입면에 배치된 가새(VBR)는 인장력만 저항할 수 있도록 인장전담요소(tension- only element)로 입력하였다.

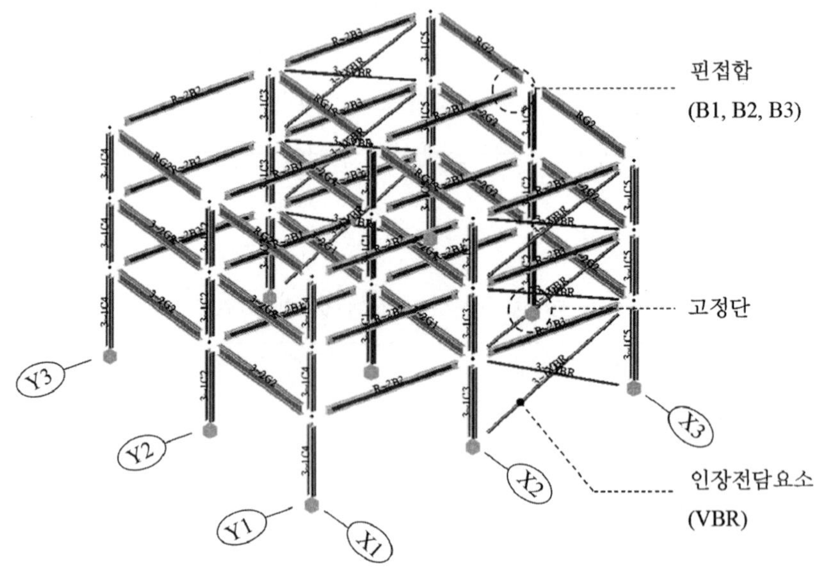

그림(3.5) 입력된 해석모델

이 건물이 저항하는 중력하중(바닥하중 및 외벽하중)과 지진하중은 1.3절에 제시되어 있으며, 그림(3.6)은 중력하중의 재하 형태를 보여준다. 바닥하중은 고정하중과 활하중으로 구분되지만 단순하게 확인할 수 있도록 그림(3.6a)에서 하중의 수치는 나타내지 않았다. 그림에서 X방향 보(B1, B2 및 B3)에는 등분포하중이 작용하고, Y방향 큰 보(G1, G2)에는 작은 보에 의한 집중하중이 작용하고 있음을 확인할 수 있다.

또한, 그림(3.6b)는 외벽하중의 재하 형태를 나타내는데, 여기에서는 각 층 외벽하중을 상부층 보가 모두 분담한다는 가정 하에 하중을 입력하였다. 따라서 2층의 테두리보는 총 5m 높이의 외벽하중(1.0kN/m^2)을 지지하므로 5kN/m, 그리고 지붕층과 3층의 테두리보는 4m 높이의 외벽하중인 4kN/m의 등분포하중을 받게 된다.

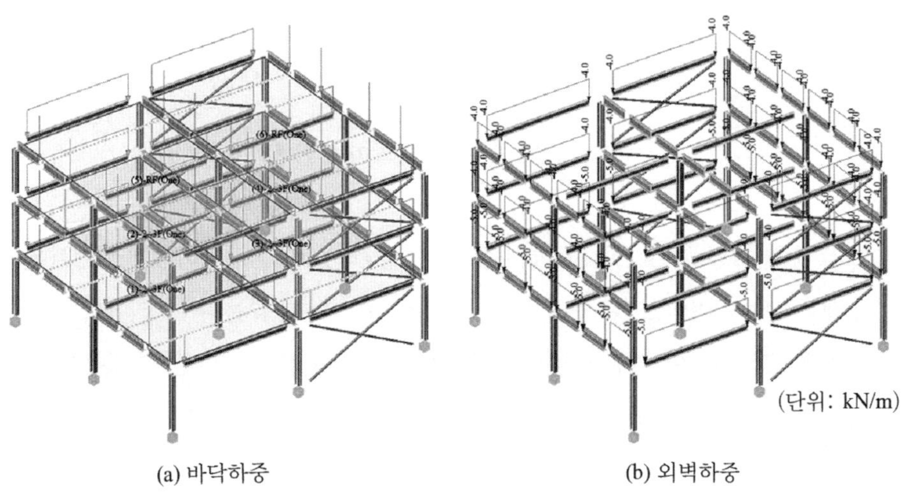

(a) 바닥하중 (b) 외벽하중

그림(3.6) 중력하중의 재하 형태

한편, 그림(3.7)은 지진하중의 재하 형태를 나타낸다. 1.3절에서 산정된 각 층의 층지진하중이 X방향(E_x)과 Y방향(E_y)으로 작용하고 있다. 실제 건물에 작용하는 지진하중은 관성력이기 때문에 층 내에서 질량 분포에 따라 분배되지만 그림(3.7)에서는 각 층의 지진하중이 C1 위치의 한 점에 집중하중으로 단순하게 입력되어 있다.

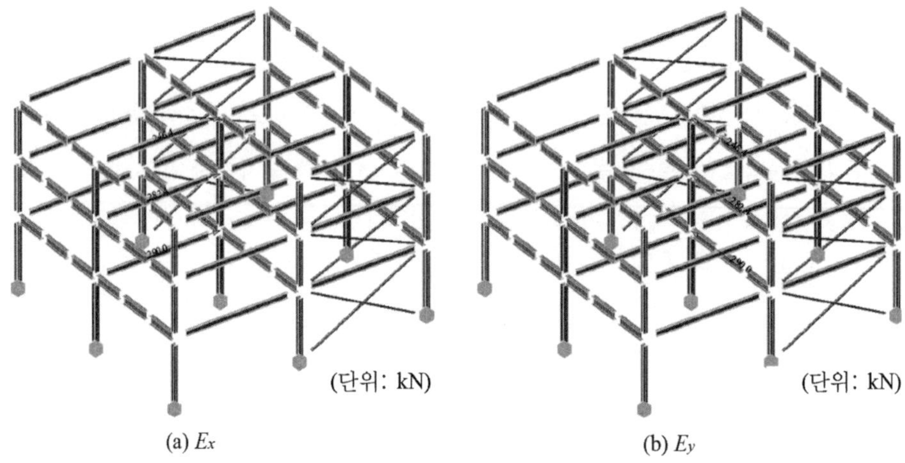

(a) Ex (b) Ey

그림(3.7) 지진하중의 재하 형태

각 층의 바닥은 150mm 두께의 콘크리트 슬래브로 구성되어 있지만 3차원 구조해석 시는 일반적으로 슬래브를 모델링에 반영하지 않는다. 그러나 실제의 바닥층은 콘크리트에 의한 강막작용(diaphragm action)을 기대할 수 있는데, 이때 바닥면의 절점들은 강막에 의해 상대적인 변위와 면내의 상대회전이 발생하지 않게 된다. 3차원 구조해석 프로그램들은 대부분 이러한 효과를 반영하기 위한 기능을 내장하고 있으며, Midas GEN을 이용한 이 예제에서는 그림(3.8)과 같이 층정보(story data)에서 바닥층의 강막작용(floor diaphragm)을 반영하고 있다.

따라서 각 층의 층지진하중은 그림(3.7)과 같이 바닥의 질량중심에 근접한 C1 기둥 위치에 집중하중으로 작용시켰으며, 실제 지진 시와 거의 유사하게 거동하게 된다.

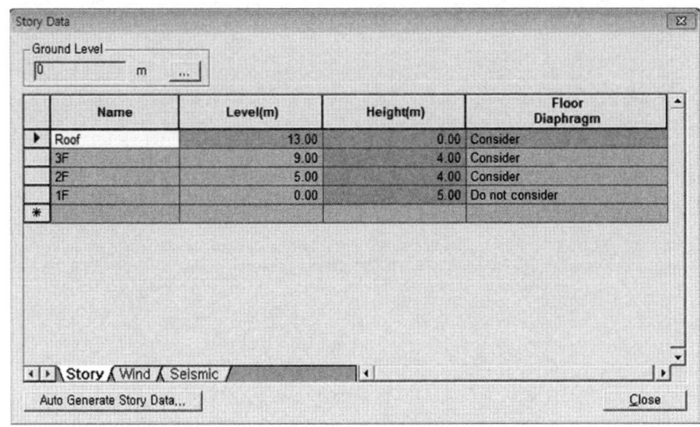

그림(3.8) 층 정보 및 강막작용의 설정

구조해석 수행 후 전체 골조의 부재력도(AFD, SFD, BMD)는 그림(3.9)와 같은데, 고려하는 하중조합이 총 6개이므로 그림에서는 참고를 위해 LCB 4 ($1.2D+1.0E_y+1.0L$)에 대한 결과만을 나타내고 있다.

이 건물은 Y방향에 대한 해석모델의 구성이 대칭이지만 LCB 4는 Y방향의 지진하중이 추가되어 대칭하중이 아니므로 부재력 또한 비대칭으로 발생하고 있음이 확인된다. 또한, 지점의 경계조건은 고정단이므로 1층 기둥 하부에는 모멘트가 유발되고 있다. 한편 B1, B2 및 B3는 양단이 핀접합으로 되어 있어 단순보 형태의 모멘트가 유발되고, 가새(VBR)는 인장만을 저항할 수 있으므로 어떠한 전단력이나 모멘트가 발생하지 않음을 확인할 수 있다.

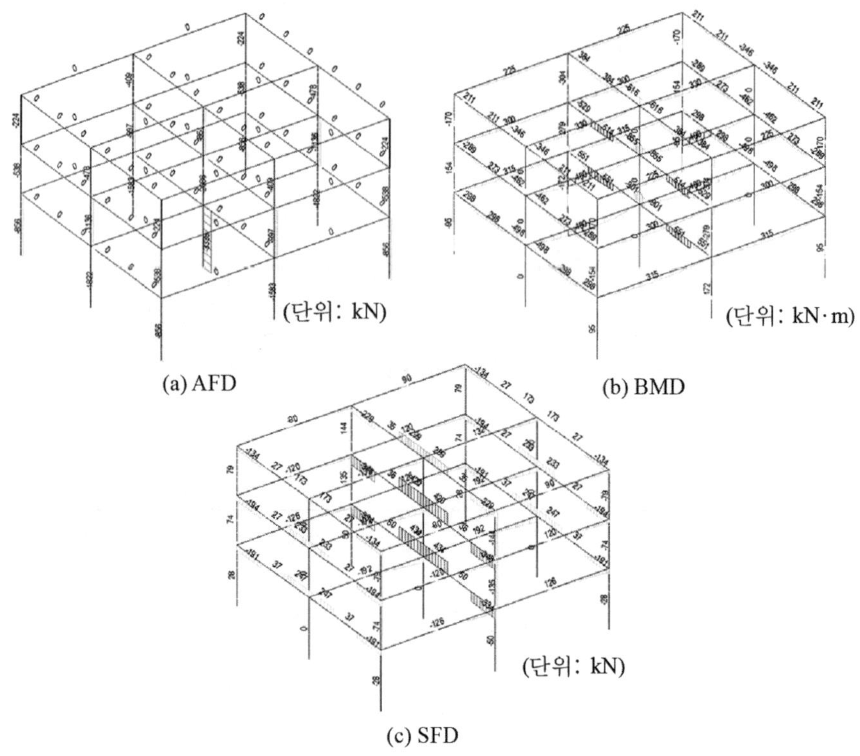

그림(3.9) 전체 골조의 부재력 분포 (LCB 4)

그림(3.9a)에서 바닥을 구성하는 부재의 축력이 모두 0으로 나타나는데, 이것은 앞에서 설정한 강막작용의 영향으로 절점의 상대적인 변형이 발생하지 않기 때문이다. 예제 모델에서 B3 부재는 가새가 저항하는 인장력의 분력으로 압축력이 발생하게 되고, 해당 부재 설계 시에는 실제 작용하는 압축력을 별도의 해석을 통해 산정한 후 설계시 이를 반영해야 한다.

2.1.3 설계부재력의 정리

구조해석 결과를 바탕으로 설계 대상부재인 1VBR, 1C1, 1C3의 설계부재력을 정리하면 표(3.4)와 같다. 총 6개의 하중조합에 대하여 양 끝단(i단 및 j단)의 부재력 값에 대해 총 12개의 부재력 조합이 표현되어 있다. 다만, 1VBR인 경우는 중력하중과 Y방향의 수평력에는 저항하지 않으므로 2개의 하중조합에 대한 결과만 나타내었고, 이외의 조합에 대해서는 부재력이 발생하지 않는다.

1C1은 중력하중 조합(LCB 1, 2)과 X방향 수평력(LCB 3, 5)에 대해서는 휨모멘트가 발생하지 않고 있다. 그러나 Y방향 지진하중에 대해서 이 구조물은 골조작용으로 저항하기 때문에 기둥 상하부에 모멘트와 전단력이 유발되고 있다. 또한, 1C3은 외단부 기둥으로 내부기둥(C1)과 강접합으로 연결되어 있으므로 모든 하중조합에 대하여 축력, 휨모멘트 및 전단력이 모두 작용하고 있다.

표(3.4) 설계 대상부재(1VBR, 1C1, 1C3)의 부재력

부재	하중조합	i단			j단		
		축력 (kN)	휨모멘트 (kN·m)	전단력 (kN)	축력 (kN)	휨모멘트 (kN · m)	전단력 (kN)
1VBR	LCB 3	409.4	-	-	409.4	-	-
	LCB 5	409.4	-	-	409.4	-	-
1C1	LCB 1	-2,448.7	-	-	-2,448.7	-	-
	LCB 2	-3,337.6	-	-	-3,337.6	-	-
	LCB 3	-2,868.9	-	-	-2,868.9	-	-
	LCB 4	-2,873.1	298.0	111.6	-2,873.1	260.0	111.6
	LCB 5	-1,570.0	-	-	-1,570.0	-	-
	LCB 6	-1,574.2	298.0	111.6	-1,574.2	260.0	111.6
1C3	LCB 1	-1,225.6	51.9	33.1	-1,225.6	113.8	33.1
	LCB 2	-1,583.0	78.3	50.0	-1,583.0	-171.8	50.0
	LCB 3	-1,225.2	66.0	42.2	-1,225.2	-144.8	42.2
	LCB 4	-1,474.7	293.7	122.6	-1,474.7	-319.2	122.6
	LCB 5	-629.8	33.8	21.6	-629.8	-74.1	21.6
	LCB 6	-879.2	216.4	102.0	-879.2	-248.4	102.0

2.2 가새 설계: 1VBR (인장재)

2.2.1 기본 정보

Y1과 Y3열에 배치된 가새는 인장력만을 저항할 수 있는 요소이기 때문에 인장재(tension member)로 설계한다. 재료 특성과 2.1절에서 전산구조해석을 이용하여 산정된 설계부재력은 다음과 같다.

(1) 재료 특성

- 강재의 재질: SHN275
- 재료 성능: $F_y = 275\,\mathrm{MPa}$, $F_u = 400\,\mathrm{MPa}$, $E_s = 210{,}000\,\mathrm{MPa}$

(2) 설계부재력: 표(3.4) 참조

- $P_u = 409.4\,\mathrm{kN}$

이미 해석프로그램을 이용하여 1VBR에 작용하는 최대 인장력을 산정하였다. 그러나 예제 건물은 X방향으로 기둥과 보가 핀접합 되어 있기 때문에 외곽 골조를 단순한 트러스 모델로 변환하면 가새에 작용하는 인장력을 쉽게 산정할 수 있다. 참조를 위해 이 내용을 간단히 소개한다.

만약, 가새가 배치되어 있지 않다면 X방향의 수평력은 지점이 고정된 기둥의 휨에 의해 저항되어야 하지만 가새가 배치된 골조에서는 수평강성이 월등히 커지기 때문에 기둥의 휨으로 전달되는 수평력은 무시될 수 있을 만큼 작아지고, 대부분의 수평력은 가새에 의해 저항된다고 볼 수 있다.

또한, 가새는 절점으로 연결되기 때문에 외부 골조는 수평력을 각 부재의 축력을 통해 전달할 수 있다. 각 층에 작용하는 층지진하중은 대칭으로 구성된 Y1과 Y3열의 가새에 의해 균등하게 전달된다고 가정할 수 있으므로 1.3.2(Step 3)에서 산정한 층지진하중의 절반만을 외부 골조에 작용시킬 수 있다. 이러한 내용을 바탕으로 1개의 외부 골조(Y1열 또는 Y3열)에 작용하는 층지진하중을 나타내면 그림(3.10)과 같다.

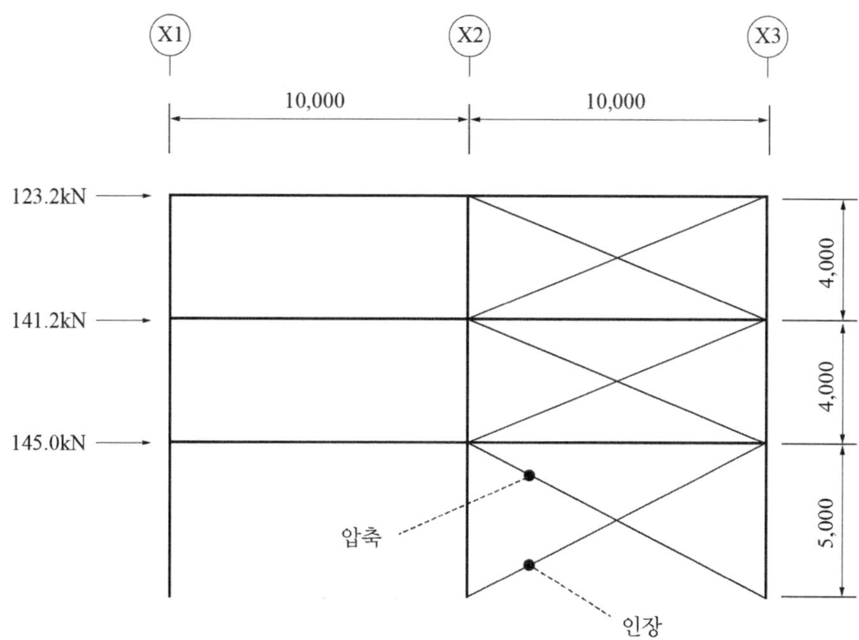

그림(3.10) 1개의 외부 골조에 작용하는 층지진하중

VBR은 인장전담요소이므로 각 층에 X자로 설치된 가새 중 한 부재만이 인장력에 저항할 수 있고, 다른 부재는 하중에 저항할 수 없으므로 제거하고 해석하면 된다. 또한, 상부에서 발생하는 수평력은 하부층으로 누적되므로 1VBR의 부재력 산정을 위해 상부의 층지진하중을 누적한 2층 바닥의 층전단력을 산정하면 409.4kN이 된다. 이 하중에 대하여 1VBR의 축력을 트러스 해석을 통해 산정하는 과정이 그림(3.11)에 나타나 있다.

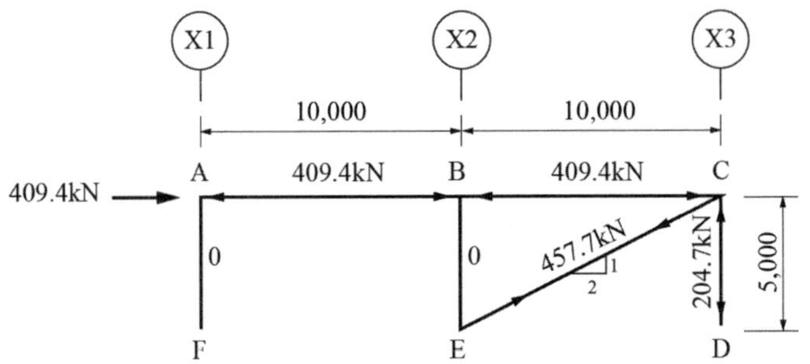

그림(3.11) 트러스 해석을 통한 가새 인장력 산정 과정

그림(3.11)에서 절점 A와 B에서의 평형조건을 고려하면, 수평재(부재 AB와 BC)에 작용하는 부재력(압축력 409.4kN)을 구할 수 있다. 또한 절점 C에서의 평형조건을 고려하면, 수직재(부재 CD)의 부재력(압축력 204.7kN)과 가새(부재 CE)의 부재력(인장력 457.7kN)을 구할 수 있다.

단순화된 트러스 해석을 통해 산정된 1VBR의 인장력은 457.7kN으로 전산구조해석을 이용한 부재력(409.4kN)보다 10% 정도 큰 결과를 보인다. 실제로는 10% 만큼의 지진하중이 기둥의 휨에 의해 저항되는 것이며, 이러한 분담율은 가새의 축강성(단면적 및 길이), 기둥의 크기, 경간 길이 및 높이 등에 따라 달라지게 된다.

그림(3.12)는 X방향 지진하중에 대한 X방향 지점 반력을 나타내고 있으며, 가새와 연결되지 않은 기둥 하부에서도 반력이 발생하고 있음을 확인할 수 있다. 그러나 일반적인 가새골조에서 기둥의 휨에 의한 수평력 저항은 거의 무시될만한 수준이며, 상기 방법을 이용한 트러스 해석 결과는 보수적인 관점에서 이용할 수 있다.

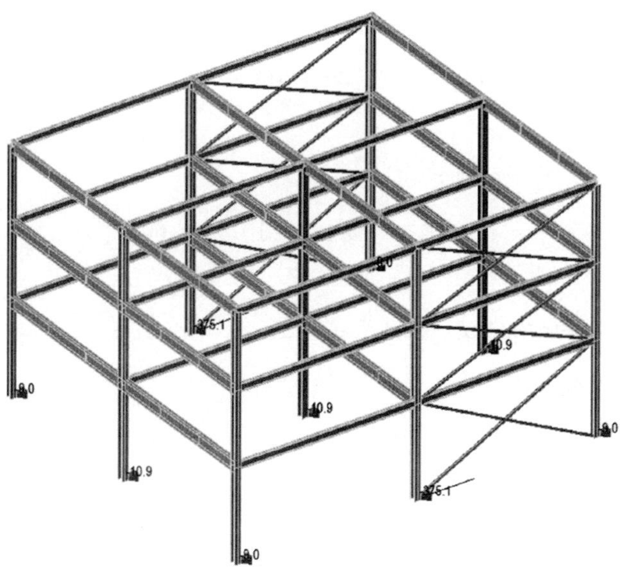

그림(3.12) X방향 지진하중(E_x)에 대한 지점 반력

2.2.2 설계인장강도 산정

인장재의 설계인장강도는 총단면적의 항복, 유효순단면적의 파단, 블록전단파단에 의한 강도를 비교하여 최소값으로 한계상태가 결정된다. 단, 접합부는 다음과 같이 4-M22 고력볼트를 사용한 상세로 검토한다.

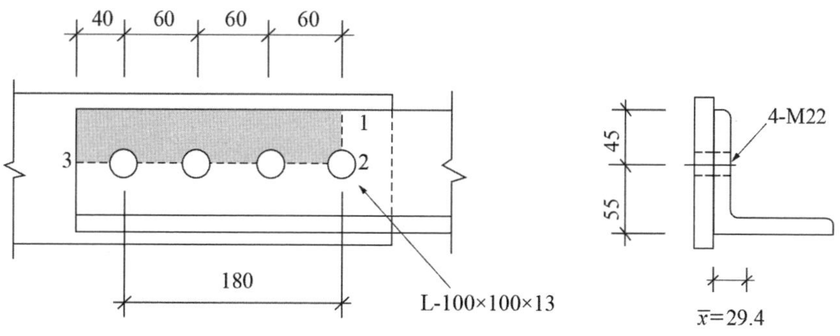

그림(3.13) 가새(1VBR) 접합상세

• L-100×100×13 의 단면 특성:

$$A_g = 2{,}431\,\text{mm}^2 \quad \bar{x} = 29.4\,\text{mm}$$

(1) 총단면의 항복한계상태: 식(7.2.1)

$$\phi_t F_y A_g = 0.9 \times 275 \times 2{,}431 \times 10^{-3} = 601.7\,\text{kN}$$

(2) 유효순단면적의 파단한계상태

• 순단면적 산정

$$A_n = 2{,}431 - 1 \times (22+2) \times 13 = 2{,}119\,\text{mm}^2$$

• 전단지연계수(U) 산정

a) 도심까지의 편심거리($\bar{x}$): 29.4mm, 접합 길이(l): 180mm

$$U = 1 - \bar{x}/l = 1 - 29.4/180 = 0.837$$

b) 하중방향으로 1열에 4개 이상의 파스너가 있는 경우:

$$U = 0.8$$

$$\therefore U = 0.837$$

• 유효순단면적 산정: 식(7.3.1)

$$A_e = UA_n = 0.837 \times 2{,}119 = 1{,}774\,\text{mm}^2$$

•유효순단면적의 파단강도: 식(7.2.2)

$$\phi_t F_u A_e = 0.75 \times 400 \times 1{,}774 \times 10^{-3} = 532.2\,\text{kN}$$

(3) 블록전단파단 한계상태

• 인장저항 순단면적(파단선 1-2):

$$A_{nt} = \{45 - (22+2) \times 0.5\} \times 13 = 429\,\text{mm}^2$$

• 전단저항 순단면적(파단선 2-3):

$$A_{nv} = \{220-(22+2)\times 3.5\}\times 13 = 1{,}768\,\text{mm}^2$$

- 인장저항 총단면적:

$$A_{gt} = 45\times 13 = 585\,\text{mm}^2$$

- 블록전단파단 강도

$$F_u A_{nt} = 400\times 429\times 10^{-3} = 171.6\,\text{kN}$$

$$0.6F_u A_{nv} = 0.6\times 400\times 1{,}768\times 10^{-3} = 424.3\,\text{kN} \quad > \quad F_u A_{nt}$$

$$\therefore\ \phi R_n = \phi(0.6F_u A_{nv} + F_y A_{gt})$$

$$= 0.75\times(0.6\times 400\times 1{,}768 + 275\times 585)\times 10^{-3}$$

$$= 438.9\text{kN}$$

(4) 설계인장강도 산정: 식(7.4.1)

$$\phi_t P_n = \min(601.7,\ 532.2,\ 438.9) = 438.9\,\text{kN}$$

$$\phi_t P_n \ \geqq\ P_u = 409.4\,\text{kN}$$

∴ 인장재는 적합하다.

2.3 기둥 설계: 1C1 (보-기둥)

1C1은 내부기둥으로 Step 1과 2에서는 중력하중만 고려했기 때문에 순수한 압축력만 발생하였다. 그러나 이번 단계에서는 중력하중과 지진하중을 함께 고려하여 설계하기 때문에 큰 보와 강접합된 Y방향, 즉 기둥의 강축방향으로 지진하중에 의한 모멘트와 전단력이 유발된다. 따라서 축력과 휨이 동시에 작용하는 보-기둥(beam-column)으로 설계해야 한다. 기둥의 K는 Step 2에서와 마찬가지로 단순화를 위해 1.0을 적용한다.

실제로 구조해석을 수행하면 X방향, 즉 기둥의 약축방향으로도 약간의 모멘트와 전단력이 발생하게 되며, 이는 그림(3.12)에서 지점 반력이 발생하는 것으로 유추할 수 있다. 그러나 약축방향 부재력의 크기는 무시할 수 있을 만큼 작기 때문에 이 절에서는 축력과 강축방향의 휨만을 반영하여 기둥부재를 설계한다.

2.3.1 기본 정보

부재가 SHN275이므로 재료 특성은 앞에서와 동일하며, 전산구조해석에 의한 부재력은 표(3.5)와 같다.

표(3.5) 1C1의 설계부재력

부재	하중 조합	i단			j단		
		축력 (kN)	휨모멘트 (kN·m)	전단력 (kN)	축력 (kN)	휨모멘트 (kN·m)	전단력 (kN)
	LCB 1	-2,448.7	-	-	-2,448.7	-	-
	LCB 2	**-3,337.6**	-	-	-3,337.6	-	-
	LCB 3	-2,868.9	-	-	-2,868.9	-	-
	LCB 4	**-2,873.1**	**298.0**	**111.6**	-2,873.1	260.0	111.6
	LCB 5	-1,570.0	-	-	-1,570.0	-	-
	LCB 6	-1,574.2	298.0	111.6	-1,574.2	260.0	111.6

구조해석 시 1C1 단면은 Step 1에서 가정된 단면(H-350×350×12×19)이 그대로 입력되었다. Step 1에서는 $1.2D + 1.6L$에 대한 계수축하중(P_u)이 3,096kN으로 산정되었으나 이 단계에서는 같은 조합(LCB 2)에 대한 계수축하중은 3,338kN으로 보다 증가하였다. 이는 기둥과 큰 보의 접합조건이 핀접합(Step 1)에서 강접합(Step 2)으로 변경됨으로써 하중의 분배가 달라진 결과라 하겠다. 따라서 접합조건 변경에 따라 중력하중 조합만으로도 부재의 단면이 변경될 수 있음을 주지해야 한다.

중력과 지진하중을 동시에 받는 1C1의 설계를 위해서는 표(3.5)의 모든 조합에 대한 설계부재력을 충분히 저항할 수 있도록 단면이 결정되어야 한다. LCB 2는 중력하중 조합으로 가장 큰 축하중을 보이지만 휨모멘트와 전단력은 발생하지 않는다. 한편, LCB 4 조건에서 i단의 휨모멘트가 가장 크고, LCB 2를 제외한 조합에 비해 축력이 가장 크다. 따라서 i단에서 LCB 2와 LCB 4만 검토하면 모든 조합을 만족시킬 수 있음을 예상할 수 있다.

2.3.2 기둥 단면의 선택

(1) 입력 단면의 검토

Step 1에서 입력된 단면(H-350×350×12×19)의 설계압축강도는 3,600kN으로 산정되었다.

$$P_c = \phi_c P_n = \phi_c F_{cr} A_s = 0.9(230)(17,390)/1,000 = 3,600\,\text{kN}$$

$$P_c > P_u = 3,337.6\,\text{kN} \quad \text{(from LCB 2)}$$

(2) 기둥 단면 변경

가정된 단면(H-350×350×12×19)의 설계압축강도는 LCB 2에 의한 압축하중보다 크지만, 안전율 증가로 인해 단면크기를 검토하기로 한다. 여기에서는 상세 검토에 앞서 LCB 2와 4에 대해 Step 1과 2에서 소개된 방법을 이용하여 기둥 단면을 가정한다.

- LCB 2: $1.2D + 1.6L$
- LCB 4: $1.2D + 1.0E_y + 1.0L$

LCB 2는 순수 압축력만 작용하는 조건이므로 좌굴에 의한 내력 저감효과만을 반영하고, LCB 4는 좌굴영향과 휨모멘트 효과를 함께 반영하여 유효 계수축하중($P_{u,eff}$)을 산정한다. 보다 상세한 내용은 Step 1과 2에서 참조할 수 있다.

- LCB 2에 의한 소요단면적: (표 3.5 참조)

$$P_{u,eff} = P_u \times 1.15 = 3337.6 \times 1.15 = 3,838\,\text{kN}$$

$$A_{req'd} \geq \frac{P_{u,eff}}{\phi F_y} = \frac{3,838(1,000)}{0.9(275)} = 15,507\,\mathrm{mm}^2$$

- LCB 4에 의한 소요단면적: (표 3.5 참조)

$$P_{u,eff} = P_u \times 1.15 \times 1.5 = 2873.1 \times 1.15 \times 1.5 = 4,956\,\mathrm{kN}$$

$$A_{req'd} \geq \frac{P_{u,eff}}{\phi F_y} = \frac{4,956(1,000)}{0.9(275)} = 20,024\,\mathrm{mm}^2$$

두 하중조합 중 불리한 경우에 의해 요구되는 단면적(20,024 mm^2)보다 큰 정방형 단면인 H-400×408×21×21(A_s = 25,070 mm^2)로 1C1 기둥 단면을 변경하여 상세 검토를 수행한다.

- H-400×408×21×21의 단면 특성:

$A_s = 25,070\,\mathrm{mm}^2$ $I_x = 7.09 \times 10^8\,\mathrm{mm}^4$ $I_y = 2.38 \times 10^8\,\mathrm{mm}^4$

$r = 22\,\mathrm{mm}$ $r_x = 168\,\mathrm{mm}$ $r_y = 97.5\,\mathrm{mm}$ $S_x = 3.54 \times 10^6\,\mathrm{mm}^3$

$Z_x = 3.99 \times 10^6\,\mathrm{mm}^3$

[검토 과정]

축하중 비(P_r/P_c)에 따라 다음의 상관관계식을 검토한다.

- $\dfrac{P_r}{P_c} \geq 0.2$인 경우

$$\frac{P_r}{P_c} + \frac{8}{9}\left(\frac{M_{rx}}{M_{cx}} + \frac{M_{ry}}{M_{cy}}\right) \leq 1.0 \qquad (5.2.2)$$

- $\dfrac{P_r}{P_c} < 0.2$인 경우

$$\frac{P_r}{2P_c} + (\frac{M_{rx}}{M_{cx}} + \frac{M_{ry}}{M_{cy}}) \leq 1.0 \tag{5.2.3}$$

- $P_r = 2{,}873.1\text{kN}$ (LCB 4, 표 3.5)
- $P_c =$ (2.3.3 설계압축강도에서 산정)
- $M_{rx} = 298.0\text{kN}\cdot\text{m}$ (LCB 4, 표 3.5)
- $M_{cx} =$ (2.3.4 설계휨강도에서 산정)

2.3.3 설계압축강도 산정 (P_c)

문제의 조건에 따라 비지지길이가 층고인 5m로 동일하고, K가 1.0이므로 좌굴은 약축방향으로 발생한다.

- 세장비 검토:

$$K_yL_y/r_y = 1.0(5{,}000)/97.5 = 51.3$$
$$4.71\sqrt{E/F_y} = 4.71\sqrt{210{,}000/275} = 130.1$$
$$K_yL_y/r_y < 4.71\sqrt{E/F_y} \rightarrow \text{비탄성좌굴 지배}$$

- 탄성좌굴응력(F_e) 산정: 식(3.3.6)

$$F_e = \frac{\pi^2 E}{(K_yL_y/r_y)^2} = \frac{\pi^2(210{,}000)}{51.3^2} = 787.6\,\text{MPa}$$

- 휨좌굴응력(F_{cr}) 산정: 식(3.5.2)

$$F_{cr} = \left[0.658^{F_y/F_e}\right]F_y = \left[0.658^{275/787.6}\right]275 = 237.6\,\text{MPa}$$

- 설계압축강도 산정: 식(3.5.1)

$$P_c = \phi_c P_n = \phi_c F_{cr} A_s = 0.9(237.6)(25{,}070)/1{,}000 = 5{,}362\,\text{kN}$$

2.3.4 설계휨강도 산정 (M_{cx})

굴강도를 비교하여 최소값으로 한계상태가 결정된다.

(1) 소성항복강도 산정

$$M_p = F_y Z_x = 275 \times (3.99 \times 10^6) \times 10^{-6} = 1097.3\,\text{kN·m}$$

(2) 판폭두께비 검토

- 플랜지 판폭두께비

$$\lambda_{p,f} = 0.38\sqrt{E/F_y} = 0.38\sqrt{210{,}000/275} = 10.5$$

$$\lambda = b/t_f = (408/2)/21 = 9.71 < \lambda_{p,f} = 10.5$$

따라서 플랜지의 국부좌굴은 발생하지 않는다.

- 웨브 판폭두께비

$$\lambda_{p,w} = 3.76\sqrt{E/F_y} = 3.76\sqrt{210{,}000/275} = 103.9$$

$$h/t_w = (400 - 2(21+22))/21 = 15.0 < \lambda_{p,w} = 103.9$$

따라서 웨브의 국부좌굴은 발생하지 않는다.

(3) 횡좌굴강도 산정

$$L_b = 5\,\text{m}$$

$$L_p = 4.8\text{m}\,,\ L_r = 19.1\text{m}\,(\text{부재일람표})$$

여기서 L_p는 소성한계 비지지길이이며, $L_r > L_b > L_p$ 이므로 보의 횡-비틀림좌굴을 검토하여야 한다. ($C_b = 1.0$ 으로 산정한다.)

$$M_n = C_b\left[M_p - (M_p - 0.7F_y S_x)\left(\frac{L_b - L_p}{L_r - L_p}\right)\right]$$

$$= 1097.3 \times 10^6 - (1097.3 \times 10^6 - 0.7 \times 275 \times 3.54 \times 10^6)\left(\frac{5.0 - 4.8}{19.1 - 4.8}\right)$$

$$= 1091.3\,\text{kN·m}$$

(4) 설계휨강도 산정

앞에서의 과정을 통해 1C1은 횡좌굴강도를 기준으로 결정된다.

$$M_{cx} = \phi_b M_{nx} = 0.9 \times 1091.3 = 982.2\,\text{kN·m}$$

2.3.5 조합력에 대한 내력 상관식 검토

LCB 4에 의한 1C1 부재의 축력비는 $P_r/P_c = 2{,}873.1/5{,}362 = 0.54$ 로 0.2보다 크므로 식(5.2.2)에 따라 조합력을 검토한다.

$$\frac{P_r}{P_c} + \frac{8}{9}\left(\frac{M_{rx}}{M_{cx}} + \frac{M_{ry}}{M_{cy}}\right) = \frac{2{,}873}{5{,}362} + \frac{8}{9}\left(\frac{298.0}{982.2}\right) = 0.806 \leqq 1.0$$

따라서 H-400×408×21×21 단면은 작용하는 압축력과 휨모멘트에 적합한 강도를 확보하고 있다.

2.3.6 설계전단강도 산정

스티프너가 없는 보의 설계전단강도는 웨브의 판폭두께비에 따라 설계식이 결정된다.

$$h/t_w = (400 - 2(21+22))/21 = 15.0$$
$$2.24\sqrt{E/F_y} = 2.24\sqrt{210{,}000/275} = 61.9$$

1C1(H-400×408×21×21)은 압연 H형강이고, $h/t_w \leq 2.24\sqrt{E/F_y}$ 이므로 $\phi_v = 1.0$, $C_v = 1.0$ 을 사용하여 설계전단강도를 산정할 수 있다.

$$\begin{aligned}\phi_v V_n &= \phi_v 0.6 F_y A_w C_v \\ &= 1.0 \times 0.6 \times \frac{275 \times (400 \times 21)}{10^3} \times (1.0) = 1{,}386\,\text{kN}\end{aligned}$$

$$\phi_v V_n \geq V_u = 111.6\,\mathrm{kN}$$

2.4 기둥 설계: 1C3 (보-기둥)

1C3은 외부기둥으로 축력과 함께 1방향 휨 및 전단을 함께 저항해야 하는 보-기둥(beam-column) 부재이다. 앞에서의 과정과 마찬가지로 조합력에 대한 안전성을 검토하며, K는 1.0을 적용한다.

2.4.1 기본 정보

부재가 SHN275이므로 재료 특성은 앞에서와 동일하며, 전산구조해석에 의한 부재력은 표(3.6)과 같다.

표(3.6) 1C3의 설계부재력

부재	하중조합	i단			j단		
		축력 (kN)	휨모멘트 (kN·m)	전단력 (kN)	축력 (kN)	휨모멘트 (kN·m)	전단력 (kN)
1C3	LCB 1	-1,225.6	51.9	33.1	-1,225.6	113.8	33.1
	LCB 2	-1,583.0	78.3	50.0	**-1,583.0**	**-171.8**	**50.0**
	LCB 3	-1,225.2	66.0	42.2	-1,225.2	-144.8	42.2
	LCB 4	-1,474.7	293.7	122.6	**-1,474.7**	**-319.2**	**122.6**
	LCB 5	-629.8	33.8	21.6	-629.8	-74.1	21.6
	LCB 6	-879.2	216.4	102.0	-879.2	-248.4	102.0

1C3의 설계를 위해서는 표(3.6)의 모든 조합에 대한 설계부재력을 충분히 저항할 수 있도록 단면이 결정되어야 한다. LCB 2는 축하중이 가장 큰 조합인데 j단이 i단보다 모멘트가 더 크다. 또한, LCB 4에서 j단은 모멘트가 가장 큰 조합이며, 축하중도 LCB 2를 제외한 조합에 비해 가장 크다. 따라서 j단에서 LCB 2와 LCB 4만 검토하면 모든 조합을 만족시킬 수 있다.

2.4.2 기둥 단면의 선택

Step 2에서는 이미 중력하중 하에서 압축과 휨이 동시에 작용하는 상태에서의 1C3 단면으로 H-344×348×10×16이 선택되었다. 지진하중이 추가된 이번 예제에서도 먼저 이 단면의 안전성을 검토한다.

- H-344×348×10×16의 단면 특성:

  $A_s = 14,600\,\text{mm}^2$ $I_x = 3.33\times10^8\text{mm}^4$ $I_y = 1.12\times10^8\text{mm}^4$

  $r = 20\,\text{mm}$ $r_x = 151\,\text{mm}$ $r_y = 87.8\,\text{mm}$ $Z_x = 2.12\times10^6\,\text{mm}^3$

Step 2에서 이 단면은 동일 조건에서 설계압축강도와 설계휨강도가 산정되었으므로 이를 이용하여 검토를 수행한다.

- 설계압축강도: $P_c = \phi_c P_n = 3,018\,\text{kN}$
- 설계휨강도: $M_{cx} = \phi_b M_{nx} = 509.8\,\text{kN·m}$

- 조합력에 대한 내력 상관식 검토: (LCB 2, 표 3.6)

  $P_r/P_c = 1,583.0/3,018 = 0.52$

$$\frac{P_r}{P_c} + \frac{8}{9}\left(\frac{M_{rx}}{M_{cx}} + \frac{M_{ry}}{M_{cy}}\right) = \frac{1,583}{2,618} + \frac{8}{9}\left(\frac{171.8}{509.8}\right) = 0.904 \leqq 1.0 \quad (\text{OK})$$

- 조합력에 대한 내력 상관식 검토 (LCB 4)

  $P_r/P_c = 1,474.7/3,018 = 0.49$

$$\frac{P_r}{P_c} + \frac{8}{9}\left(\frac{M_{rx}}{M_{cx}} + \frac{M_{ry}}{M_{cy}}\right) = \frac{1,475}{3,018} + \frac{8}{9}\left(\frac{319.2}{509.8}\right) = 1.05 > 1.0 \quad (\text{NG})$$

H-344×348×10×16 단면은 중력하중에 대해서는 소요내력을 만족시킬 수 있었지만 위 검토 결과와 같이 지진하중이 추가된 하중조합에 대해서는 안전성이 확보되지 않는다. 강축 단면 특성을 증가시키기 위해 H-350×350×12×19 단면으로 재검토를 수행한다.

- H-350×350×12×19의 단면 특성:

$$A_s = 17{,}390\,\text{mm}^2 \quad I_x = 4.03\times10^8\,\text{mm}^4 \quad I_y = 1.36\times10^8\,\text{mm}^4$$

$$r = 20\,\text{mm} \quad r_x = 152\,\text{mm} \quad r_y = 88.4\,\text{mm} \quad S_x = 2.30\times10^6\,\text{mm}^3$$

$$Z_x = 2.55\times10^6\,\text{mm}^3$$

2.4.3 설계압축강도 산정

Step 1에서 1층 기둥부재 H-350×350×12×19의 설계압축강도는 3,600kN으로 이미 산정되었으므로 여기에서 다시 산정하지 않는다.

2.4.4 설계휨강도 산정

2축 대칭인 H형강의 설계휨강도는 소성항복, 플랜지 및 웨브의 국부좌굴, 횡좌굴강도를 비교하여 최소값으로 한계상태가 결정된다.

(1) 소성항복강도 산정

$$M_p = F_y Z_x = 275\times(2.55\times10^6)\times10^{-6} = 701.3\,\text{kN·m}$$

(2) 판폭두께비 검토

- 플랜지 판폭두께비

$$\lambda_{p,f} = 0.38\sqrt{E/F_y} = 0.38\sqrt{210{,}000/275} = 10.5$$

$$\lambda = b/t_f = (350/2)/19 = 9.21 \quad < \quad \lambda_{p,f} = 10.5$$

따라서 플랜지의 국부좌굴은 발생하지 않는다.

- 웨브 판폭두께비

$$\lambda_{p,w} = 3.76\sqrt{E/F_y} = 3.76\sqrt{210{,}000/275} = 103.9$$

$$h/t_w = (350-2(19+20))/12 = 22.7 \quad < \quad \lambda_{p,w} = 103.9$$

따라서 웨브의 국부좌굴은 발생하지 않는다.

(3) 횡좌굴강도 산정

$$L_b = 5\,\mathrm{m}$$

$$L_p = 4.30\mathrm{m} \quad (식\ 4.4.1)$$

여기서 L_p는 소성한계 비지지길이이며, $L_b > L_p$이므로 보의 소성항복 이전에 횡좌굴이 발생하게 된다. 따라서 탄성한계 비지지길이(L_r)를 산정한 후 L_b와의 크기 비교를 통해 횡좌굴 영역을 검토해야 한다.

L_r=15.86m 이다. (식 4.4.5)

따라서 $L_p < L_b \leqq L_r$이므로 이 부재는 소성항복 이전에 비탄성 횡좌굴이 발생한다. 식(4.4.4)에 따라 횡좌굴강도를 다음과 같이 산정할 수 있다.

$$M_n = C_b\left[M_p - (M_p - 0.7F_yS_x)\left(\frac{L_b - L_p}{L_r - L_p}\right)\right] \leqq M_p$$

$$= 1.0\left[701.6 - \left(701.3 - \frac{0.7(275)(2.30\times10^6)}{10^6}\right)\left(\frac{5-4.30}{15.86-4.30}\right)\right]$$

$$= 685.6\,\mathrm{kN{\cdot}m} \quad < \quad M_p = 701.3\,\mathrm{kN{\cdot}m}$$

횡좌굴강도의 산정에서 횡좌굴 보정계수 C_b의 값으로 1.0을 적용하였다. 이는 등분포하중을 받는 단순보에서의 값으로 가장 불리한 경우이지만 단순한 계산을 위해 사용한 것이다. 실제 경간내의 모멘트 분포를 반영한 식(4.4.7)을 적용하면

보다 경제적으로 설계할 수 있다.

(4) 설계휨강도 산정

앞에서의 과정을 통해 1C3은 휨에 의해 플랜지와 웨브의 국부좌굴이 발생하지 않음을 확인하였으며, 휨강도는 횡좌굴 한계상태에 의해 결정된다. 이를 통해 설계휨강도를 다음과 같이 산정할 수 있다.

$$M_{cx} = \phi_b M_{nx} = 0.9 \times 685.6 = 617.0\,\text{kN·m}$$

2.4.5 조합력에 대한 내력 상관식 검토

더 작은 단면에 대해 LCB 2에 의한 부재력은 이미 만족되었으므로 LCB 4에 의한 조합력만 만족시키면 된다. LCB 4에 의한 1C3 부재의 축력비는 $P_r/P_c = 1,474.7/3,600 = 0.41$ 로 0.2보다 크므로 식(5.2.2)에 따라 조합력을 검토한다.

$$\frac{P_r}{P_c} + \frac{8}{9}\left(\frac{M_{rx}}{M_{cx}} + \frac{M_{ry}}{M_{cy}}\right) = \frac{1,475}{3,600} + \frac{8}{9}\left(\frac{319.2}{617.0}\right) = 0.87 \leqq 1.0$$

따라서 <u>H-350×350×12×19 단면은 작용하는 압축력과 휨모멘트에 적합한 강도를 확보하고 있다.</u>

2.4.6 설계전단강도 산정

스티프너가 없는 보의 설계전단강도는 웨브의 판폭두께비에 따라 설계식이 결정된다.

$$h/t_w = (350 - 2(19 + 20))/12 = 22.7$$

$$2.24\sqrt{E/F_y} = 2.24\sqrt{210,000/275} = 61.9$$

1C3(H-350×350×12×19)은 압연 H형강이고, $h/t_w < 2.24\sqrt{E/F_y}$ 이므로 $\phi_v = 1.0$, $C_v = 1.0$ 를 사용하여 설계전단강도를 산정할 수 있다.

$$\begin{aligned} \phi_v V_n &= \phi_v 0.6 F_y A_w C_v \\ &= 1.0 \times 0.6 \times \frac{275 \times (350 \times 12)}{10^3} \times (1.0) = 693.0\,\text{kN} \end{aligned}$$

$$\phi_v V_n \geqq V_u = 122.6\,\text{kN}$$

2.5 안정성 검토

1.3절의 하중조건에서 지진하중은 건물 유효중량의 10%로 가정하였다. 재현주기가 매우 큰 지진에 대하여 구조물이 탄성으로 거동하도록 설계하는 것은 매우 비경제적이다. 따라서 건축구조기준에서는 구조물 자체의 소성변형능력을 고려하여 지진하중을 저감할 수 있도록 규정하고 있다. 지진하중은 반응수정계수(R)를 통해 감소되는데, 이 예제에서 유효중량의 10%로 가정된 값은 이러한 하중저감이 반영된 값이다.

그러나 지진하중의 감소는 지진 시 과도한 비탄성변형을 유발하고, 이로써 구조물에 중력하중에 의한 $P-\Delta$ 효과를 일으켜 중력하중에 대한 저항력의 상실을 초래할 수 있다. 이러한 2차효과에 의한 구조물의 붕괴를 방지하기 위해 기준에서는 비탄성변형을 일정 수준 이하로 제한하며, 이에 대한 검토가 필요하다.

2.5.1 층간변위의 결정

층간변위(Δ)는 주어진 층에서 상・하단 질량중심의 수평변위 차이로 산정하며, x 층의 층변위(δ_x)는 다음 식으로 결정된다.

$$\delta_x = C_d \delta_{xe} / I_E$$

위 식에서 C_d는 변위증폭계수(KDS 41 17 00 표 6.2-1), δ_{xe}는 지진력 저항시스

템의 탄성해석에 의한 층변위, I_E는 건축물의 중요도계수(KDS 41 17 00 표 2.2-1)이다.

예제 건물의 지진력 저항시스템은 X방향으로는 철골중심가새골조, Y방향으로는 철골모멘트골조로 분류된다. KDS 41 17 00 표 6.2-1에서 이 시스템들에 대한 설계계수만을 나타내면 표(3.7)과 같다.

표(3.7) 지진력 저항시스템에 대한 설계계수

지진력 저항시스템		설계계수		
		반응수정계수 (R)	시스템초과 강도계수 (Ω_0)	변위증폭계수 (C_d)
철골중심 가새골조	철골특수중심가새골조	6	2	5
	철골보통중심가새골조	**3.25**	**2**	**3.25**
철골 모멘트골조	철골특수모멘트골조	8	3	5.5
	철골중간모멘트골조	4.5	3	4
	철골보통모멘트골조	**3.5**	**3**	**3**

골조의 성능과 비탄성변형능력에 따라 각 구조시스템은 표(3.7)과 같이 세분화되지만, 여기에서는 두 방향 모두 보통 등급인 철골보통중심가새골조와 철골보통모멘트골조로 하며, 이때 X, Y방향에 대한 변위증폭계수는 각각 $C_{d,x} = 3.25$, $C_{d,y} = 3.0$이 된다.

KDS 41 10에 따라 이 건물은 중요도(2)에 해당하고, 건축물의 중요도계수(I_E)를 정의하는 KDS 41 17 00 표 2.2-1에 따라 이 건물의 내진등급은 II로 구분되며, $I_E = 1.0$에 해당한다.

2.5.2 허용층간변위 (KDS 41 17 00의 8.2.3)

위에서 제시된 방법에 따라 결정한 층간변위(Δ)는 어느 층에서도 표(3.8)에 규정한 허용층간변위(Δ_a)를 초과할 수 없다.

표(3.8) 허용층간변위 Δ_a

구분	내진등급		
	특	I	II
허용층간변위 Δ_a	$0.010h_{sx}$	$0.015h_{sx}$	**$0.020h_{sx}$**

이 건물의 내진등급은 II이므로 허용층간변위(Δ_a)는 표(3.8)에 따라 $0.020h_{sx}$로 제한된다. 여기에서 h_{sx}는 x층의 층고이며, 허용층간변위가 $0.020h_{sx}$라는 것은 결국 층간변위비(story drift ratio) Δ/h_{sx}가 0.020(=2.0%) 이내여야 한다는 것을 의미한다.

2.5.3 층간변위의 검토

앞의 과정에서 1C1과 1C3의 부재 설계가 수행되었으며, 최초 해석된 단면보다 증가하였다. 이 두 단면을 변경하고, 재해석을 수행한 후 지진하중에 의한 각 방향의 변위를 그림(3.14)에 나타내었다.

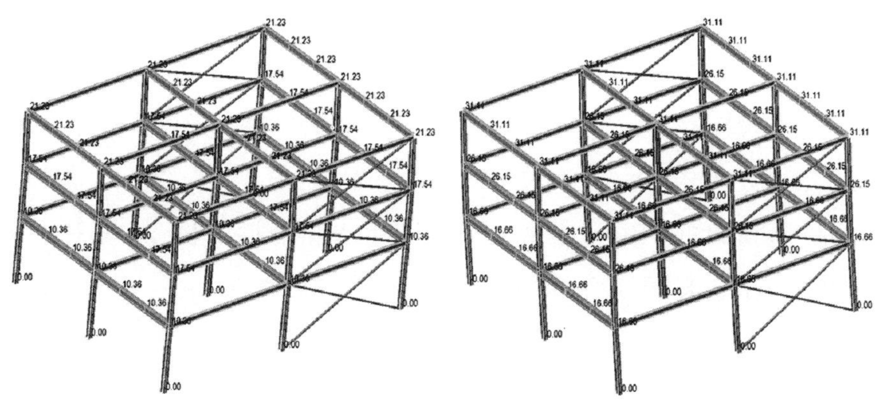

(a) E_x에 의한 x방향 변위　　(b) E_y에 의한 y방향 변위

그림(3.14) 지진하중에 의한 구조물의 변위

그림(3.14)에 나타난 값은 탄성해석에 의한 각 절점의 변위이며, 해당층의 층변위(δ_{xe})는 상하부 층의 수평변위차를 통해 구할 수 있다. 또한, 탄성해석에 의해 산정된 층변위(Δ_{xe})는 2.5.1에 제시된 절차를 따라 실제의 층변위(Δ_x)로 환산하여 허용값(Δ_a)을 만족시킬 수 있어야 한다. 이 과정을 통한 층간변위 검토과정이 표(3.9)에 제시되어 있다.

표(3.9) 층간변위 검토

해당층	h_{sx} (m)	방향	Δ_{xe} (mm)	C_d	I_E	Δ_x (mm)	Δ_x/h_{sx}	Δ_a/h_{sx}	검토
3	4.0	X	3.69	3.25	1.0	11.99	0.0030	0.02	**OK**
		Y	4.96	3		14.88	0.0037		**OK**
2	4.0	X	7.18	3.25		23.34	0.0058		**OK**
		Y	9.49	3		28.47	0.0071		**OK**
1	5.0	X	10.36	3.25		33.67	0.0067		**OK**
		Y	16.66	3		49.98	0.0100		**OK**

표(3.9)에서 제시된 것처럼 설계된 구조물은 전층에서 지진하중에 대한 층간변위 제한값을 만족시킨다. 이 예제에서 지진하중은 건물 유효중량의 10%로 단순화되었기 때문에 X 및 Y방향에 대한 지진하중의 크기는 동일하게 적용되었다. 그런데 표(3.9)의 결과는 각 층에서 X방향의 층간변위비(Δ_x/h_{sx})가 Y방향에 비해 작게 발생하고 있음을 확인할 수 있다. 이는 수평력에 대한 저항성능의 측면에서 가새골조가 모멘트골조에 비해 뛰어나다는 것을 시사한다.

이 건물은 3층 규모의 저층건물이기 때문에 모멘트골조로도 수평력에 대한 강성을 적절히 확보할 수 있었다. 그러나 모멘트골조시스템은 일반적으로 10층 내외의 저층 규모까지가 실용적인 한계이며, 그 이상의 고층건물에서는 가새골조, 전단벽, 튜브시스템 및 아웃리거시스템 등 별도의 수평력 저항시스템이 계획되어야만 요구되는 수평강성을 확보할 수 있다.

S3.3 리뷰

지금까지 우리는 같은 규모(2경간, 지상 3층)의 강구조 건물을 접합조건 및 고려하는 설계하중에 따라 다음과 같은 3단계로 구분하여 대표적인 부재에 대하여 설계해 보았다.

a) Step 1: 기둥과 모든 보가 핀접합으로 연결된 모델을 중력하중에 대하여 부재 설계 [합성보, 압축재 설계]
b) Step 2: Step 1 모델에서 기둥과 Y방향의 보를 강접합으로 변경한 모델을 중력하중에 대하여 부재 설계 [휨재, 보-기둥 설계]
c) Step 3: Step 2 모델에서 X방향 입면(Y1, Y3열)에 가새가 추가된 모델을 중력과 지진하중에 대하여 부재 설계 및 안정성 검토 [인장재, 휨-압축재 설계]

Step 1에서 대상으로 한 구조물은 기둥과 큰 보가 핀접합으로 구성된 것으로서 가장 단순한 형태의 구조물이다. 기둥 하부의 지점조건은 고정단이기 때문에 외적으로 안정적인 구조물(externally stable structure)이긴 하지만 이러한 조건에서는 X 및 Y방향에 대하여 수평강성(lateral stiffness)이 매우 작다. 또한, Step 2의 모델은 Y방향으로 기둥과 큰 보의 접합을 강접합으로 변경함으로써 그 방향에 대한 수평력 저항성능은 확보되었지만 X방향에 대해서는 여전히 강성이 매우 작다. 따라서 Step 1과 2에서는 수평하중 없이 중력하중만을 고려하여 구조해석과 부재 검토를 수행하고, 접합 조건이 달라짐에 따라 부재력의 분포가 변화하고, 이로 인해 기둥과 큰 보의 단면이 변경될 수 있음을 확인하였다.

구조역학에서는 1개의 부재 또는 2차원 골조에 대한 부재력을 산정하는 방법을, 그리고 강구조설계에서는 각 부재의 설계법에 따라 산정된 부재 강도가 문제에서 제시된 조건을 만족하는지 검토하는 방법을 다룬다. 한편 Step 1과 2를 통해 우리가 구조역학과 강구조설계에서 배운 지식이 실제 강구조 건물의 설계에서 어떻게 적용될 수 있는지를 살펴볼 수 있었다. 요약하자면 건물에 적용되는 실제의 마감재와 부재 크기에 따라 고정하중을, 실의 용도에 따라 활하중을, 그리고 건물 위치에 따른 적설하중을 산정하였다. 작용하는 하중의 종류를 바탕으로 설계기준에 따른 하중조합을 작성하였고, 이를 구조해석에 반영하여 각 부재별로 요구되는 설계부재력을 도출하였다. 그리고 강도와 사용성 조건을 만족하는 최적의 단면을 설계하였다.

앞의 두 단계를 통해 강구조 건물의 설계과정에 친숙해질 수 있었지만 실제의 설계에서는 바람이나 지진과 같이 건물에 작용할 수 있는 모든 하중을 고려해야 한다. Step 3에서는 Step 2에서의 모델에서 X방향으로 인장력에 저항할 수 있는 가새를 추가로 배치함으로써 수평력에 대한 저항성능(X방향: 철골중심가새골조, Y방향: 철골모멘트골조)을 확보하였기 때문에 설계시에 중력하중과 수평하중을 모두 고려하였다. 따라서 Step 3에서야 비로서 현실적인 건물 설계에 접어들었다고 할 수 있다.

3차원 전산구조해석을 통하여 부재력을 산정한 후 인장재인 가새(1VBR) 부재를 먼저 설계하였다. 단면 형상으로 ㄱ형강을 사용하였기 때문에 전단지연 효과를 고려하였으며, 볼트 접합부에서는 볼트구멍을 고려한 유효순단면적의 파단강도와 블록전단에 의한 파단도 함께 검토해야 함을 배웠다. 또한, 인장력만을 받는 부재이므로 골조를 정정 트러스로 단순화하여 가새에 작용하는 축력을 산정하는 방법이 함께 소개되었는데, 이러한 방법은 가새골조의 계획단계에서 간단한 수계산을 통해 부재에 작용하는 힘을 예측해 볼 수 있다.

표(3.10) 1C1과 1C3의 단계별 단면 비교

부재 ID	단계	단면	단위중량 (kgf/m)	부재 유형	압축력 (kN)	휨모멘트 (kN·m)
1C1	Step 1	H-350×350×12×19	137	기둥	3,096	-
	Step 2	-	-	-	-	-
	Step 3	H-400×408×21×21	197	보-기둥	2,973	298.0
	증감비	Step 1 → Step 3	+43.8%	-	-	-
1C3	Step 1	H-294×302×12×12	84.5	기둥	1,704	-
	Step 2	H-344×348×10×16	106	보-기둥	1,583	171.8
	Step 3	H-350×350×12×19	137	보-기둥	1,475	319.2
	증감비	Step 1 → Step 2	+36.1%	-	-	-
		Step 1 → Step 3	+62.1%	-	-	-

또한, 이번 단계(Step 3)에서는 1C1과 1C3을 보-기둥으로 설계하였다. 1C1은 Step 1에서 압축재로 설계하였고, 1C3은 Step 1에서는 압축재로 Step 2에서는 보-기둥으로 설계하였다. 두 기둥에 대한 단계별 최종 설계 결과가 표(3.10)에서 비교된다.

외부기둥인 1C3만을 예로 설명하면 Step 1에서는 보와 핀접합으로 연결되어 있어 휨모멘트가 작용하지 않지만 Step 2에서는 보와의 접합이 강접합으로 변경되어 휨모멘트가 발생하였다. 또한, 두 단계에서 작용하중과 배치는 동일하지만 접합조건의 변화에 따른 하중분배 효과의 차이로 압축력이 7% 가량 감소하였다. 그럼에도 휨과 압축력이 동시에 작용하는 영향으로 최종 단면의 중량이 36.1% 증가하는 결과를 보였다.

Step 3에서는 지진하중에 의한 영향으로 휨모멘트가 크게 증가하여 Step 2에 비해 단면중량이 다시 19.1% 증가하였고, Step 1에 비해서는 62.1%로 증가하였다. 고려하는 하중이 늘어남에 따라 요구되는 부재력 수준이 높아지는 영향이라 하겠다.

이와 같이 Step 3에서는 3개의 부재에 대하여 요구되는 강도를 만족하는 단면을 설계하였지만 변경된 단면을 입력하여 재해석을 수행하면 부재력이 변화하게 된다. 이는 Step 2에서 이미 설명된 바와 같이 연결된 부재의 상대적 강성에 따라 부재력 분포가 바뀌게 때문이다. 따라서 실제 최종적인 설계를 완료하기 위해서는 최종 단면의 강도가 재해석에 따른 변경된 부재력을 만족하는지를 검토해야 함을 참고하자.

Step 1에서 Step 3까지의 과정을 통해 전산구조해석과 더불어 모멘트분배법을 이용한 수계산 방법과 간단한 트러스 해석을 소개하였다. 또한, 해석 결과를 바탕으로 인장재(tension member), 압축재(column), 휨재(beam), 합성보(composite member) 및 보-기둥(beam-column) 등 다양한 종류의 부재를 설계하였고, 보의 경우 처짐과 같은 사용성에 대한 검토도 수행하였다. Step 3에서는 부재 설계 이후 지진하중에 대한 층간변위 제한에 대한 개념을 소개하고, 이를 통한 골조의 안정성을 검토하였다.

3층 규모의 비교적 단순한 모델을 예제로 선정하여 강구조 건물 설계과정을 개략적으로 살펴보았지만 보다 복잡한 건물의 설계를 위한 길잡이의 역할이 될 수 있기를 희망한다. 또한, 여기에서 소개된 개념에 대한 상세한 내용을 소개하는 기준이나 도서를 함께 참조하는 것이 건물의 구조를 이해하는데 큰 도움이 될 것이다.

부록

Appendix

/

부록 1. 부재일람표

호칭치수	표준단면치수 (mm)					단위중량 (kg/m)	단면적 (cm^2)	단면2차모멘트 (cm^4)		단면2차반경 (cm)		단면계수 (cm^3)	
	H	B	t_w	t_f	r	W	A	I_x	I_y	r_x	r_y	S_x	S_y
100×100	100	100	6	8	10	17.2	21.90	383	134	4.18	2.47	76.5	26.7
125×125	125	125	6.5	9	10	23.8	30.31	847	293	5.29	3.11	136	46.9
150×75	150	75	5	7	8	14.0	17.85	666	49.5	6.11	1.66	88.8	13.2
150×100	148	100	6	9	11	21.1	26.84	1,020	151	6.17	2.37	138	30.1
150×150	150	150	7	10	11	31.5	40.14	1,640	563	6.39	3.75	219	75.1
200×100	198	99	4.5	7	11	18.2	23.18	1,580	114	8.26	2.21	160	23.0
	200	100	5.5	8	11	21.3	27.16	1,840	134	8.24	2.22	184	26.8
200×150	194	150	6	9	13	30.6	39.01	2,690	507	8.30	3.61	277	67.6
200×200	200	200	8	12	13	49.9	63.53	4,720	1,600	8.62	5.02	472	160
	200	204	12	12	13	56.2	71.53	4,980	1,700	8.35	4.88	498	167
	208	202	10	16	13	65.7	83.69	6,530	2,200	8.83	5.13	628	218
250×125	248	124	5	8	12	25.7	32.68	3,540	255	10.4	2.79	285	41.1
	250	125	6	9	12	29.6	37.66	4,050	294	10.4	2.79	324	47.0
250×175	244	175	7	11	16	44.1	56.24	6,120	984	10.4	4.18	502	113
250×250	244	252	11	11	16	64.4	82.06	8,790	2,940	10.3	5.98	720	233
	248	249	8	13	16	66.5	84.70	9,930	3,350	10.8	6.29	801	269
	250	250	9	14	16	72.4	92.18	10,800	3,650	10.8	6.29	867	292
	250	255	14	14	16	82.2	104.7	11,500	3,880	10.5	6.09	919	304
300×150	298	149	5.5	8	13	32.0	40.80	6,320	442	12.4	3.29	424	59.3
	300	150	6.5	9	13	36.7	46.78	7,210	508	12.4	3.29	481	67.7
300×200	294	200	8	12	18	56.8	72.38	11,300	1,600	12.5	4.71	771	160
	298	201	9	14	18	65.4	83.36	13,300	1,900	12.6	4.77	893	189

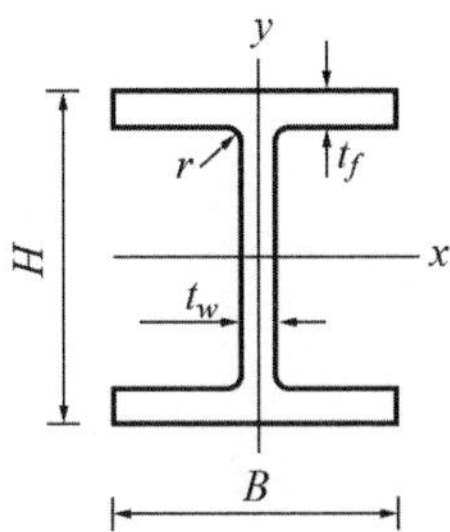

소성단면계수 (cm³)		유효단면 2차반경 (cm)	뒤틀림상수 (×10³cm⁶)	비틀림상수 (cm⁴)	소성한계 비지지길이, L_p (m)		탄성한계 비지지길이, L_r (m)		단면규격
Z_x	Z_y	r_{ts}	C_w	J	$F_y=$ 235MPa	$F_y=$ 325MPa	$F_y=$ 235MPa	$F_y=$ 325MPa	
87.6	41.2	2.84	2.83	4.02	1.28	1.09	7.49	5.49	H-100×100×6×8
154	71.9	3.54	9.87	7.05	1.62	1.37	8.33	6.15	H-125×125×6.5×9
102	20.8	2.00	2.53	2.28	0.86	0.73	3.27	2.53	H-150×75×5×7
157	46.7	2.76	7.28	5.80	1.23	1.05	5.48	4.11	H-148×100×6×9
246	115	4.24	27.6	11.5	1.95	1.66	9.25	6.87	H-150×150×7×10
180	35.7	2.61	10.4	2.82	1.15	0.98	3.59	2.88	H-198×99×4.5×7
209	41.9	2.64	12.3	4.43	1.15	0.98	3.90	3.08	H-200×100×5.5×8
309	104	4.12	43.4	8.56	1.88	1.60	6.59	5.12	H-194×150×6×9
525	244	5.65	142	26.0	2.61	2.22	11.09	8.33	H-200×200×8×12
565	257	5.66	150	33.6	2.54	2.16	12.11	9.01	H-200×204×12×12
710	332	5.80	203	61.0	2.67	2.27	14.47	10.63	H-208×202×10×16
319	63.6	3.28	36.7	5.20	1.45	1.23	4.35	3.52	H-248×124×5×8
366	73.1	3.31	42.7	7.75	1.45	1.23	4.62	3.70	H-250×125×6×9
558	173	4.78	134	18.1	2.17	1.85	7.48	5.84	H-244×175×7×11
805	358	6.90	399	32.2	3.11	2.64	11.56	8.89	H-244×252×11×11
883	408	7.01	462	40.3	3.27	2.78	12.20	9.32	H-248×249×8×13
960	444	7.05	508	51.1	3.27	2.78	12.99	9.84	H-250×250×9×14
1,040	468	7.06	540	67.0	3.17	2.69	14.16	10.61	H-250×255×14×14
475	91.8	3.89	92.9	6.65	1.71	1.45	4.91	4.03	H-298×149×5.5×8
542	105	3.92	107	9.87	1.71	1.45	5.13	4.17	H-300×150×6.5×9
859	247	5.41	319	27.6	2.45	2.08	8.01	6.32	H-294×200×8×12
1,000	291	5.50	383	43.3	2.48	2.11	8.86	6.87	H-298×201×9×14

호칭치수	표준단면치수 (mm)					단위중량 (kg/m)	단면적 (cm^2)	단면2차모멘트 (cm^4)		단면2차반경 (cm)		단면계수 (cm^3)	
	H	B	t_w	t_f	r	W	A	I_x	I_y	r_x	r_y	S_x	S_y
300×300	294	302	12	12	18	84.5	107.7	16,900	5,520	12.5	7.16	1,150	365
	298	299	9	14	18	87.0	110.8	18,800	6,240	13.0	7.50	1,270	417
	300	300	10	15	18	94.0	119.8	20,400	6,750	13.1	7.51	1,360	450
	300	305	15	15	18	106	134.8	21,500	7,100	12.6	7.26	1,440	466
	304	301	11	17	18	106	134.8	23,400	7,730	13.2	7.57	1,540	514
	310	305	15	20	18	130	165.3	28,600	9,470	13.2	7.57	1,850	621
	310	310	20	20	18	142	180.8	29,900	10,000	12.9	7.44	1,930	645
350×175	346	174	6	9	14	41.4	52.68	11,100	792	14.5	3.88	641	91.0
	350	175	7	11	14	49.6	63.14	13,600	984	14.7	3.95	775	112
	354	176	8	13	14	57.8	73.68	16,100	1,180	14.8	4.01	909	135
350×250	336	249	8	12	20	69.2	88.15	18,500	3,090	14.5	5.92	1,100	248
	340	250	9	14	20	79.7	101.5	21,700	3,650	14.6	6.00	1,280	292
350×350	338	351	13	13	20	106	135.3	28,200	9,380	14.4	8.33	1,670	534
	344	348	10	16	20	115	146.0	33,300	11,200	15.1	8.78	1,940	646
	344	354	16	16	20	131	166.6	35,300	11,800	14.6	8.43	2,050	669
	350	350	12	19	20	137	173.9	40,300	13,600	15.2	8.84	2,300	777
	350	357	19	19	20	156	198.4	42,800	14,400	14.7	8.53	2,450	809
400×200	396	199	7	11	16	56.6	72.16	20,000	1,450	16.7	4.48	1,010	145
	400	200	8	13	16	66.0	84.12	23,700	1,740	16.8	4.54	1,190	174
	404	201	9	15	16	75.5	96.16	27,500	2,030	16.9	4.60	1,360	202
400×300	386	299	9	14	22	94.3	120.1	33,700	6,240	16.7	7.21	1,750	418
	390	300	10	16	22	107	136.0	38,700	7,210	16.9	7.28	1,980	481
400×400	388	402	15	15	22	140	178.5	49,000	16,300	16.6	9.54	2,530	809
	394	398	11	18	22	147	186.8	56,100	18,900	17.3	10.1	2,850	951
	394	405	18	18	22	168	214.4	59,700	20,000	16.7	9.65	3,030	985
	400	400	13	21	22	172	218.7	66,600	22,400	17.5	10.1	3,330	1,120
	400	408	21	21	22	197	250.7	70,900	23,800	16.8	9.75	3,540	1,170
	406	403	16	24	22	200	254.9	78,000	26,200	17.5	10.1	3,840	1,300
	414	405	18	28	22	232	295.4	92,800	31,000	17.7	10.2	4,480	1,530

소성단면계수 (cm³)		유효단면 2차반경 (cm)	뒤틀림상수 (×10³cm⁶)	비틀림상수 (cm⁴)	소성한계 비지지길이, L_p (m)		탄성한계 비지지길이, L_r (m)		단면규격
Z_x	Z_y	r_{ts}	C_w	J	F_y = 235MPa	F_y = 325MPa	F_y = 235MPa	F_y = 325MPa	
1,280	560	8.23	1,097	50.3	3.72	3.16	12.88	10.04	H-294×302×12×12
1,390	634	8.35	1,258	61.3	3.90	3.32	13.45	10.43	H-298×299×9×14
1,500	684	8.41	1,372	76.5	3.90	3.32	14.23	10.93	H-300×300×10×15
1,610	716	8.38	1,443	99.0	3.77	3.21	15.25	11.57	H-300×305×15×15
1,710	781	8.49	1,592	111	3.94	3.35	15.68	11.87	H-304×301×11×17
2,080	949	8.62	1,991	193	3.94	3.35	18.44	13.72	H-310×305×15×20
2,200	992	8.66	2,093	237	3.87	3.29	19.91	14.72	H-310×310×20×20
716	140	4.56	225	10.8	2.02	1.72	5.70	4.70	H-346×174×6×9
868	174	4.64	283	19.3	2.05	1.75	6.12	4.97	H-350×175×7×11
1,020	208	4.71	344	31.4	2.08	1.77	6.60	5.28	H-354×176×8×13
1,210	380	6.75	812	34.0	3.08	2.62	9.35	7.49	H-336×249×8×12
1,410	447	6.82	970	53.3	3.12	2.65	10.11	7.98	H-340×250×9×14
1,850	818	9.55	2,477	74.3	4.33	3.68	14.43	11.34	H-338×351×13×13
2,120	980	9.74	3,024	105	4.56	3.88	15.54	12.07	H-344×348×10×16
2,300	1,030	9.73	3,186	139	4.38	3.73	16.72	12.81	H-344×354×16×16
2,550	1,180	9.89	3,721	178	4.60	3.91	17.78	13.52	H-350×350×12×19
2,760	1,240	9.87	3,953	235	4.43	3.77	19.29	14.49	H-350×357×19×19
1,130	224	5.25	536	21.9	2.33	1.98	6.66	5.46	H-396×199×7×11
1,330	268	5.32	650	35.7	2.36	2.01	7.08	5.73	H-400×200×8×13
1,530	312	5.39	770	54.3	2.39	2.03	7.59	6.06	H-404×201×9×15
1,920	637	8.14	2,160	63.4	3.75	3.19	11.33	9.07	H-386×299×9×14
2,190	733	8.25	2,521	93.9	3.78	3.22	12.21	9.64	H-390×300×10×16
2,800	1,240	10.98	5,655	131	4.96	4.22	16.61	13.04	H-388×402×15×15
3,120	1,440	11.17	6,688	171	5.25	4.46	17.64	13.73	H-394×398×11×18
3,390	1,510	11.13	7,053	227	5.02	4.27	18.90	14.51	H-394×405×18×18
3,670	1,700	11.29	8,048	273	5.25	4.46	19.73	15.07	H-400×400×13×21
3,990	1,790	11.29	8,550	362	5.07	4.31	21.44	16.17	H-400×408×21×21
4,280	1,980	11.42	9,558	420	5.25	4.46	22.20	16.70	H-406×403×16×24
5,030	2,330	11.56	11,557	662	5.30	4.51	25.42	18.86	H-414×405×18×28

호칭치수	표준단면치수 (mm)					단위중량 (kg/m)	단면적 (cm^2)	단면2차모멘트 (cm^4)		단면2차반경 (cm)		단면계수 (cm^3)	
	H	B	t_w	t_f	r	W	A	I_x	I_y	r_x	r_y	S_x	S_y
400×400	428	407	20	35	22	283	360.7	119,000	39,400	18.2	10.4	5,570	1,930
	458	417	30	50	22	415	528.6	187,000	60,500	18.8	10.7	8,170	2,900
	498	432	45	70	22	605	770.1	298,000	94,400	19.7	11.1	12,000	4,370
450×200	446	199	8	12	18	66.2	84.30	28,700	1,580	18.5	4.33	1,290	159
	450	200	9	14	18	76.0	96.76	33,500	1,870	18.6	4.40	1,490	187
450×300	434	299	10	15	24	106	135.0	46,800	6,690	18.6	7.04	2,160	448
	440	300	11	18	24	124	157.4	56,100	8,110	18.9	7.18	2,550	541
500×200	496	199	9	14	20	79.5	101.3	41,900	1,840	20.3	4.27	1,690	185
	500	200	10	16	20	89.6	114.2	47,800	2,140	20.5	4.33	1,910	214
	506	201	11	19	20	103	131.3	56,500	2,580	20.7	4.43	2,230	257
500×300	482	300	11	15	26	114	145.5	60,400	6,760	20.4	6.82	2,500	451
	488	300	11	18	26	128	163.5	71,000	8,110	20.8	7.04	2,910	541
600×200	596	199	10	15	22	94.6	120.5	68,700	1,980	23.9	4.05	2,310	199
	600	200	11	17	22	106	134.4	77,600	2,280	24.0	4.12	2,590	228
	606	201	12	20	22	120	152.5	90,400	2,720	24.3	4.22	2,980	271
	612	202	13	23	22	134	170.7	103,000	3,180	24.6	4.31	3,380	314
600×300	582	300	12	17	28	137	174.5	103,000	7,670	24.3	6.63	3,530	511
	588	300	12	20	28	151	192.5	118,000	9,020	24.8	6.85	4,020	601
	594	302	14	23	28	175	222.4	137,000	10,600	24.9	6.90	4,620	701
700×300	692	300	13	20	28	166	211.5	172,000	9,020	28.6	6.53	4,970	601
	700	300	13	24	28	185	235.5	201,000	10,800	29.3	6.78	5,760	722
	708	302	15	28	28	215	273.6	237,000	12,900	29.4	6.86	6,700	853
800×300	792	300	14	22	28	191	243.4	254,000	9,930	32.3	6.39	6,410	662
	800	300	14	26	28	210	267.4	292,000	11,700	33.0	6.62	7,290	782
	808	302	16	30	28	241	307.6	339,000	13,800	33.2	6.70	8,400	915
900×300	890	299	15	23	28	213	270.9	345,000	10,300	35.7	6.16	7,760	688
	900	300	16	28	28	243	309.8	411,000	12,600	36.4	6.39	9,140	843
	912	302	18	34	28	286	364.0	498,000	15,700	37.0	6.56	10,900	1,040
	918	303	19	37	28	307	391.3	542,000	17,200	37.2	6.63	11,800	1,140

- Note: 부재일람표에서 비틀림상수는 필렛 부분을 무시하고 플랜지판과 웨브판의 J 값을 합산($\Sigma(bt^3/3)$)하여 산정한 것이다.

소성단면계수 (cm^3)		유효단면 2차반경 (cm)	뒤틀림상수 ($\times 10^3 cm^6$)	비틀림상수 (cm^4)	소성한계 비지지길이, L_p (m)		탄성한계 비지지길이, L_r (m)		단면규격
Z_x	Z_y	r_{ts}	C_w	J	$F_y=$ 235MPa	$F_y=$ 325MPa	$F_y=$ 235MPa	$F_y=$ 325MPa	
6,310	2,940	11.79	15,198	1,259	5.41	4.60	31.21	22.86	H−428×407×20×35
9,540	4,440	12.29	25,188	3,797	5.56	4.73	45.27	32.86	H−458×417×30×50
14,500	6,720	12.97	43,214	10,966	5.77	4.91	65.23	47.21	H−498×432×45×70
1,450	247	5.16	744	30.1	2.25	1.91	6.50	5.34	H−446×199×8×12
1,680	291	5.23	890	46.8	2.29	1.94	6.88	5.59	H−450×200×9×14
2,380	686	8.06	2,937	80.7	3.66	3.11	11.01	8.85	H−434×299×10×15
2,820	828	8.19	3,611	135	3.73	3.17	12.09	9.55	H−440×300×11×18
1,910	290	5.13	1,072	47.8	2.22	1.89	6.54	5.35	H−496×199×9×14
2,180	335	5.21	1,254	70.2	2.25	1.91	6.90	5.60	H−500×200×10×16
2,540	401	5.31	1,530	113	2.30	1.96	7.49	5.98	H−506×201×11×19
2,790	695	7.95	3,688	87.6	3.55	3.01	10.52	8.53	H−482×300×11×15
3,230	830	8.09	4,481	137	3.66	3.11	11.33	9.06	H−488×300×11×18
2,650	315	4.99	1,671	63.6	2.11	1.79	6.20	5.11	H−596×199×10×15
2,980	361	5.06	1,936	90.6	2.14	1.82	6.48	5.30	H−600×200×11×17
3,430	429	5.17	2,336	140	2.19	1.87	6.93	5.60	H−606×201×12×20
3,890	498	5.26	2,755	205	2.24	1.91	7.41	5.92	H−612×202×13×23
3,960	793	7.83	6,121	130	3.45	2.93	10.14	8.27	H−582×300×12×17
4,490	928	7.98	7,275	192	3.56	3.03	10.78	8.70	H−588×300×12×20
5,200	1,080	8.09	8,628	295	3.59	3.05	11.61	9.23	H−594×302×14×23
5,630	936	7.81	10,189	208	3.39	2.89	10.04	8.20	H−692×300×13×20
6,460	1,120	7.97	12,367	324	3.52	3.00	10.74	8.67	H−700×300×13×24
7,560	1,320	8.09	14,897	515	3.57	3.03	11.63	9.24	H−708×302×15×28
7,290	1,040	7.72	14,720	281	3.32	2.82	9.81	8.04	H−792×300×14×22
8,240	1,220	7.89	17,569	420	3.44	2.93	10.43	8.46	H−800×300×14×26
9,530	1,430	8.00	20,902	646	3.48	2.96	11.16	8.93	H−808×302×16×30
8,910	1,080	7.58	19,308	337	3.20	2.72	9.48	7.80	H−890×299×15×23
10,500	1,320	7.76	24,015	554	3.32	2.82	10.14	8.25	H−900×300×16×28
12,500	1,630	7.95	30,169	955	3.41	2.90	11.11	8.89	H−912×302×18×34
13,500	1,790	8.01	33,391	1,216	3.45	2.93	11.62	9.22	H−918×303×19×37

부록 2. 기본등분포활하중 (KBC 2009)

용 도			구조물의 부분	활하중(kN/m²)
1	주 택		가. 주거용 구조물의 거실, 공용실, 복도	2.0
			나. 공동주택의 발코니	3.0
2	병 원		가. 병실과 해당 복도	2.0
			나. 수술실, 공용실과 해당 복도	3.0
3	숙박시설		가. 객실과 해당 복도	2.0
			나. 공용실과 해당 복도	5.0
4	사무실		가. 일반 사무실과 해당 복도	2.5
			나. 로비	4.0
			다. 특수용도사무실과 해당 복도	5.0
			라. 문서보관실	5.0
5	학 교		가. 교실과 해당 복도	3.0
			나. 로비	4.0
			다. 일반 실험실	3.0
			라. 중량물 실험실	5.0
6	판매장		가. 상점, 백화점 (1층 부분)	5.0
			나. 상점, 백화점 (2층 이상 부분)	4.0
			다. 창고형 매장	6.0
7	집회 및 유흥장		가. 로비, 복도	5.0
			나. 무대	7.0
			다. 식당	5.0
			라. 주방 (영업용)	7.0
			마. 극장 및 집회장 (고정식)	4.0
			바. 집회장 (이동식)	5.0
			사. 연회장, 무도장	5.0
8	체육시설		가. 체육관 바닥, 옥외경기장	5.0
			나. 스탠드 (고정식)	4.0
			다. 스탠드 (이동식)	5.0
9	도서관		가. 열람실과 해당 복도	3.0
			나. 서고	7.5
10	주차장	옥내 주차구역	가. 승용차 전용	3.0
			나. 경량트럭 및 빈 버스 용도	8.0
			다. 총중량 18톤 이하의 트럭, 중량차량[1] 용도	12.0
		옥내 차로와 경사차로	가. 승용차 전용	3.0
			나. 경량트럭 및 빈 버스 용도	10.0
			다. 총중량 18톤 이하의 트럭, 중량차량[1] 용도	16.0
		옥외	가. 승용차, 경량트럭 및 빈 버스 용도	12.0
			나. 총중량 18톤 이하의 트럭, 중량차량[1] 용도	16.0
11	창 고		가. 경량품 저장창고	6.0
			나. 중량품 저장창고	12.0
12	공 장		가. 경공업 공장	6.0
			나. 중공업 공장	12.0
13	지 붕		가. 점유·사용하지 않는 지붕(지붕활하중)	1.0
			나. 산책로 용도	3.0
			다. 정원 및 집회 용도	5.0
			라. 헬리콥터 이착륙장	5.0
14	기계실		공조실, 전기실, 기계실 등	5.0
15	광 장		옥외광장	12.0

1) 18톤 이상 차량의 설계하중은 실제 차량하중을 고려하여 하중 크기를 정해야 한다.

참고문헌

ACI (2008), "Building Code Requirements for Structural Concrete (ACI 318M-08) and Commentary," American Concrete Institute

AISC (1989), "Manual of Steel Construction (9th Edition)," American Institute of Steel Construction

AISC (2004), "Steel Design Guide 3 - Serviceability Design Considerations for Steel Buildings (2nd Edition)," American Institute of Steel Construction

AISC (2005), "Design Examples (Version 13.0)," American Institute of Steel Construction

AISC (2005), "Specification for Structural Steel Buildings," ANSI/AISC 360-05, American Institute of Steel Construction

Allen T. M., Nowak A. S. and Bathurst R. J. (2005), "Calibration to Determine Load and Resistance Factors for Geotechnical and Structural Design," Number E-C079, Transportation Research Board

Ambrose J. and Parker H. (1997), "Simplified Design of Steel Structures (7th Edition)," John Wiley & Sons

Aminmansour A. (2007), "Design of Structural Steel Members Subjected to Combined Loading," Structural Magazine, February

Aminmansour A. (2009), "Technical Note: Optimum Flexural Design of Steel Member Utilizing Moment Gradient and C_b," Engineering Journal, AISC, 1st Quarter

CEN (1995), "Eurocode 3: Design of Steel Structures—Part 1-2: General Rules—Structural Fire Design," European Community for Standardization

Cooper S. E. and Chen A. C. (1985), "Designing Steel Structures: Methods and Cases," Prentice Hall

Crawley S. W. and Dillon R. M. (1993), "Steel Buildings Analysis and Design," John Wiley & Sons

Englekirk R. (1994), "Steel Structures Controlling Behavior through Design," John Wiley & Sons

Galambos T. V. (1968), "Structural Members and Frames," Prentice Hall

Gaylord, E. H., Gaylord C. N. and Stallmeyer J. E. (1992), "Design of Steel Structures (3rd Edition)," McGraw-Hill

Gere J. and Goodno B. (2008), "Mechanics of Materials (7th Edition)," Cengage Learning

Geschwinder L. F. (2008), "Unified Design of Steel Structures," John Wiley & Sons

Geschwinder L. F., Disque R. O. and Bjorhovde R. (1994), "Load and Resistance Factor Design of Steel Structures," Prentice Hall

Gupta R. S. (2011), "Principles of Structural Design," CRC Press

Johnson B. G. (1976), "Guide to Stability Design Criteria for Metal Structures (3rd Edition)," Structural Stability Research Council, John Wiley & Sons

Kuzmanovic B. and Willems N. (1983), "Steel Design for Structural Engineers (2nd Edition)," Prentice Hall

McCormac J. (2008), "Structural Steel Design (4th Edition)," Pearson Prentice Hall

Munse, W. H. and Chesson E. (1963), "Riveted and Bolted Joints: Net Section Design," Journal of the Structural Division, ASCE, 89(ST1), pp.49-106

Rokach A. (1991), "Structural Steel Design Theory and Problems," Schaum's Outline Series, McGraw-Hill

Salmon C. G., Johnson J. E. and Malhas F. A. (2009), "Steel Structures Design and Behavior (5th Edition)," Pearson Prentice Hall

Spiegal L. and Limbrunner G. F. (2002), "Applied Structural Steel Design (4th Edition)," Prentice Hall

Vinnakota S. (2006), "Steel Structures Behavior and LRFD," McGraw-Hill, Higher Education

Williams A. (2001), "Structural Steel Design (LRFD Volume 2)," ICBO

William T. S. (2013), "Steel Design," Cengage Learning

Zoruba S. and Dekker B. (2005), "A Historical and Technical Overview of the C_b Coefficient in the AISC Specification," Engineering Journal, AISC, 3rd Quarter

금동성 (2000), "건축구조기술사 해설," 예문사

김덕재 (2000), "강구조," 기문당

김상대, 박성수, 박홍근, 한상환, 홍갑표 (2005), "구조역학해석 (제2판)," 문운당

김상식, 윤성기 (2000), "철골 구조 설계," 문운당

김상식, 윤성기 (2014), "강구조 설계," 문운당

대한건축학회 (2010), "강구조의 이해," 기문당

대한건축학회 (2010), "건축구조기준 및 해설 2009," 기문당

백성용, 권영봉, 배두병(공역) (2012), "강구조설계," 도서출판 씨아이알

백성용, 권영봉, 배두병, 최광규(공역) (2008), "강구조공학," 도서출판 씨아이알

최취경, 박선우, 서보현, 김태영 (2012), "KBC 2009 철골구조," 예문사

편집부 역 (2002), "실무에서 본 철골구조설계," 도서출판 골드

한국강구조학회 (2011), "강구조설계," 구미서관

한국강구조학회 (2011), "강구조설계이해," 구미서관

한국강구조학회, 한국건축구조기술사회 (2009), "KBC 2009에 따른 강구조설계 예제집," 구미서관

한국콘크리트학회 (2012), "콘크리트구조기준 해설," 기문당

현대제철 (2015), "제품 안내 (Products Guide)," 현대제철

찾아보기

ㅅ

ㅇ

[개정판]

예제로 배우는 **강구조 설계**

초판 1쇄 인쇄 | 2016년 2월 20일
초판 1쇄 발행 | 2016년 2월 25일
개정 1쇄 발행 | 2021년 2월 05일

공 저 자 | 김상대· 김종수· 최희선· 이창환· 노승희

펴 낸 이 | 김호석
펴 낸 곳 | 도서출판 대가
편 집 부 | 박은주
마 케 팅 | 오중환
경영관리 | 박미경
관 리 부 | 김소영

등 록 | 제311-47호
주 소 | 경기도 고양시 일산동구 장항동 776-1 로데오메탈릭타워 405호
전 화 | (02) 305-0210 / 306-0210 / 336-0204
팩 스 | (031) 905-0221
전자우편 | dga1023@hanmail.net
홈페이지 | www.bookdaega.com

ISBN 978-89-6285-269-1 93530

■ 파손 및 잘못 만들어진 책은 교환해 드립니다.
■ 이 책의 무단 전재와 불법 복제를 금합니다.